H. Herwig
Wärmeübertragung A–Z

Springer-Verlag Berlin Heidelberg GmbH

Heinz Herwig

Wärmeübertragung A–Z

Systematische und ausführliche Erläuterungen wichtiger Größen und Konzepte

Mit 98 Abbildungen

 Springer

Professor
Dr. Ing. Heinz Herwig
Technische Thermodynamik
Technische Universität Hamburg-Harburg
Denickestraße 17
21073 Hamburg
Deutschland

ISBN 978-3-642-63106-1

Die Deutsche Bibliothek -CIP-Einheitsaufnahme

Herwig, Heinz:
Wärmeübertragung A - Z : systematische und ausführliche Erläuterungen
wichtiger Größen und Konzepte / Heinz Herwig. - Berlin ; Heidleberg ;
New York ; Barcelona ; Hongkong ; London ; Mailand ; Paris ; Singapur ;
Tokio : Springer, 2000
   (VDI-Buch)
ISBN 978-3-642-63106-1   ISBN 978-3-642-56940-1 (eBook)
DOI 10.1007/978-3-642-56940-1

Einbandgestaltung: Struve & Partner, Heidelberg
Satz: Reproduktionsfertige Vorlage des Autors

SPIN: 10714415   68/3020 - 5 4 3 2 1 0 - Gedruckt auf säurefreiem Papier

Vorwort

Die Idee zu dem vorliegenden Buch entstand aus der eigenen leidvollen Erfahrung, bestimmte Begriffe in den Stichwortverzeichnissen von Büchern zur Wärmeübertragung zu suchen, aber nur selten so zu finden, daß der Verweis wirklich zur gewünschten Information führt. Deshalb soll im vorliegenden Buch der Zugang im Sinne eines „Lexikons" direkt über die Stichwörter möglich sein. Darüber hinaus soll die Beschreibung in einem systematisierten und einheitlichen Format erfolgen. Damit ist dann stets von vorneherein bekannt, unter welchen Gesichtspunkten die einzelnen Begriffe abgehandelt werden.

Die Auswahl der Begriffe, die in einem jeweils vergleichbaren Umfang behandelt werden, ist subjektiv und leider stets unvollständig. Trotzdem ist versucht worden, keine grundlegenden Begriffe auszulassen.

Das vorliegende Buch ersetzt keines der Standard–Werke zur Wärmeübertragung, sondern soll eine (hoffentlich sinnvolle) Ergänzung darstellen. In diesem Sinne wendet es sich auch nicht an Leser, die eine Einführung in die Wärmeübertragung suchen, sondern soll vielmehr den Ingenieuren, Wissenschaftlern und Praktikern eine Hilfe sein, die bestimmte Detailfragen noch einmal vertiefend nachlesen wollen.

Die Herstellung der druckfertigen Vorlage wäre ohne den unermüdlichen Einsatz von Herrn Marco Schumann (der u.a. das LaTeX–Makro erstellt hat), Herrn Kristian Rink, Herrn Daniel Decker und Herrn Holger Oest undenkbar gewesen. Herrn Dr.–Ing. Andreas Moschallski danke ich für eine intensive inhaltliche Diskussion und viele Verbesserungsvorschläge.

Die angenehme Zusammenarbeit mit dem Springer–Verlag sei besonders dankend erwähnt.

Hamburg, Oktober 1999   Heinz Herwig

Formale Besonderheiten in diesem Buch

Auf folgende Besonderheiten bei der Gestaltung des Buches sollte besonders hingewiesen werden:

- Alle Stichwörter sind nach einem einheitlichen Schema mit den Rubriken

    BEDEUTUNG UND DEFINITION
    PHYSIKALISCHER HINTERGRUND
    ANWENDUNGEN UND BEISPIELE
    BEACHTE
    WEITERFÜHRENDE LITERATUR

    und in etwa vergleichbarem Umfang abgehandelt.

- An Stellen, an denen ein Verweis auf ein anderes Stichwort sinnvoll erscheint, erfolgt dies durch die Großbuchstaben–Schreibweise.

    Beispiel: ... wie die WÄRMELEITUNGSGLEICHUNG zeigt.

    Dies ist als Hilfe an bestimmten Stellen gedacht, aber keine systematische und vollständige Hervorhebung aller Begriffe, die jeweils als eigene Stichwörter vorkommen.

- Neben den auf jeweils etwa vier Seiten abgehandelten Stichwörtern gibt es andere, die nicht selbst beschrieben werden, sondern als Verweis auf ein Stichwort aufgenommen worden sind. Diese Verweise finden sich jeweils an der alphabetisch richtigen Stelle am Ende komplett abgehandelter Stichwörter. Diese Verweise sind in die alphabetische Übersicht am Ende des Buches aufgenommen worden.

- Alle dimensionsbehafteten Größen sind konsequent mit einem $*$ versehen worden. Größen ohne $*$ sind dimensionslos.

- Bei der Angabe von Dimensionen bedeutet ein schräger Bruchstrich, daß alle folgenden Größen im Nenner stehen. In diesem Sinne hat also z.B. $[\mathrm{kg/ms}]$ die Bedeutung von $[\mathrm{kg/(m\,s)}]$.

- Für die thermodynamische Temperatur ist einheitlich der Buchstabe T^* verwendet worden. Ob es sich um die thermodynamische Celsius- oder Kelvin- Temperatur handelt, folgt aus der Einheit °C bzw. K.

- Die Literaturangaben unter WEITERFÜHRENDE LITERATUR sind jeweils nach den Erscheinungsjahren geordnet. Die neuesten Literaturstellen sind zuerst genannt.

Stichwörter nach Sachgebieten

(eine alphabetische Übersicht befindet sich am Ende des Buches; ausgeführte Stichwörter sind fett gedruckt, Stichwortverweise erscheinen im Normaldruck)

1. Gleichungen

Fouriersches Wärmeleitungsgesetz 67
Konstitutive Gleichungen 123
Kopplungseffekt (→ **Konstitutive Gleichungen**) . 132
Thermische Energiegleichung 245
Wärmeleitungsgleichung 342

2. Konzepte und Methoden

Analogie 5
Boussinesq-Approximation 23
Dimensionsanalysis 27
Filmtemperatur (→ **Referenztemperatur-Methode**) 66
Grenzschicht 87
Referenztemperatur 165
Referenztemperatur-Methode 169
Reynolds-Analogie (→ **Analogie**) 174
Rückgewinnfaktor 182
Stoffwertverhältnis-Methode 199
Thermische Einlauflänge 240
Variable Stoffwerte 304
Verbesserung des Wärmeüberganges 309
Wärmedurchgangskoeffizient 320
Wärmespeicherung 359
Wärmeübergangsbeziehung
      (→ **Wärmeübergangskoeffizient**) 376
Wärmeübergangskoeffizient 377

3. Thermodynamische Begriffe zur Wärmeübertragung

Adiabate Wandtemperatur 1
Anergie (→ **Exergie**) 8
Eigentemperatur (→ **Adiabate Wandtemperatur**) . 34
Entropie 43
Entropieproduktion 48

Exergie 55
Kühlgrenztemperatur 133
Latente Wärme 137
Schmelzenthalpie (→ **Latente Wärme**) 186
Speisewasservorwärmung (→ **Zwischenüberhitzung**) 198
Sublimationsenthalpie (→ **Latente Wärme**) 230
Thermodynamische Mitteltemperatur 268
Thermodynamischer Kreisprozess 273
Thermodynamische Temperatur 277
Wärmekraftprozesse 329
Zwischenüberhitzung 394

4. Kennzahlen der Wärmeübertragung

Biot-Zahl 18
Brinkman-Zahl (→ **Eckert-Zahl**) 26
Colburn-Zahl (→ **Analogie**) 26
Eckert-Zahl 31
Fourier-Zahl 70
Froude-Zahl 73
Graetz-Zahl (→ **Graetz-Problem**) 83
Grashof-Zahl 84
Merit-Zahl (→ **Wärmerohr**) 145
Nusselt-Zahl 155
Peclet-Zahl 158
Prandtl-Zahl 161
Rayleigh-Zahl (→ **Grashof-Zahl**) 164
Reynolds-Zahl 175
Richardson-Zahl 179
Stanton-Zahl (→ **Nusselt-Zahl**) 198
Turbulente Prandtl-Zahl 301

5. Stoffwerte der Wärmeübertragung

Latente Wärme 137
Temperaturleitfähigkeit 231
Thermischer Ausdehnungskoeffizient 255
Wärmekapazität 323
Wärmeleitfähigkeit 334

6. Spezielle Formen und Aspekte der Wärmeübertragung

Behältersieden 9
Bénard-Konvektion 14

Blasensieden   (→ **Sieden**) 22
Filmkondensation 58
Filmkühlung 62
Filmsieden   (→ **Sieden**) 66
Induktionsheizung 93
Joulesche Wärme 97
Konjugierter Wärmeübergang 120
Konvektive Wärmeübertragung 127
Lévêque-Lösung 142
Mikrowellenheizung 146
Nicht-Fouriersche Wärmeleitung 150
Peltier-Effekt   (→ **Thermoelement**) 160
Rayleigh-Bénard–Konvektion   (→ **Bénard-Konvektion**) 164
Schwitzkühlung   (→ **Transpirationskühlung**) . . . 186
Seebeck-Effekt   (→ **Thermoelement**) 186
Siedekrise   (→ **Sieden; Strömungssieden**) 186
Sieden 187
Soret-Effekt   (→ **Thermodiffusion**) 198
Stilles Sieden   (→ **Sieden**) 198
Thermische Isolation 250
Thermischer Kontaktwiderstand 258
Transpirationskühlung 289
Tropfenkondensation 298
Verdunstungskühlung   (→ **Transpirationskühlung**) . 316
Wärmeleitung 338
Wärmeübertragung 388
Widerstandsheizung   (→ **Joulesche Wärme**) . . . 393

7. Wärmeübertragung mit Phasenwechsel

Blasensieden   (→ **Sieden**) 22
Filmkondensation 58
Filmsieden   (→ **Sieden**) 66
Kondensation 111
Kritische Wärmestromdichte   (→ **Sieden**) 132
Latente Wärme 137
Leidenfrost-Temperatur   (→ **Sieden**) 141
Sieden 187
Stilles Sieden   (→ **Sieden**) 198
Strömungssieden 226
Tropfenkondensation 298
Verdunstungskühlung   (→ **Transpirationskühlung**) . 316

8. Wärmestrahlung

Einstrahlzahl 35
Hohlraumstrahlung   (→ Strahlung Schwarzer Körper) 92
Solarstrahlung 193
Strahlung Grauer Körper 203
Strahlung realer Körper 206
Strahlung Schwarzer Körper 214
Strahlung von Gasen 221
Treibhauseffekt 293
Wärmestrahlung 365

9. Wärmetechnische Apparate und Anlagen

Induktionsheizung 93
Kältemaschine 100
Kondensator 116
Mikrowellenheizung 146
Regenerator   (→ Wärmeübertrager) 174
Rekuperator   (→ Wärmeübertrager) 174
Thermosyphon   (→ Wärmerohr) 288
Verdampfer 314
Wärmepumpe 346
Wärmerohr 353
Wärmespeicherung 359
Wärmeübertrager 381

10. Meteorologische Aspekte

Empfundene Temperatur   (→ Fühlbare Temperatur) 42
Fühlbare Temperatur 76
Solarstrahlung 193
Treibhauseffekt 293

11. Meßtechnische Aspekte

Temperaturmessung 235
Thermoelement 283
Wärmestrommessung 371
Widerstandsthermometer   (→ Temperaturmessung) 393

Adiabate Wandtemperatur T_{ad}^*
(adiabatic wall temperature T_{ad}^*)

BEDEUTUNG UND DEFINITION

Es handelt sich um diejenige Wandtemperatur (–verteilung) eines bestimmten Problems, die sich aufgrund von Dissipationseffekten (in Wandnähe) einstellt, wenn die Wand wärme*un*durchlässig ist.

	Definition	
$T_{ad}^*(x^*) = T_W^*(x^*)$ für $\dot{q}_W^*(x^*) = 0$		
T_{ad}^*	adiabate Wandtemperatur	K
T_W^*	Wandtemperatur	K
x^*	Koordinate längs der Wand	m
$\dot{q}_W^*$	Wärmestromdichte senkrecht zur Wand	W/m^2

PHYSIKALISCHER HINTERGRUND

Infolge von Dissipationseffekten in der Wandgrenzschicht entsteht bei jedem umströmten Körper auch dann eine Temperaturgrenzschicht, wenn kein Wärmeübergang an der Wand vorliegt. An einer solchen wärmeundurchlässigen, d.h., adiabaten Wand bildet sich dabei eine Wandtemperatur aus, die oberhalb der Umgebungstemperatur liegt, da der Dissipationsprozeß stets zu einer lokalen Erhöhung der inneren Energie führt. Ist die Wandtemperatur in einer speziellen Situation konstant, d.h., x^*-unabhängig, so spricht man auch von der Eigentemperatur der Wand, sonst gelegentlich von der Eigentemperaturverteilung. Das nachfolgende Bild zeigt den prinzipiellen Temperaturverlauf.

Dissipationseffekte beeinflussen die Wandtemperatur zwar auch dann, wenn die Wand wärmedurchlässig ist, der Begriff der Eigentemperatur bzw. Eigentemperaturverteilung ist aber für den speziellen Fall der adiabaten Wand reserviert.

Die adiabate Wandtemperatur ist jedoch durchaus auch für Strömungen *mit* Wärmeübergang von Bedeutung, wenn bei diesen nicht zu vernachlässigende Dissipationseffekte auftreten. In den jeweiligen Wärmeübergangsbeziehungen wird dann als charakteristische Temperaturdifferenz sinnvollerweise $\Delta T^* = T_W^* - T_{ad}^*$ gewählt, s. dazu auch das Stichwort RÜCKGEWINNFAKTOR.

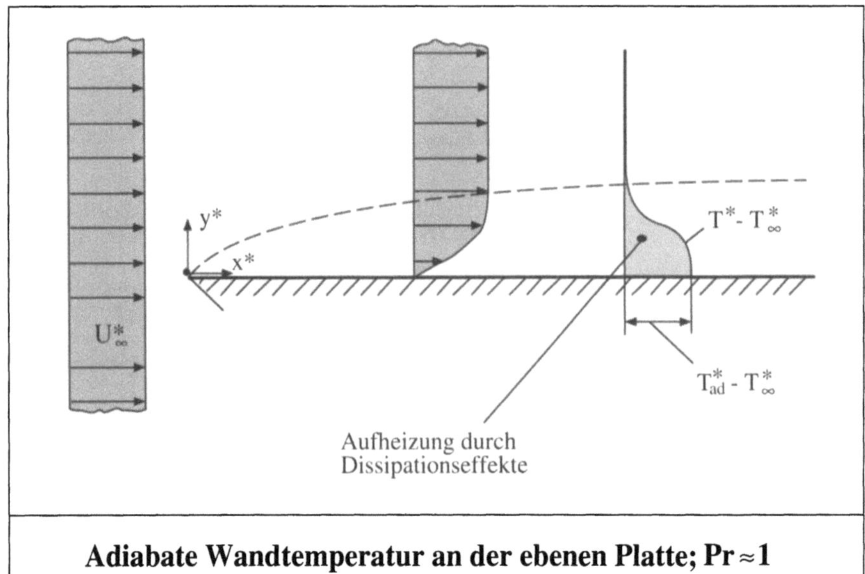

Adiabate Wandtemperatur an der ebenen Platte; Pr ≈ 1

ANWENDUNGEN UND BEISPIELE

1. Eigentemperatur einer längsangeströmten ebenen Platte, Messungen für Luft ($\mathrm{Pr} = 0{,}72$)

Für die Prandtl-Zahl $\mathrm{Pr} = 0{,}72$ ergeben sich adiabate Wandtemperaturen im Reynolds-Zahl Bereich $10^5 \leq \mathrm{Re} \leq 5 \cdot 10^6$ wie in der Abbildung auf der folgenden Seite gezeigt.

2. Eigentemperatur einer längsangeströmten ebenen Platte mit einer laminaren Grenzschicht für den gesamten Prandtl-Zahl Bereich

Für die adiabate Wandtemperatur gilt (siehe: Schlichting, Gersten (1997, S. 249 ff)) im Sinne der Grenzschichttheorie für $\mathrm{Re} \to \infty$:

$$\frac{T_{ad}^* - T_\infty^*}{T_\infty^*} = \frac{1}{2} f(\mathrm{Pr})\tilde{\mathrm{Ec}} \qquad \text{mit} \quad \tilde{\mathrm{Ec}} = \frac{U_\infty^{*2}}{c_p^* T_\infty^*}$$

$$
\begin{array}{llll}
\text{und:} & f(\mathrm{Pr}) &=& 0{,}9254\,\mathrm{Pr}^{1/2} & \text{für} & \mathrm{Pr} \to 0 \\
& f(\mathrm{Pr}) &=& 0{,}85 & \text{für} & \mathrm{Pr} = 0{,}72 \\
& f(\mathrm{Pr}) &=& 1 & \text{für} & \mathrm{Pr} = 1 \\
& f(\mathrm{Pr}) &=& 1{,}9222\,\mathrm{Pr}^{1/3} - 1{,}341 & \text{für} & \mathrm{Pr} \to \infty
\end{array}
$$

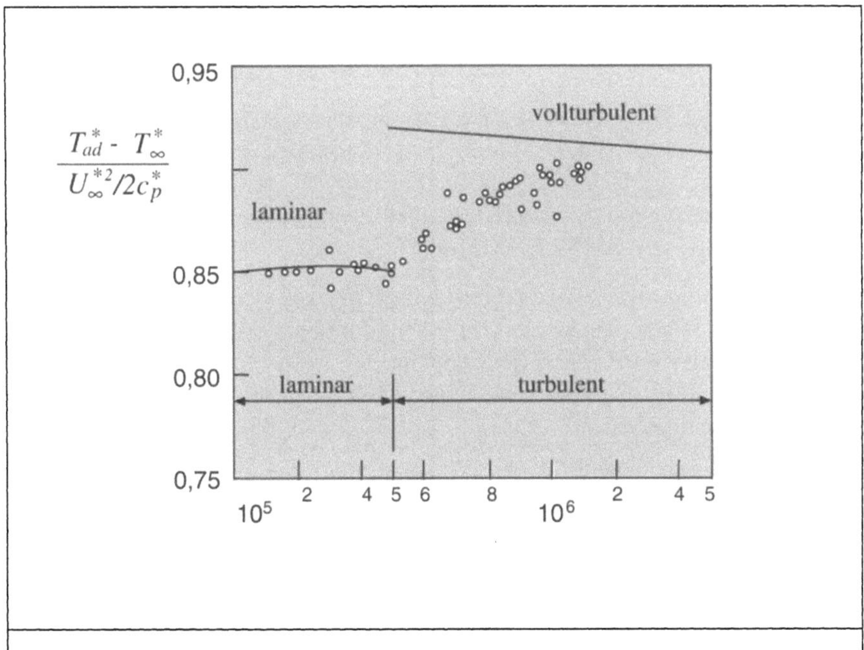

Eigentemperatur der längsangeströmten ebenen Platte

Messungen für Luft (Pr = 0,72)

Experimentelle Daten (∘∘∘) aus: Eckert, Weise (1942)
Theorie (—) aus: Schlichting, Gersten (1997)

Damit ergibt sich z.B. bei $U_\infty^* = 20\,\mathrm{m/s}$ für verschiedene Fluide mit $T_\infty^* = 293\,\mathrm{K}$ ($T_\infty^* = 473\,\mathrm{K}$ für flüssiges Natrium), $p_\infty^* = 1\,\mathrm{bar}$:

FLUID	Pr	$\tilde{E}c$	$f(\mathrm{Pr})$	$(T_{ad}^* - T_\infty^*)/^\circ\mathrm{C}$
fl. Natrium	0,0074	$6{,}3 \cdot 10^{-4}$	0,08	0,01
Luft	0,72	$1{,}35 \cdot 10^{-3}$	0,85	0,17
Öl	10 400	$7{,}2 \cdot 10^{-4}$	40,62	4,3

Adiabate Wandtemperaturen

BEACHTE

☞ Die als $(T_{ad}^* - T_\infty^*)\,/(U_\infty^{*2}/2c_p^*)$ entdimensionierte Temperaturerhöhung einer adiabaten Wand wird häufig auch als RÜCKGEWINNFAKTOR r (engl.:

recovery factor) bezeichnet. Damit werden zwei physikalische Effekte ins Verhältnis gesetzt:

- $T^*_{ad} - T^*_\infty$: Wandtemperaturerhöhung aufgrund von Dissipationseffekten

- $U^{*2}_\infty / 2c^*_p$: Temperaturerhöhung wegen des reibungsfreien adiabaten Aufstaus eines idealen Gases konstanter spezifischer Wärmekapazität. Für diese gilt $U^{*2}_\infty / 2c^*_p = T^*_0 - T^*_\infty$ mit T^*_0 als Ruhetemperatur der Außenströmung. Sie beschreibt die vollständige (und reversible) Umwandlung von kinetischer in innere Energie.

Da beide Effekte völlig unterschiedlicher physikalischer Natur sind, ist ihr Verhältnis (selbst für ideale Gase) wenig aussagekräftig. Darüber hinaus suggeriert der Name einen Rückgewinn, der schwer interpretierbar ist.

Der Rückgewinnfaktor r hat eine ernsthafte Bedeutung nur bei Gasen hoher Geschwindigkeit.

☞ Sind Dissipationseffekte für den Wärmeübergang von Bedeutung und sollen deshalb nicht vernachlässigt werden, so kann man diese in guter Näherung wie folgt berücksichtigen:

In den Wärmeübergangsbeziehungen in Form der NUSSELT-ZAHL Nu oder des WÄRMEÜBERGANGSKOEFFIZIENTEN α, die zunächst für niedrige Strömungsgeschwindigkeiten (keine Dissipation, Ec $\to$ 0) gelten, wird statt der charakteristischen Temperaturdifferenz (häufig: $T^*_W - T^*_\infty$) die Differenz $T^*_W - T^*_{ad}$ verwendet. Dies setzt natürlich die Kenntnis der adiabaten Wandtemperatur T^*_{ad} voraus.

Darüber hinaus ist zu beachten, daß in den (ursprünglich für niedrige Geschwindigkeiten geltenden) Wärmeübergangsbeziehungen die Stoffwerte bei einer geeigneten REFERENZTEMPERATUR (z.B. der FILMTEMPERATUR) benutzt werden müssen.

WEITERFÜHRENDE LITERATUR

Schlichting, H.; Gersten., K. (1997): *Grenzschicht-Theorie*, Springer-Verlag, Berlin, Heidelberg, New York

White, F. M. (1988): *Heat and Mass Transfer*, Addison-Wesley Publ. Comp., Reading (Mass.)

Analogie
(analogy)

Bedeutung und Definition

Es handelt sich um den Versuch, aus ähnlichen oder unter speziellen Bedingungen auch gleichen Grundgleichungen für Probleme aus dem Bereich der Impuls-, Wärme- und Stoffübertragung auf ähnliche oder gleiche Lösungen zu schließen. Damit sollen Ergebnisse aus einem Bereich per Analogieschluß auf andere Bereiche übertragen werden.

	Definition	
Unter dem Begriff Analogie zwischen Impuls-, Wärme- und Stoffübertragung versteht man • die vollständige Übertragbarkeit von Lösungen zwischen den drei Teilbereichen aufgrund der Gleichheit der zugrundeliegenden Gleichungen einschließlich der zugehörigen Rand- und ggf. Anfangsbedingungen. Eine notwendige Voraussetzung hierfür ist $Pr = Sc = 1$ und $p^* = $ const. Häufig bezeichnet man solche Fälle als *Reynolds–Analogie.* • die näherungsweise Übertragbarkeit von Lösungen zwischen den drei Teilbereichen aufgrund einer weitgehenden Übereinstimmung der zugrundeliegenden Gleichungen einschließlich der zugehörigen Rand- und ggf. Anfangsbedingungen. Häufig handelt es sich um die Erweiterung auf Fälle mit $Pr \neq 1$ (bzw. $Sc \neq 1$). Man bezeichnet diese Fälle dann als *Prandtl–Analogie.*		
Pr	molekulare Prandtl-Zahl	—
Sc	molekulare Schmidt-Zahl	—

Physikalischer Hintergrund

Wenn es gelingt, zwei verschiedene Probleme mit formal identischen Gleichungen sowie Rand- und Anfangsbedingungen zu beschreiben, so sind auch die entsprechenden Lösungen formal identisch. Bezüglich der Impuls-, Wärme- und Stoffübertragung kann dies allerdings nicht allgemein gelingen, weil die zugrundeliegenden Gleichungen einige grundsätzliche Unterschiede aufweisen. Die zwei wesentlichen sind:

• Die Impulsgleichung ist eine vektorielle Gleichung mit drei Raumkomponenten; die thermische Energiegleichung und die partielle Kontinuitätsgleichung zur Beschreibung des Wärme- bzw. Stoffüberganges hingegen sind skalare Gleichungen.

- Bei turbulenten Strömungen treten in der Impulsgleichung Effekte der Druckschwankungen und deren Korrelationen mit den Geschwindigkeitsschwankungen auf, nicht aber in den Gleichungen für den Wärme- und Stoffübergang.

Aus dem ersten Punkt folgt, daß eine weitgehende Analogie nur zwischen der Wärme- und Stoffübertragung besteht, zur Impulsübertragung aber prinzipiell nur in den Sonderfällen möglich ist, für die nur eine Komponente der vektoriellen Impulsgleichung maßgeblich ist.

1. Analogie zwischen Wärme- und Stoffübertragung

Für die vollständige Analogie zwischen Wärme- und Stoffübertragung (Zweikomponenten-System in gleicher Phase) muß folgendes gelten:

- die Prandtl- und Schmidt-Zahlen sind gleich ($\mathrm{Pr} = \mathrm{Sc}$),

- Dissipationseffekte können vernachlässigt werden ($\mathrm{Ec} = 0$),

- Druckdiffusion, Diffusion durch Volumenkräfte, THERMODIFFUSIONS- und Diffusionsthermoeffekte können vernachlässigt werden,

- keine chemischen Reaktionen,

- gleiche Rand- und Anfangsbedingungen.

Sind diese Voraussetzungen erfüllt, so können z.B. alle für das Temperaturfeld erzielten Ergebnisse unmittelbar für das analoge Stoffübertragungsproblem übernommen werden. Das bedeutet, daß z.B. von dem Wärmeübergangsverhalten in Form der Nußelt–Zahl $\mathrm{Nu} = \dot{q}_W^* L^* / \lambda^* \Delta T^* = f(x, \mathrm{Re}, \mathrm{Pr})$ auf das Stoffübergangsverhalten in Form der Sherwood–Zahl $\mathrm{Sh} = j_{AW}^* L^* / D^* \varrho^* \Delta c_A = f(x, \mathrm{Re}, \mathrm{Sc})$ geschlossen werden kann.

Die Analogie kommt hier durch die einheitlich gültige Funktion $f(\dots)$ zum Ausdruck. Liegen Abweichungen von den zuvor getroffenen Voraussetzungen vor, so gilt die Analogie weiterhin im Sinne einer näherungsweisen Übertragbarkeit der Ergebnisse.

2. Analogie zwischen Impuls- und Wärmeübertragung

Wie bereits ausgeführt, darf nur eine Komponente der Impulsgleichung maßgeblich sein. Dies ist z.B. bei der Couette-Strömung, bei zweidimensionalen Grenzschichten und bei ausgebildeten Rohr- oder Kanalströmungen der Fall. Ein Vergleich zwischen der Impulsgleichung und der thermischen Energiegleichung ergibt als wesentliche Unterschiede:

- einen Druckterm in der Impuls-, aber nicht in der Energiegleichung,

- den Parameter Pr in der Energiegleichung.

Für die vollständige Analogie muß deshalb $dp^*/dx^* = 0$ und $Pr = 1$ gelten, was so nur auf die Couette-Strömung und die Grenzschicht an der ebenen Platte (bei $Pr = 1$) zutrifft. Genaugenommen muß sogar noch der laminare Fall vorausgesetzt werden, weil in der Turbulenz geringfügige Unterschiede im Zusammenhang mit den $p^{*\prime}$-Termen auftreten. Diese sog. Reynolds-Analogie äußert sich in der Beziehung $Nu_x/\sqrt{Re_x} = \frac{1}{2}c_f\sqrt{Re_x}$ zwischen dem Reibungsbeiwert c_f (Impulsübertragung) und der Nußelt-Zahl Nu (Wärmeübertragung).

Die Rohrströmung weist stets einen endlichen Druckgradienten auf, so daß die Analogie nur näherungsweise gültig sein kann.

Für Prandtl-Zahlen $Pr \neq 1$ sind eine Reihe von Näherungs-Analogiebeziehungen entwickelt worden, die auch unter dem Namen Prandtl-Analogie angegeben werden.

ANWENDUNGEN UND BEISPIELE

Näherungs-Analogiebeziehung für Grenzschichten mit $Pr \neq 1$ (Prandtl-Analogie)

Als Erweiterung der Reynolds-Analogie für laminare Grenzschichten, also $Nu_x/\sqrt{Re_x} = \frac{1}{2}c_f\sqrt{Re_x}$, findet man (z.B. in Incropera, DeWitt (1996)):

$$\frac{Nu_x}{\sqrt{Re_x}} = \frac{1}{2}c_f\sqrt{Re_x}\,Pr^{\frac{1}{3}} \qquad 0,6 < Pr < 60 \qquad (*)$$

als näherungsweise Analogie auch für Prandtl-Zahlen $Pr \neq 1$.

Eine Auswertung von Gleichung $(*)$ für die laminare Plattenströmung ($T_W^* = $ const) ergibt im Vergleich zu den exakten Werten für den angegebenen Prandtl-Zahl–Bereich Abweichungen von maximal etwa 2%.

Da Gl. $(*)$ auch für turbulente Strömungen Verwendung finden soll, der Faktor $\sqrt{Re_x}$ bei Nu und c_f aber nur für laminare Grenzschichtströmungen sinnvoll ist (entstanden aus der Koordinatentransformation $(y^*/L^*)\sqrt{Re_x}$), wird Gl. $(*)$ mit Hilfe der sog. Stanton-Zahl $St = Nu_x/Re_xPr$ formal umgeschrieben zu:

$$St\,Pr^{\frac{2}{3}} = \frac{1}{2}c_f \qquad 0,6 < Pr < 60 \qquad (**)$$

Sowohl Gl. $(*)$ als auch Gl. $(**)$ gelten im Sinne der Grenzschichttheorie für große Reynolds-Zahlen ($Re \to \infty$).

Während jedoch im Falle der laminaren Grenzschicht die Re-Abhängigkeit des Wärmeüberganges explizit in der Kombination $Nu_x/\sqrt{Re_x} = \frac{1}{2}c_f\sqrt{Re_x}$

vollständig erfaßt ist, besteht bei turbulenten Grenzschichten bezüglich der Stanton-Zahl noch eine in c_f „verborgene" Abhängigkeit von der Reynolds-Zahl. Diese liegt in Form einer Abhängigkeit von $\ln Re_x$ vor.

BEACHTE

- Die Kombination $\mathrm{St}\,\mathrm{Pr}^{\frac{2}{3}} = \mathrm{Nu}/\mathrm{Re}\,\mathrm{Pr}^{\frac{1}{3}}$ wird gelegentlich auch als „Colburn-Faktor j" oder als „Colburn-Zahl Co" bezeichnet. Die Prandtl-Analogie Gl. (∗∗) heißt manchmal „modifizierte Reynolds-Analogie" oder auch „Chilton-Colburn–Analogie".

- Die Analogie zwischen Wärme- und Stoffübertragung bietet sich an, um häufig sehr aufwendige Untersuchungen zum Stoffübergang (z.B. in der Trocknungstechnik) durch einfache analoge Untersuchungen zum Wärmeübergang zu ersetzen. Dabei werden z.B. anstelle von Konzentrationsmessungen Temperaturmessungen vorgenommen.

WEITERFÜHRENDE LITERATUR

Incropera, F. P.; DeWitt, D. P. (1996): *Fundamentals of Heat and Mass Transfer*, John Wiley & Sons, New York

Gersten, K.; Herwig, H. (1992): *Strömungsmechanik*, Vieweg-Verlag, Braunschweig

Anergie
(anergie)

Siehe dazu das Stichwort EXERGIE.

Behältersieden
(pool boiling)

BEDEUTUNG UND DEFINITION

Es handelt sich um eine spezielle Variante des Siedevorganges, also des Überganges eines Stoffes aus seiner flüssigen Phase in die Gasphase (Dampf); siehe dazu auch das Stichwort SIEDEN.

<table>
<tr><td></td><td>Definition</td><td></td></tr>
</table>

Unter dem Begriff des Behältersiedens versteht man die Verdampfung einer Flüssigkeit in großen Behältern. „Groß" bedeutet in diesem Zusammenhang, daß die Behälterabmessungen deutlich über typischen Blasengrößen liegen. Eine Strömung soll dabei nur infolge von Dichteunterschieden (natürliche Konvektion) oder durch die Bewegung der aufsteigenden Dampfblasen zustande kommen.

PHYSIKALISCHER HINTERGRUND

Geht man in Gedanken von einem flüssigkeitsgefüllten Behälter bei einem bestimmten Druck (z.B. Umgebungsdruck) und der zugehörigen Sättigungstemperatur T_S^* aus (also einem nicht unterkühlten Zustand, der vorliegt, wenn die Flüssigkeit ausschließlich mit ihrem Dampf im Gleichgewicht steht), so treten bei Wärmezufuhr über den Behälterboden folgende Phänomene auf:

Bei einer zunächst geringen Wandüberhitzung $T_W^* - T_S^*$ tritt sog. stilles Sieden auf. Dabei entstehen zunächst noch keine Dampfblasen. Wird diese geringe Wandüberhitzung hinreichend lange aufrechterhalten, so stellt sich ein stationärer Zustand ein, bei dem es zu großräumigen Konvektionsbewegungen im Behälter kommt. Am Behälterboden bilden sich Grenzschichten aus, in denen der wesentliche Teil des Temperaturabfalles von T_W^* auf $T_{Fluid}^* \approx T_S^*$ erfolgt, d.h., die Temperatur im Kernbereich (also mit Ausnahme der Wandgrenzschichten) ist nur wenig höher als T_S^*. Die über den Boden eingetragene Energie wird an der freien Oberfläche zur Verdampfung der Flüssigkeit „genutzt".

Bei einer weiteren Erhöhung der Wandüberhitzung $T_W^* - T_S^*$ entstehen an bestimmten Stellen des Bodens Dampfblasen, die mit der Zeit anwachsen, bis sie bei Erreichen hinreichender Größe abreißen und unter der Wirkung der Auftriebskraft aufsteigen. Dieser Vorgang des Blasensiedens ist äußerst komplex und bis heute nur in Ansätzen verstanden.

Für das Entstehen der Dampfblasen sind offensichtlich Gaseinschlüsse in mikroskopisch kleinen Wandunebenheiten ausschlaggebend. Dies kann erklären, warum die Dampfblasenbildung sehr stark von der Oberflächenstruktur der Wand abhängt.

Für die Blasendynamik (Anwachsen und Abreißen) spielt die Oberflächenspannung σ^* an der Blasenoberfläche eine entscheidende Rolle. Betrachtet man eine Dampfblase vom Radius r^* im Gleichgewicht mit der umgebenden Flüssigkeit, so ergibt sich folgendes:

1. Die Temperaturen in der Dampfblase und der Flüssigkeit sind gleich, $T_D^* = T_{Fl}^*$; (thermisches Gleichgewicht).

2. Der Druck in der Dampfblase ist durch die Wirkung der Oberflächenspannung σ^* größer als im Fluid. Es gilt: $p_D^* = p_{Fl}^* + 2\sigma^*/r^*$; (mechanisches Gleichgewicht).

3. Der Zusammenhang zwischen dem Sättigungsdruck p_S^* und der Sättigungstemperatur T_S^*, üblicherweise als Dampfdruckkurve bezeichnet, ist von der Form der Phasengrenze abhängig. Die üblicherweise dokumentierte Dampfdruckkurve gilt nur für eine ebene Phasengrenze. In der Dampfblase ist der zur Temperatur T_S^* gehörende Dampfdruck gegenüber dem ebenen Fall um $\frac{\varrho_D^*}{\varrho_{Fl}^* - \varrho_D^*} \frac{2\sigma^*}{r^*}$ niedriger (ϱ_D^* =Dampfdichte, ϱ_{Fl}^* =Flüssigkeitsdichte). Dies entspricht einer Verschiebung der Dampfdruckkurve nach unten, s. dazu speziell Stephan (1988); (stoffliches Gleichgewicht).

Vergleicht man nun die beiden Fälle „Gleichgewicht bei ebener Phasengrenze" und „Gleichgewicht bei gekrümmter Phasengrenze", so gibt es bei gleicher Temperatur einen Unterschied im zugehörigen Druck aufgrund der zuvor genannten Punkte 2. und 3. Gleichbedeutend damit ist bei gleichem Druck ein Unterschied in der Temperatur, der sich als Überhitzung des Fluides interpretieren läßt. Ein (für eine ebene Phasengrenze) überhitztes Fluid stellt also für eine Blase mit einem ganz bestimmten Radius gerade die Gleichgewichtsbedingung her. Zu jeder Überhitzung $T_{Fl}^* - T_S^*$ mit T_S^* als Siedetemperatur bei ebener Phasengrenze (= Ausgangspunkt für die Überlegungen zum Behältersieden) gehört also ein Phasenradius für eine stabile Dampfblase. Kleinere Dampfblasen „empfinden" die Umgebung als unterkühlt und kondensieren, größere als überhitzt und können weiter anwachsen. Dies kann erklären, warum eine bestimmte Überhitzung erreicht sein muß, damit Dampfblasen einer gewissen Größe wachsen können (für $r^* \to 0$ gilt $(T_{Fl}^* - T_S^*) \to \infty$!).

Eine weitere Erhöhung der Wandüberhitzung führt zu einer ständigen Intensivierung der Blasenbildung bis diese so stark wird, daß bestimmte Wandbereiche vollständig von einem Dampffilm bedeckt sind. Dies führt an diesen Stellen zu deutlich erhöhten Wärmewiderständen. Ist schließlich die gesamte Wand von einem Dampffilm bedeckt, liegt Filmsieden vor. Die damit verbundene Problematik wird als Siedekrise bezeichnet und ist unter ANWENDUNGEN UND BEISPIELE zum Stichwort SIEDEN beschrieben.

Die bisherigen Ausführungen waren von einer Situation ausgegangen, bei der die Flüssigkeit nur mit ihrem Dampf im Gleichgewicht steht. Herrscht an der Oberfläche des flüssigkeitsgefüllten Behälters jedoch ein Gleichgewicht zwischen der Flüssigkeit und einem Gasgemisch (z.B. Luft) mit dem Dampf als einer Komponente, so ist die Flüssigkeit unterkühlt ($T_{Fl}^* < T_S^*$). Ihre Temperatur befindet sich auf dem zum Sättigungspartialdruck gehörigen niedrigen Niveau und nicht auf dem höheren zum Druck in der Flüssigkeit. Kommt es dann in Wandnähe zum Blasensieden, so werden die aufsteigenden Dampfblasen in der für sie unterkühlten Umgebung kondensieren und diese mit der freiwerdenden Verdampfungsenthalpie aufheizen, bis die zum Flüssigkeitsdruck gehörige Sättigungstemperatur erreicht ist, s. auch die weiteren Ausführungen unter BEACHTE.

ANWENDUNGEN UND BEISPIELE

Wärmeübergang beim stillen Sieden und Blasensieden

Da mit steigender Wandüberhitzung die induzierte Strömung stets stärker wird und sich dies positiv auf den Wärmeübergang auswirkt, kann der Wärmeübergangskoeffizient $\alpha^* = \dot{q}_W^*/(T_W^* - T_S^*)$ keine Konstante sein, sondern wächst mit $\dot{q}_W^*$ bzw. $(T_W^* - T_S^*)$ stark an, wie das nachfolgende Bild zeigt.

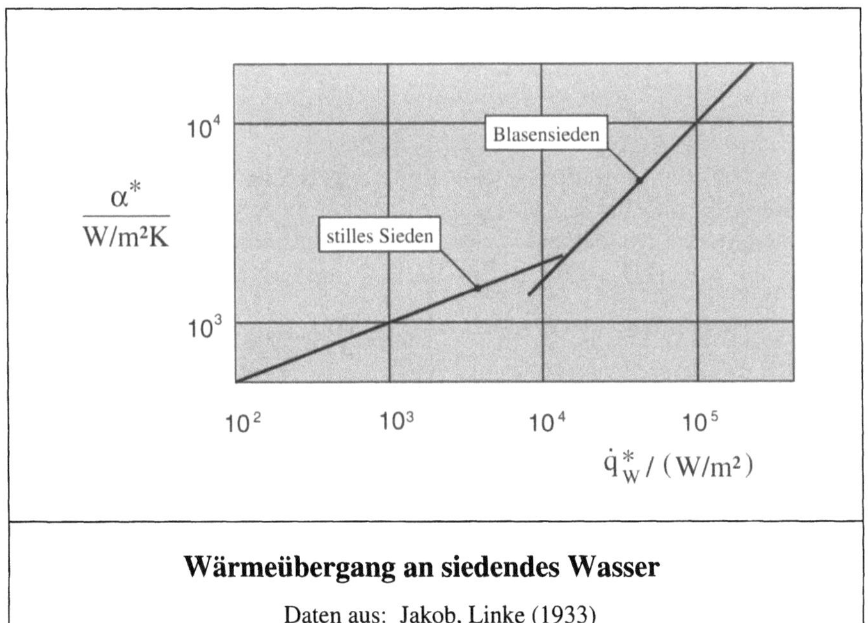

Wärmeübergang an siedendes Wasser

Daten aus: Jakob, Linke (1933)

Das Bild auf der vorhergehenden Seite zeigt Zahlenwerte von α^* für siedendes Wasser bei 100°C an einer waagerechten Heizfläche für Umgebungsdruck.

Generell ergeben sich für das Blasensieden sehr hohe Werte für α^*. Durch die Physik der Blasenverdampfung im wandnahen Bereich sind „Wärmesenken" in Form der an den Blasenrändern aufzubringenden Verdampfungsenthalpie vorhanden. Wegen der Wandnähe werden daher keine großen Temperaturunterschiede benötigt, um den Energietransport von der Wand zu den Blasen-Phasengrenzen zu realisieren.

Als empirischer Ansatz wird mit $\alpha^* = \dot{q}_W^*/(T_W^* - T_S^*)$ eine Potenzfunktion der Form (s. Stephan (1988))

$$\alpha^* = c_n^*(T_W^* - T_S^*)^n = c_n^{*\,1/(1+n)}\,\dot{q}_W^{*\,n/(1+n)}$$

eingeführt. Über einem waagerechten geheizten Boden gilt beim stillen Sieden (wie allgemein bei natürlicher Konvektion):

$$n = 1/4 \quad \text{bei laminarer Strömung}$$
$$n = 1/3 \quad \text{bei turbulenter Strömung (näherungsweise)}$$

und bei Blasensieden in der Nähe des Umgebungsdruckes

$$n = 3.$$

Die Konstante c_n^* ist der jeweiligen Geometrie anzupassen. Im Bereich des Blasensiedens hängt c_n^* von der Paarung siedende Flüssigkeit/Heizwand und insbesondere vom Sättigungsdruck der siedenden Flüssigkeit ab.

BEACHTE

◘ Die Alltagserfahrung des auf dem Herd „kochenden" Wassers ist ein typisches Beispiel für ein anfänglich unterkühltes Behältersieden. Druck und Temperatur stellen sich zunächst auf die Umgebungswerte ein ($p^* = 1\,\text{bar}$, $T^* = 293\,\text{K} \approx 20°\text{C}$). Unmittelbar über der Wasseroberfläche liegt ein Wasserdampf-Partialdruck gemäß der Wasser-Dampfdruckkurve vor ($p_S^* \approx 0{,}023\,\text{bar}$ bei $T_S^* = 20°\text{C}$). Bei Wärmezufuhr über den Boden kommt es nach einiger Zeit zum Blasensieden. Aufsteigende Blasen kondensieren im unterkühlten Wasser und heizen dies allmählich durch Abgabe der Verdampfungsenthalpie zusätzlich zum Wärmeübergang über den Boden bis zum Sättigungszustand bei Umgebungsdruck ($p^* = p_S^* = 1\,\text{bar}$ und $T_S^* \approx 100°\text{C}$) auf. Dann „kocht" das Wasser.

◘ Behältersieden tritt in technischen Anwendungen eher selten auf, da häufig Strömungsvorgänge überlagert sind, s. dazu das Stichwort STRÖMUNGS-SIEDEN.

Weiterführende Literatur

Balakrishnan, A.R. (1998): *Pool Boiling of Saturated Pure Liquids and Binary Mixtures: Effect of Surface Characteristics*, Proc. 11th IHTC, Vol. 1, 71–87

Stephan, K. (1988): *Wärmeübergang beim Kondensieren und beim Sieden*, Springer-Verlag, Berlin, Heidelberg, New York

Whalley, P. B. (1987): *Boiling, Condensation and Gas-Liquid Flow*, Clarendon Press Oxford

Jakob, M.; Linke, W. (1933): *Der Wärmeübergang von einer waagerechten Platte an siedendes Wasser*, Forsch. Ingenieurwes. 4, 75–81

Bénard Konvektion
(Bénard convection)

Bedeutung und Definition

Es handelt sich um bestimmte Strömungsformen in einer von unten beheizten Fluidschicht. Diese treten oberhalb von sog. kritischen Temperaturunterschieden zwischen der Unter- und Oberseite einer horizontalen Fluidschicht auf. Für Temperaturunterschiede, die kleiner als die kritische Temperaturdifferenz sind, liegt reine Wärmeleitung in der ruhenden Flüssigkeit vor.

	Definition	

Unter der Bénard Konvektion (bisweilen auch als Rayleigh-Bénard Konvektion bezeichnet) versteht man die Ausbildung von stabilen Strömungsfeldern in einer horizontalen Fluidschicht oberhalb einer kritischen Rayleigh-Zahl Ra_{krit}. In diese geht als wesentliche Größe die kritische Temperaturdifferenz zwischen der Unter- und Oberseite der von unten beheizten Fluidschicht ein. Für die kritische Rayleigh–Zahl einer unendlich ausgedehnten Fluidschicht gilt

$$\mathrm{Ra}_{krit} = \frac{\varrho^* g^* \beta^* \Delta T^* H^{*3}}{\eta^* a^*} = c_1$$

mit:

$$c_1 \ = \ 1\,707{,}7 \quad \text{für zwei feste isotherme Wände}$$
$$c_1 \ = \ 1\,100{,}6 \quad \text{für eine feste Wand und eine freie Oberfläche}$$
$$c_1 \ = \ 657{,}5 \quad \text{für zwei freie Oberflächen}$$

Ra_{krit}	kritische Rayleigh-Zahl	–
ϱ^*	Dichte	$\mathrm{kg/m^3}$
g^*	Fallbeschleunigung	$\mathrm{m/s^2}$
β^*	$= -(\partial \varrho^*/\partial T^*)/\varrho^*$; isobarer thermischer Ausdehnungskoeffizient	$1/\mathrm{K}$
ΔT^*	(kritische) Temperaturdifferenz zwischen Unter- und Oberseite	K
H^*	Höhe der Fluidschicht	m
η^*	dynamische Viskosität	$\mathrm{kg/ms}$
a^*	Temperaturleitfähigkeit	$\mathrm{m^2/s}$

PHYSIKALISCHER HINTERGRUND

Da bis auf den Sonderfall der sog. Wasseranomalie für alle Fluide stets $\partial \varrho^* / \partial T^* < 0$ gilt, die Dichte also mit steigender Temperatur abnimmt, liegt bei einer von unten beheizten Fluidschicht eine sog. instabile Schichtung vor. Das Fluid mit geringer Dichte liegt unterhalb des Fluides mit höherer Dichte. Solange die horizontale Schichtung unangetastet bleibt, resultieren daraus noch keine Auftriebskräfte. Wenn aber durch eine gewisse Störung z.B. ein Fluid mit geringer Dichte in einen Fluidbereich mit höherer Dichte gelangt, so wirken Auftriebskräfte, die die anfängliche Störung in ihrer Tendenz unterstützen. Gleichzeitig entstehen durch solche Bewegungen aber auch dämpfende Dissipationseffekte, so daß insgesamt eine bestimmte „Schwelle" überschritten werden muß, um eine großräumige Strömung in Gang zu setzen. Eine mathematische Analyse des Problems zeigt, daß diese Schwelle in Form der kritischen Rayleigh-Zahl angegeben werden kann.

Die Zahlenwerte für Ra_{krit} können aus der sog. *linearen Stabilitätstheorie* gewonnen werden, bei der ein linearisiertes Gleichungssystem zur Beschreibung des Störverhaltens gelöst wird. Aus dieser Lösung kann aber lediglich

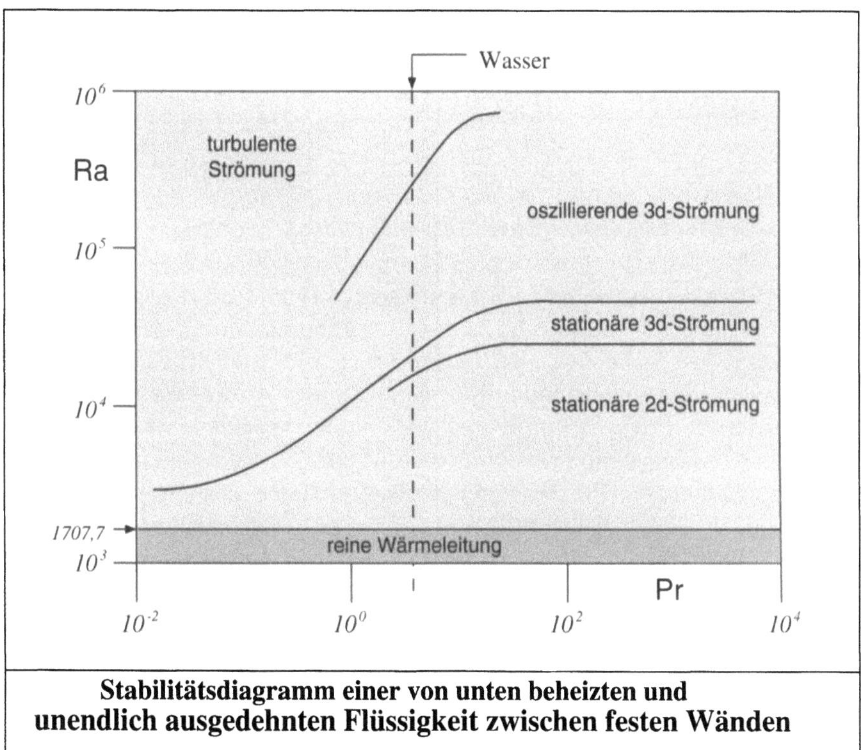

Stabilitätsdiagramm einer von unten beheizten und unendlich ausgedehnten Flüssigkeit zwischen festen Wänden

Daten aus: Krishnamurti (1973)

der Grenzwert Ra_{krit} ermittelt werden, Aussagen über die „anschließend" einsetzende Strömung sind damit nicht möglich. Dazu müssen die vollständigen Impulsgleichungen zusammen mit der thermischen Energiegleichung gelöst werden. Solche Lösungen stimmen sehr gut mit Beobachtungen an den entsprechenden Konfigurationen überein. Dabei ergibt sich im einzelnen folgendes Bild.

Bei einer unendlich ausgedehnten Fluidschicht zwischen zwei festen Wänden bilden sich nach Überschreiten der kritischen Rayleigh-Zahl von $\mathrm{Ra}_{krit} = $ 1707,7 parallele Rollzellen mit alternierender Drehrichtung der einzelnen Rollen aus. Dies erhöht den Wärmeübergang gegenüber dem Fall reiner Wärmeleitung erheblich. Eine weitere Erhöhung der Temperaturdifferenz zwischen der Unter- und Oberseite (und damit eine weitere Erhöhung der Rayleigh-Zahl) führt zu einem plötzlichen Umschlag der zweidimensionalen Rollzellen in eine dreidimensionale Struktur bei Erreichen einer zweiten kritischen Rayleigh-Zahl (s. dazu auch das nachfolgende Beispiel).

Bei einer unendlich ausgedehnten Fluidschicht mit einer freien Oberfläche tritt bei Erreichen der kritischen Rayleigh-Zahl von $\mathrm{Ra}_{krit} = 1\,100,6$ von vorne herein eine dreidimensionale hexagonale Zellenstrukur auf. Auch diese erhöht den Wärmeübergang gegenüber dem Fall reiner Wärmeleitung erheblich.

ANWENDUNGEN UND BEISPIELE

Stabilitätsbereiche für eine von unten beheizte horizontale Fluidschicht zwischen zwei unendlich ausgedehnten festen Wänden

Das Bild auf der vorhergehenden Seite zeigt die Parameterbereiche, in denen jeweils unterschiedliche aber stabile Strömungsverhältnisse herrschen. Übergänge zwischen diesen Bereichen finden bei diskreten kritischen Rayleigh-Zahlen statt. Für eine bestimmte Konfiguration ist die Rayleigh-Zahl nur eine Funktion der Temperaturdifferenz ΔT^*, wenn man konstante, d.h., temperaturunabhängige Stoffwerte unterstellt (und β^* als eigenen, konstanten Stoffwert annimmt). Für Wasser bei einer mittleren Temperatur von 20°C ($\mathrm{Pr} = 7{,}0$) und einer Schichtdicke von $H^* = 1\,\mathrm{cm}$ erfolgt der Übergang damit z.B. (abgeleitet aus $\mathrm{Ra}_{krit} = 1\,707{,}7$) bei einer Temperaturdifferenz von $\Delta T^* = 0{,}13°\mathrm{C}$, der Übergang in eine turbulente Strömung erfolgt etwa bei $\Delta T^* = 15°\mathrm{C}$.

Erst eine nochmals um etwa den Faktor 10 vergrößerte Temperaturdifferenz führt zu einem voll turbulenten Strömungsverhalten wie dem Diagramm unter Beachtung des logarithmischen Maßstabes zu entnehmen ist.

BEACHTE

◻ Der Einfluß von Seitenwänden auf die Bénard-Konvektion wirkt sich durchweg im Sinne einer Erhöhung der kritischen Rayleigh-Zahl sowie einer Verschlechterung des Wärmeüberganges (beides gegenüber dem entsprechenden Fall ohne seitliche Begrenzung) aus.

◻ Die lineare Stabilitätsanalyse ergibt für den Übergang von der reinen Wärmeleitung zum konvektionsunterstützten Wärmeübergang, daß dafür kein Prandtl-Zahl-Einfluß vorhanden ist und eine einheitliche kritische Rayleigh-Zahl für alle Prandtl-Zahlen gilt. Dies wird durch experimentelle Ergebnisse gut bestätigt. Alle anderen kritischen Rayleigh-Zahlen für die Übergänge zwischen verschiedenen diskreten Strömungszuständen weisen dagegen eine deutliche Prandtl-Zahl-Abhängigkeit auf (s. dazu auch das Bild im vorigen Abschnitt).

◻ Da im Bénard-Problem naturgemäß Temperaturunterschiede auftreten, muß eine vollständige Modellvorstellung der Vorgänge auch den Einfluß der Temperaturabhängigkeit beteiligter Stoffwerte erfassen, s. dazu z.B. Severin, Herwig (1999).

WEITERFÜHRENDE LITERATUR

Merker, G. P. (1987): *Konvektive Wärmeübertragung*, Springer-Verlag, Berlin, Heidelberg, New York

Drazin, P. G.; Reid, W. H. (1981): *Hydrodynamic Stability*, Cambridge University Press, Cambridge

Catton, I. (1978): *Natural Convection in Enclosures*, in: Heat Transfer, Vol. VI, 13-32, Hemisphere Publ. Corp., Washington

Koschmieder, E. L. (1974): *Bénard Convection*, Adv. Chem. Phys. 26, 177-212

Krishnamurti, R. (1973): *Some Further Studies on the Transition to Turbulent Convection*, J. Fluid Mech. 60, 285-303

Chandrasekar, S. (1961): *Hydrodynamic and Hydromagnetic Stability*, Clarendon Press, Oxford

Severin, J.; Herwig, H. (1999): *Onset of Convection in the Rayleigh-Bénard Flow with Temperature Dependent Viscosity: an Asymptotic Approach*, ZAMM 50, 375–386

Biot-Zahl Bi
(Biot number Bi)

Bedeutung und Definition

Es handelt sich um eine dimensionslose Kennzahl konjugierter Probleme, d.h., von Wärmeübertragungssituationen, bei denen gleichzeitig Wärmeleitung in einem Festkörper und ein konvektiver Wärmeübergang im angrenzenden Fluid auftreten. Mit Hilfe der Biot-Zahl können Grenzfälle der konjugierten Probleme identifiziert werden, die eine vereinfachte Lösung erlauben.

	Definition	
	$$\mathrm{Bi} = \dfrac{\alpha^* L_c^*}{\lambda^*}$$	
Bi	Biot-Zahl	—
α^*	Wärmeübergangskoeffizient auf der Fluidseite	$\mathrm{W/m^2K}$
L_c^*	charakteristische Länge für die Wärmeleitung auf der Festkörperseite	m
λ^*	Wärmeleitfähigkeit auf der Festkörperseite	$\mathrm{W/mK}$

Physikalischer Hintergrund

Bei einem konjugierten Wärmeübergangsproblem werden gleichzeitig die thermischen Verhältnisse im Festkörper (Wärmeleitung) und dem angrenzenden Fluid (konvektiver Wärmeübergang) betrachtet. Dabei treten im Festkörper und im Fluid jeweils charakteristische Temperaturdifferenzen auf, wie in der nachfolgenden Skizze für den stationären Wärmedurchgang durch eine Wand gezeigt ist, bei dem auf der linken Seite ein guter Wärmeübergang (großer Wert von α^*) und auf der rechten Seite ein schlechter Wärmeübergang (niedriger Wert von α^*) vorliegen soll.

Da bei diesem Beispiel für die Wärmeleitung im Festkörper gilt: $\dot{q}^* = -\lambda^* \partial T^* / \partial n^* = \lambda^* \Delta T_{FK}^* / s^*$ und für den konvektiven Wärmeübergang $\dot{q}_W^* = \alpha_i^* \Delta T_{Fli}^*, i = 1, 2$, sind die charakteristischen Temperaturdifferenzen hier $\Delta T_{FK}^* = \dot{q}^* s^* / \lambda^*$ und $\Delta T_{Fli}^* = \dot{q}_W^* / \alpha_i^*$. Ihr Verhältnis entspricht wegen $\dot{q}_W^* = \dot{q}^*$ genau der Definition der Biot-Zahl $\mathrm{Bi} = \alpha_i^* s^* / \lambda^*$, wenn s^* als charakteristische Länge L_c^* für die Wärmeleitung im Festkörper eingesetzt wird.

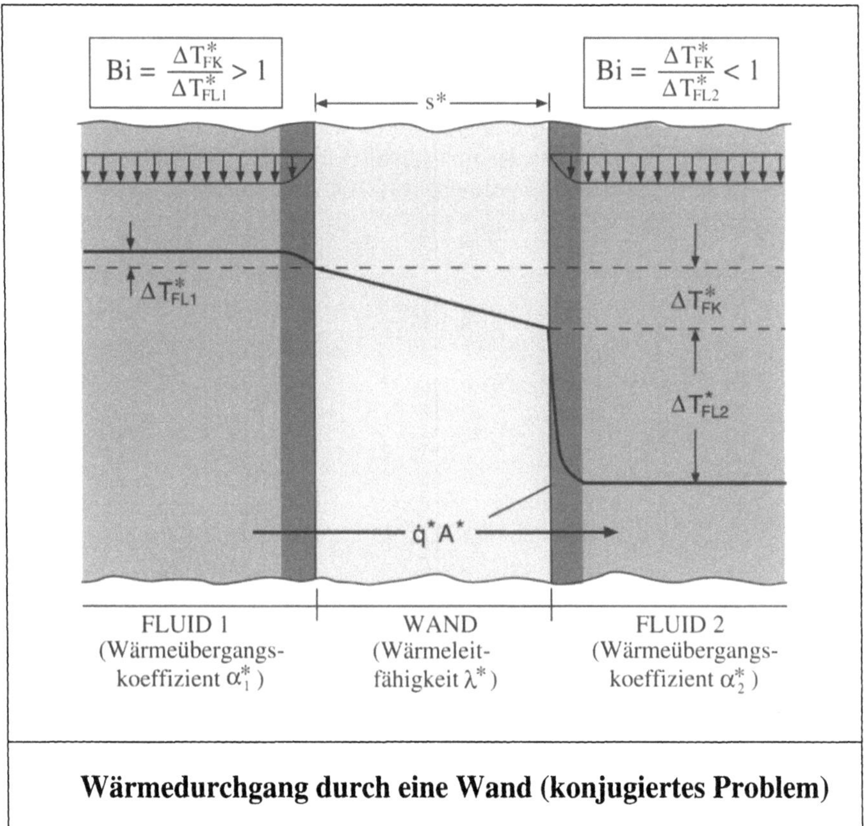

Wärmedurchgang durch eine Wand (konjugiertes Problem)

Während im Fall der ebenen Wand ΔT_{FK}^* und s^* eindeutig und exakt bestimmt werden können, ist dies bei komplexeren Geometrien häufig nicht mehr der Fall. Ist der Festkörper z.B. ein Würfel, der in einem Fluidstrom abgekühlt wird, so liegt zunächst einmal ein instationäres Problem vor, d.h., eine Biot-Zahl kann nur dann zeitunabhängig sein, wenn der Wärmeübergangskoeffizient α^* unabhängig vom Temperaturfeld gilt (was z.B. bei rein erzwungener Konvektion unter Annahme konstanter Stoffwerte der Fall ist). Die Wahl von L_c^* in der Definition der Biot-Zahl sollte so erfolgen, daß auf dieser Länge eine für das Problem charakteristische Temperaturdifferenz auftritt. Im Beispiel des Würfels könnte dies die halbe Kantenlänge oder genauso auch die halbe Diagonale sein. Es besteht also eine gewisse Freiheit in der Wahl von L_c^*. Eine einmal getroffene Wahl muß dann nur konsequent beibehalten werden.

Alternativ zur physikalisch motivierten Wahl von L_c^* für ein bestimmtes Problem kann L_c^* auch generell als Verhältnis aus Körpervolumen und Körperoberfläche gewählt werden. Im Fall des Würfels ergibt sich dabei ein

Sechstel der Kantenlänge. Die konkrete Festlegung von L_c^* ist solange ohne Bedeutung, solange die Biot-Zahl genutzt wird, um damit die zwei Grenzfälle kleiner und großer Werte für Bi zu identifizieren, die in der nachfolgenden Skizze (wieder am Beispiel der ebenen Wand) erläutert sind. Liegen reale Situationen bezüglich der Biot-Zahlen in der Nähe einer der Grenzwerte, so können sowohl für stationäre als auch für instationäre Wärmeübertragungssituationen die Grenzfälle zur näherungsweisen Beschreibung der realen Situation genutzt werden.

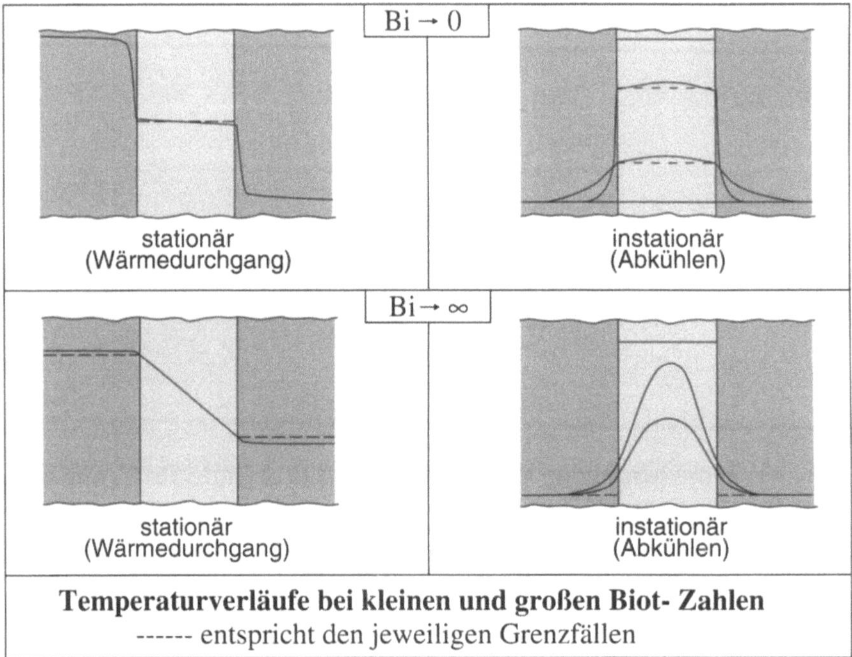

Dabei ergeben sich folgende Vereinfachungen:

(a) Kleine Biot-Zahlen (Bi → 0):

Die Temperaturgradienten im Festkörper sind klein gegenüber denjenigen im Fluid. Im Grenzfall können sie zu Null gesetzt werden, was formal einem Festkörper mit unendlich großer Wärmeleitfähigkeit λ^* entspricht. Damit ist die Temperatur im Festkörper im stationären Fall konstant und im instationären Fall nur eine Funktion der Zeit aber nicht des Ortes und kann auf einfache Weise berechnet werden (s. dazu das Beispiel unter dem Stichwort FOURIER-ZAHL).

(b) Große Biot-Zahlen (Bi → ∞):

Die Temperaturgradienten im Fluid sind klein gegenüber denjenigen im

Festkörper. Im Grenzfall können sie zu Null gesetzt werden, was formal einer Strömung mit einem unendlich großen Wärmeübergangskoeffizienten α^* entspricht. Damit sind die Temperaturen im Fluid im stationären wie im instationären Fall jeweils Konstanten.

In beiden Grenzfällen ergeben sich erhebliche Vereinfachungen bei der Berechnung des Gesamtproblems.

Besonders attraktiv ist dabei der Grenzfall kleiner Biot-Zahlen, da dieser auf eine sehr stark vereinfachte Lösung für das Temperaturfeld im Festkörper führt. Als Kriterium, diesen Grenzfall ohne großen Fehler anstelle des realen Falles annehmen zu können, wird häufig die Bedingung Bi $<$ 0,1 angegeben. Dabei sollte dann aber zur Sicherheit die Länge L_c^* den größtmöglichen physikalisch sinnvollen Wert haben. Für geometrisch einfache Körper liegt der Fehler bei der Berechnung des Temperaturfeldes dann in der Regel unter 5%.

ANWENDUNGEN UND BEISPIELE

Biot-Zahlen bei der Abkühlung einer heißen Stahl- bzw. Kupferkugel mit dem Durchmesser $D^* = 5$ cm in verschiedenen Fluiden bei unterschiedlichen Strömungssituationen

Als charakteristische Länge wird $D^*/2 = 2{,}5$ cm verwendet. Zahlenwerte für den Wärmeübergangskoeffizienten α^* sind angenommene mittlere Werte. In der Tabelle sind diejenigen Biot-Zahlen grau unterlegt, die das Kriterium Bi $<$ 0,1 erfüllen. In diesen Fällen ist die Temperatur in der Kugel nur eine Funktion der Zeit t^* aber räumlich jeweils konstant. Die Energiebilanz

			STAHL		KUPFER	
FLUID	STRÖMUNG	$\dfrac{\alpha^*}{\mathrm{W/m^2K}}$	$\dfrac{\lambda^*}{\mathrm{W/mK}}$	Bi	$\dfrac{\lambda^*}{\mathrm{W/mK}}$	Bi
Luft	natürliche Konv.	10		0,006		0,001
	erzwungene Konv.	50		0,031		0,003
Wasser	natürliche Konv.	200	40	0,125	400	0,013
	natürliche Konv. mit Blasensieden	10 000		6,25		0,625
	erzwungene Konv.	1 000		0,625		0,063

Biot-Zahlen bei der Kugel-Abkühlung

besagt dann, daß die über die Oberfläche an die Umgebung abgegebene Energie $\alpha^* \pi D^{*2}(T_K^* - T_\infty^*)$ gleich der Änderung der inneren Energie der Kugel $\varrho^* c^* \frac{\pi}{6} D^{*3} \, dT_K^*/dt^*$ ist. Dabei ist T_K^* die aktuelle Kugeltemperatur, T_∞^* ist die Umgebungstemperatur, ϱ^* und c^* sind die Dichte bzw. die spezifische Wärmekapazität des Kugelmaterials.

Aus dieser Bilanz folgt das zeitliche Abkühlverhalten der Kugel zu

$$\frac{T_K^* - T_\infty^*}{T_{K_0}^* - T_\infty^*} = \exp\left[-\frac{6\alpha^*}{\varrho^* c^* D^*} t^* \right]$$

wobei $T_{K_0}^*$ die Kugeltemperatur zum Zeitpunkt $t^* = 0$ ist.

BEACHTE

- In der englischsprachigen Literatur wird die Näherung für kleine Biot-Zahlen als *method of lumped capacitance* bezeichnet.

- Durch Erweiterung der Definitionsgleichung $\mathrm{Bi} = \alpha^* L_c^*/\lambda^*$ mit der Wärmeübertragungsfläche A^* als $\mathrm{Bi} = (L_c^*/\lambda^* A^*)/(1/\alpha^* A^*) = R_{th,\ddot{U}}^*/R_{th,L}^*$ kann die Biot-Zahl auch als Verhältnis der beiden Wärmewiderstände aufgrund des Wärmeüberganges zwischen Festkörper und Fluid sowie der Wärmeleitung im Festkörper interpretiert werden.

- Der Wärmeübergangskoeffizient α^* in der Definition von Bi ist ein mittlerer Wert für den gesamten Festkörper. Liegen jedoch zwei getrennte Wärmeübergangssituationen, wie z.B. auf beiden Seiten einer Wand beim Wärmedurchgang vor, so können die beiden getrennt zu bildenden Biot-Zahlen durchaus verschieden sein, wie die Skizze im Kapitel PHYSIKALISCHER HINTERGRUND zeigt.

WEITERFÜHRENDE LITERATUR

Standard–Werke zur Wärmeübertragung, s. die Liste am Ende des Buches

Blasensieden
(nucleate boiling)

Siehe dazu das Stichwort SIEDEN.

Boussinesq-Approximation
(Boussinesq approximation)

Bedeutung und Definition

Es handelt sich um eine mathematische Näherung bei der Beschreibung von Strömungen, die durch Auftriebseffekte hervorgerufen oder beeinflußt werden (natürliche bzw. gemischte Konvektion). Dabei wird unterstellt, daß die Temperaturabhängigkeit der beteiligten Stoffwerte und hier insbesondere die der Dichte ϱ^* bis auf eine einzige Ausnahme vernachlässigt werden kann.

	Definition	
<td colspan="3">Unter der Boussinesq–Approximation versteht man die mathematische Beschreibung auftriebsbehafteter Strömungen, bei der • die Temperaturabhängigkeit der Dichte im Auftriebsterm durch die lineare Funktion $$\varrho^*(T^*) = \varrho_B^* \left[1 - \beta_B^*(T^* - T_B^*)\right]$$ approximiert wird, und • alle anderen Temperaturabhängigkeiten beteiligter Stoffwerte, einschließlich der Dichte außerhalb des Auftriebstermes, vernachlässigt werden.</td>		
T_B^*	Bezugstemperatur	K
ϱ_B^*	Dichte bei der Bezugstemperatur T_B^*	kg/m^3
β_B^*	$= -(\partial\varrho^*/\partial T^*)_B/\varrho_B^*$, isobarer thermischer Ausdehnungskoeff.	1/K

Physikalischer Hintergrund

Die in der Definition getroffenen Annahmen sind keine willkürlichen Vernachlässigungen einzelner Temperatureffekte. Es handelt sich vielmehr um den systematischen Grenzfall des Temperatureinflusses für $\Delta T^* \to 0$, d.h., für kleine Temperaturdifferenzen im Strömungsfeld. Dieser entsteht nach einer Taylor-Reihenentwicklung aller beteiligten Stoffwerte nach der Temperatur und dem einheitlichen Abbruch der Taylor-Reihen auf demselben Approximationsniveau in den Gleichungen.

Die besondere Rolle des Auftriebsterms ergibt sich dabei durch seine spezielle Abhängigkeit von der Dichte. In den Navier-Stokes-Gleichungen in Vektorform,

$$\varrho^* \frac{D\vec{v}^*}{Dt^*} = (\varrho^* - \varrho_B^*)\,\vec{g}^* - \operatorname{grad} p^* + \operatorname{Div} \tau_{ij}^*,$$

ist der Auftriebsterm (erster Term auf der rechten Seite) proportional zur Dichtedifferenz $(\varrho^* - \varrho_B^*)$. Über den linearen Ansatz der Boussinesq-Approximation entspricht dies der Temperaturabhängigkeit

$$(\varrho^* - \varrho_B^*)\,\vec{g}^* = \varrho_B^*\beta_B^*\,(T^* - T_B^*)\,\vec{g}^*,$$

d.h., der Auftriebsterm ist von der Größenordnung der Temperaturdifferenz und verschwindet für $(T^* - T_B^*) \to 0$. Da dieser Auftriebsterm bei der natürlichen Konvektion gleichzeitig aber auch den Antriebsmechanismus der gesamten Strömung darstellt, müssen alle Terme der Impulsgleichung von dieser Größenordnung sein, d.h., für $(T^* - T_B^*) \to 0$ verschwinden. Für eine dimensionslose Darstellung der Impulsgleichung folgt daraus, daß die Bezugsgeschwindigkeit ebenfalls diese Eigenschaft besitzen muß, damit dimensionslose Geschwindigkeiten von der Größenordnung „eins" bleiben. Wie eine systematische Entdimensionierung zeigt, muß die Bezugsgeschwindigkeit damit proportional zu $\varrho_B^*\beta^*\Delta T^*g^*$ sein, wobei ΔT^* eine charakteristische Temperaturdifferenz des betrachteten Problems darstellt.

Die Bezugsgeschwindigkeit folgt also aus der Bedingung des Nichtverschwindens des Auftriebstermes, und dies erfordert, daß die Dichte bis zur linearen Abhängigkeit von der Temperatur berücksichtigt wird. Alle weitergehenden Abhängigkeiten sind Effekte höherer Ordnung und können im Sinne einer ersten Approximation genauso vernachlässigt werden wie die Temperaturabhängigkeiten aller anderen beteiligten Stoffwerte. Im Rahmen der Boussinesq-Approximation werden die beteiligten Stoffwerte also weitgehend als konstant, d.h., unabhängig von der Temperatur, angenommen. Damit ist jedoch noch nicht entschieden, bei welcher Temperatur sie sinnvollerweise genommen werden sollten. Dies ist die Frage nach der REFERENZTEMPERATUR. Das nachfolgende Beispiel verdeutlicht deren Einfluß auf das Ergebnis.

ANWENDUNGEN UND BEISPIELE

Natürliche laminare Konvektion an einer senkrechten geheizten Platte; Fehler im Wärmeübergang bei Anwendung der Boussinesq-Approximation

Das nachfolgende Bild zeigt den prozentualen Fehler im Wärmeübergang bei Anwendung der Boussinesq-Approximation im Vergleich zu einer Lösung, die die vollständige Temperaturabhängigkeit der Stoffwerte berücksichtigt. Das Bild zeigt deutlich, daß die Wahl der „richtigen" Bezugstemperatur in der Boussinesq-Approximation von entscheidender Bedeutung für die Größe des Fehlers ist. Der physikalische Hintergrund für diese Wahl wird unter dem Stichwort REFERENZTEMPERATUR näher erläutert.

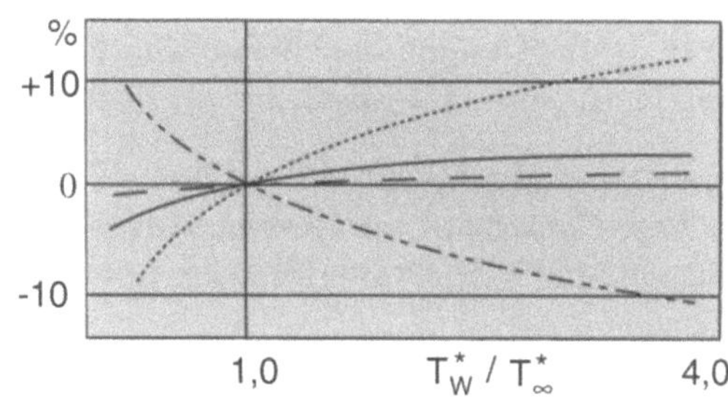

Stoffwert-Annahmen:

- ideales Gas,
  $\Rightarrow \beta_B^* = 1/T_B^*$
- $\eta^* = c_1 T^{*3/4}$
- $\lambda^* = c_2 T^{*3/4}$
- $c_P^* = const$

Bezugstemperaturen der Boussinesq- Approximation:

——	$T_B^* = (T_W^* + T_\infty^*)/2$	(Filmtemperatur)
– –	$T_B^* = T_W^* - 0{,}38(T_W^* - T_\infty^*)$	(angepaßte Filmtemperatur)
····	$T_B^* = T_\infty^*$	(Außentemperatur)
–·–	$T_B^* = T_W^*$	(Wandtemperatur)

Prozentualer Fehler im Wärmeübergang

Daten aus: Sparrow, Gregg (1961)

BEACHTE

- Die Boussinesq–Approximation kann als der führende Term einer systematischen asymptotischen Entwicklung für $\Delta T^*/T_B^* \to 0$ betrachtet werden.

- Die Boussinesq–Approximation setzt $\beta_B^* \neq 0$ voraus. Bei der sog. Wasser-Anomalie ($\beta_B^* = 0$ bei etwa 4°C) gilt sie nicht mehr in der üblichen Form, s. dazu Herwig (1985).

- Gelegentlich spricht man auch von der „Oberbeck-Boussinesq–Approximation".

WEITERFÜHRENDE LITERATUR

Kacac, S.; Atesoglu, O. E.; Yener, Y. (1986): *The Effects of the Temperature-Dependent Fluid Properties on Natural Convection — Summary and Review*, in: Natural Convection (eds.: Kacac, Aung, Viskanta), Hemisphere Publ. Corp., 729–773

Herwig, H. (1985): *An Asymptotic Approach to Free-Convection Flow at Maximum Density*, Chemical Engineering Science 40, 1709–1715

Gray, D. D.; Giorgini, A. (1976): *The Validity of the Boussinesq Approximation for Liquids and Gases*, Int. J. Heat Mass Transfer 19, 545–551

Sparrow, E.M.; Gregg, J.L. (1961): *The Variable Fluid-Property Problem in Free Convection*, in: Recent Advances in Heat Transfer, 353–371, J.P. Hartnett (ed.); McGraw-Hill Book Comp., New York

Brinkman-Zahl Br
(Brinkman number Br)

Siehe dazu das Stichwort ECKERT–ZAHL, besonders unter BEACHTE.

Colburn-Zahl Co
(Colburn number Co)

Siehe dazu das Stichwort ANALOGIE, besonders unter BEACHTE.

Dimensionsanalysis
(dimensional analysis)

BEDEUTUNG UND DEFINITION

Es handelt sich dabei um mathematische Überlegungen zur Struktur von Gleichungen und mathematischen Modellen. Ausgangspunkt ist die Bedingung dimensionskonsistenter Gleichungen. Damit folgen aus den Gleichungen unmittelbar bestimmte Aussagen in bezug auf die möglichen Parameter (Kennzahlen) der Lösungen. Aber auch wenn die Gleichungen einer (mathematisch/physikalischen) Modellvorstellung nicht explizit bekannt sind, können aus den Dimensionen der grundsätzlich beteiligten Größen Schlüsse auf die Parameter gezogen werden, von denen die Lösungen abhängen.

Die Grundlage der Dimensionsanalysis ist das sog. Π-Theorem, das von Buckingham 1914 erstmals formuliert wurde. Es besagt, daß jeder physikalische Vorgang durch den Zusammenhang einer endlichen Zahl dimensionsloser Kennzahlen dargestellt werden kann. Das Π-Theorem bestimmt aber weder eindeutig die Form der Kennzahlen, noch legt es den funktionalen Zusammenhang zwischen den Kennzahlen fest. Die wesentliche Aussage bezieht sich auf die (minimale) Anzahl von dimensionslosen Kennzahlen, durch die ein Problem beschrieben werden kann.

Π-Theorem

Ein Problem sei durch n Einflußgrößen a_i^* mit m Basisdimensionen beschrieben als:

$$f(a_1^*, a_2^*, \ldots, a_n^*) = 0$$

Das Problem hat dann die Form

$$F(\Pi_1, \Pi_2, \ldots, \Pi_{n-m}) = 0$$

wenn gilt:

1. $f(\ldots)$ ist der einzige funktionale Zusammenhang zwischen den Einflußgrößen a_i^*.

2. $f(\ldots)$ gilt unabhängig von den Einheiten, in denen die Einflußgrößen a_i^* gemessen werden.

Dabei sind die Π_i voneinander unabhängige dimensionslose Potenzprodukte der Einflußgrößen, die als *Kennzahlen* bezeichnet werden.

Physikalischer Hintergrund

Ein wesentliches Element der Dimensionsanalysis ist die Identifizierung der Basisdimensionen. Dazu werden alle in einem Problem auftretenden Dimensionen, wie Länge, Zeit, Masse, Geschwindigkeit u.s.w. in Basisdimensionen und abgeleitete Dimensionen, die Potenzprodukte der Basisdimensionen sind, aufgeteilt. Diese Aufteilung ist aber nicht etwa die Folge verborgener Naturgesetze, sondern hat Vereinbarungscharakter. So werden z.B. im Bereich der Dynamik die Länge (L), die Zeit (Z) und die Masse (M) als Basisdimensionen eingeführt. Geschwindigkeit und Kraft sind dann Beispiele für abgeleitete Größen mit den Dimensionen LZ^{-1} bzw. MLZ^{-2}.

Der entscheidende Schritt der Dimensionsanalysis ist die Aufstellung der Liste der Einflußgrößen eines Problems. Diese erfolgt jeweils problemspezifisch und stellt den ersten und für die Dimensionsanalysis entscheidenden Schritt zu einer mathematisch/physikalischen Modellbildung dar. Mit ihr ist aus der Sicht der Dimensionsanalysis alles weitere festgelegt.

Unter Anwendung des Π-Theorems kann dann unmittelbar die Liste der Kennzahlen Π_i aufgestellt werden. Dieser Schritt kann streng formalisiert durchgeführt werden oder einfach durch probeweise Kombination von Einflußgrößen zu dimensionslosen Potenzprodukten. Deren Anzahl ist bekanntlich $n - m$, es ist lediglich darauf zu achten, daß alle $n - m$ Kennzahlen voneinander unabhängig sind.

Anwendungen und Beispiele

1. Aufstellung der Liste von Einflußgrößen eines Problems (Relevanzliste)

Aus allen denkbaren Einflußgrößen eines Problems werden die relevanten Größen, d.h., diejenigen, deren Einfluß in der Modellbildung berücksichtigt werden muß, zu einer sog. Relevanzliste zusammengefaßt. Diese Liste kann nach folgenden fünf Gesichtspunkten R1–R5 zusammengestellt werden:

R1 / Zielvariable:	gesuchte physikalische Größe
R2 / Geometrievariable:	charakteristische geometrische Größe(n)
R3 / Prozeßvariable:	charakteristische Größe(n) für die Intensität des Prozesses
R4 / Stoffwerte:	Stoffwerte, deren gedachte Veränderungen prozeßrelevant sind
R5 / Konstanten:	Konstanten aus physikalischen Gesetzen, die prozeßrelevant sind

2. Dimensionsanalyse der Rohreinlaufströmung;
  gesucht: das Widerstandsgesetz, d.h., die Wandschubspannung als Funktion der anderen Einflußgrößen

Im Sinne der Punkte R1–R5 (s. vorheriges Beispiel) ergibt sich für die Relevanzliste:

R1 / Zielvariable:	Wandschubspannung τ_W^*
R2 / Geometrievariable:	Rohrdurchmesser D^*, Lauflänge im Rohr x^*
R3 / Prozeßvariable:	mittlere Strömungsgeschwindigkeit u_m^*
R4 / Stoffwerte:	Dichte ϱ^*, Viskosität η^*
R5 / Konstanten:	—

Damit gilt der folgende Zusammenhang zwischen den Einflußgrößen:

$$f(\tau_W^*, D^*, x^*, u_m^*, \varrho^*, \eta^*) = 0$$

Diese $n = 6$ Einflußgrößen besitzen $m = 3$ Basisdimensionen: Länge (L), Zeit (Z), Masse (M) mit den Basiseinheiten m, s, kg. Nach dem Π-Theorem ist die Lösung ein Zusammenhang zwischen $n - m = 3$ dimensionslosen Kennzahlen Π_1, Π_2 und Π_3.

Es können z.B. durch probeweise Kombination der Einflußgrößen folgende drei dimensionslosen Kennzahlen gefunden werden:

$$\Pi_1 = \frac{x^*}{D^*} = x \; ; \qquad \Pi_2 = \frac{\tau_W^*}{\varrho^* u_m^{*2}} (= c_f) \; ; \qquad \Pi_3 = \frac{\varrho^* u_m^* D^*}{\eta^*} (= \mathrm{Re})$$

Hätte man drei andere Kennzahlen gefunden, könnte man diese als Potenzprodukte aus den hier aufgeschriebenen Kennzahlen darstellen. Im Sinne der Dimensionsanalysis wären sie also vollkommen gleichwertig, da es nicht auf die konkrete Form der Kennzahlen ankommt, sondern nur auf deren Anzahl.

Mit den gefundenen Kennzahlen hat die Lösung also die Form (aufgelöst nach der gesuchten Größe)

$$c_f = c_f(x, \mathrm{Re}) \tag{$*$}$$

Wie diese Funktion $c_f(\ldots)$ mathematisch aussieht, kann aus der Dimensionsanalysis grundsätzlich nicht ermittelt werden.

Im Grenzfall der ausgebildeten Strömung, also für $x^* \to \infty$, entfällt der Einfluß der Lauflänge x^*, und Gl. ($*$) wird zu $c_f = c_f(\mathrm{Re})$. Wird zusätzlich die Wandrauheit in Form der Sandrauheitshöhe k_S^* als Geometrievariable berücksichtigt, wie dies bei turbulenten Strömungen erforderlich ist, so wird Gl. ($*$) zu $c_f = c_f(x, \mathrm{Re}, k_S)$ mit $k_S = k_S^*/D^*$.

BEACHTE

⌗ Die Dimensionsanalysis ist die Basis für die sog. Modelltheorie (Ähnlichkeit zwischen dem Original und einem verkleinerten oder vergrößerten geometrisch ähnlichen Modell). Die vollständige Übertragbarkeit aller Aussagen besteht bei Gleichheit aller Kennzahlen sowie Rand- und Anfangsbedingungen im Original- und Modellmaßstab.

⌗ Sind mehrere Größen eines Problems gesucht, so ist für jede einzelne dieser Größen eine eigene Relevanzliste aufzustellen.

⌗ Die dimensionslosen Kennzahlen sind häufig nach (verdienten) Forschern benannt, wie z.B. die Nußelt-, Prandtl- oder Grashof-Zahl. In der Physik insgesamt gibt es mehrere Hundert solcher Kennzahlen.

⌗ Das Π-Theorem ist nicht etwa nach der Kreiszahl $\pi = 3,14\ldots$ benannt, sondern nach dem mathematischen Symbol Π für Produkte.

⌗ Durch die Dimensionsanalysis wird einem Problem keine neue Information hinzugefügt. Sie strukturiert lediglich die in der Auswahl der Relevanzliste vorhandene Information über die Physik des Problems.

WEITERFÜHRENDE LITERATUR

Gersten, K.; Herwig, H. (1992): *Strömungsmechanik*, Vieweg-Verlag, Braunschweig/speziell: Kap. 4 (Dimensionsanalysis)

Kline, S.J. (1986): *Similitude and Approximation Theory*, Springer-Verlag, Berlin

Pawlowski, J. (1971): *Die Ähnlichkeitstheorie in der physikalisch-technischen Forschung*, Springer-Verlag, Berlin

Eckert-Zahl Ec
(Eckert number Ec)

BEDEUTUNG UND DEFINITION

Es handelt sich um eine dimensionslose Kennzahl im Sinne der DIMENSIONS-
ANALYSIS. Sie erscheint bei der Entdimensionierung der thermischen Energiegleichung im Zusammenhang mit dem Dissipationsterm.

	Definition	
$$\mathrm{Ec} = \dfrac{U_B^{*2}}{c_p^* \, \Delta T^*}$$		
Ec	Eckert-Zahl	—
U_B^*	Bezugsgeschwindigkeit	m/s
ΔT^*	charakteristische Temperaturdifferenz	K
c_p^*	spezifische isobare Wärmekapazität	$\mathrm{m^2/s^2\,K = J/kgK}$

PHYSIKALISCHER HINTERGRUND

Die Eckert-Zahl entsteht bei Entdimensionierung der THERMISCHEN ENER-
GIEGLEICHUNG vor den Dissipationstermen und kann deshalb als Maß für
den Einfluß von Dissipationseffekten bei der Energiebilanz interpretiert werden. Die Zahl selbst kann als Verhältnis zweier Energien (kinetische Energie
$\sim U_B^{*2}$, Enthalpiedifferenz aufgrund thermischer Effekte $\sim c_p^* \Delta T^*$) verstanden werden, wobei aber zu beachten ist, daß auf diese Weise nur charakteristische Größen (Energien) des betrachteten Problems verglichen werden,
nicht aber die lokalen und konkreten Größen pro Volumenelement.

Wenn ΔT^* eine charakteristische Temperaturdifferenz für das reine Wärmeübertragungsproblem ist (Vernachlässigung der Dissipation), so nimmt
$\mathrm{Ec} = U_B^{*2}/(c_p^* \Delta T^*)$ für $\Delta T^* \to 0$ beliebig große Werte an. Das ist Ausdruck der Tatsache, daß in diesem Grenzfall die Dissipationseffekte relativ
zur erzwungenen Wärmeübertragung (bei $\Delta T^* \to 0$) stetig an Bedeutung
gewinnen und schließlich zum dominierenden Effekt werden. Daraus wird
deutlich, daß eine Vernachlässigung von Dissipationseffekten stets nur relativ
zu den übrigen Wärmeübertragungseffekten erfolgen kann.

ANWENDUNGEN UND BEISPIELE

Dissipationseinfluß bei laminarer Couette-Strömung

Vorgabe von zwei thermischen Randbedingungen (s. nachfolgendes Bild) als
Fälle (a) und (b):

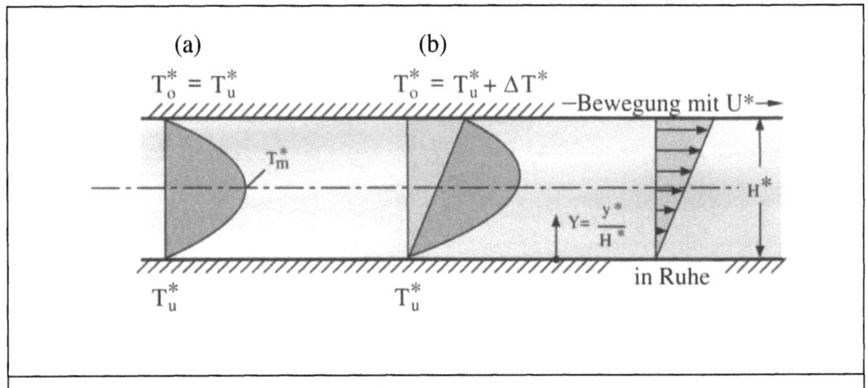

Einfluß der Dissipation auf das Temperaturprofil

(a) $T_o^* = T_u^*$: Reines „Dissipations-Temperaturprofil"

$$\frac{T^* - T_u^*}{T_u^*} = \frac{1}{2}\operatorname{Pr}\operatorname{Ec} y\,(1 - y)\,\frac{\Delta T^*}{T_u^*}$$

Hier sollte besser $\tilde{\mathrm{E}}\mathrm{c} = \operatorname{Ec}\Delta T^*/T_u^* = U_B^{*2}/(c_p^* T_u^*)$ eingeführt werden, da
ΔT^* im Problem nicht direkt auftritt.

Zahlenbeispiel für Öl bei $T_u^* = T_o^* = 293\,\mathrm{K}$, $p^* = 1\,\mathrm{bar}$ $(\operatorname{Pr} = 10\,400,\ c_p^* = 1\,900\,\mathrm{J/kg\,K})$; Bestimmung der Aufheizung durch reine Dissipation (für T_m^*
siehe Abbildung):

$U^*/\frac{\mathrm{m}}{\mathrm{s}}$	$\tilde{\mathrm{E}}\mathrm{c}$	$(T_m^* - T_u^*)/^{\circ}\mathrm{C}$
5	$4,5\cdot 10^{-5}$	17
10	$1,8\cdot 10^{-4}$	68
15	$4\cdot 10^{-4}$	152

Temperaturerhöhungen; Couette-Strömung von Öl

Die Temperaturerhöhungen sind so erheblich, daß für eine genauere Berechnung die Temperaturabhängigkeit der Stoffwerte (s. dazu das Stichwort VARIABLE STOFFWERTE) berücksichtigt werden sollte.

(b) $T_o^* = T_u^* + \Delta T^*$:   Additives „Dissipations-Temperaturprofil"

$$\frac{T^* - T_u^*}{\Delta T^*} = y + \frac{1}{2}\mathrm{Pr}\,\mathrm{Ec}\,y\,(1 - y)$$

BEACHTE

◨ Die Kombination PrEc wird als Brinkman-Zahl Br bezeichnet. Ihre Einführung bietet sich an, wenn in der thermischen Energiegleichung keine konvektiven Terme vorhanden sind (wie z.B. bei der Couette-Strömung) und deshalb als alleiniger dimensionsloser Parameter die Kombination PrEc verbleibt. Die physikalische Bedeutung von Br entspricht derjenigen der Eckert-Zahl Ec.

◨ Die Eckert-Zahl kann mit ΔT^* ($\mathrm{Ec} = U_B^{*2}/c_p^* \Delta T^*$) oder mit einer Bezugstemperatur T_B^* ($\tilde{\mathrm{Ec}} = U_B^{*2}/c_p^* T_B^*$) gebildet werden. Die Kennzahl Ec entsteht bei der Entdimensionierung der Energiegleichung, wenn als dimensionslose Temperatur $(T^* - T_B^*)/\Delta T^*$ eingeführt wird, $\tilde{\mathrm{Ec}}$ entsteht bei Einführung von $(T^* - T_B^*)/T_B^*$.

◨ Für ideale Gase kann die Schallgeschwindigkeit $a^{*2} = \kappa R^* T^*$ geschrieben werden als $a^{*2} = (\kappa - 1)c_p^* T^*$, so daß für die Eckert-Zahl $\tilde{\mathrm{Ec}} = U_B^{*^2}/c_p^* T^*$ formal folgt:

$$\tilde{\mathrm{Ec}} = (\kappa - 1)\,\mathrm{Ma}^2$$

$$\kappa = c_p^*/c_v^*\,, \qquad \mathrm{Ma} = U_B^*/a^* \quad \text{(Mach-Zahl)}.$$

Da die Mach-Zahl aber ein Maß für Kompressibilitätseffekte ist (Effekte im Zusammenhang mit $\partial\varrho^*/\partial p^* \neq 0$), wird mit dieser Beziehung leicht eine falsche Interpretation nahegelegt. Die Eckert-Zahl ist und bleibt Ausdruck von Dissipationseffekten.

◨ Die Eckert-Zahl tritt auch im Zusammenhang mit der sog. adiabaten Wandtemperatur auf. Es handelt sich dabei um die Temperatur, die sich an einer adiabaten Wand (Bedingung: $\dot{q}_W^* = 0$) aufgrund von Dissipationseffekten einstellt. Am zuvor gezeigten Beispiel der laminaren Couette-Strömung gilt für $\dot{q}_{Wu}^* = 0$ und $T_0^* = $ const als adiabate Wandtemperatur (auch: Eigentemperatur) T_{uad}^* der unteren Wand:

$$\frac{T_{uad}^* - T_o^*}{T_o^*} = \frac{1}{2}\mathrm{Pr}\,\tilde{\mathrm{Ec}}; \qquad \tilde{\mathrm{Ec}} = \frac{U_B^{*2}}{c_p^* T_o^*}$$

Siehe dazu auch das Stichwort ADIABATE WANDTEMPERATUR.

⬛ Im Sinne einer globalen Energiebilanz ist stets zu beachten, daß die durch Dissipation entstandene Energie entweder zu einer ständigen Erwärmung des Fluides führt (instationärer Fall) oder als entsprechender Wärmestrom über die Systemgrenze abgeführt werden muß (stationärer Fall).

WEITERFÜHRENDE LITERATUR

Schlichting, H.; Gersten, K. (1997): *Grenzschicht-Theorie*, Springer-Verlag, Berlin, Heidelberg, New York

Gersten, K.; Herwig, H. (1992): *Strömungsmechanik*, Vieweg-Verlag, Braunschweig

Eigentemperatur
(adiabatic wall temperature)

Siehe dazu das Stichwort ADIABATE WANDTEMPERATUR.

Einstrahlzahl φ_{ij}
(view factor F_{ij})

Bedeutung und Definition

Es handelt sich um einen dimensionslosen Faktor, der den Austausch von Wärmestrahlung zwischen zwei infinitesimalen Flächenelementen dA_1^* und dA_2^* beschreibt. Unter bestimmten Voraussetzungen ist dieser Faktor nur von geometrischen Größen abhängig und kann auf endliche Flächen A_1^*, A_2^* angewandt werden. Ausgehend von solchen Zweierkorrelationen kann der Austausch von Wärmestrahlung zwischen mehr als zwei beteiligten Flächen oder von einzelnen Flächen mit der gesamten umschließenden Fläche ermittelt werden.

	Definition	

Die lokale Einstrahlzahl $d\varphi_{ij}$ ist das Verhältnis aus derjenigen auf einer Fläche dA_j^* ankommenden Strahlung, die von einem Flächenelement dA_i^* ausgegangen ist, und der gesamten von dA_i^* ausgegangenen Strahlung, d.h.:

$$d\varphi_{ij} = \frac{d\dot{S}_{i\to j}^*}{d\dot{S}_i^*} = \frac{\cos\vartheta_i \cos\vartheta_j}{\pi r^{*2}} dA_j^* \qquad (*)$$

mit: $\quad d\dot{S}_{i\to j}^* = \dot{S}_{i\vartheta}^* dA_i^* \cos\vartheta_i d\omega_i$; $d\omega_i = dA_j^* \cos\vartheta_j/r^{*2}$; $d\dot{S}_i^* = \pi\dot{s}_{i\vartheta}^* dA_i^*$
(diffus; $\dot{s}_i^* = \pi\dot{s}_{i\vartheta}^*$)
   Dabei wird vorausgesetzt, daß beide Flächen diffuse Oberflächen sind (keine Richtungsabhängigkeit von $\dot{s}_{i\vartheta}^*$).
   Die Einstrahlzahl φ_{ij} als integraler Wert der lokalen Einstrahlzahl $d\varphi_{ij}$ gilt für endliche Flächen A_i^* und A_j^*, wenn $\dot{s}_i^*$ über der gesamten Fläche A_i^* konstant ist, als

$$\varphi_{ij} = \frac{1}{A_i^*} \int\limits_{A_i} \int\limits_{A_j} \frac{\cos\vartheta_i \cos\vartheta_j}{\pi r^{*2}} dA_j^* dA_i^* \qquad (**)$$

$d\varphi_{ij}$	lokale Einstrahlzahl	—
φ_{ij}	Einstrahlzahl (endlicher Flächen)	—
dA_i^* , A_i^*	Strahlung aussendende Fläche	m^2
dA_j^* , A_j^*	Strahlung empfangende Fläche	m^2

$d\dot{S}^*_{i\to j}$	von dA^*_i nach dA^*_j ausgesandte Wärmestrahlung	W
$d\dot{S}^*_i$	von dA^*_i in den Halbraum ausgesandte Wärmestrahlung	W
$\dot{s}^*_{i\vartheta}$	von dA^*_i in Richtung ϑ ausgehende Wärmestrahlungsdichte	W/m^2
$\vartheta_i\,,\vartheta_j$	geometrische Winkel, s. Skizze	—
ω_i	Raumwinkel	—
r^*	Abstand der Flächenelemente $dA^*_i\,,dA^*_j$	m
$\dot{s}^*_i$	von dA^*_i in den Halbraum ausgehende Wärmestrahlungsdichte ($= \pi\dot{s}^*_{i\vartheta}$ für diffuse Oberflächen)	W/m^2

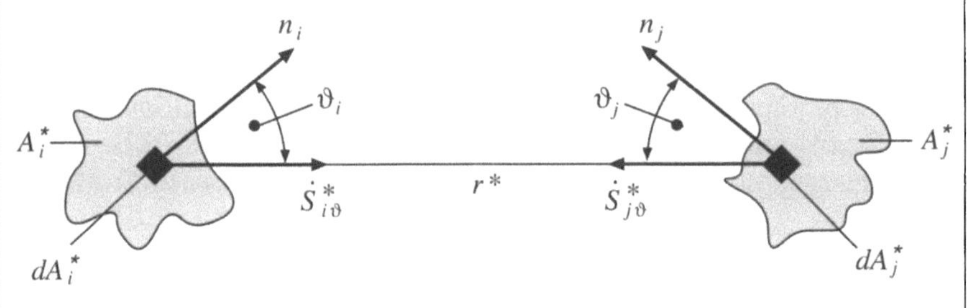

Physikalischer Hintergrund

Unter der Voraussetzung von diffusen Oberflächen und auf den Flächen konstanten Wärmestrahlungsdichten $\dot{s}^*_i$ gelten für endliche Flächen die Einstrahlzahlen φ_{ij} nach (∗∗). Damit ergibt sich die Wärmestrahlung $\dot{S}^*_{i\to j}$ (in W), die von der Fläche A^*_i ausgeht und die Fläche A^*_j trifft, zu

$$\dot{S}^*_{i\to j} = \varphi_{ij}\dot{S}^*_i = \varphi_{ij}\dot{s}^*_i A^*_i\,.$$

Sie enthält die von der Fläche A^*_i emittierte Strahlung $\dot{E}^*$ sowie die reflektierte Strahlung $\dot{R}^*$ (und u.U. den transmittierten Anteil $\dot{T}^*$). Mit der Modellvorstellung des Grauen Körpers (s. dazu das Stichwort STRAHLUNG GRAUER KÖRPER) gilt mit dem Emissionsgrad ϵ und dem Reflexionsgrad ϱ für $\dot{S}^*_i$:

$$\dot{S}^*_i = (\epsilon\dot{E}^*_s + \varrho\dot{F}^*)_i$$

wobei $\dot{E}^*_s$ die Emission des Schwarzen Körpers ($A^*_i\dot{e}^*_s = A^*_i\sigma^*T^{*4}$) und $\dot{F}^*$ die auf die Fläche A^*_i einfallende Wärmestrahlung ist. Im Grenzfall des Schwarzen Körpers gilt $\epsilon = 1$ und $\varrho = 0$. Aufgrund des rein geometrischen

Charakters der Einstrahlzahl φ_{ij} können sehr anschaulich einige Regeln für das Verhalten mehrerer Einstrahlzahlen zueinander abgeleitet werden, s. dazu das nachfolgende Kapitel ANWENDUNGEN UND BEISPIELE.

Mit Hilfe der Einstrahlzahlen kann der Strahlungsaustausch zwischen zwei Flächen ermittelt werden, die die Voraussetzungen

- diffuse Oberfläche

- konstante Strahlungsdichte

erfüllen und die im unmittelbaren Strahlungsaustausch stehen, also kein strahlungsaktives Zwischenmedium besitzen.

a) Strahlungsaustausch Schwarzer Körper

Die genannten Voraussetzungen sind von zwei Schwarzen Flächen A_1^* und A_2^* im Vakuum erfüllt, so daß für diese mit $\dot{e}_s^* = \sigma^* T^{*4}$ und unter Berücksichtigung der „Rechenregeln" für Einstrahlzahlen gilt:

$$\dot{Q}_{12}^* = A_1^* \varphi_{12} \sigma^* (T_1^{*4} - T_2^{*4}) \qquad (***)$$

Dabei ist $\dot{Q}_{12}^*$ der Gesamt-Wärmestrahlungsstrom zwischen den beiden Flächen A_1^* und A_2^*. Dieses Ergebnis wird nicht durch die Anwesenheit anderer Flächen beeinflußt, da Schwarze Flächen nicht reflektieren ($\varrho = 0$). Die Richtung von $\dot{Q}_{12}^*$ ergibt sich daraus, daß der Wärmestrom stets vom Köper höherer Temperatur zum Körper niedrigerer Temperatur fließt.

b) Strahlungsaustausch Grauer Körper

Betrachtet man nun Graue Flächen, die alle oben getroffenen Voraussetzungen erfüllen, muß berücksichtigt werden, daß neben der emittierten Strahlung auch Reflexionen von Strahlungen anderer Flächen am Strahlungsaustausch beteiligt sind, also stets alle Flächen simultan betrachtet werden müssen.

Von einer Fläche A_i^* wird der Wärmestrom

$$\dot{Q}_i^* = \dot{S}_i^* - \dot{F}_i$$

als Nettowärmestrom (ausgesandte Wärmestrahlung $\dot{S}_i^*$ minus einfallender Wärmestrahlung $\dot{F}_i^*$) aufgenommen oder abgegeben.

Für diffus Graue Oberflächen (keine Transmission, $\tau = 0$) gilt mit dem Emissionsgrad ϵ und dem Reflexionsgrad $\varrho = (1 - \epsilon)$ für diesen Nettowärmestrom:

$$\dot{Q}_i^* = \frac{\epsilon_i}{1 - \epsilon_i} (\dot{E}_s^* - \dot{S}^*)_i .$$

Anschaulich kann dieser Wärmestrom so interpretiert werden, daß er zur Aufrechterhaltung der Temperatur eines Körpers mit der Fläche A_i^* zu- oder abgeführt werden muß, da $\dot{Q}^* \neq 0$ andernfalls zur Abkühlung oder Aufheizung des Körpers führen würde.

Für den Gesamt-Wärmestrahlungsstrom $\dot{Q}_{12}^*$ zwischen zwei Grauen Flächen erhält man analog zu den Schwarzen Flächen:

$$\dot{Q}_{12}^* = \varphi_{12}(\dot{S}_1^* - \dot{S}_2^*) = A_1^* \varphi_{12}(\dot{s}_1^* - \dot{s}_2^*)$$

Dieses Ergebnis wird aber im Gegensatz zu Schwarzen Flächen von der Anwesenheit anderer Flächen beeinflußt, da $\dot{S}_i^* = (\epsilon \dot{E}_s^* + \varrho \dot{F}^*)_i$ noch die von diesen Flächen einfallende Strahlung $\dot{F}^*$ enthält, die als $\varrho_i \dot{F}_i^*$ reflektiert wird. Es müssen also stets alle am Strahlungsaustausch beteiligten Flächen simultan berücksichtigt werden. Der alleinige Austausch zwischen zwei Grauen Flächen ist dann der Spezialfall, bei dem nur diese beiden Flächen im Strahlungsaustausch stehen und keine anderen strahlenden Flächen anwesend sind.

Der allgemeine Fall von $N > 2$ beteiligten Flächen läuft mathematisch auf die Bestimmung von N Wärmestrahlungen $\dot{S}_i^*$ hinaus, was die Lösung eines linearen Gleichungssystems erfordert. In dieses gehen die Einstrahlzahlen φ_{ij} der einzelnen Flächenkombinationen als Koeffizienten ein. Eine anschauliche physikalische Interpretation kann über die Hilfsvorstellung einer elektrischen Analogie erfolgen, die im allgemeinen Fall dann auf ein analoges elektrisches Netzwerk führt.

c) Elektrisches Analogiemodell

Die Vernetzung der Flächen im simultanen Strahlungsaustausch kann mit folgender Analogieüberlegung anschaulich interpretiert werden, wenn man beachtet, daß für den elektrischen Strom I^* gilt: $I^* = \Delta E^*/R_{el}^*$ mit $\Delta E^* =$ Spannung; $R_{el}^* =$ Widerstand.

Ausgangspunkte sind der Nettowärmestrom auf einer Fläche A_i^* in der Form

$$\dot{Q}_i^* = \frac{\epsilon_i A_i^*}{1 - \epsilon_i}(\dot{e}_{si}^* - \dot{s}_i^*) = \frac{\dot{e}_{si}^* - \dot{s}_i^*}{R_i^*} \quad ; \quad R_i^* = \frac{1 - \epsilon_i}{\epsilon_i A_i^*}$$

sowie der Gesamt-Wärmestrahlungsstrom zwischen zwei Flächen in der Form

$$\dot{Q}_{ij}^* = A_i^* \varphi_{ij}(\dot{s}_i^* - \dot{s}_j^*) = \frac{\dot{s}_i^* - \dot{s}_j^*}{R_{ij}^*} \quad ; \quad R_{ij}^* = \frac{1}{A_i^* \varphi_{ij}}$$

In dieser Schreibweise werden $\dot{Q}_i^*$ und $\dot{Q}_{ij}^*$ als „Ströme" interpretiert, die aufgrund der „Potentialdifferenzen" $(\dot{e}_{si}^* - \dot{s}_i^*)$ und $(\dot{s}_i^* - \dot{s}_j^*)$ zustandekommen und die durch die „Widerstände" R_i^* bzw. R_{ij}^* fließen. Diese Widerstände werden *Nettowärmewiderstand* R_i^* und *Einstrahlwiderstand* R_{ij}^* genannt. Ihre

Einheit ist $[R^*] = 1/\mathrm{m}^2$ und damit verschieden von der Einheit des ebenfalls häufig verwendeten WÄRMEWIDERSTANDES R_{th}^* ($[R_{th}^*] = \mathrm{K/W}$).

Mit der Analogie zwischen den wärmetechnischen Größen „Strom", „Potentialdifferenz" (= Spannung) und „Widerstand" sowie den entsprechenden elektrischen Größen I^* (Einheit: A), ΔE^* (Einheit: V) und R_{el}^* (Einheit: Ω) kann jeder Anordnung von strahlenden Flächen ein elektrisches Schaltbild zugeordnet werden. Je nach Anordnung der strahlenden Flächen ist dies eine Reihen- oder Parallelschaltung von elektrischen Widerständen. Das Bild auf der folgenden Seite zeigt den einfachen Fall von zwei Flächen, die im alleinigen Strahlungsaustausch stehen und für die deshalb $\dot{Q}_1^* = \dot{Q}_{12}^* = \dot{Q}_2^* = \dot{Q}^*$ gilt. Der Gesamtwiderstand R_G^* ist daher die Reihenschaltung $\sum_k R_k^*$ der Nettowiderstände R_i^* beider Flächen und des Einstrahlwiderstandes R_{ij}^*, so daß für den Gesamt-Wärmestrahlungsstrom $\dot{Q}^*$ in diesem Fall gilt:

$$\dot{Q}^* = \frac{\dot{e}_{s1}^* - \dot{e}_{s2}^*}{R_G^*} = \frac{\sigma^*(T_1^{*4} - T_2^{*4})}{\dfrac{1-\epsilon_1}{\epsilon_1 A_1^*} + \dfrac{1}{A_1^* \varphi_{12}} + \dfrac{1-\epsilon_2}{\epsilon_2 A_2^*}}$$

Es ist leicht erkennbar, daß diese Beziehung für den Grenzfall zweier Schwarzer Flächen (dann gilt: $\epsilon_1 = \epsilon_2 = 1$) in die Beziehung (∗∗∗) für den Strahlungsaustausch Schwarzer Körper übergeht.

Im allgemeineren Fall von $N > 2$ beteiligten Flächen gilt es dann, den Gesamtwiderstand R_G^* für den Strahlungsaustausch $\dot{Q}_{12}^*$ zwischen zwei ausgesuchten Flächen zu ermitteln. Dazu ist die elektrische Analogie oft sehr hilfreich.

ANWENDUNGEN UND BEISPIELE

1. „Rechenregeln" für Einstrahlzahlen

Aufgrund der geometrischen Verhältnisse gelten folgende Beziehungen zwischen den Einstrahlzahlen eines Problems mit zwei oder mehr beteiligten Flächen:

- *Reziprozitätsbeziehung:* durch Vertauschen der (allgemeinen) Indizes i und j folgt:

$$A_i^* \varphi_{ij} = A_j^* \varphi_{ji}$$

- *Summenbeziehung:* Steht die Fläche i mit N Flächen im Strahlungsaustausch und umschließen diese N Flächen die Fläche i vollständig, so gilt:

$$\sum_{j=i}^{N} \varphi_{ij} = 1$$

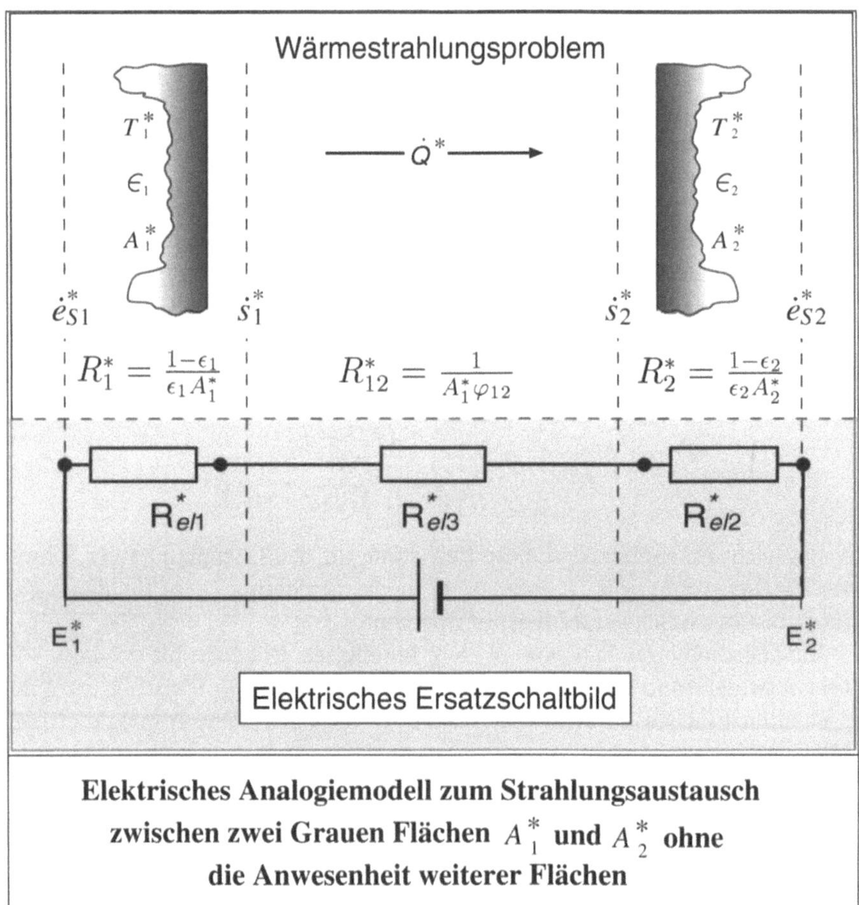

Elektrisches Analogiemodell zum Strahlungsaustausch zwischen zwei Grauen Flächen A_1^* und A_2^* ohne die Anwesenheit weiterer Flächen

- *Eigenstrahlungsbeziehung:* Für den Strahlungsaustausch der Fläche i mit sich selbst gilt:

$$\varphi_{ii} \;=\; 0 \text{ für ebene und konvexe Flächen}$$
$$\varphi_{ii} \;>\; 0 \text{ für konkave Flächen}$$

- *Zerlegungsbeziehung:* Für die Einstrahlzahl einer Fläche i mit einer Fläche J, die aus N Teilflächen j besteht, gilt:

$$\varphi_{iJ} = \sum_{j=1}^{N} \varphi_{ij}$$

2. Beispiele für Einstrahlzahlen

Zahlenwerte von φ_{12} liegen für sehr viele verschiedene Flächenkombinationen in umfangreichen Tabellenwerken vor, s. z.B. Glück (1981), Howell (1982), Siegel et al. (1991) und Vortmeyer (1994). Die nachfolgende Tabelle zeigt einige anschaulich nachvollziehbare Werte von φ_{12}.

FLÄCHENANORDNUNG	φ_{12}	φ_{21}
	1	$\dfrac{A_1^*}{A_2^*}$
	$\dfrac{1}{2}$	0
	1	1
	$\dfrac{3}{4}$	0
	$\varphi_{11} = 1$	

Beispiele für Einstrahlzahlen φ_{ij}

Beachte

☞ Unter Ausnutzung der „Rechenregeln" können Einstrahlzahlen komplexer Geometrien aus den Werten weniger Elementaranordnungen bestimmt werden. Diese Vorgehensweise wird als *Einstrahlzahl-Algebra* (engl.: view factor algebra) bezeichnet.

☞ Neben der englischen Bezeichnung *view factor* existieren eine Reihe weiterer gleichwertiger Namen, wie z.B.: *shape factor*, *configuration factor* und *angle factor*.

Weiterführende Literatur

Vortmeyer, D. (1994): *Einstrahlzahlen*, in: VDI–Wärmeatlas, Kb1 – Kb10, VDI-Verlag, Düsseldorf

Siegel, R.; Howell, J.R.; Lohrengel, J. (1991): *Wärmeübertragung durch Strahlung, Teil 2: Strahlungsaustausch zwischen Oberflächen und in Umhüllungen*, Springer-Verlag, Berlin, Heidelberg, New York

Howell, J.R. (1982): *Catalog of Radiation Configuration Factors*, Mc. Graw Hill, New York

Glück, B. (1981): *Strahlungsheizung — Theorie und Praxis*, Verlag für Bauwesen, Berlin

Empfundene Temperatur
(mean radiant temperature)

Siehe dazu das Stichwort Fühlbare Temperatur, besonders unter Beachte.

Energiegleichung, thermische
(energy equation, thermal)

Siehe unter Thermische Energiegleichung.

Entropie S^*
(entropy S^*)

BEDEUTUNG UND DEFINITION

Es handelt sich um eine extensive Zustandsgröße eines Systems im thermodynamischen Gleichgewicht, die eine zentrale Größe der Thermodynamik darstellt. Als Zustandsgröße besitzt S^* ein vollständiges Differential. Die Definition der Entropie erfolgt über den zweiten Hauptsatz der Thermodynamik. Daraus wird ersichtlich, daß die Entropie sehr eng mit dem physikalischen Vorgang der Wärmeübertragung und noch allgemeiner mit der Definition der (thermodynamischen) Temperatur verbunden ist.

	Definition	

Jedes System besitzt eine extensive Zustandsgröße S^*, genannt Entropie. Diese kann sich ändern, ausgedrückt als dS^*, durch:

- einen Wärmetransport über die Systemgrenze
  mit: $dS_Q^* = dQ^*/T^*$
- einen Stofftransport über die Systemgrenze
  mit: $dS_S^* = s^* dm^*$
- irreversible Prozesse im Inneren des Systems
  mit: $dS_{irr}^* \geq 0$

dS^*	(infinitesimale) Entropieänderung im System	J/K
dS_Q^*	Anteil der Entropieänderung dS^* aufgrund eines Wärmetransportes dQ^*	J/K
dQ^*	(infinitesimaler) Wärmetransport über die Systemgrenze	J
T^*	THERMODYNAMISCHE TEMPERATUR an der Systemgrenze (Ort der Übertragung von dQ^*)	K
dS_S^*	Anteil der Entropieänderung dS^* aufgrund eines Stofftransportes dm^*	J/K
s^*	spezifische Entropie der ein- oder ausströmenden Masse dm^*	J/kg K
dm^*	(infinitesimaler) Stofftransport über die Systemgrenze	kg
dS_{irr}^*	Anteil der Entropieänderung dS^* aufgrund irreversibler Prozesse im System	J/K

PHYSIKALISCHER HINTERGRUND

Historisch gesehen ist der Entropiebegriff eingeführt worden, als man erkannte, daß Wärme, Wärmeströme und damit verbundene Temperaturänderungen systematisch mit einem erweiterten, d.h., nicht nur auf mechanische Vorgänge beschränkten Energiebegriff verbunden sind. Dabei identifizierte man den Wärmestrom über die Systemgrenze als eine von mehreren Formen, durch die die Energie eines Systems verändert werden kann.

Alle anderen Formen der Energieänderung eines Systems lassen sich systematisch als ein Differential $y^* dX^*$ darstellen, wobei y^* eine intensive und X^* eine extensive Zustandsgröße ist. Die Schreibweise als dX^* deutet dabei an, daß der Vorgang der Energieänderung des Systems durch „Betätigung" der sog. „Arbeitskoordinate X^*" erfolgt. Zum Beispiel gilt für die Energieänderung in Form der (reversiblen) Volumenänderungsarbeit $y^* dX^* = -p^* dV^*$ mit $-p^*$ als intensiver und V^* als extensiver Zustandsgröße des Systems. Durch „Betätigung" der Volumenänderung dV^* wird also eine Energieänderung des Systems, hier durch Verrichten von Volumenänderungsarbeit, erreicht.

Aus systematischen Überlegungen heraus war und ist zu erwarten, daß ein Wärmestrom über eine Systemgrenze als Form der Energieänderung des Systems ebenfalls als $y^* dX^*$ darstellbar sein muß. Unterstellt man zunächst, daß die Temperatur als intensive Zustandsgröße die Rolle von y^* übernehmen kann, so muß es im Zusammenhang mit der Wärmeübertragung über eine Systemgrenze eine extensive Zustandsgröße geben, die die Rolle von X^* übernimmt.

Tatsächlich zeigt nun die Analyse von reversiblen Kreisprozessen, daß gilt:

$$\oint \frac{dQ^*}{T^*} = 0$$

wobei zu beachten ist, daß ganz allgemein $\oint dZ^* = 0$ eine notwendige Bedingung an eine Größe Z^* ist, damit diese eine Zustandsgröße ist. Dies ist ein Hinweis darauf, daß eine extensive Zustandsgröße (genannt S^*) existiert, die als „Arbeitskoordinate" bei der Wärmeübertragung „betätigt" werden kann, und für die im Falle der reversiblen Wärmeübertragung gilt: $dS^* = dQ^*/T^*$. Damit gilt also für die Energieänderung eines Systems in Form der Wärmeübertragung $y^* dX^* = T^* dS^*$.

Für das Verständnis der physikalischen Zusammenhänge ist zu beachten, daß der zuvor beschriebene Weg, die Zustandsgröße S^* durch Überlegungen zur Wärmeübertragung zu identifizieren, nicht bedeutet, daß $dS^* = dQ^*/T^*$ die Rolle von S^* bereits vollständig beschreiben könnte. Dies ist im Sinne einer notwendigen Bedingung vielmehr einer von mehreren Gesichtspunkten, die mit der Existenz einer Zustandsgröße S^* verknüpft sind. Ein weiterer wichtiger Aspekt ist die Rolle von S^* bei Dissipationseffekten mit der grundlegenden Aussage $dS^*_{irr} \geq 0$.

ANWENDUNGEN UND BEISPIELE

Das T^*-S^*-Diagramm

Die beiden Zustandsgrößen Temperatur T^* und Entropie S^* können als Koordinaten eine Fläche aufspannen, in der jeder Zustand eines (reinen) Stoffes durch einen Punkt charakterisiert ist. Da der Zustand eines reinen Stoffes durch zwei unabhängige Variable eindeutig bestimmt ist, sind alle anderen Zustandsgrößen in diesem Punkt bekannt, so daß in ein T^*-S^*-Diagramm beliebige Hilfslinien, z.B. $p^* = $ const, eingezeichnet werden können. Das nachfolgende Bild zeigt den prinzipiellen Aufbau eines T^*-S^*-Diagrammes, das (konkret und mit Zahlenwerten versehen) für jeden Stoff verschieden aussieht, aber qualitativ einen ähnlichen Aufbau hat. Die Fläche $\int T^* dS^*$ unter

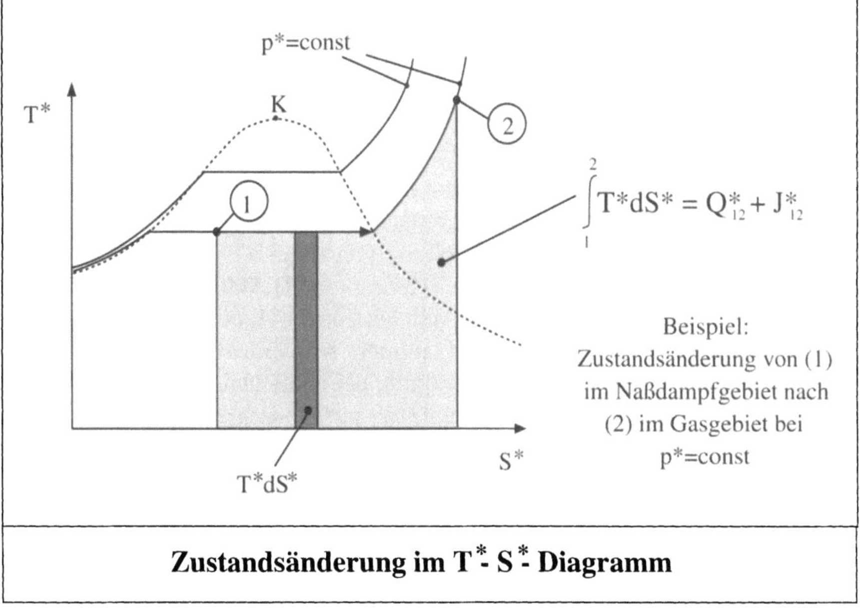

Zustandsänderung im T*- S*- Diagramm

der quasistatischen Zustandsänderung eines im allgemeinen irreversiblen Prozesses entspricht der Summe aus der zu- oder abgeführten Wärme Q_{12}^* und der Dissipationsenergie J_{12}^*. Ohne weitere Information über den Prozeß kann die Fläche jedoch nicht in die Anteile Q_{12}^* und J_{12}^* aufgeteilt werden. Im Grenzfall des adiabaten Prozesses entspricht sie gerade der Dissipationsenergie J_{12}^*, im Grenzfall der reversiblen Prozeßführung der übertragenen Wärme Q_{12}^*.

Beachte

◻ Die Zustandsgröße Entropie wird häufig als sehr abstrakt und der Vorstellung nur schwer zugänglich empfunden. Dies liegt jedoch weniger in der Natur der physikalischen Größe S^* begründet, die ein ähnlich abstraktes Konzept bezeichnet wie z.B. die „Energie", sondern vielmehr daran, daß wir bezüglich anderer physikalischer Größen (u.a. auch bezüglich der „Energie") in einem langen Prozeß gelernt haben, diese „mit Leben zu erfüllen". Die anderen Größen (Temperatur, Druck, Energie,...) dienen uns zur Beschreibung unserer physikalischen Umwelt auf einem mehr oder weniger anspruchsvollen Niveau.

Je höher dieses Niveau wird, umso präziser muß die Beschreibung werden. Dies führt einerseits zu einer Präzisierung von Begriffen, die auch im allgemeinen Alltagsgebrauch vorkommen (etwa der Temperatur als thermodynamischer Temperatur) andererseits aber auch dazu, neue Begriffe hinzuzunehmen, wie hier die Entropie.

Im Umkehrschluß bedeutet dies: Die Entropie ist ab einem bestimmten Niveau der physikalischen Beschreibung eine notwendige Größe, und diese Größe in unseren Wort- und Vorstellungsschatz aufzunehmen erfordert den gleichen Lernprozeß wie bei allen anderen physikalischen Größen.

◻ Obwohl die Entropie S^* per Definition auf das Engste mit dem Konzept der Wärmeübertragung verbunden ist, wird sie in vielen Lehrbüchern zur Wärme- und Stoffübertragung systematisch „gemieden". So kommt z.B. die Größe Entropie in dem 886 Seiten umfassenden Lehrbuch "Fundamentals of Heat and Mass Transfer" (Incropera, DeWitt (1996)) nicht vor! Dies hat zwangsläufig zur Folge, daß bestimmte Aspekte der Wärmeübertragung dann vollständig ausgeklammert werden müssen. Zum Beispiel können die mit der Wärmeübertragung bei endlichen Temperaturdifferenzen stets verbundenen Irreversibilitäten nicht beschrieben werden, die für die Beurteilung und Bewertung von verschiedenen Formen der Wärmeübertragung von entscheidender Bedeutung sind.

◻ Ausgehend von einer statistischen Betrachtung eines Systems aus N Einzelteilchen (z.B. Molekülen in einem Gas) wird in der Physik auch eine andere „fundamentale Entropie σ" eingeführt, die als reine Zahl das System kennzeichnet. Diese Zahl beschreibt die Anzahl der g gleichwertigen Zustände, die für ein abgeschlossenes System erreichbar sind, wobei ein Zustand durch eine bestimmte Verteilung der beteiligten Teilchen sowie deren Energie gekennzeichnet ist. Die grundlegende Annahme besteht dabei darin, daß ein abgeschlossenes System mit gleicher Wahrscheinlichkeit $P = 1/g$ in jedem der g zugänglichen Zustände (auch Entartung genannt) vorgefunden wird. Als Entropie wird aus mehreren Gründen nicht die Zahl selbst, sondern ihr natürlicher Logarithmus eingeführt, so daß für die fundamentale Entropie gilt: $\sigma = \ln g$. Je mehr gleichwertige Zustände erreichbar sind (je größer also die Entartung g ist), umso größer ist die Entropie.

Der Zusammenhang zur zuvor definierten Entropie S^* ist gegeben durch

$$S^* = k^*\sigma = k^*\ln g \; ; \quad k^* = 1{,}381 \cdot 10^{-23}\,\text{J/K}$$

mit k^* als Boltzmann-Konstante. Der Beweis, daß S^* und σ äquivalente Größen sind, ist allerdings eine aufwendige Aufgabe der statistischen Thermodynamik, s. dazu auch Kittel, Krömer (1993).

☞ Die übliche und auch in der Definition gewählte Schreibweise dS_Q^*, dS_S^* und dS_{irr}^* ist insofern inkonsequent, als sie suggeriert, es gäbe die Größen S_Q^*, S_S^* und S_{irr}^*. Dies ist jedoch nicht der Fall, da die Entropie S^* nicht in entsprechende Anteile aufgespalten werden kann. Gemeint sind „Änderungen von S^* aufgrund z.B. eines Wärmestromes", also $(dS^*)_Q$. Eine verkürzte Schreibweise könnte dann besser $d_Q S^*$ anstelle von dS_Q^* lauten. Dies hat sich jedoch (leider) nicht durchgesetzt.

Weiterführende Literatur

Dugdale, J.S. (1996): *Entropy and its Physical Meaning*, Taylor & Francis Ltd, London

Incropera, F.P.; DeWitt, D.P. (1996): *Fundamentals of Heat and Mass Transfer*, John Wiley & Sons, New York

Kittel, C.; Krömer, H. (1993): *Physik der Wärme*, Oldenbourg-Verlag, München

Falk, G.; Ruppel, W. (1976): *Energie und Entropie — Eine Einführung in die Thermodynamik*, Springer-Verlag, Berlin, Heidelberg, New York

Standard–Werke zur Thermodynamik, s. die Liste am Ende des Buches

Entropieproduktion $\dot{S}^*_{Pro}$
(entropy generation $\dot{S}^*_{gen}$)

BEDEUTUNG UND DEFINITION

Es handelt sich dabei um die bei realen Prozessen stets auftretende Erzeugung von Entropie durch irreversible Effekte. Im Zusammenhang mit der Wärmeübertragung treten zwei Effekte (häufig gleichzeitig) auf: Entropieerzeugung durch Wärmeleitung und Entropieerzeugung durch Dissipation mechanischer Energie, z.B. bei der konvektiven Wärmeübertragung.

	Definition	

Die lokale und momentane Entropieproduktionsrate in einem festen oder fluiden System ist ($'''$ bedeutet: auf das Volumen bezogen)

$$\dot{S}^*_{Pro}{}''' = \frac{\lambda^*}{T^{*2}}\left(\operatorname{grad} T^*\right)^2 + \frac{\eta^*}{T^*}\Phi^* \geq 0$$

$\dot{S}^*_{Pro}{}'''$	Entropieproduktionsrate pro Volumeneinheit	$\mathrm{W/m^3\,K}$
T^*	(thermodynamische) Temperatur	K
λ^*	Wärmeleitfähigkeit	$\mathrm{W/m\,K}$
η^*	dynamische Viskosität	$\mathrm{kg/m\,s}$
Φ^*	Dissipationsfunktion; s. ENERGIEGLEICHUNG	$\mathrm{1/s^2}$

PHYSIKALISCHER HINTERGRUND

Die Entropieproduktion aufgrund von irreversiblen Prozessen ist gleichbedeutend mit einem Exergieverlust und damit in aller Regel ein unerwünschter physikalischer Vorgang. Wenn es gelingt, die Entropieproduktion im konkreten Fall quantitativ zu bestimmen, so können diese Ergebnisse zur Bewertung des entsprechenden physikalischen Prozesses herangezogen werden. Da die Entropieproduktion im idealisierten reversiblen Grenzfall null ist, kann sie für reale, also irreversible Prozesse, direkt als Maß prinzipiell vermeidbarer Verluste dienen.

Häufig ist es jedoch schwierig, die in der Definition für $\dot{S}^*_{Pro}{}'''$ angegebene Beziehung zu verwenden, um damit die in einem bestimmten Prozeß insgesamt erzeugte Entropie zu bestimmen.

Da $\dot{S}_{Pro}^{*}{}'''$ die lokale Entropieproduktionsrate darstellt, müßten für einen Prozeß das gesamte Temperaturfeld ($\to T^*$, ∇T^*) und das vollständige Geschwindigkeitsfeld ($\to \Phi^* = \Phi^*(u^*, v^*, w^*)$) bekannt sein. Darüber hinaus beschreibt $\dot{S}_{Pro}^{*}{}'''$ die momentanen Werte, so daß nur für eine stationäre laminare Strömung eine (Volumen-)Integration unmittelbar zum Ziel führt.

Bei turbulenten Strömungen muß zunächst eine Zeitmittelung vorgenommen werden, was zu turbulenten Zusatztermen führt, die dann in einer entsprechenden Turbulenzmodellierung berücksichtigt werden können. Insgesamt ist diese Vorgehensweise so aufwendig, daß sie bisher exakt nur für ausgewählte Spezialfälle praktiziert worden ist.

In praktischen Fällen bedient man sich deshalb oft der Möglichkeit, die insgesamt auftretende Entropieproduktion aus einer Gesamtbilanz der Entropie für einen Kontrollraum zu ermitteln. Diese lautet im instationären Fall, bezogen auf einen endlichen Kontrollraum (Volumen V^*, Fläche A^*):

$$\dot{S}_{Pro}^{*} = \frac{dS^*}{dt^*} - \dot{S}_Q^{*} + s_{aus}^{*}\,\dot{m}_{aus}^{*} - s_{ein}^{*}\,\dot{m}_{ein}^{*}$$

$\dot{S}_{Pro}^{*}$	Entropieproduktionsrate im Volumen V^*	W/K
S^*	Entropie im Volumen V^*	J/K
t^*	Zeit	s
$\dot{S}_Q^{*}$	$= \int \dot{q}^*/T^*\, dA^*$, Entropiestrom über A^* aufgrund des Wärmestroms $\int \dot{q}^*\, dA^*$	W/K
$\dot{q}^*$	Wärmestromdichte	W/m^2
A^*	Übertragungsfläche	m^2
s_i^{*}	spezifischer Entropiestrom (i = aus, ein)	m^2/s^{2}K
$\dot{m}_i^{*}$	Massenstrom (i = aus, ein)	kg/s

Besonders für stationäre Fälle ($dS^*/dt^* = 0$) kann diese Bilanz häufig einfach aufgestellt werden, um daraus die Entropieproduktion zu ermitteln.

Physikalisch besteht diese Entropieproduktion im allgemeinen aus zwei Anteilen, die in einigen Fällen durch Zusatzbetrachtungen auch getrennt bilanziert werden können: Der Entropieproduktion durch Wärmeleitung (in der Wand und im Fluid) bei endlichen Temperaturgradienten und der Entropieproduktion durch Dissipation mechanischer Energie durch endliche Geschwindigkeitsgradienten. Beide Anteile sind in der anfangs gegebenen Definition für $\dot{S}_{Pro}^{*}{}'''$ vorhanden.

ANWENDUNGEN UND BEISPIELE

1. Lokale Entropieproduktionsrate $\dot{S}^*_{Pro}{}'''$ für die ausgebildete laminare Rohrströmung mit konstanter Wandwärmestromdichte $\dot{q}^*_W$

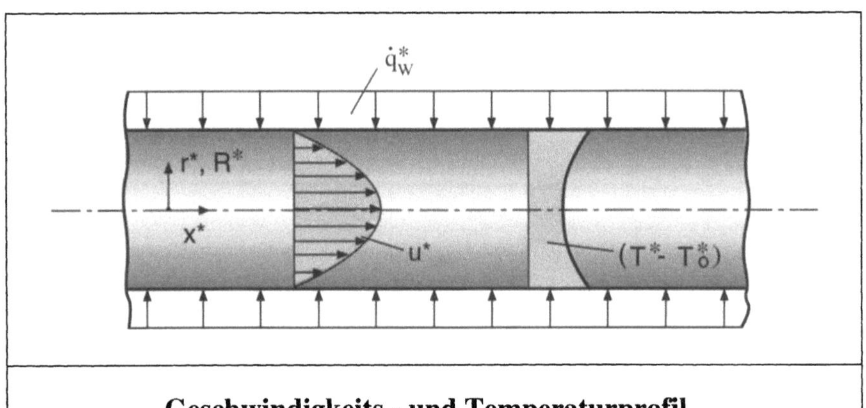

Geschwindigkeits - und Temperaturprofil

$$\text{Geschwindigkeitsprofil}: \quad \frac{u^*}{\overline{u}^*} \;=\; 2\left(1 - R^2\right); \quad R = \frac{r^*}{R^*}$$

$$\text{Temperaturprofil}: \quad \frac{T^* - T^*_0}{T^*_0} \;=\; \tilde{N}u\left[\frac{2x}{Pe} - \frac{R^4}{4} + R^2 - \frac{7}{24}\right]$$

$$\text{mit}: \quad x = \frac{x^*}{R^*} \;\;;\;\; \tilde{N}u = \frac{\dot{q}^*_W\, R^*}{\lambda^*\, T^*_0} \;\;;\;\; Pe = Re\,Pr$$

$$Re = \frac{\varrho^*\, \overline{u}^*_m\, R^*}{\eta^*} \;\;;\;\; Pr = \frac{\eta^*\, c^*_p}{\lambda^*}$$

($\overline{u}^*_m \triangleq$ mittlere Geschwindigkeit; $T^*_0 \triangleq$ mittlere Temperatur bei $x^* = 0$)

Für diesen speziellen Fall gilt für $\dot{S}^*_{Pro}{}'''$:

$$\dot{S}^*_{Pro}{}''' = \frac{\lambda^*}{T^{*2}}\left[\left(\frac{\partial T^*}{\partial x^*}\right)^2 + \left(\frac{\partial T^*}{\partial r^*}\right)^2\right] + \frac{\eta^*}{T^*}\left(\frac{\partial u^*}{\partial r^*}\right)^2$$

Setzt man die Profile für u^* und T^* ein und setzt für $T^*_0/T^* = 1$, so folgt:

$$\dot{S}_{Pro}{}''' \;=\; \dot{S}^*_{Pro}{}'''\,\frac{\lambda^*\, T^{*2}_0}{\dot{q}^{*2}_W}$$

$$=\; \underbrace{\frac{4}{Pe^2} + \left(2R - R^3\right)^2}_{\text{Wärmeleitungsanteil}} + \underbrace{16\,\frac{Pr\,\tilde{E}c}{\tilde{N}u^2}R^2}_{\text{Dissipationsanteil}} \;;\quad \tilde{E}c = \frac{\overline{u}^{*2}_m}{c^*_p\, T^*_0}$$

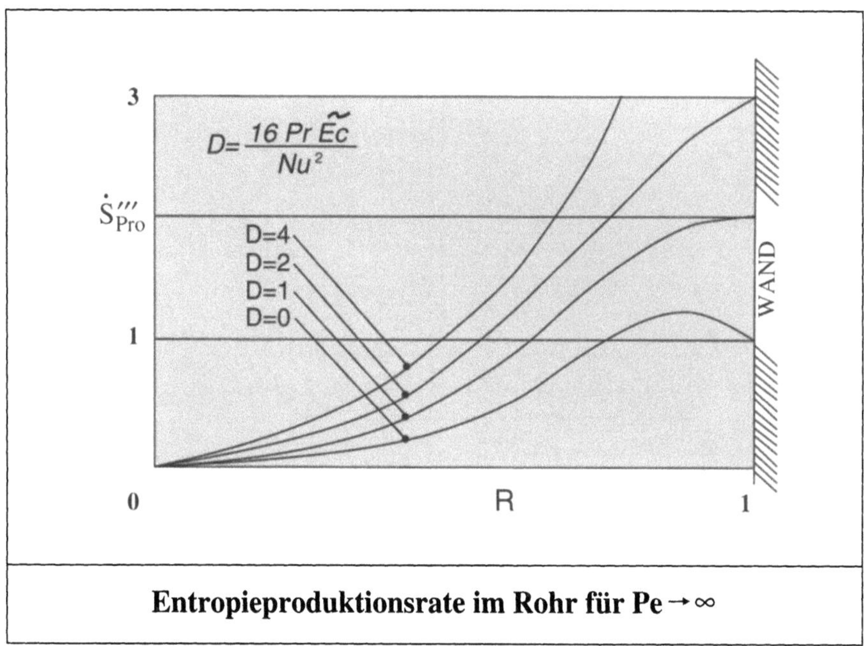

Entropieproduktionsrate im Rohr für Pe $\rightarrow \infty$

Die Entropieproduktion erfolgt durch Wärmeleitung (axial $\sim Pe^{-2}$ und radial) sowie durch Dissipation. Die obige Skizze zeigt für einen Fall mit Pe $\rightarrow \infty$ (keine axiale Wärmeleitung) die Verteilung über den Radius, sowie die zunehmende Konzentration der Entropieproduktionsrate in Wandnähe bei steigendem Einfluß des Dissipationsanteils.

2. Gesamt-Entropieproduktionsrate $\dot{S}^*_{Pro}$ eines adiabaten Wärmeübertragers

Die konkreten Daten sind der nachfolgenden Skizze zu entnehmen. Die idealisierenden Annahmen sind: keine Wärmeverluste nach außen (adiabat); reversible Strömung auf der Wasserseite (isobar); konstante Stoffwerte; Luft verhält sich wie ein ideales Gas, Wasser wie ein inkompressibles Fluid.

- Für die Austrittstemperatur t^*_{2W} des Wassers gilt (Energiebilanz):

$$\dot{m}^*_W\, c^*_W\,(t^*_{1W} - t^*_{2W}) = \dot{m}^*_L\, c^*_{pL}\,(t^*_{2L} - t^*_{1L}) \;\rightarrow\; t^*_{2W} = \underline{\underline{53{,}3\,°\mathrm{C}}}$$

- Aus der Bilanzgleichung für den gesamten Wärmeübertrager gilt mit $dS^*/dt^* = 0$ (stationärer Betrieb) und $\dot{S}^*_Q = 0$ (adiabater Wärmeübertrager):

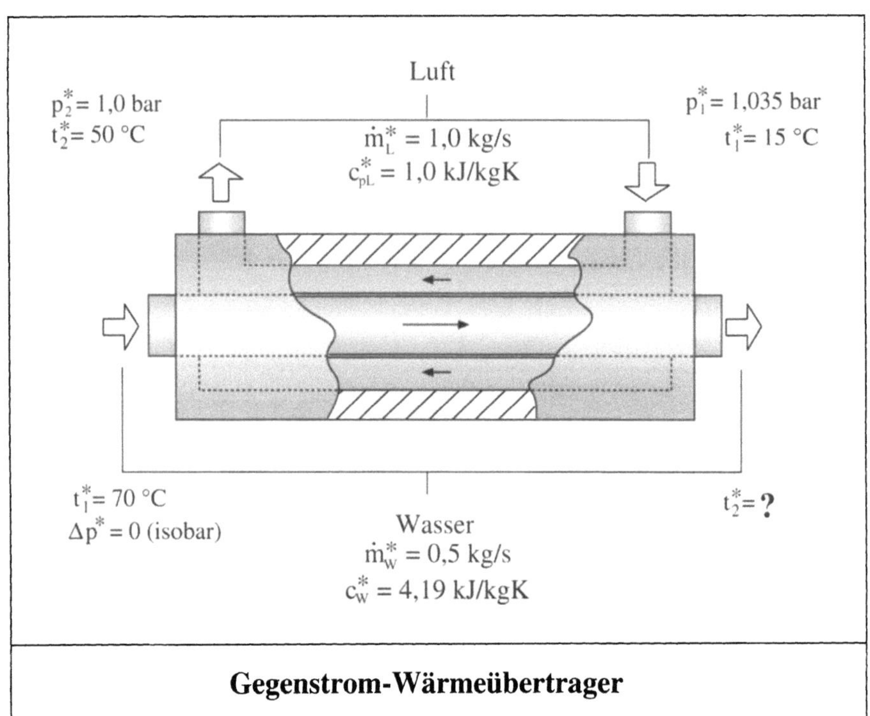

Gegenstrom-Wärmeübertrager

$$\begin{aligned}
\dot{S}_{Pro}^* &= s_{aus}^* \dot{m}_{aus}^* - s_{ein}^* \dot{m}_{ein}^* \\
&= \dot{m}_L^* \left(s_{2L}^* - s_{1L}^*\right) + \dot{m}_W^* \left(s_{2W}^* - s_{1W}^*\right)
\end{aligned}$$

Damit gilt unter Verwendung der Entropie-Zustandsgleichungen für ein ideales Gas (Luft) und ein inkompressibles Fluid (Wasser) mit T_i^* als der entsprechenden thermodynamischen Temperatur:

$$\begin{aligned}
\dot{S}_{Pro}^* &= \dot{m}_L^* \left[c_{pL}^* \ln\left(T_{2L}^*/T_{1L}^*\right) - R_L^* \ln\left(p_{2L}^*/p_{1L}^*\right)\right] \\
&\quad + \dot{m}_W^* \left[c_W^* \ln\left(T_{2W}^*/T_{1W}^*\right)\right] \\
\dot{S}_{Pro}^* &= \underline{\underline{20\,\text{W/K}}}
\end{aligned}$$

Zur Interpretation dieser Größe kann man jetzt annehmen, der Vorgang wäre auch auf der Luftseite reversibel abgelaufen, also mit $p_{2L}^* = p_{1L}^*$. Dann verbleibt nur die Entropieproduktion aufgrund des Wärmeüberganges bei endlichen Temperaturdifferenzen:

$$\begin{aligned}
\dot{S}_{Pro,W\ddot{U}}^* &= \dot{m}_L^* \left[c_{pL}^* \ln\left(T_{2L}^*/T_{1L}^*\right)\right] + \dot{m}_W^* \left[c_W^* \ln\left(T_{2W}^*/T_{1W}^*\right)\right] \\
&= (114{,}6 - 104{,}5)\ \text{W/K} \\
\dot{S}_{Pro,W\ddot{U}}^* &= \underline{\underline{10{,}1\,\text{W/K}}}
\end{aligned}$$

Der erste Term stellt die in der Luft mit dem Wärmestrom aufgenommene Entropie dar, der zweite Term die mit dem Wärmestrom vom Wasser abgegebene Entropie.

Als Differenz zum ursprünglichen Ergebnis verbleibt die im Luftstrom bei endlichem Druckabfall durch Dissipation erzeugte Entropie

$$\dot{S}^*_{Pro,Diss} = \dot{m}^*_L \left[-R^*_L \ln \left(p^*_{2L}/p^*_{1L} \right) \right] = \underline{\underline{9{,}9 \, \text{W/K}}}$$

In diesem Beispiel verteilt sich die Entropieproduktion also nahezu gleichmäßig auf die beiden Ursachen für eine Entropieproduktion, die Wärmeübertragung bei endlichen Temperaturgradienten und die Dissipation mechanischer Energie aufgrund endlicher Geschwindigkeitsgradienten.

Die Kenntnis über die genauen Ursachen von Exergieverlusten ist wichtig, weil sie den Ansatzpunkt für eine mögliche Vermeidung dieser Verluste darstellt. Da jeder Exergieverlust den Exergiebedarf erhöht, wächst im gleichen Maße auch der Primärenergiebedarf zur Ausführung eines technischen Verfahrens.

Beachte

◨ Die Entropieproduktionsrate $\dot{S}^*_{Pro}$ z.B. eines Wärmeübertragers ist zunächst keine sehr anschauliche Größe. Wird dieser Wärmeübertrager aber in ein Gesamtsystem integriert, das auch Arbeit an die Umgebung abgibt, so wird die Arbeitsfähigkeit dieses Systems um so mehr eingeschränkt, je größer seine (interne) Entropieproduktion ist. Dies gilt so allgemein, weil Arbeit bzw. Leistung (Arbeit pro Zeit) einen entropielosen Energietransport über die Systemgrenze, also einen reinen Exergiestrom darstellt. Entropieproduktion ist aber Exergievernichtung, so daß im System erzeugte Entropie gleichwertig mit einer verlorenen Arbeitsfähigkeit des Systems ist (engl.: lost available work). Der Zusammenhang, auch Gouy-Stodola-Theorem genannt, lautet:

$$P^*_{Ver} = T^*_0 \, \dot{S}^*_{Pro}$$

P^*_{Ver}	verlorene Arbeitsfähigkeit des Systems	W
T^*_0	(thermodynamische) Temperatur der Systemumgebung	K
$\dot{S}^*_{Pro}$	Entropieproduktionsrate des Systems	W/K

◨ Die behandelten Vorgänge können als „Entropieproduktion", „Exergievernichtung" bzw. „Exergieverlust" oder „verlorene Arbeitsfähigkeit" quantitativ beschrieben werden. Die letzten beiden Begriffe müssen dazu aber die Temperatur der Systemumgebung benutzen, können also keine absoluten Aussagen über die Vorgänge treffen. Dies ist nur mit dem Konzept der Entropieproduktion möglich.

◩ Eine allgemeinere Betrachtung, die sich nicht auf die Effekte im Zusammenhang mit der Wärmeübertragung beschränkt, zeigt, daß in einem fluiden Mehrkomponentensystem sowohl die (Stoff-)Diffusion als auch chemische Reaktionen aufgrund ihrer irreversiblen Natur zusätzlich zur Entropieproduktion beitragen.

◩ Wendet man die in der Definition gegebene Beziehung für die lokale Entropieproduktionsrate $\dot{S}_{Pro}^{*}{}'''$ auf eine ebene Wand mit der Fläche A^* und der Wandstärke b^* an, durch die ein Wärmestrom $\dot{Q}^* = \dot{q}_W^* A^*$ in Form von reiner Wärmeleitung fließt, so ergibt sich folgendes: Mit $\Phi^* = 0$ (keine Strömung) und $\dot{q}_W^* = -\lambda^* \text{grad}\, T^*$ verbleibt zunächst $\dot{S}_{Pro}^{*}{}''' = -\dot{q}_W^* (\text{grad}\, T^*)/T^{*\,2}$. Dies kann über das endliche Volumen $A^* b^*$ integriert werden und ergibt

$$\dot{S}_{Pro}^* = \dot{Q}^* \left(\frac{1}{T_2^*} - \frac{1}{T_1^*} \right) = \dot{Q}^* \frac{\Delta T^*}{T_2^* T_1^*}$$

Das heißt, die Wärmeleitung durch eine Wand ist stets mit einer Entropieproduktion verbunden, die proportional zu einer Temperaturdifferenz $\Delta T^* = T_1^* - T_2^*$ über die Wand hinweg ist.

WEITERFÜHRENDE LITERATUR

Bejan, A. (1996): *Entropy Generation Minimization*, CRC Press, Boca Raton, New York

Joŭ, D.; Casas-Vázqŭez, J.; Lebon, G. (1996): *Extended Irreversible Thermodynamics*, Springer-Verlag, Berlin, Heidelberg, New York

Kluge, G.; Neugebauer, G. (1994): *Grundlagen der Thermodynamik*, Spektrum Akademischer Verlag, Heidelberg (Besonders Abschnitt III: Thermodynamik irreversibler Prozesse)

Exergie
(exergy)

Bedeutung und Definition

Es handelt sich um eine Präzisierung des Energiebegriffes, mit dessen Hilfe
Prozesse der Energieumwandlung systematisch beschrieben werden können.
Insbesondere die Beschränkungen von Energieumwandlungen aufgrund des
zweiten Hauptsatzes der Thermodynamik sind mit dem Exergiebegriff sehr
anschaulich darstellbar. Der Exergiebegriff ist für die physikalische Interpretation von Wärmeübertragungsvorgängen äußerst hilfreich.

	Definition	

Unter Exergie versteht man alle unbeschränkt umwandelbaren Energien,
deren Umwandlung in jede andere Energieform nach dem zweiten Hauptsatz der Thermodynamik gestattet ist. Gemäß dieser Definition gibt es
zwei Energieklassen:

1. Energien, die sich in jede andere Energieform umwandeln lassen; diese
   bestehen zu 100% aus Exergie.

2. Energien, die sich nur zum Teil in jede andere Energieform umwandeln lassen; diese bestehen zu weniger als 100% aus Exergie; der nicht
   umwandelbare Teil heißt Anergie.

Physikalischer Hintergrund

Mit dem Exergie/Anergie-Konzept wird keine thermodynamische Information eingeführt, die sich nicht auch ohne diese Begriffe formulieren ließe, es trägt
aber sehr zur Veranschaulichung der Energieumwandlungsprozesse und deren
Beschränkung durch den zweiten Hauptsatz bei. Die wesentlichen Aussagen
des zweiten Hauptsatzes in bezug auf die Energieumwandlung lauten:

1. Jede Energie ist die Summe aus Exergie und Anergie. Die komplementären
   Anteile liegen jeweils zwischen 0% und 100%.

2. Exergie kann in Anergie umgewandelt werden (Dissipationsprozeß), aber
   nicht Anergie in Exergie.

3. Der Exergieanteil der beschränkt umwandlungsfähigen Energieformen ist
   vom Umgebungszustand abhängig. In diesem Sinne müßte man präzise
   von dem „Exergieanteil der Energie in bezug auf die Umgebung" sprechen.

4. Die in der Umgebung gespeicherte innere Energie ist reine Anergie.

Unter der Umgebung wird dabei idealisierend ein unendlich großes, ruhendes Medium verstanden, dessen intensive Zustandsgrößen Temperatur T^*_{Umg}, Druck p^*_{Umg} und chemisches Potential seiner Komponenten $\mu^*_{i,Umg}$ unverändert bleiben, wenn es Energie und/oder Materie mit dem betrachteten System austauscht.

Im Gegensatz zur Energie, für die ein Erhaltungsprinzip gilt (1. Hauptsatz der Thermodynamik), kann Exergie vernichtet werden, d.h., durch einen Dissipationprozeß in Anergie umgewandelt werden. Da technische Prozesse stets irreversibel verlaufen, ist dies sogar der Normalfall. Das Maß der Exergievernichtung kann damit zur Beurteilung eines Prozesses herangezogen werden, genauso wie der Anteil der Exergie zur Bewertung einer bestimmten Energieform dienen kann.

Das entscheidende Ziel der Energietechnik ist deshalb die Bereitstellung von Exergie. Als ein Maß für den verantwortungsvollen Umgang mit den natürlichen Energieressourcen (Primärenergie) kann dabei gelten, wieweit es gelingt, aus der eingesetzten Energie Exergie zur weiteren Verwendung bereitzustellen. Wärmeübertragungsvorgänge spielen dabei eine entscheidende Rolle.

ANWENDUNGEN UND BEISPIELE

Exergie-/Anergieanteile verschiedener Energie- und Energietransportformen

Energieform, Energietransportform	Exergie/ Anergie	Anmerkung
mechanische Leistung	■	reiner Exergiestrom
elektrische Leistung	■	reiner Exergiestrom
Wärmestrom $\dot{Q}^*$, übertragen bei $T^* > T^*_{Umg}$	▣	$\dot{Q}^*_{E,rev} = (1 - T^*_{Umg}/T^*)\dot{Q}^*$ (Exergieanteil des Wärmestromes)
Wärmestrom $\dot{Q}^*$, übertragen bei T^*_{Umg}	▢	reiner Anergiestrom
Volumenänderungsarbeit W^*_{12}, verrichtet bei $p^* > p^*_{Umg}$	▣	$W^*_{12,E,rev} = -\int_1^2 \left(p^* - p^*_{Umg}\right) dV^*$ (Exergieanteil = Nutzarbeit)
Volumenänderungsarbeit W^*_{12}, verrichtet bei $p^* = p^*_{Umg}$	▢	reine Anergie
Beispiele für die Aufteilung in Exergie (■) und Anergie (▢)		

BEACHTE

- Der Vorfaktor $(1 - T^*_{Umg}/T^*)$, der im Fall der reversiblen Wärmeübertragung den Exergieanteil des Wärmestroms $\dot{Q}^*$ bestimmt (s. vorhergehende Tabelle, dritte Zeile), ist:

  a) > 0 für $T^* > T^*_{Umg}$, d.h., es liegt eine Wärmeübertragung oberhalb der Umgebungstemperatur vor (z.B.: zuzuführende Heizleistung); die Vorzeichen von $\dot{Q}^*_{E,rev}$ und $\dot{Q}^*$ sind gleich, $\dot{Q}^*_{E,rev}$ ist Teil des Wärmestromes $\dot{Q}^*$.

  b) < 0 für $T^* < T^*_{Umg}$, d.h., es liegt eine Wärmeübertragung unterhalb der Umgebungstemperatur vor (z.B.: abzuführende Kühlleistung); die Vorzeichen von $\dot{Q}^*_{E,rev}$ und $\dot{Q}^*$ sind verschieden, $\dot{Q}^*_{E,rev}$ ist nicht Teil des Wärmestromes $\dot{Q}^*$, sondern fließt diesem entgegen und muß zusätzlich „extern" aufgebracht werden.

- Als „Schwäche" des Exergie/Anergie-Konzeptes wird gelegentlich angeführt, daß dies keine absoluten Aussagen über ein thermodynamisches System erlaubt, sondern die Kenntnis seines Umgebungszustandes voraussetzt. In der Tat fügt es dem stets geltenden 2. Hauptsatz keine zusätzlichen Informationen hinzu, interpretiert seine Aussagen zur Wechselwirkung zwischen einem System und dessen Umgebung aber sehr anschaulich.

- Exergiestromverluste im Kreisprozeß einer Wärmekraftanlage sind auch als „verlorene Arbeitsfähigkeit" (engl.: lost available work) des Systems interpretierbar, da Arbeitsfähigkeit im Sinne der Bereitstellung mechanischer oder elektrischer Leistung gleichbedeutend mit der Bereitstellung reiner Exergieströme ist (s. Tabelle 'Aufteilung in Exergie und Anergie').

WEITERFÜHRENDE LITERATUR

Fratzscher, W.; Brodjanskij, V.M.; Michalek, K. (1986): *Exergie, Theorie und Anwendung*, Deutscher Verlag für Grundstoffindustrie, Leipzig

Sussman, M.V. (1980): *Availability (Exergy) Analysis*, Mullikan House Publ., Lexington, MA

Baehr, H.D. (1965): *Definition und Berechnung von Exergie und Anergie*, Brennst.-Wärme-Kraft 17, 1–6

Filmkondensation
(film condensation)

BEDEUTUNG UND DEFINITION

Es handelt sich um eine spezielle Art der KONDENSATION, also des Überganges eines Stoffes aus seiner Gasphase (Dampf) in die flüssige Phase.

	Definition	
Unter dem Begriff Filmkondensation versteht man den Kondensationsvorgang an gekühlten Wänden, bei dem das Kondensat einen zusammenhängenden Film auf der Wand bildet. Dieser kann entweder unter der Wirkung der Schwerkraft abfließen oder durch die strömende Gasphase über Scherkräfte am Außenrand des Filmes transportiert werden.		

PHYSIKALISCHER HINTERGRUND

Wird eine den Dampfraum begrenzende Wand unter die aktuelle Sättigungstemperatur T_S^* des Dampfes abgekühlt, kommt es zur Kondensatbildung an dieser Wand. Ob dabei ein geschlossener Film entsteht, hängt von den Oberflächeneigenschaften in bezug auf die Benetzbarkeit der Wand ab. Entscheidend ist dabei der sog. Randwinkel eines Einzeltropfens als der geometrische Winkel zwischen der Wand und der Tropfenoberfläche an der Berührungslinie zwischen Wand und Tropfen. Dieser kann, abhängig von den Grenzflächenspannungen zwischen Wand, Flüssigkeit und Dampf, größer oder gleich Null sein. Bedingungen, die zu einem Null-Randwinkel führen, ergeben einen geschlossenen Flüssigkeitsfilm (Kondensatfilm). Dieser ist keineswegs immer erwünscht, da die Wärmeübergangskoeffizienten bei der Filmkondensation in der Regel erheblich geringer sind als bei der sog. TROPFENKONDENSATION.

Es zeigt sich allerdings, daß Filmkondensation an den üblicherweise verwendeten Wandmaterialien die bevorzugte Kondensationsform darstellt und es besonderer Maßnahmen bedarf, um zur Tropfenkondensation zu gelangen.

Liegt Filmkondensation vor, so wird der Wärmeübergang wesentlich von der Dicke des Filmes beeinflußt, da der wesentliche Transportmechanismus die Wärmeleitung ist. Bei einer vorgegebenen Temperaturdifferenz ist der Temperaturgradient und damit der Wärmestrom umso kleiner, je dicker der Film ist. Zusätzliche Effekte, wie z.B. ein konvektiver Transport, spielen oft eine untergeordnete Rolle. Entscheidend ist allerdings, ob es sich um eine laminare oder eine turbulente Filmströmung handelt, da die turbulente (Schein–)Wärmeleitfähigkeit erheblich größer ist, als die molekulare Wärmeleitfähigkeit.

ANWENDUNGEN UND BEISPIELE

Nußeltsche Wasserhauttheorie

Eine sehr frühe Arbeit zur Filmkondensation geht auf Nußelt (1916) zurück und kann als „klassische Arbeit" in diesem Bereich angesehen werden. Sie behandelt die Kondensation an Rohren und senkrechten oder geneigten Wänden. Sie basiert auf den folgenden Annahmen:

- Die Wandtemperatur ist konstant mit $T_W^* < T_S^*$; $T_S^* \triangleq$ Temperatur des gesättigten Dampfes.

- Es bildet sich ein geschlossener stationärer und laminarer Kondensatfilm aus, der unter Schwerkrafteinfluß abfließt.

- Die Schubspannung zwischen dem abfließenden Kondensat und dem Dampf (an der Filmoberfläche) ist vernachlässigbar klein.

- Der konvektive Wärmetransport in Filmströmungsrichtung kann gegenüber dem Wärmeleitungstransport quer zur Filmströmung vernachlässigt werden.

- Es handelt sich um ein Newtonsches Fluid.

- Die Stoffwerte sind konstant.

Unter den genannten Annahmen bilden sich ein lineares Temperaturprofil und ein quadratisches Geschwindigkeitsprofil aus (s. Skizze in der nachfolgenden Tabelle). Aus elementaren Bilanzen folgt damit eine einfache Beziehung für den lokalen Wärmeübergangskoeffizienten α^* an der Stelle x^*, definiert als $\alpha^* = \dot{q}_W^* / (T_S^* - T_W^*)$.

Aufgrund der getroffenen Annahmen tritt an jeder Stelle x^* ein Wandwärmestrom $\dot{q}_W^* B^* \, dx^*$ auf, der genau dem durch Kondensation am Außenrand freiwerdenden Verdampfungsenthalpiestrom $\Delta h_v^* \, d\dot{m}_K^*$ entspricht. Dabei ist $d\dot{m}_k^*$ der Massenstrom über das Flächenelement $B^* dx^*$ mit B^* als Wandbreite senkrecht zur Zeichenebene. Die Wärmeübergangsbeziehung zeigt, daß $\dot{q}_W^*$ und damit auch $d\dot{m}_K^*$ proportional zu $x^{*\,-1/4}$ sind, also in Richtung der Kondensatströmung abnehmen.

Eine genauere Analyse der Filmkondensation ergibt sich durch die teilweise oder vollständige Berücksichtigung der hier vernachlässigten Effekte. Dies sind insbesondere die Effekte aufgrund von Trägheitskräften im stromabwärts anwachsenden Film sowie der Einfluß der Schubspannung am Außenrand des Flüssigkeitsfilmes. Dort bildet sich dann in sonst ruhender Umgebung zusätzlich eine Dampfgrenzschicht aus.

$$\alpha^* = \frac{\dot{q}_W^*}{T_S^* - T_W^*} = \left[\frac{\varrho_F^{*2}\, g^*\, \Delta h_v^*\, \lambda_F^{*3}}{4\eta_F^* \left(T_S^* - T_W^*\right) x^*} \right]^{1/4}$$

α^*	Wärmeübergangskoeffizient	W/m^{2}K
ϱ_F^*	Dichte der Flüssigkeit	kg/m^3
g^*	Fallbeschleunigung	m/s^2
Δh_v^*	spez. Verdampfungsenthalpie	J/kg
λ_F^*	Wärmeleitfähigkeit der Flüssigkeit	W/m K
η_F^*	dyn. Viskosität der Flüssigkeit	kg/m s
T_S^*	Sättigungstemperatur des Dampfes	K
T_W^*	Wandtemperatur	K
x^*	Wandkoordinate	m

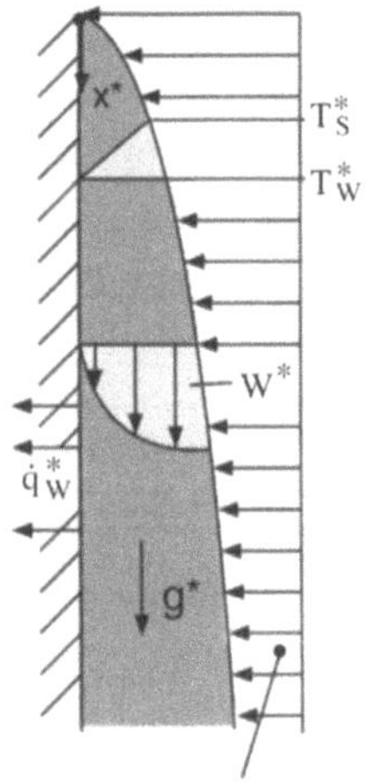

Lokaler Wärmeübergangskoeffizient nach der Nußeltschen Wasserhauttheorie

BEACHTE

- Geringe Inertgas-Anteile (nicht kondensierende Gaszusätze) im Dampf können den Wärmeübergang bei der Kondensation erheblich verschlechtern. Da durch den Kondensationsprozeß das Dampf/Inertgas–Gemisch in der Nähe der Phasengrenze gegenüber den weiter entfernt liegenden Bereichen an Dampf verarmt (weil dieser auskondensiert, aber nicht das Inertgas), ist die Dampfkonzentration in der Nähe der Phasengrenze, und damit insbesondere direkt an der Phasengrenze, niedriger als außerhalb des phasengrenznahen Bereiches.

  Diese niedrige Dampfkonzentration an der Phasengrenze ist gleichbedeutend mit einem erniedrigten Partialdruck des Dampfes ($= p_S^*$) und damit wegen $p_S^* = p_S^*(T_S^*)$ auch einer erniedrigten Phasengrenztemperatur ($=T_S^*$). Dies erniedrigt aber auch die Temperaturdifferenz zur Wand hin, $\Delta T^* = T_S^* - T_W^*$, so daß wegen $\dot{q}_W^* = \alpha^* \Delta T^*$ nur eine entsprechend kleinere Wandwärmestromdichte auftritt.

⊡ Häufig beobachtet man, daß die Filmoberfläche nach einer gewissen Lauflänge eine wellige Struktur ausbildet. Diese verbessert den Wärmeübergang, da die Wellen zu einer „effektiv" geringeren Filmdicke führen. Die Verbesserungen liegen in der Größenordnung von 10–25%. Im Sinne einer einsetzenden Strömungsinstabilität treten diese Effekte jenseits einer „kritischen Reynoldszahl" auf. Deren Zahlenwert ist wesentlich durch die Oberflächenspannung mitbestimmt. Ansätze zur Erfassung dieses Einflusses auf den Wärmeübergang sind bis heute allerdings weitgehend empirischer Natur.

WEITERFÜHRENDE LITERATUR

Collier, J.G.; Thome, J.R. (1996): *Convective Boiling and Condensation*, Clarendon Press, Oxford

Stephan, K. (1988): *Wärmeübergang beim Kondensieren und beim Sieden*, Springer-Verlag, Berlin

Rose, J.W. (1988): *Fundamentals of Condensation Heat Transfer: Laminar Film Condensation*, JSME Int. Journal, Series II, Vol. 31, 357-375

Marto, P.J. (1986): *Recent Progress in Enhancing Film Condensation Heat Transfer on Horizontal Tubes*, Proc. of 8th IHTC, Vol. 1, 161-170

Butterworth, D. (1983): *Film Condensation of Pure Vapour, Heat Exchanger Design Handbook*, Ed: E.U. Schlünder, Hemisphere Publishing Corporation, New York

Filmkühlung
(film cooling)

Bedeutung und Definition

Es handelt sich um eine spezielle Methode zur Kühlung von Oberflächen (engl.: heat protection), bei der durch diskrete Oberflächenöffnungen ein Fluidfilm zwischen das heiße Gas der Außenströmung und die Wand eingeblasen wird. Es besteht physikalisch eine enge Verwandtschaft zur sog. Transpirationskühlung. Im Unterschied zu dieser Form der Oberflächenkühlung ist die Temperatur des eingeblasenen Kühlgases bei der Filmkühlung jedoch i.a. niedriger als die Wandoberflächentemperatur T_W^*.

Definition		
Unter Filmkühlung versteht man das Einblasen einer kühlenden Fluidschicht zwischen die Wand und das heiße Gas, von dem die Wand überströmt wird. Die Kühlgaszufuhr erfolgt über diskrete Einzelöffnungen in Loch- oder Schlitzform. Dabei wird versucht, die Strömungsgrenzschicht so wenig wie möglich zu beeinflussen und diese als Ganzes von der Wand zu verdrängen. Je nach Ausführung unterscheidet man nach einer *vollflächigen Filmkühlung der Wand* (engl.: full-coverage film cooling) und einer *Filmkühlung durch Einzelöffnungen* (engl.: film cooling by slot or whole injection).		

Physikalischer Hintergrund

Wenn technische Oberflächen von Gasen überströmt werden, deren Temperaturen oberhalb der zulässigen Wandtemperatur liegen, müssen entsprechende Kühlmaßnahmen vorgesehen werden. Neben einer Reihe anderer Maßnahmen (s. dazu Alternativmaßnahmen unter der Rubrik Beachte) hat sich die Filmkühlung als wirkungsvolle Maßnahme erwiesen. Ein typisches Anwendungsfeld ist die Kühlung von Gasturbinenschaufeln, mit deren Hilfe die Gasturbine auf einem oberen Temperaturniveau betrieben werden kann, das aufgrund thermischer Belastungsgrenzen sonst unerreichbar wäre. Dies trägt wesentlich zur Steigerung des Wirkungsgrades bei. So gelingt es z.B., in der modernen Gasturbinenentwicklung Temperaturen von mehreren hundert Grad oberhalb der zulässigen Oberflächentemperaturen von ca. $1\,100\,\mathrm{K}$ zu realisieren.

Bei der Ausführung vollflächiger Filmkühlung wird die gesamte Fläche mit Bohrungen oder Schlitzen versehen, wobei dann die Oberflächenbereiche zwischen den Öffnungen gekühlt werden. Bei der Filmkühlung durch

Einzelöffnungen (meist in quer zur Hauptströmung angeordneten Reihen von Öffnungen) soll der stromabwärts gelegene Wandbereich gekühlt werden.

Die physikalische Wirkung der Filmkühlung beruht auf zwei Effekten:

- Im Kontakt mit dem Wandmaterial in den Zuströmkanälen zur Oberfläche und nach dem Ausströmen direkt an der Oberfläche findet ein Wärmeübergang von der Wand an das Kühlgas statt, was zu einer Herabsetzung der Wandtemperatur gegenüber dem Fall ohne Filmkühlung führt.

- Durch die Verdrängung der heißen Außenströmung wirkt der Kühlgasfilm wie eine Isolierschicht zwischen der Wand und der Außenströmung. Da diese Isolierwirkung umso größer ist, je kleiner die Temperaturgradienten im Film sind und je kleiner die turbulente (scheinbare) Wärmeleitfähigkeit ist, muß eine möglichst geringe Vermischung mit der turbulenten Wandgrenzschicht angestrebt werden. Man versucht deshalb, die Wandgrenzschicht (und die Außenströmung) als Ganzes von der Wand zu verdrängen. Eine Maßnahme in diesem Sinne ist das Einblasen des Kühlgases in einem möglichst kleinen Winkel zur Wand (typischer Wert: 30°).

Da die Einzelöffnungen (z.B. gegenüber den Porenbahnen bei porösen Oberflächen) relativ große Querschnitte aufweisen, nimmt das Kühlgas auf dem Weg zur Oberfläche nicht die Oberflächentemperatur T_W^* an, sondern weist dort noch eine Temperatur $T_G^* < T_W^*$ auf. Beide wiederum liegen unterhalb der Temperatur T_A^* der Außenströmung. Mit diesen drei Temperaturen kann ein Filmkühlungs-Wirkungsgrad als

$$\eta = \frac{T_{Wad}^* - T_A^*}{T_G^* - T_A^*} \qquad (*)$$

gebildet werden. Dabei wird unterstellt (und in entsprechenden Experimenten sichergestellt), daß die stromabwärtige Wand adiabat ist und die Wandtemperatur T_{Wad}^* besitzt. Eine schon früh entwickelte Näherungsbeziehung (Wieghardt (1946)) für η lautet

$$\eta = 21{,}8 \left(\frac{h^*}{x^*} \frac{(\varrho^* u^*)_G}{(\varrho^* u^*)_A} \right)^{0,8} \qquad (**)$$

mit h^* als Weite oder Höhe der Ausblaseöffnung, x^* als stromabwärtigem Abstand von der Öffnung und $\varrho^* u^*$ als Stromdichte des Kühlgases bzw. der Außenströmung.

Der Anwendungsbereich von Gl. $(**)$ ist durch

$$0{,}22 < \frac{(\varrho^* u^*)_G}{(\varrho^* u^*)_A} < 0{,}74 \quad \text{und} \quad \frac{x^*}{h^*} > 100$$

beschränkt.

Anwendungen und Beispiele

Reduktion des Wärmeüberganges an einer ebenen Platte mit vollflächiger Filmkühlung

In der im folgenden Bild skizzierten Anordnung ist der Wärmeübergang auf der Platte in Form der Stanton-Zahl St bezogen auf ihren Wert St_0 ohne Filmkühlung im Bereich der 11. Lochreihe ermittelt worden (zur Stanton-Zahl s. das Stichwort Nusselt-Zahl, dort unter Beachte). An dieser Stelle liegt eine Reynolds-Zahl von $Re_x = 1{,}75 \cdot 10^6$ vor. Die Kühlung wie auch

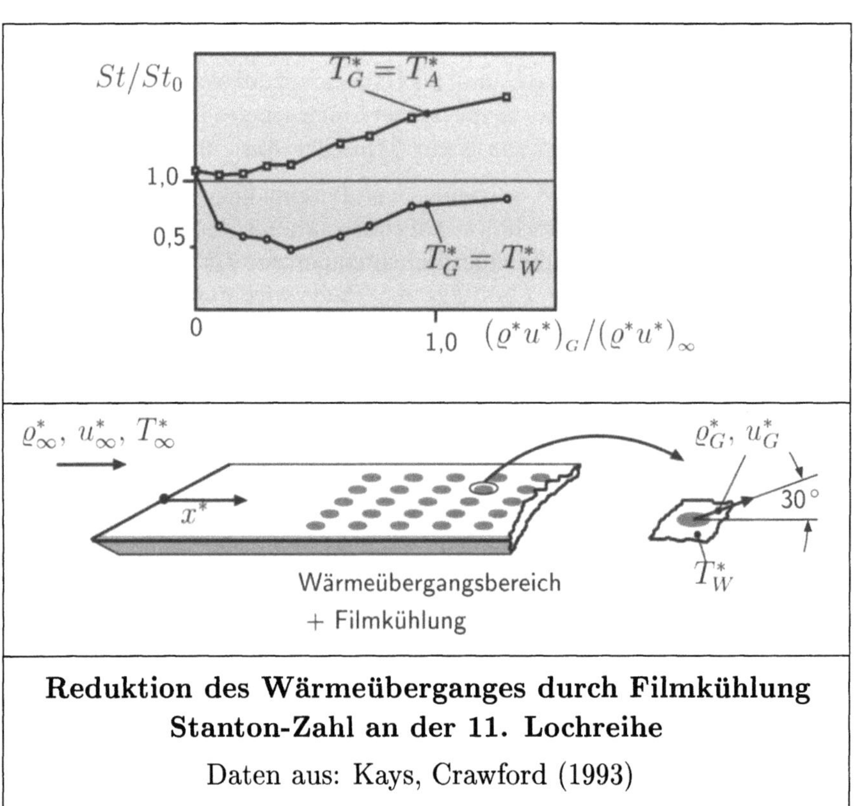

**Reduktion des Wärmeüberganges durch Filmkühlung
Stanton-Zahl an der 11. Lochreihe**

Daten aus: Kays, Crawford (1993)

der Wärmeübergang beginnen nach einer relativ langen Vorlaufstrecke bei $Re_x = 1{,}25 \cdot 10^6$. Die Lochdurchmesser sind mit $d^* = 10{,}3\,\text{mm}$ im Vergleich zur Grenzschichtdicke $\delta^* = 20\,\text{mm}$ am Beginn der Filmkühlung relativ groß. Aus den beiden Kurven für $T_G^* = T_A^*$ und $T_G^* = T_W^*$ können die Ergebnisse wegen der Linearität der thermischen Energiegleichung durch lineare Inter- bzw. Extrapolation für beliebige Temperaturen T_G^* bestimmt werden.

Der Kurvenverlauf für den Fall $T_G^* = T_W^*$ zeigt den im vorigen Kapitel beschriebenen Isolationseffekt. Bis zu einem Einblasparameter $M = (\varrho^* u^*)_G / (\varrho^* u^*)_\infty$ (engl.: blowing parameter) von etwa 0,4 kommt es zu einer Absenkung des Wärmeüberganges auf etwa 50% des Wertes ohne Filmkühlung. Eine weitere Erhöhung von M führt offensichtlich zu einer starken Durchmischung der Kühlluftstrahlen mit der Wandgrenzschicht und einer Erhöhung der Turbulenz. Diese führt im Fall $T_G^* = T_A^*$ zu einer deutlichen Erhöhung des Wärmeüberganges.

BEACHTE

❒ Neben der Filmkühlung können Oberflächen durch eine Reihe anderer Maßnahmen vor zu hohen Temperaturen geschützt werden. Dazu gehören:

- wärmeisolierende Oberflächenbeschichtungen

- TRANSPIRATIONSKÜHLUNG; sie ist physikalisch sehr ähnlich zur Filmkühlung

- Kühlmittelkanäle im oberflächennahen Bereich ohne Austritt des Kühlmediums über die Oberfläche. Die Gesamtanordnung wirkt dann wie ein Wärmeübertrager.

- Ablationskühlung an sog. Hitzeschilden (engl.: heat shields); dabei wird ein Matrixmaterial (aus Glas, Asbest o.ä.), gefüllt mit organischen oder nichtorganischen Substanzen, kurzzeitig extrem hohen Wärmestromdichten ausgesetzt und bindet diese Wärmeströme in Phasenumwandlungen und chemischen Reaktionen. Ein typisches Anwendungsbeispiel sind Wiedereintrittskörper in der Raumfahrt.

❒ Wenn das Kühlfluid durch Schlitze wandparallel eingeblasen wird, so liegt für $M = (\varrho^* u^*)_G / (\varrho^* u^*)_\infty \to \infty$ ein sog. Wandstrahl vor.

WEITERFÜHRENDE LITERATUR

Kays, W.M.; Crawford, M.E. (1993): *Convective Heat and Mass Transfer*, McGraw-Hill Inc., New York

Metzger, D.E.; Kim, Y.W.; Yu, Y. (1993): *Turbine Cooling: An Overview and Some Focus Topics*, Proc. 8th Int. Symp. Transport Phenomena in Thermal Engineering, Seoul

Crawford, M.E.; Kays, W.M.; Moffat, R.J. (1980): *Full Coverage Film Cooling on Flat, Isothermal Surfaces: A Summary Report on Data and Predictions*, NASA CR-3219

Goldstein, R.J. (1971): *Film Cooling*, Advances in Heat Transfer, Vol. 8, Academic Press, New York

Wieghardt, K. (1946): AAF Translation F-TS-919-RE

Filmsieden
(film boiling)

Siehe dazu das Stichwort SIEDEN.

Filmtemperatur
(film temperature)

Spezielle Referenztemperatur; siehe dazu das Stichwort REFERENZTEMPERATUR-METHODE, besonders unter PHYSIKALISCHER HINTERGRUND.

Fouriersches Wärmeleitungsgesetz
(Fourier's law of heat conduction)

BEDEUTUNG UND DEFINITION

Es handelt sich um eine sehr weit verbreitete Form einer KONSTITUTIVEN GLEICHUNG in der WÄRMELEITUNGSGLEICHUNG. Damit wird ein Zusammenhang zwischen dem Wärmestromdichtevektor und dem Temperaturfeld hergestellt.

	Definition	
vektoriell: $\vec{\dot{q}}^* = -\lambda^* \operatorname{grad} T^*$		
kartesisch: $\dot{q}_x^* = -\lambda^* \dfrac{\partial T^*}{\partial x^*};\;\; \dot{q}_y^* = -\lambda^* \dfrac{\partial T^*}{\partial y^*};\;\; \dot{q}_z^* = -\lambda^* \dfrac{\partial T^*}{\partial z^*}$		

$\vec{\dot{q}}^*$	Wärmestromdichte-Vektor	W/m^2
$\dot{q}_x^*,\, \dot{q}_y^*,\, \dot{q}_z^*$	kartesische Komponenten von $\vec{\dot{q}}^*$	W/m^2
λ^*	Wärmeleitfähigkeit	W/mK
T^*	Temperatur	K

PHYSIKALISCHER HINTERGRUND

Die Energiebilanz über ein Kontrollvolumen eines ruhenden Mediums verknüpft das Temperaturfeld mit den ein- und ausfließenden Wärmeströmen. Erst wenn ein zusätzlicher Zusammenhang zwischen den Wärmeströmen und dem Temperaturfeld hergestellt wird (konstitutive Gleichung), kann aus der dann entstehenden sog. Wärmeleitungsgleichung das Temperaturfeld ermittelt werden. Dieser gesuchte Zusammenhang zwischen $\vec{\dot{q}}^*$ und T^* kann aus der Kenntnis der mikroskopischen (molekularen) Zusammenhänge abgeleitet werden oder muß, wo dieses nicht möglich ist, auf der makroskopischen Ebene empirisch bestimmt werden. Der empirische Ansatz $\vec{\dot{q}}^* = -\lambda^* \operatorname{grad} T^*$ geht auf Fourier (1768–1830) zurück und hat sich als ein Modell erwiesen, das viele Wärmeleitungsvorgänge mit hoher Genauigkeit beschreiben kann. Er führt, eingesetzt in die Energiebilanz, auf eine bezüglich der Zeit parabolische Differentialgleichung (WÄRMELEITUNGSGLEICHUNG).

Aus der Lösung dieser Wärmeleitungsgleichung kann die Ausbreitung des Temperaturfeldes in wärmeleitenden (ruhenden) Medien bestimmt werden.

Unter Verwendung des hier eingeführten Wärmeleitungsgesetzes ergibt sich dabei eine unendlich große Geschwindigkeit für solche Leitungsvorgänge. Erst eine Erweiterung des Fourierschen Ansatzes, der dann die Zeit explizit enthält, führt auf endliche Geschwindigkeiten für die Wärmeleitung. Da diese in praktischen Anwendungen aber stets sehr groß sind, ist die implizite Annahme einer unendlich großen Geschwindigkeit im Fourierschen Wärmeleitungsgesetz eine sehr gute Näherung (s. dazu auch das Stichwort NICHT-FOURIERSCHE WÄRMELEITUNG).

ANWENDUNGEN UND BEISPIELE

Siehe dazu die Beispiele zu den Stichwörtern WÄRMELEITUNG und WÄRMELEITUNGSGLEICHUNG.

BEACHTE

◘ Nur für isotrope Materialien (richtungsunabhängige Stoffeigenschaften) sind der Wärmestrom und der Temperaturgradient gleichgerichtete Vektoren. Nur dann ist die WÄRMELEITFÄHIGKEIT eine skalare Größe. In stark anisotropen Materialien wie Kristallen, aber auch bei natürlich oder künstlich geschichteten Stoffen wie Holz, Laminaten u.ä. ist die Wärmeleitfähigkeit im allgemeinen ein Tensor (zweiter Stufe). In einer einfachen Erweiterung des Fourierschen Ansatzes wird dann angenommen, daß jede Komponente des Vektors $\vec{q}^{\,*}$ eine Linearkombination aller Komponenten des Temperaturgradientenfeldes grad T^* ist, also z.B. für $\dot{q}_x^*$ gilt:

$$\dot{q}_x^* = \lambda_{11}^* \frac{\partial T^*}{\partial x^*} + \lambda_{12}^* \frac{\partial T^*}{\partial y^*} + \lambda_{13}^* \frac{\partial T^*}{\partial z^*}$$

Die Komponenten λ_{ij}^* des Wärmeleitfähigkeitstensors weisen dabei bestimmte Symmetrien auf. Im Grenzfall des isotropen Materials gilt in der aufgeführten Komponentengleichung $\lambda_{11}^* = \lambda^*$, $\lambda_{12}^* = \lambda_{13}^* = 0$.

◘ Das Minuszeichen im Fourierschen Wärmeleitungsgesetz berücksichtigt, daß die Wärme stets in Richtung abnehmender Temperatur fließt, also die zugehörigen Komponenten von $\vec{q}^{\,*}$ und grad T^* grundsätzlich ein unterschiedliches Vorzeichen haben. Dies folgt unmittelbar aus dem 2. Hauptsatz der Thermodynamik. Damit ist dann die Wärmeleitfähigkeit stets eine positive Größe.

◘ Eine verallgemeinerte Betrachtung ergibt, daß der Wärmestrom $\vec{q}^{\,*}$ in einem Mehrkomponentensystem auch einen Anteil aufgrund von Konzentrationsgradienten besitzt. Dies ist ein sog. *Kopplungs- oder Kreuzeffekt* zwischen dem Temperatur- und dem Konzentrationsfeld (s. dazu auch das Stichwort THERMODIFFUSION).

❏ Es sollte stets betont werden, daß das Fouriersche Wärmeleitungs„gesetz" lediglich ein Ansatz im Sinne einer konstitutiven Gleichung ist, der in die allgemeingültige Energiebilanz bezüglich eines Kontrollvolumens eingesetzt wird (zur „Überbewertung" des Fourierschen „Gesetzes" s. auch Truesdell (1971)).

WEITERFÜHRENDE LITERATUR

Kluge, G; Neugebauer, G. (1994): *Grundlagen der Thermodynamik*, Spektrum Akademischer Verlag, Heidelberg (besonders Abschnitt III: Thermodynamik irreversibler Prozesse)

Grigull, U.; Sandner, H. (1986): *Wärmeleitung*, Springer-Verlag, Berlin, Heidelberg, New York

Truesdell, C. (1971): *The Tragicomedy of Classical Thermodynamics*, CISM Courses and Lectures No. 70, Springer-Verlag, Wien, New York

Fourier-Zahl Fo
(Fourier number Fo)

Bedeutung und Definition

Es handelt sich um eine dimensionslose Zeitkoordinate bei transienten (instationären) Wärmeübertragungsproblemen, die darüberhinaus auch als dimensionslose Kennzahl dieser Probleme angesehen werden kann.

	Definition	
	$$\mathrm{Fo} = \frac{a^* t^*}{L_c^{*2}}$$	
Fo	Fourier-Zahl	—
a^*	Temperaturleitfähigkeit	$\mathrm{m^2/s}$
t^*	Zeit	s
L_c^*	charakteristische Länge	m

Physikalischer Hintergrund

Bei der Entdimensionierung der WÄRMELEITUNGSGLEICHUNG mit den Bezugsgrößen L_c^* (charakteristische Länge) und ΔT^* (charakteristische Temperaturdifferenz) entsteht eine dimensionslose Zeit $t = a^* t^* / L_c^{*2}$, die Fourier-Zahl genannt wird. Sie reduziert das allgemeine transiente Wärmeleitungsproblem im Sinne der DIMENSIONSANALYSIS auf den funktionalen Zusammenhang $\Theta = \Theta(x, y, z, \mathrm{Fo}, \mathrm{Bi})$, wobei Θ die dimensionslose Temperatur, x, y und z die dimensionslosen Ortskoordinaten und Bi die BIOT-ZAHL sind. Die Biot-Zahl entsteht dabei nicht in der Wärmeleitungsgleichung selbst, sondern findet über die Randbedingung Eingang in das Problem.

Für Fälle, in denen die Abhängigkeit der Temperatur von den Ortskoordinaten vernachlässigt werden kann, weil die Temperaturunterschiede im wärmeleitenden Körper klein gegenüber denjenigen im umgebenden Fluid sind (Grenzfall Biot-Zahl Bi $\rightarrow$ 0), reduziert sich der allgemeine Zusammenhang auf $\Theta = \Theta(\mathrm{FoBi})$, also auf einen parameterfreien Zusammenhang zwischen der dimensionslosen Temperatur Θ und der dimensionslosen Kombination FoBi (s. dazu das nachfolgende Beispiel).

ANWENDUNGEN UND BEISPIELE

Temperaturausgleich zwischen einem Körper unendlich großer Wärmeleit-fähigkeit λ^* und seiner Umgebung

Der Grenzfall beliebig großer Wärmeleitfähigkeit λ^* eines wärmeleitenden Körpers, der im thermischen Kontakt mit dem ihn umgebenden Fluid steht, entspricht dem Grenzfall $\mathrm{Bi} = \alpha^* L_c^* / \lambda^* \to 0$ und ist physikalisch durch vernachlässigbar kleine Temperaturunterschiede im Körper gekennzeichnet.

Die Energiebilanz nimmt als Gleichheit des über die Körperoberfläche A^* übertragenen Wärmestromes $\alpha^* A^* (T_K^* - T_\infty^*)$ und der pro Zeiteinheit dt^* gespeicherten oder abgegebenen inneren Energie $\varrho^* V^* c^* \, dT^*$ dann eine besonders einfache Form an. Dabei ist α^* ein mittlerer Wärmeübergangskoeffizient, T_K^* die Körpertemperatur zum Zeitpunkt t^*, T_∞^* die konstante Temperatur des Fluides entfernt von der Wand und c^* die spezifische Wärmekapazität des Körpers mit dem Volumen V^* und der Dichte ϱ^*.

Aus dieser Bilanz folgt unmittelbar mit T_{K0}^* als Körpertemperatur zum Zeitpunkt $t^* = 0$

$$\Theta = \frac{T_K^* - T_\infty^*}{T_{K0}^* - T_\infty^*} = \exp\left[-\frac{\alpha^* A^*}{\varrho^* V^* c^*} t^* \right]$$

bzw. mit $\mathrm{Bi} = \alpha^* L_c^* / \lambda^*$ und $\mathrm{Fo} = a^* t^* / L_c^{*2}$, wenn $L_c^* = V^* / A^*$ als charakteristische Länge verwendet wird, in dimensionsloser Schreibweise

$$\Theta = \exp\left[-\mathrm{FoBi} \right] .$$

Der Temperaturausgleich zwischen dem Körper und dem umgebenden Fluid erfolgt also exponentiell mit der Zeit, wobei jetzt die Kombination FoBi als dimensionslose Zeit t interpretiert werden kann. Dies entspricht mit $t = t^* / \tau^*$ einer charakteristischen Zeitkonstante τ^* des transienten Problems von $\tau^* = \varrho^* V^* c^* / \alpha^* A^*$. Nach dieser Zeit ist die Anfangstemperaturdifferenz $T_{K0}^* - T_\infty^*$ auf etwa 37% ihres Anfangswertes abgesunken, da für $\exp[\ldots]$ bei einer Genauigkeit auf zwei Dezimalstellen gilt: $\exp[-1] = 0{,}37$.

Diese charakteristische Zeit τ^* kann auch wie folgt interpretiert werden. Mit

$$\tau^* = \left(\frac{1}{\alpha^* A^*} \right) \varrho^* V^* c^* = R_{th,\ddot{U}}^* \, C^*$$

ist sie das Produkt aus dem Wärmeübergangswiderstand $R_{th,\ddot{U}}^*$ und der Wärmekapazität C^* des Körpers mit der Masse $m^* = \varrho^* V^*$. Je größer also der thermische Widerstand bei der Wärmeübertragung und die Wärmekapazität des Körpers sind, umso langsamer verläuft der Temperaturausgleich.

BEACHTE

❏ Es ist üblich, Fo als Fourier-*Zahl* zu bezeichnen, was im Vergleich zu den meisten anderen dimensionslosen Kennzahlen etwas irreführend ist. Schließlich handelt es sich nicht um einen dimensionslosen Parameter in der Lösung eines Problems (wie z.B. die Reynolds-Zahl, Prandtl-Zahl, ...), sondern um eine dimensionslose transformierte Koordinate. Von ähnlichem Charakter ist die GRAETZ-ZAHL $Gr = D^* \operatorname{Re} \operatorname{Pr}/x^*$, die den Kehrwert einer dimensionslosen Koordinate bei thermischen Einlaufströmungen darstellt.

WEITERFÜHRENDE LITERATUR

Standard–Werke zur Wärmeübertragung, s. die Liste am Ende des Buches

Froude-Zahl Fr
(Froude number Fr)

BEDEUTUNG UND DEFINITION

Es handelt sich um eine dimensionslose Kennzahl im Sinne der DIMENSIONS-
ANALYSIS, die im Zusammenhang mit der Wirkung der Schwerkraft auftritt.
Damit ist sie bei thermischen Auftriebsströmungen relevant. In diesem Zusammenhang geht sie jedoch in den meisten Fällen formal in anderen Kennzahlen auf, tritt also nicht explizit in Erscheinung.

	Definition	
$$\mathrm{Fr} = \dfrac{U_B^*}{\sqrt{g^* L^*}}$$		
Fr	Froude-Zahl	—
U_B^*	Bezugsgeschwindigkeit	m/s
g^*	Fallbeschleunigung	m/s^2
L^*	charakteristische Länge	m

PHYSIKALISCHER HINTERGRUND

Bei der Entdimensionierung der Impulsgleichung tritt für die Komponente in
Richtung der Fallbeschleunigung folgende Situation auf: Die generelle Bilanz
„zeitliche Änderung des Impulses eines Fluidelementes = Summe aller an-
greifenden Kräfte" führt zu einem Term $\varrho^* g^*$ (mit der Einheit $(\mathrm{kg\ m/s}^2)/\mathrm{m}^3$
$\stackrel{\wedge}{=}$ Kraft/Volumenelement) als Gravitationskraft. Im Zuge der Entdimensionierung der Impulsgleichung mit einer Bezugsgeschwindigkeit U_B^* und einer
charakteristischen Länge L^* entsteht dabei die dimensionslose Kombination
$g^* L^* / U_B^{*2} = \mathrm{Fr}^{-2}$.

Im Fall konstanter Dichte ϱ^* repräsentiert Fr^{-2} den vollständigen Volumenkraftterm $(\varrho^*/\varrho_B^*)\mathrm{Fr}^{-2}$ mit ϱ_B^* als Bezugsdichte, der physikalisch zu einer hydrostatischen Druckverteilung in einem ruhenden Fluid führt. Diese
bleibt, auch wenn das Fluid strömt, als ein fester Anteil der dann dynamisch
bestimmten Druckverteilung erhalten. Der Term Fr^{-2} kann formal mit dem
Druckterm zu einem neuen Term zusammengefaßt werden, der dann die Abweichungen vom hydrostatischen Druck (den sog. modifizierten oder dyna-

mischen Druck) beschreibt. Formal tritt Fr somit nicht mehr als Kennzahl des Problems auf.

Im Fall variabler Dichte ϱ^*, der bei thermischer Auftriebsströmung vorliegt, führt man ebenfalls den modifizierten Druck ein, kann aber damit den Volumenkraftterm $(\varrho^*/\varrho_B^*)\mathrm{Fr}^{-2} = \varrho\mathrm{Fr}^{-2}$ nicht mehr vollständig in den neuen Druckterm aufnehmen. Es verbleibt zusätzlich der sog. *Auftriebsterm* $((\varrho_B^* - \varrho^*)/\varrho_B^*)\,\mathrm{Fr}^{-2} = (1 - \varrho)\mathrm{Fr}^{-2}$, so daß Fr zunächst ein Parameter des Problems bleibt.

Dieser Auftriebsterm wird nun im Sinne der BOUSSINESQ-APPROXIMATION mit $(1 - \varrho) = \beta^*\Delta T^* + \mathcal{O}(\Delta T^{*2})$ umgeschrieben, wobei $\Delta T^* = T^* - T_B^*$ die Differenz zu einer Bezugstemperatur ist und $\beta^* = -(\partial \varrho^*/\partial T^*)_B/\varrho_B^*$ eingeführt wird. Insgesamt erhält man somit einen Auftriebsterm

$$\frac{\beta^*\Delta T_B^*}{\mathrm{Fr}^2}\,\Theta = \frac{\beta^*\Delta T_B^* g^* L^*}{U_B^{*2}}\,\Theta \qquad \text{mit}: \qquad \Theta = \frac{\Delta T^*}{\Delta T_B^*} = \mathcal{O}(1) \qquad (*)$$

wobei ΔT_B^* eine charakteristische Bezugstemperaturdifferenz ist. Wenn es sich um eine reine Auftriebsströmung handelt, ist der Auftrieb die physikalische Ursache dafür, daß überhaupt eine Strömung zustande kommt. Deshalb muß eine charakteristische Bezugsgeschwindigkeit eine Proportionalität zur Auftriebswirkung besitzen. Der Auftriebsterm $(*)$ legt die Wahl $U_B^* = \sqrt{\beta^*\Delta T_B^*\,g^*L^*}$ nahe. Damit reduziert sich der Auftriebsterm auf die dimensionslose Temperatur Θ und die Froude-Zahl Fr geht formal in der Bezugsgeschwindigkeit auf.

Wenn der Auftrieb nur ein Zusatzeffekt in einer ohnehin vorhandenen Strömung ist (z.B. bei gemischter Konvektion), wird die Bezugsgeschwindigkeit durch andere physikalische Effekte bestimmt sein. Dann bleibt der Auftriebsterm in Form von $(*)$ erhalten, man führt aber häufig für den gesamten Vorfaktor von Θ die Bezeichnung RICHARDSON-ZAHL Ri ein, so daß die Froude-Zahl dann formal in dieser Kennzahl aufgeht.

ANWENDUNGEN UND BEISPIELE

Beziehungen zwischen der Froude-Zahl Fr *und anderen Kennzahlen im Zusammenhang mit Auftriebseffekten*

Eine formale Umformung unter Verwendung von

$$\mathrm{Re} = \frac{U_\infty^* L^*}{\nu^*} = \frac{\varrho^* U_\infty^* L^*}{\eta^*} \qquad \text{(Reynolds-Zahl)}$$

$$\mathrm{Pr} = \frac{\nu^*}{a^*} = \frac{\eta^* c_p^*}{\lambda^*} \qquad \text{(Prandtl-Zahl)}$$

ergibt folgende Zusammenhänge:

RICHARDSON-ZAHL
$$\mathrm{Ri} = \frac{\beta^* \Delta T_B^* g^* L^*}{U_B^{*\,2}} = (\beta^* \Delta T_B^*)\ \mathrm{Fr}^{-2}$$

GRASHOF-ZAHL
$$\mathrm{Gr} = \frac{\beta^* \Delta T_B^* g^* L^{*\,3}}{\nu^{*\,2}} = (\beta^* \Delta T_B^*)\ \mathrm{Re}^2\ \mathrm{Fr}^{-2}$$

RAYLEIGH-ZAHL
$$\mathrm{Ra} = \frac{\beta^* \Delta T_B^* g^* L^{*\,3}}{\nu^* a^*} = (\beta^* \Delta T_B^*)\ \mathrm{Re}^2\ \mathrm{Pr}\ \mathrm{Fr}^{-2}$$

Die dimensionslose Kombination $\beta^* \Delta T_B^*$ ist jeweils ein Maß für die Stärke der Auftriebseffekte.

BEACHTE

☞ Bisweilen sind in der Literatur andere Definitionen und Namen für die hier behandelte Froude-Zahl zu finden. So wird manchmal $U_B^{*2}/g^* L^*$, also das Quadrat der hier verwendeten Zahl, als Froude-Zahl eingeführt. Offensichtlich mit Bezug auf die in Gl. (∗) eingeführte Boussinesq–Approximation, wird die hier verwendete Froude-Zahl gelegentlich auch Boussinesq-Zahl genannt.

☞ Eine eigenständige Bedeutung hat die Froude-Zahl (unabhängig von Wärmeübergängen) bei Strömungen mit freier Oberfläche, z.B. bei offenen Gerinneströmungen, weil dort die Schwerkraftwirkung einen entscheidenden Einfluß besitzt. So ist z.B. die Fortpflanzungsgeschwindigkeit von Oberflächen–Wasserwellen bei kleinen Wassertiefen h^* gerade $\sqrt{g^* h^*}$, so daß $\mathrm{Fr} = w^*/\sqrt{g^* h^*}$ kleiner oder größer als 1 darüber entscheidet, ob bei einer mittleren Strömungsgeschwindigkeit w^* der Strömungszustand „Strömen" oder „Schießen" vorliegt.

WEITERFÜHRENDE LITERATUR

Panton, R. L. (1996): *Incompressible Flow*, John Wiley & Sons, New York (Seite 232 ff)

Gersten, K.; Herwig, H. (1992): *Strömungsmechanik*, Vieweg-Verlag, Braunschweig

Fühlbare Temperatur T_f^*

(wind-chill temperature)

BEDEUTUNG UND DEFINITION

Es handelt sich um den Versuch, den Einfluß des Windes (Windgeschwindigkeit w^*) auf den Wärmeübergang zwischen dem menschlichen Körper und seiner Umgebung durch eine entsprechende Temperaturangabe zu charakterisieren. Dies ist ein aus grundsätzlichen Überlegungen problematisches Konzept, das jedoch häufig, z.B. in Wettervorhersagen, verwendet wird.

	Definition	

Unter der *fühlbaren Temperatur T_f^** versteht man diejenige fiktive Temperatur, die unter der Bedingung $w^* = 0$ auf denselben Wärmeübergang zwischen dem menschlichen Körper und seiner Umgebung führen würde, wie er tatsächlich bei $w^* > 0$ vorhanden ist.

Unterstellt man eine einheitliche und zeitlich konstante Körperoberflächentemperatur T_K^*, so gilt $\mathrm{Nu}_W(T_K^* - T_{Umg}^*) = \mathrm{Nu}_0(T_K^* - T_f^*)$, woraus folgt:

$$T_f^* = T_K^* - \frac{\mathrm{Nu}_W}{\mathrm{Nu}_0}(T_K^* - T_{Umg}^*) \qquad (*)$$

T_f^*	fühlbare Temperatur	°C
T_K^*	Körperoberflächentemperatur	°C
T_{Umg}^*	Umgebungstemperatur	°C
Nu_0	Nußelt-Zahl bei $w^* = 0$	—
Nu_W	Nußelt-Zahl bei $w^* > 0$	—
w^*	Windgeschwindigkeit	m/s

PHYSIKALISCHER HINTERGRUND

Das Konzept der fühlbaren Temperatur ist insofern problematisch, als es unterstellt, daß der Mensch ein *Temperatur*empfinden besitzt, d.h., über entsprechende Sensoren in der Haut mit der Körperoberfläche als Thermometer agieren kann. Dies ist jedoch nicht der Fall, wie ein einfacher Versuch zeigt:

Kühlt man eine Hand in kaltem Wasser ab, erwärmt die andere Hand in heißem Wasser und bringt anschließend beide Hände in engen Kontakt, so interpretieren wir über lange Zeit die Empfindungen der einen Hand als „kalt" (niedrige Temperatur) und die der anderen Hand als „warm" (hohe Temperatur). Aber: An der „Meßstelle", d.h., der Kontaktfläche beider Hände, liegt wegen des dort herrschenden lokalen thermischen Gleichgewichtes eine einheitliche Temperatur vor.

In Wirklichkeit haben wir kein Empfinden für die *Temperatur* an der Körperoberfläche, sondern für den Temperatur*gradienten*, d.h., für die dort vorliegende Wärmestromdichte $\dot{q}^*$. Im zitierten Beispiel ist diese in der einen Hand positiv ($\dot{q}^*$ fließt in Richtung der nach außen weisenden Flächennormalen; Empfindung: kalt) und in der anderen Hand negativ ($\dot{q}^*$ fließt gegen die Richtung der wiederum nach außen weisenden Flächennormalen; Empfindung: warm). Daß wir diesen Empfindungen Temperaturen zuordnen, ist psychologisch, aber nicht physiologisch oder physikalisch begründbar.

Vor diesem Hintergrund ist die in der Definition eingeführte fühlbare Temperatur wie folgt zu interpretieren: T_f^* nach Gl. (∗) ist eindeutig definiert, nur haben wir keine Möglichkeit, T_f^* über unser thermisches Empfinden zu „messen". Dies bedeutet umgekehrt, daß wir eine Angabe über T_f^* nur höchst subjektiv als Information nutzen können. Gleichwohl wird stets die Tendenz richtig erfaßt. Die Tatsache, daß $T_f^* < T_{Umg}^*$ gilt (da in Gl. (∗) stets $\mathrm{Nu}_W > \mathrm{Nu}_0$), ist Ausdruck der erhöhten Wärmestromdichte aufgrund des Umströmungseinflusses (erzwungene Konvektion bei $w^* > 0$). Diese wiederum können wir mit den thermischen Sensoren in unserer Haut „messen".

Die Auswertung der Definitionsgleichung für T_f^* ist in verschiedenen Literaturquellen älteren Datums zu finden und wird stets in folgender Form angegeben (s. z.B. Siple (1945), Court (1948)):

$$T_f^* \;=\; 33^\circ\mathrm{C} - \left[a_1 + a_2^*\sqrt{w^*} - a_3^* w^*\right]\left(33^\circ\mathrm{C} - T_{Umg}^*\right) \qquad (\ast\ast)$$

$$\text{mit}: \quad a_1 \;=\; 0{,}45 \div 0{,}55$$
$$a_2^* \;=\; (0{,}417 \div 0{,}432)\,(\mathrm{s/m})^{1/2}$$
$$a_3^* \;=\; 0{,}0432\,\mathrm{s/m}$$

Die Körperoberflächentemperatur wird also zu $T_K^* = 33^\circ\mathrm{C}$ gewählt. Der Ausdruck [...] in Gl. (∗∗) stellt das Verhältnis $\mathrm{Nu}_W/\mathrm{Nu}_0$ dar und ist insofern problematisch, als er keine monoton steigende Funktion für $w^* \to \infty$ ist, sondern etwa bei $w^* = 25\,\mathrm{m/s}$ ein Maximum besitzt. Dies ist physikalisch in keiner Weise begründet, da der Wärmeübergang mit steigender Konvektionsgeschwindigkeit stets ansteigt. Gleichung (∗∗) kann also allenfalls für Geschwindigkeiten unterhalb von $25\,\mathrm{m/s}$ eine Korrelationsgleichung darstellen.

Darüberhinaus irritiert, daß T_f^* für $w^* = 0$ nicht gleich der Umgebungstemperatur ist. Dies wäre nur der Fall, wenn bei $w^* = 0$ zusätzlich $a_1 = 1$ gelten würde, wie Gl. (∗∗) zeigt.

ANWENDUNGEN UND BEISPIELE

Auswertung der Korrelationsgleichung (∗∗) *für einige diskrete Temperaturwerte* T^*_{Umg}

Gleichung (∗∗) mit den jeweils niedrigsten Zahlenwerten für a_1 und a^*_2 ergibt die nachfolgenden Werte für die fühlbare Temperatur T^*_f bei vier verschiedenen Umgebungstemperaturen T^*_{Umg}.

$T^*_{Umg}/°\mathrm{C}$	4	−4	−12	−20
$w^*/(\mathrm{m/s})$	$T^*_f/°\mathrm{C}$			
4	0,8	−8,1	−17,0	−25,9
8	−4,2	−14,5	−24,7	−35,0
16	−8,4	−19,8	−31,2	−42,6
20	−9,1	−20,7	−32,3	−43,9

**Fühlbare Temperatur bei verschiedenen
Umgebungstemperaturen und Windgeschwindigkeiten**

BEACHTE

◪ Im Bereich der Heizungs-, Lüftungs- und Klimatechnik wird bisweilen mit einer sog. „Empfundenen Temperatur" gearbeitet, die als arithmetischer Mittelwert aus der Lufttemperatur und der Temperatur der Raumumschließungsflächen definiert ist. Damit wird versucht, den Effekt des Strahlungsaustausches mit den umgebenden Wänden zu berücksichtigen (s. dazu Recknagel et al. (1999)). Es besteht also kein Zusammenhang zwischen der so definierten empfundenen Temperatur und der fühlbaren Temperatur T^*_f.

◪ Dem subjektiven Charakter des thermischen Empfindens sowie der Tatsache, daß Wärmeströme aber nicht Temperaturen wahrgenommen werden können, wird ein sog. *Behaglichkeitsindex* (engl.: discomfort index) gerecht. So wird z.B. von Siple (1949) folgende grobe Einteilung eingeführt, die typische Werte der Wärmstromdichte $\dot{q}^*$ in W/m^2 den Empfindungen zuordnet: 50: heiß / 100: warm / 200: angenehm / 400: kühl / 600: sehr kühl / 800: kalt / 1000: sehr kalt / 1200: bitter kalt / 1400: Erfrierungsgefahr / 2500: unerträglich.

⌑ Für praktische Belange werden aus den Überlegungen zur fühlbaren Temperatur bisweilen grobe und handfeste Kategorien abgeleitet. So führt z.B. das Kanadische Forstamt im „Wilderness Survival"–Handbuch die Gefahrenkategorien „Fleisch kann innerhalb einer Minute gefrieren" und „Fleisch kann innerhalb von 30 Sekunden gefrieren" an.

WEITERFÜHRENDE LITERATUR

Lunardini, V.J. (1981): *Heat Transfer in Cold Climates*, Van Nostrand Reinhold Comp., New York

Steadman, R.G. (1971): *Indices of Windchill of Clothed Persons*, J. Appl. Meteor. 10, 674-683

Siple, P. (1949): *Clothing and Climate, in: Physiology of Heat Regulation*, (ed.: L.H. Newburgh), Saunders Publ., Philadelphia

Court, A. (1948): *Windchill*, Bull. Amer. Meteor. Soc. 29, 487-493

Siple, P. (1945): *Measurements of Dry Atmospheric Cooling in Subfreezing Temperature*, Proc. Am. Philos. Soc. 89, 177-199

Recknagel, H.; Sprenger, E.; Schramek, E.-R. (1999): *Taschenbuch für Heizung + Klima Technik*, Oldenbourg-Verlag, München, Wien

Graetz-Problem
(Graetz problem)

BEDEUTUNG UND DEFINITION

Es handelt sich um die Bestimmung der „thermischen Einlaufströmung" in Rohren und Kanälen, bei denen eine hydrodynamisch ausgebildete Strömung vorliegt.

	Definition	

Unter dem Begriff *Graetz-Problem* versteht man die Bestimmung des Temperaturprofiles, des Wärmeübergangsgesetzes und der Einlauflänge L_{th}^* im strengen Sinne zunächst für folgende Bedingungen:

1. ausgebildetes laminares Geschwindigkeitsprofil

2. thermische Randbedingung: $T_W^* = \text{const}$ für $x^* > 0$

3. thermische Anfangsbedingung: $T_0^*(y^*) = \text{const}$ bei $x^* = 0$

4. konstante Stoffwerte, keine axiale Wärmeleitung

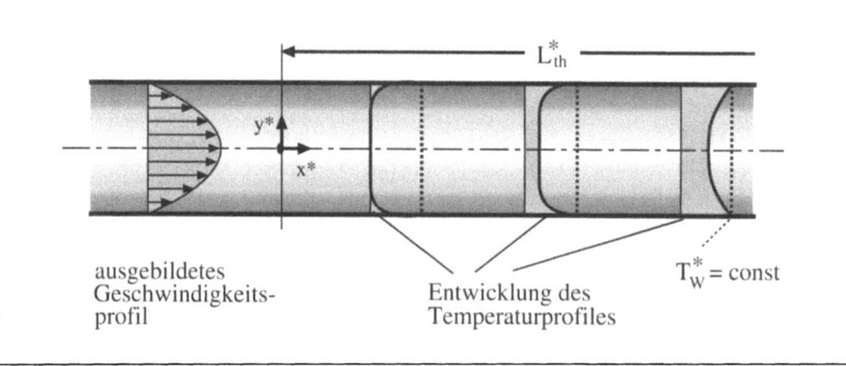

PHYSIKALISCHER HINTERGRUND

Die physikalische Situation, die als Graetz-Problem bezeichnet wird, tritt auf, wenn dem Bereich der Wärmeübertragung eine isotherme Strecke vorausgeht, in der sich das Geschwindigkeitsprofil ausbildet. Näherungsweise beschreibt das Graetz-Problem auch eine Wärmeübertragungssituation ohne isotherme Vorlaufstrecke für ein Fluid großer Prandtl-Zahl. Für diesen Fall ($\nu^* \gg a^*$) ist das Geschwindigkeitsprofil im Vergleich zum Temperaturprofil bereits nach kurzen Lauflängen ausgebildet, so daß danach die Physik des Graetz-Problems vorliegt.

Die Entwicklung des Temperaturprofiles findet zwischen zwei „Grenzlösungen" statt: Für $x^* \to 0$ gilt die sog. LEVEQUE-LÖSUNG, für $x^* \to \infty$ gehen die Temperaturprofile asymptotisch in die Form der thermisch ausgebildeten Profile über.

Unter dem Begriff des Graetz-Problems ist zunächst die physikalische Situation mit den in der Definition genannten Bedingungen gemeint. In einem erweiterten Sinne wird die Bezeichnung aber auch für andere thermische Randbedingungen sowie auch für turbulente Strömungen benutzt („turbulentes Graetz-Problem").

ANWENDUNGEN UND BEISPIELE

1. Graetz-Problem für die laminare Rohrströmung (Kreisquerschnitt)

Mathematisch genügt es, mit Hilfe eines Separationsansatzes für die Temperatur in der thermischen Energiegleichung das Problem in Form einer Reihenentwicklung zu lösen. Für die Rohrströmung erhält man danach für das Temperaturprofil:

$$\frac{T^* - T_W^*}{T_0^* - T_W^*} = \sum_{i=1}^{\infty} C_i \vartheta_{ri}(r) \exp\left[-\frac{1}{2}\Lambda_i^2 \tilde{x}\right]$$

und für die Nußelt-Zahl $\mathrm{Nu} = (-\dot{q}_W^*)D^* / (\lambda^* (T_W^* - T_m^*))$:

$$\mathrm{Nu} = \frac{\frac{1}{2} \sum_{i=1}^{\infty} C_i \vartheta_{ri}'(1) \exp\left[-\frac{1}{2}\Lambda_i^2 \tilde{x}\right]}{\sum_{i=1}^{\infty} \frac{C_i \vartheta_{ri}'(1)}{\Lambda_i^2} \exp\left[-\frac{1}{2}\Lambda_i^2 \tilde{x}\right]} \qquad (*)$$

mit den Größen Λ_i, $\vartheta_{ri}'(1) = [\partial \vartheta_{ri}/\partial r]_{r=1}$ und C_i aus der Tabelle auf der nächsten Seite. Dabei ist T_m^* die (kalorische) Mitteltemperatur an einer bestimmten stromabwärtigen Stelle x^*. Als Koordinate wurde $\tilde{x} = x^*/D^* \mathrm{Pe}$ eingeführt, wobei $\mathrm{Pe} = \mathrm{Re}\,\mathrm{Pr}$ gilt (Pe = Peclet-Zahl; Re = Reynolds-Zahl; Pr = Prandtl-Zahl). Werden nur wenige Terme der Summe über i genommen, so stellt Gl. ($*$) eine Approximation für große Werte von $\tilde{x}$ dar. Der Übergang in das vollausgebildete Profil für $x^* \to \infty$ erfolgt asymptotisch. Für x^*-Werte mit $\tilde{x} \geq 0{,}05$ ist das ausgebildete Profil in guter Näherung erreicht.

i	Λ_i	$\vartheta'_{ri}(1)$	C_i
1	2,7044	$-1,0143$	1,4764
2	6,6790	1,3492	$-0,8061$
3	10,6734	$-1,5723$	0,5888
4	14,6711	1,7460	$-0,4759$
5	18,6699	$-1,8909$	0,4050
i	$4i - 4/3$	$(-1)^i\,0{,}71169\Lambda_i^{1/3}$	$(-1)^{i+1}\,2{,}84606\Lambda_i^{-2/3}$

Eigenwerte und Konstanten (Rohrströmung)

letzte Zeile: asymptotische Werte für große i (hier $i \geq 5$)

2. Graetz-Problem für die laminare ebene Kanalströmung

Es gelten dieselben Beziehungen wie bei der Kreisrohrströmung, wobei statt $\vartheta'_{ri}(1)$ nur $\vartheta'_{yi}(1)$ gesetzt wird. Für die Konstanten gelten die Zahlenwerte aus der nachfolgenden Tabelle.

i	Λ_i	$\vartheta'_{yi}(1)$	C_i
1	1,6816	$-1,4292$	1,2008
2	5,6699	3,8071	$-0,2992$
3	9,6682	$-5,9202$	0,1608
4	13,6677	7,8925	$-0,1074$
5	17,6674	$-9,7709$	0,0796
i	$4i - 7/3$	$(-1)^i\,0{,}8919\,\Lambda_i^{5/6}$	$(-1)^{i+1}\,2{,}2702\Lambda_i^{-7/6}$

Eigenwerte und Konstanten (ebene Kanalströmung)

letzte Zeile: asymptotische Werte für große i (hier $i \geq 5$)

BEACHTE

◘ Der Kehrwert der dimensionslosen x^*–Koordinate $\tilde{x}^{-1} = D^* \operatorname{Re} \operatorname{Pr}/x^*$ wird auch Graetz-Zahl Gz genannt. Es handelt sich dabei aber strenggenommen nicht um eine dimensionslose Zahl im Sinne der Dimensionsanalyse, sondern um eine dimensionslose transformierte Koordinate.

◘ Der Name „Graetz-Problem" rührt von der erstmaligen Behandlung dieser physikalischen Situation durch L. Graetz im Jahre 1883 her. Aufgrund weiterführender Arbeiten von W. Nußelt aus dem Jahre 1910 wird es gelegentlich auch als „Graetz-Nußelt-Problem" bezeichnet.

◻ Die thermische Einlaufströmung des Graetz-Problems wird durch eine Lösung beschrieben, in der die Prandtl-Zahl keinen expliziten Parameter mehr darstellt. Der Prandtl-Zahl-Einfluß ist durch die Transformation auf die Koordinate $\tilde{x}$ implizit erfaßt. Im allgemeineren Fall der gleichzeitigen Entwicklung des Strömungs- und Temperaturproblems dagegen kann die Prandtl-Zahl nicht vollständig in der Transformation aufgehen, so daß Pr einen echten Parameter in der Lösung darstellt. Siehe dazu auch das Stichwort THERMISCHE EINLAUFLÄNGE L_{th}^*.

◻ Während im laminaren Fall für große Reynolds-Zahlen erhebliche Lauflängen bis zum Erreichen des thermisch ausgebildeten Zustandes erforderlich sind (aus $\tilde{x} \geq 0{,}05$ folgt $x^* \geq 0{,}05\,D^*\,Pr\,Re$!), ist dies im turbulenten Fall wegen der dann vorliegenden Abhängigkeit $x^* \geq C\,D^*\,\ln Re$ für $Pr = \mathcal{O}(1)$ nicht der Fall. Die Konstante C ist dabei ein Zahlenwert in der Nähe von Eins.

WEITERFÜHRENDE LITERATUR

Schiesser, W.E.; Silebi, C.A. (1997): *Computational Transport Phenomena / Numerical Methods for the Solution of Transport Problems*, Cambridge University Press; speziell:
167–206: The Graetz problem with constant wall heat flux
207–288: The Graetz problem with constant wall temperature

Voigt, M.; Herwig, H. (1995): *Eine asymptotische Analyse des Wärmeüberganges im Einlaufbereich von turbulenten Kanal- und Rohrströmungen*, Heat and Mass Transfer 31, 65–76

Gersten, K.; Herwig, H. (1992): *Strömungsmechanik*, Vieweg-Verlag, Braunschweig / speziell: Kap. 12.5 (Thermische Einlaufströmungen)

Graetz-Zahl Gz
(Graetz number Gz)

Siehe dazu das Stichwort GRAETZ–PROBLEM, besonders unter BEACHTE.

Grashof-Zahl Gr
(Grashof number Gr)

BEDEUTUNG UND DEFINITION

Es handelt sich um eine dimensionslose Kennzahl im Sinne der DIMENSIONS-ANALYSIS. Sie tritt im Zusammenhang mit thermischen Auftriebseffekten aufgrund von Dichteunterschieden auf.

	Definition	
$$\mathrm{Gr} = \frac{g^*\,\beta^*\,\Delta T^*\,L^{*3}}{\nu^{*2}}$$		
Gr	Grashof-Zahl	–
g^*	Fallbeschleunigung	m/s^2
β^*	$= -(\partial \varrho^*/\partial T^*)/\varrho^*$ isobarer thermischer Ausdehnungskoeffizient	1/K
ΔT^*	charakteristische Temperaturdifferenz (s. nachfolgende Erläuterung)	K
L^*	charakteristische Länge	m
ν^*	kinematische Viskosität	m^2/s

PHYSIKALISCHER HINTERGRUND

Analog zur Reynolds-Zahl bei erzwungener Konvektion tritt die Grashof-Zahl auf, wenn Strömungen aufgrund von lokalen Dichteunterschieden als Auftriebsströmungen zustande kommen. Die entsprechende dimensionslose Kombination entsteht in den Grundgleichungen im Zuge der Entdimensionierung im Zusammenhang mit dem sog. Auftriebsterm, der in vektorieller Formulierung die Fallbeschleunigung $\vec{g}^*$ und eine charakteristische Dichtedifferenz enthält. Da diese Dichtedifferenz eine Folge von Temperaturunterschieden ist, kann diese gleichwertig auch durch eine entsprechende Temperaturdifferenz ΔT^* charakterisiert werden. Analog zur Reynolds-Zahl besitzt die betrachtete Strömung für Gr$\to \infty$ Grenzschichtcharakter. Es kann dann mit Hilfe einer Koordinatentransformation eine Formulierung in Grenzschichtvariablen gefunden werden, in der die Grashof-Zahl nicht mehr explizit auftritt und die asymptotisch für Gr$\to \infty$ gilt.

Wiederum analog zur Reynolds-Zahl existieren für spezifische Geometrien und thermische Randbedingungen sog. kritische Grashof-Zahlen, die den Umschlag von laminaren zu turbulenten (Grenzschicht-)Strömungen markieren.

ANWENDUNGEN UND BEISPIELE

Grenzschichten an einer senkrechten, geheizten Platte ($T_W^* = \mathrm{const}$)

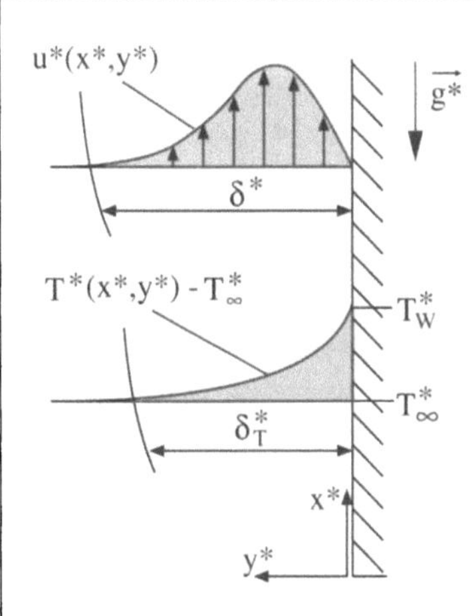

$$u^* = 2\sqrt{g^* x^* \beta^* (T_W^* - T_\infty^*)}\, f'$$

$$T^* - T_\infty^* = (T_W^* - T_\infty^*)\,\hat{\vartheta}$$

mit $f(\eta)$ und $\hat{\vartheta}(\eta)$ als Lösung von:

$$f''' + 3ff'' - 2f'^2 + \hat{\vartheta} = 0$$

$$\hat{\vartheta}'' + 3\,\mathrm{Pr}\,f\hat{\vartheta}' = 0$$

und den Randbedingungen:

$$\eta = 0:\ f = f' = \hat{\vartheta} - 1 = 0$$

$$\eta \to \infty:\ f' = \hat{\vartheta} = 0$$

Natürliche Konvektionsgrenzschicht an der senkrechten Platte; asymptotische Lösung für Gr → ∞

Die Grenzschicht an der senkrechten, geheizten Platte hat die Eigenschaft der Selbstähnlichkeit, d.h., die Geschwindigkeits- und Temperaturprofile können durch eine entsprechende Normierung jeweils auf ein einziges Profil zurückgeführt werden. Mathematisch entspricht dies einer Formulierung in zwei gewöhnlichen (und nicht partiellen) Differentialgleichungen, die oben angegeben sind. Sowohl die Stromfunktion f als auch die dimensionslose Temperatur $\hat{\vartheta}$ sind nur Funktionen einer (Ähnlichkeits-)Variablen

$$\eta = \frac{y^*}{L^* \sqrt{2}\, (x^*/L^*)^{1/4}}\, \mathrm{Gr}^{1/4}$$

in der noch die Grenzschichttransformation (mit $\mathrm{Gr}^{1/4}$) erkennbar ist.

BEACHTE

◩ Die Kombination PrGr wird als Rayleigh-Zahl Ra bezeichnet. Sie ist wie die Grashof-Zahl ein dimensionsloser Parameter im Zusammenhang mit thermischen Auftriebsströmungen. Die Verwendung von Ra anstelle von Gr bietet sich dann besonders an, wenn damit der zunächst getrennte Einfluß der Grashof- und der Prandtl-Zahl in der Kombination PrGr gemeinsam erfaßt werden kann. Dies ist z.B. bei vielen Sonderfällen der BENARD-KONVEKTION der Fall.

◩ Die charakteristische Temperaturdifferenz ΔT^* in der Definition der Grashof-Zahl muß im konkreten Anwendungsfall jeweils spezifiziert werden. Für die thermische Randbedingung $T_W^* =$ const ist es naheliegend, $\Delta T^* = T_W^* - T_\infty^*$ zu wählen, wobei T_∞^* die (konstante) Temperatur außerhalb der Wandgrenzschicht ist. Für die thermische Randbedingung $\dot{q}_W^* =$ const wird sinnvollerweise die Kombination $\Delta T^* = \dot{q}_W^*\, L^*/\lambda^*$ gewählt.

◩ Die Wahl von g^* anstelle von $\vec{g}^*$ in der Definition der Grashof-Zahl hat zwei problematische Aspekte:

1. Es wird damit unterstellt, daß g^* für den Vorgang charakteristisch ist, auch wenn die Strömung u.U. nicht an einer senkrechten, sondern an einer um den Winkel α aus der senkrechten geneigten Wand vorliegt, an der physikalisch nur die entsprechende Komponente von $\vec{g}^*$ wirksam ist. Für $\alpha \to 90°$ bedarf es auf jeden Fall einer Sonderbetrachtung.

2. In der Definition mit g^* kann die Grashof-Zahl positive wie auch negative Zahlenwerte annehmen, da ΔT^* sowohl positiv („warme Wand") als auch negativ („kalte Wand") sein kann.

Eine Definition mit $-g_x^*$ anstelle von g^* trägt beiden Aspekten Rechnung, wobei g_x^* die Komponente von g^* in Hauptströmungsrichtung parallel zur Wand ist.

WEITERFÜHRENDE LITERATUR

Hewitt, G.F.; Shires, G.L.; Bott, T.R. (1994): *Process Heat Transfer*, CRC Press, Boca Raton, New York

Gersten, K.; Herwig, H. (1992): *Strömungsmechanik*, Vieweg-Verlag, Braunschweig / speziell Kap. 8 (Grenzschichtströmungen bei natürlicher Konvektion)

Grenzschicht
(boundary layer)

Bedeutung und Definition

Es handelt sich um denjenigen Teil eines Strömungsgebietes, in dem intensive Impuls-, Wärme- und Stofftransportprozesse aufgrund hoher Gradienten der Geschwindigkeit, Temperatur und Konzentration stattfinden. Diese Schichten bilden sich häufig in Wandnähe oder zwischen angrenzenden Strömungsgebieten aus. Bei konvektiven Wärmeübertragungsproblemen treten Temperaturgrenzschichten stets zusammen mit Strömungsgrenzschichten auf. Bei Gemischen bilden sich in der Regel zusätzlich Konzentrationsgrenzschichten aus.

	Definition	

Unter einer *Strömungsgrenzschicht* versteht man denjenigen Teil eines Strömungsfeldes, in dem ein Impulsstrom quer zur Hauptströmungsrichtung aufgrund der Wirkung molekularer und/oder turbulenter Viskosität eine wesentliche Rolle spielt.

Unter einer *Temperaturgrenzschicht* versteht man entsprechend den Teil eines Strömungsfeldes, in dem ein Wärmestrom quer zur Hauptströmungsrichtung aufgrund der Wirkung molekularer und/oder turbulenter Wärmeleitung von Bedeutung ist.

Unter einer *Konzentrationsgrenzschicht* versteht man entsprechend den Teil eines Strömungsfeldes, in dem ein Stoffstrom quer zur Hauptströmungsrichtung aufgrund der Wirkung molekularer und/oder turbulenter Diffusion von Bedeutung ist.

Der Grenzschichtcharakter im Sinne einer jeweils dünnen Schicht, die asymptotisch an ein anderes Strömungsgebiet (die sog. *Außenschicht*) anschließt, tritt für steigende Reynolds-Zahlen immer deutlicher zutage.

Im Rahmen der asymptotischen Grenzschichttheorie sind Grenzschichten Gebiete mit Querabmessungen, die für Re $\to \infty$ ein asymptotisch-singuläres Verhalten zeigen, d.h., in der Regel beliebig klein werden.

Physikalischer Hintergrund

Zu einer Ausbildung von Grenzschichten im hier behandelten Sinne (Strömungs-, Temperatur- und Konzentrationsgrenzschichten) kommt es immer dann, wenn zwei Transportvorgänge quer zur Strömungsrichtung und in Strömungsrichtung überlagert sind und sich ihre charakteristischen Transportgeschwindigkeiten $(v \uparrow)$ und $(v \rightarrow)$ so zueinander verhalten, daß ihr Verhältnis $(v \uparrow)/(v \rightarrow)$ unter bestimmten Bedingungen sehr klein wird.

Für die hier betrachteten Grenzschichten ist der Transport in Strömungsrichtung einheitlich der konvektive Transport einer bestimmten Größe, bei dem $(v \rightarrow)$ häufig unmittelbar durch eine charakteristische Strömungsgeschwindigkeit U_B^* (Bezugsgeschwindigkeit) des Gesamtproblems gegeben ist. Dabei ist U_B^* in vielen Fällen z.B. die Geschwindigkeit der ungestörten Anströmung. Für den Quertransport ist jetzt zu unterscheiden:

- Bei Strömungsgrenzschichten (Transportgröße: Impuls) erfolgt der Quertransport von Impuls durch Reibung aufgrund von Geschwindigkeitsgradienten quer zur Strömungsrichtung. Die Quergeschwindigkeit $(v \uparrow)$ ist mit der molekularen Viskosität ν^* und/oder der turbulenten Größe ν_t^* verbunden.

- Bei Temperaturgrenzschichten (Transportgröße: innere Energie) erfolgt der Quertransport von innerer Energie durch Wärmeleitung aufgrund von Temperaturgradienten quer zur Strömungsrichtung. Die Quergeschwindigkeit $(v \uparrow)$ ist mit der molekularen Temperaturleitfähigkeit a^* und/oder der turbulenten Größe a_t^* verbunden.

- Bei Konzentrationsgrenzschichten (Transportgröße: eine Komponente eines Gemisches) erfolgt der Quertransport der Komponente durch Diffusion aufgrund von Konzentrationsgradienten quer zur Strömungsrichtung. Die Quergeschwindigkeit $(v \uparrow)$ ist mit dem molekularen Diffusionskoeffizienten D_i^* und/oder der turbulenten Größe D_{ti}^* verbunden.

Bei laminaren Grenzschichten sind jeweils nur die molekularen Transportkoeffizienten ν^*, a^* und D_i^* beteiligt. Alle drei Größen haben die Einheit m^2/s, ergeben also in Kombination mit einer Länge unmittelbar eine charakteristische Transportgeschwindigkeit $(v \uparrow)$. Diese Länge ist die zunächst unbekannte Grenzschichtdicke, da dies der Bereich des Quertransportes ist. Die Größe $(v \uparrow)$ ist also ν^*/δ_S^*, a^*/δ_T^* bzw. D_i^*/δ_K^* mit δ_S^*, δ_T^* und δ_K^* als Strömungs-, Temperatur- und Konzentrations-Grenzschichtdicke. Diese Grenzschichtdicken sind andererseits aber dadurch bestimmt, daß in ihnen der jeweilige Quertransport stattfindet, so daß sie als Produkt aus der Quertransportgeschwindigkeit $(v \uparrow)$ und einer charakteristischen Verweilzeit $(t \rightarrow)$ der konvektiv in Hauptströmungsrichtung bewegten Teilchen in der Grenzschicht ermittelt werden können. Diese Verweilzeit $(t \rightarrow)$ ist einheitlich in allen drei Fällen $(t \rightarrow) = L_B^*/U_B^*$ mit L_B^* als charakteristischer Länge des überströmten Körpers (Bezugslänge) und U_B^* als Bezugsgeschwindigkeit.

Für die Grenzschichtdicke gilt damit $\delta^* \sim (v \uparrow)(t \rightarrow)$ als charakteristischer Wert. In der nachfolgenden Tabelle sind alle bisher eingeführten Skalierungen zusammengestellt. Dabei spielt die Reynolds-Zahl $Re = U_B^* L_B^*/\nu^*$ eine herausragende Rolle. Die letzte Spalte enthält das Verhältnis der Transportgeschwindigkeiten quer zur und in Hauptströmungsrichtung, das für $Re \rightarrow \infty$ beliebig klein wird. Aus den bisherigen einfachen Überlegungen folgt, daß die

	$(v \to)$	$(v \uparrow)$	$(t \to)$	$\delta^* \sim (v \uparrow)(t \to)$	$(v \uparrow)/(v \to)$
Strömungs-grenzschicht	U_B^*	$\dfrac{\nu^*}{\delta_S^*}$	$\dfrac{L_B^*}{U_B^*}$	$\dfrac{\delta_S^*}{L_B^*} \sim \left(\dfrac{\nu^*}{U_B^* L_B^*}\right)^{\frac{1}{2}}$ $= \mathrm{Re}^{-\frac{1}{2}}$	$\sim \mathrm{Re}^{-\frac{1}{2}}$
Temperatur-grenzschicht	U_B^*	$\dfrac{a^*}{\delta_T^*}$	$\dfrac{L_B^*}{U_B^*}$	$\dfrac{\delta_T^*}{L_B^*} \sim \left(\dfrac{a^*}{U_B^* L_B^*}\right)^{\frac{1}{2}}$ $= \mathrm{Re}^{-\frac{1}{2}}\mathrm{Pr}^{-\frac{1}{2}}$	$\sim \mathrm{Re}^{-\frac{1}{2}}\mathrm{Pr}^{-\frac{1}{2}}$
Konzentrations-grenzschicht	U_B^*	$\dfrac{D_i^*}{\delta_K^*}$	$\dfrac{L_B^*}{U_B^*}$	$\dfrac{\delta_K^*}{L_B^*} \sim \left(\dfrac{D_i^*}{U_B^* L_B^*}\right)^{\frac{1}{2}}$ $= \mathrm{Re}^{-\frac{1}{2}}\mathrm{Sc}^{-\frac{1}{2}}$	$\sim \mathrm{Re}^{-\frac{1}{2}}\mathrm{Sc}^{-\frac{1}{2}}$

Skalierung laminarer Grenzschichtdicken

laminare Grenzschichtdicke proportional zu $\mathrm{Re}^{-1/2}$ mit wachsender Reynolds-Zahl abnimmt. Eine Strömung mit Grenzschichtcharakter liegt also für große Reynolds-Zahlen vor. Bezüglich des Temperatur- und Konzentrationsfeldes gilt diese Aussage ganz analog zunächst für Prandtl-Zahlen $\mathrm{Pr} = \nu^*/a^*$ und Schmidt-Zahlen $\mathrm{Sc} = \nu^*/D_i^*$ von der Größenordnung Eins (asymptotisch $\mathcal{O}(1)$). Für sehr kleine Prandtl- bzw. Schmidt-Zahlen sind die Temperatur- und Konzentrationsgrenzschichtdicken deutlich größer als die zugehörige Strömungsgrenzschichtdicke δ_S^*, für große Werte der Kennzahlen entsprechend kleiner.

Die einfachen Potenzabhängigkeiten der Grenzschichtdicken von den Kennzahlen gelten so nur für laminare Grenzschichten. Bei turbulenten Grenzschichten sind die Abhängigkeiten aufgrund des Mehrschichtencharakters der Grenzschichten komplizierter. So gilt z.B. für die Dicke der Strömungsgrenzschicht bezüglich der Abhängigkeit von der Reynolds-Zahl: $\delta_S^*/L_B^* \sim G(\ln \mathrm{Re})/\ln \mathrm{Re}$, wobei $G(\ln \mathrm{Re})$ eine schwach von $\ln \mathrm{Re}$ abhängige Funktion mit dem Grenzwert Eins für $\ln \mathrm{Re} \to \infty$ ist.

Das Auftreten des Logarithmus im Zusammenhang mit der Reynolds-Zahl ist typisch für turbulente Strömungen. Es ist eine Folge des Zweischichten-Charakters turbulenter Strömungsgrenzschichten. Dieser entsteht, weil in einer wandnahen Schicht sowohl die molekulare Viskosität (Stoffgröße) als auch die turbulente (Schein-)Viskosität (Strömungsgröße) eine Rolle spielen, in einer wandferneren Schicht aber nur noch die turbulente Viskosität. Diese Situation entsteht, weil die turbulente Viskosität ν_t^* als Folge der turbulenten Schwankungsbewegungen (mit $\nu_t^* \gg \nu^*$ in der äußeren Schicht) zur Wand hin stark gedämpft wird und schließlich an der Wand selbst verschwindet. Damit wird dann das wandnahe Geschehen durch die molekulare Viskosität ν^* bestimmt, die als Stoffwert unabhängig vom Wandabstand stets denselben Zahlenwert besitzt. Diese wandnahe Schicht wird viskose Unterschicht genannt.

Die nachfolgende Skizze verdeutlicht den grundsätzlich verschiedenen Charakter laminarer und turbulenter Strömungsgrenzschichten aufgrund der Wirkung von ν^* und ν_t^*.

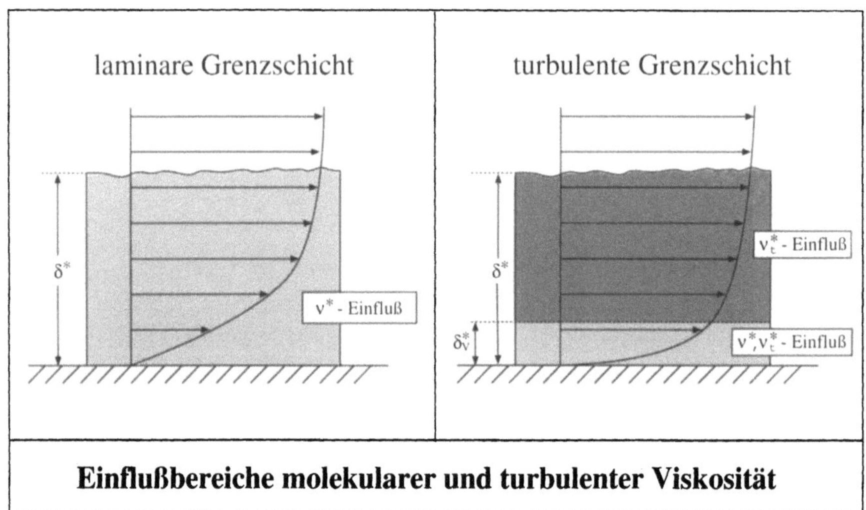

Einflußbereiche molekularer und turbulenter Viskosität

Die Einflußbereiche von ν^* und ν_t^* sind nicht scharf gegeneinander abgegrenzt, sondern verhalten sich an ihren gemeinsamen Rändern jeweils asymptotisch (fließender Übergang).

Neben dem Zweischichten-Charakter turbulenter Grenzschichten ist in der Skizze auch angedeutet, daß turbulente Grenzschichtprofile stets „völliger" sind als laminare. Dies ist eine Folge davon, daß die effektive Viskosität $(\nu^* + \nu_t^*)$ in unmittelbarer Wandnähe deutlich kleiner als weiter außen ist, während sie bei laminaren Grenzschichten (nur ν^*) konstant ist. Entscheidend ist also nicht, daß bei turbulenten Grenzschichten höhere Werte der effektiven Viskosität vorliegen als bei laminaren Grenzschichten, sondern daß die (effektive) Viskosität mit dem Wandabstand veränderlich ist.

Für Temperatur- und Konzentrationsgrenzschichten gilt ein ganz analoges Verhalten, solange die Prandtl- bzw. die Schmidt-Zahlen von der Größenordnung $\mathcal{O}(1)$ sind. Dem ν^*, ν_t^*-Verhalten entspricht dann der a^*, a_t^*- bzw. der D_i^*, D_{ti}^*-Einfluß.

Bei Extremwerten der Kennzahlen Pr und Sc entstehen zusätzliche Schichten. Die Verhältnisse sind dann deutlich komplizierter, s. dazu auch das Stichwort THERMISCHE ENERGIEGLEICHUNG, dort unter ANWENDUNGEN UND BEISPIELE.

ANWENDUNGEN UND BEISPIELE

Grenzschichtdicke δ_S^* und Dicke der viskosen Unterschicht δ_v^* an der längsangeströmten ebenen Platte

Nach einer sinnvollen Definition der Dicken für die Grenzschicht bzw. der viskosen Unterschicht sind konkrete Zahlenangaben möglich. Um eine Vorstellung von den geometrischen Abmessungen zu geben, sind nachfolgend einige Zahlenwerte aufgeführt, ohne daß die genauen Definitionen der Grenzschichtdicken an dieser Stelle angegeben sind. Die kritische Reynolds-Zahl (Übergang von laminarer zu turbulenter Strömung) ist hier als $\mathrm{Re}_{krit} = 10^6$ angenommen worden.

	U^*/m/s	L^*/m	Re	LAMINAR δ_S^*/mm	TURBULENT δ_S^*/mm	δ_v^*/mm
LUFT $\nu^* = 15 \cdot 10^{-6}\,\mathrm{m}^2/\mathrm{s}$	1	1	$6{,}6 \cdot 10^4$	19,4		
	5	1	$3{,}3 \cdot 10^5$	8,7		
	50	1	$3{,}3 \cdot 10^6$		8	0,4
	100	5	$3{,}3 \cdot 10^7$		36	0,2
WASSER $\nu^* = 10^{-6}\,\mathrm{m}^2/\mathrm{s}$	0,1	1	10^5	15,8		
	0,5	1	$5 \cdot 10^5$	7,1		
	2	5	10^7		39	0,6
	10	200	$2 \cdot 10^9$		1 122	0,1

Grenzschichtdicken am Ende einer ebenen Platte der Länge L^*

Daten aus: Schlichting, Gersten (1997)

BEACHTE

◘ Die Ausbildung von Strömungsgrenzschichten wird gelegentlich als Folge der Haftbedingung an der Wand dargestellt. Dies ist insofern irreführend, als dies nur eine notwendige Bedingung darstellt (damit es überhaupt zu einem Impulstransport quer zur Wand kommen kann). Entscheidend (und damit im Sinne einer hinreichenden Bedingung) ist, daß zusätzlich das Verhältnis aus den Quer- und Längs–Transportgeschwindigkeiten klein ist. Diese Bedingung ist z.B. bei schleichenden Strömungen nicht erfüllt, so daß sich dort („trotz" Haftbedingung) keine Grenzschichten ausbilden.

◗ Die viskose Unterschicht bei turbulenten Grenzschichten wird bisweilen als „laminare Unterschicht" bezeichnet. Dieser Name ist nicht sinnvoll, da es sich insgesamt um eine turbulente Grenzschicht handelt, die in der Wandnähe die Besonderheit aufweist, daß dort die molekulare Viskosität einen entscheidenden Einfluß besitzt.

◗ Turbulente Grenzschichten werden häufig durch Potenz„gesetze" beschrieben, z.B. durch ein 1/7-Potenz„gesetz" für das Geschwindigkeitsprofil. Dabei handelt es sich um rein empirische Näherungsformeln für begrenzte Parameterbereiche, die dem tatsächlichen asymptotischen Charakter turbulenter Strömungen für Re $\rightarrow \infty$ nicht gerecht werden.

WEITERFÜHRENDE LITERATUR

Kluwick, A. (Ed.) (1998): *Recent Advances in Boundary Layer Theory*, CISM Courses and Lectures — No. 390, Springer-Verlag, Wien, New York

Schlichting, H.; Gersten, K. (1997): *Grenzschicht-Theorie*, Springer-Verlag, Berlin, Heidelberg, New York

Gersten, K.; Herwig, H. (1992): *Strömungsmechanik*, Vieweg-Verlag, Braunschweig

Hohlraumstrahlung
(black body radiation)

Siehe dazu das Stichwort STRAHLUNG SCHWARZER KÖRPER, besonders unter ANWENDUGEN UND BEISPIELE.

Induktionsheizung
(induction heating)

BEDEUTUNG UND DEFINITION

Es handelt sich um den elektromagnetischen Energietransfer an ein elektrisch leitendes Material, der in diesem zu einer Erhöhung der inneren Energie führt und sich in einer Temperaturerhöhung des Materials manifestiert. Anders als bei der elektrischen Widerstandsheizung (s. dazu das Stichwort JOULESCHE WÄRME) ist das Material aber nicht Teil eines geschlossenen elektrischen Kreislaufes, sondern befindet sich ohne direkten Kontakt in einer elektrischen Spule. In dem elektrisch leitenden Material wird ein magnetisches Wechselfeld aufgebaut, in welchem es lokal und momentan aufgrund von fließenden Strömen zu irreversiblen Umwandlungen von elektrischer in innere Energie kommt. Die Ursache dafür ist wie bei der Widerstandsheizung der elektrische Widerstand des Materials.

Definition

Unter der Induktionsheizung eines elektrisch leitenden Materials, das sich ohne leitende Verbindung in einer Spule befindet, versteht man die lokale und momentane Freisetzung Joulescher Wärme durch alternierend fließende elektrische Ströme. Diese Ströme sind die Folge eines alternierenden magnetischen Feldes (Induktion), das selbst in der Spule entsteht, wenn diese von einem Wechselstrom durchflossen wird. Das Magnet-Wechselfeld überträgt damit die Energie in das elektrisch leitende Material, ohne daß eine direkte elektrisch leitende Verbindung besteht.

PHYSIKALISCHER HINTERGRUND

Das nachfolgende Bild zeigt die prinzipielle Anordnung einer Induktionsheizung, bei der das zu erwärmende (notwendigerweise elektrisch leitende) Material in Form eines Zylinders in eine elektrische Spule eingebracht ist. Das „auslösende Moment" der Induktionsheizung ist der Wechselstromgenerator, mit dem der Spule ein Wechselstrom der Frequenz f^* aufgeprägt wird. Dieser erzeugt ein alternierendes Magnetfeld innerhalb der Spule. Als Folge dieses (ebenfalls mit der Frequenz f^*) alternierenden Magnetfeldes werden im elektrisch leitenden Material (Wechsel-)Ströme induziert, die in geschlossenen Bahnen fließen (sog. Wirbelströme). Diese Wirbelströme bewirken wegen des elektrischen Widerstandes des Materials die Freisetzung der sog. Jouleschen Wärme (ebenfalls alternierend) und damit die Temperaturerhöhung des Materials.

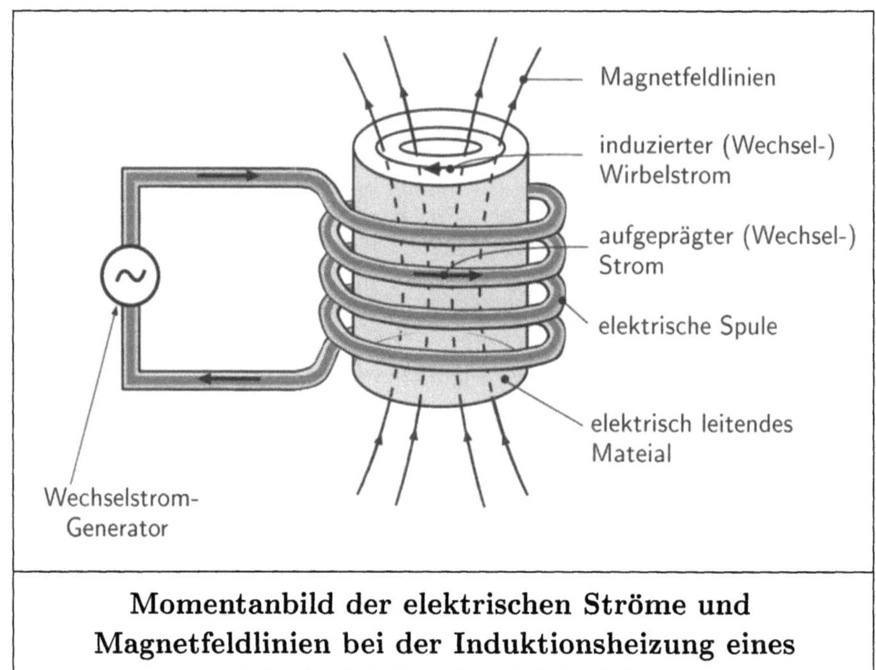

**Momentanbild der elektrischen Ströme und
Magnetfeldlinien bei der Induktionsheizung eines
elektrisch leitenden Materials**

Gleichzeitig beeinflussen sie den Gesamtvorgang aber auch aktiv: Als induzierte Wirbelströme, die gegen die Richtung des aufgeprägten Wechselstromes fließen, haben sie selbst wiederum ein Magnetfeld, dessen Feldlinien entgegen denjenigen des ursprünglichen Magnetfeldes in der Spule (ohne das leitende Material) verlaufen. Insgesamt kommt es also lokal zu einer mehr oder weniger starken Auslöschung der Magnetfelder, die auch in dem Sinne interpretiert werden kann, daß das ursprüngliche Magnetfeld nicht mit konstanter Stärke in das Material eindringt.

Es kommt deshalb zu einer Abnahme der Wirbelstromstärke und damit auch des Heizeffektes mit zunehmendem Abstand von der Materialoberfläche. Dies wird auch als *Oberflächeneffekt* (engl.: skin effect) bezeichnet und kann durch eine sinnvoll definierte Eindringtiefe d^* (engl.: penetration depth) charakterisiert werden. Diese ungleichmäßige Verteilung der induktiven Heizung eines Materials ist eine wichtige, häufig die Anwendungsmöglichkeiten beschränkende Eigenschaft der Induktionsheizung. Eine Abschätzung der Eindringtiefe kann für die zylindrische Anordnung über die Beziehung

$$d^* = 0{,}09 \left(\frac{\varrho^*}{\mu \mu_V^* f^*} \right)^{1/2} \tag{$*$}$$

vorgenommen werden. Dabei ist d^* der Abstand von der Materialoberfläche, bei dem die elektrische Stromdichte auf 37% des Wertes an der Oberfläche abgefallen ist. Die weiteren Größen sind: ϱ^* als spezifischer elektrischer Widerstand (in Ωm), μ als relative Permeabilität, μ_V^* als Permeabilität im Vakuum ($= 1{,}26 \cdot 10^{-6}\,\Omega\,$s/m) und f^* als Frequenz der Wechselfelder (in 1/s).

Die relative Permeabilität ist eine Funktion der Frequenz f^* und der elektrischen Leistung, so daß für eine bestimmte Anordnung die Gesamtaufheizung und die Eindringtiefe getrennt eingestellt werden können.

Da die dissipierte Energie (Joulesche Wärme) proportional zum Quadrat der elektrischen Stromdichte ist, erfolgt der Abfall des Heizeffektes mit dem Oberflächenabstand noch steiler als für die Stromdichte. Im Abstand d^*, bei dem im obigen Beispiel die Stromdichte auf 37% gesunken ist, liegt für den Heizeffekt nur noch ein Wert von 13% des Oberflächenwertes vor.

ANWENDUNGEN UND BEISPIELE

Zahlenwerte für die Eindringtiefe d^*

Die Auswertung von Gl. (∗) des vorigen Kapitels ergibt z.B. für Kupfer mit den technischen Daten

$$\varrho^* = 0{,}017 \cdot 10^{-6}\ \Omega\text{m}$$
$$\mu = 1{,}0\ (\text{nichtmagnetisches Material})$$
$$\mu_V^* = 1{,}26 \cdot 10^{-6}\ \Omega\text{s/m}$$

für eine Frequenz von 10 Hz die Eindringtiefe $d^* = 3{,}3$ mm, für 1 kHz folgt $d^* = 0{,}33$ mm. Für den Gesamtvorgang ist jedoch zu beachten, daß gleichzeitig auch Wärmeleitung in dem Material auftritt, sobald ein Temperaturfeld durch die Induktionsheizung aufgebaut wird. Diese Wärmeleitung ist wegen der hohen Wärmeleitfähigkeit von Kupfer im konkreten Beispiel von großer Bedeutung. Eine hochfrequente Induktionsheizung wirkt physikalisch deshalb wie eine Erwärmung des Materials durch einen Wärmestrom an der Materialoberfläche.

BEACHTE

☛ Durch eine gezielte Auslegung zur Erreichung geringer Eindringtiefen (hohe Frequenzen) kann die Induktionsheizung zur Oberflächenhärtung von Metallen eingesetzt werden.

❑ Je nach konkreter Auslegung können etwa 50 bis 85% der eingesetzten elektrischen Energie in innere Energie des Materials umgesetzt, also zur Aufheizung des Materials genutzt werden.

❑ Die kostengünstigste Art der Erzeugung des elektromagnetischen Wechselfeldes ist die Nutzung des Netzstromes mit $f^* = 50\,\mathrm{Hz}$. Wegen der niedrigen Frequenz und den damit verbundenen relativ großen Eindringtiefen wird damit häufig eine nahezu gleichmäßige Erwärmung des Materials erreicht (engl.: bulk heating). Eine gezielte Konzentration des Heizeffektes auf oberflächennahe Schichten erfordert gesonderte Maßnahmen zu Erzeugung hoher Frequenzen (in technischen Anwendungen bis zu $500\,\mathrm{kHz}$).

WEITERFÜHRENDE LITERATUR

Conrad, H.; Mühlbauer, A.; Thomas, R. (1993): *Elektrothermische Verfahrenstechnik*, Vulkan-Verlag, Essen

Guyer, E.C.; Brownell, D.L. (1989): *Handbook of Applied Thermal Design*, McGraw-Hill Book Company, New York

Semiatin, S.L.; Stutz, D.E. (1985): *Induction Heat Treatment of Steel*, American Society of Metals, Metals Park, Ohio

Davies, J.; Simpson, P. (1979): *Induction Heating Handbook*, McGraw-Hill Book Company, London

Isolation
(insulation)

Siehe das Stichwort THERMISCHE ISOLATION.

Joulesche Wärme
(Joule heating)

Es handelt sich um die Umwandlung elektrischer Energie in innere Energie in einem elektrischen Leiter. Dieser Vorgang ist ein dissipativer (irreversibler) Prozeß, dessen Ursache der elektrische Widerstand des Leiters ist.

<table>
<tr><td colspan="3" align="center">Definition</td></tr>
<tr><td colspan="3">

Unter Joulescher Wärme versteht man denjenigen Anteil der inneren Energie eines elektrisch leitenden Körpers, der aufgrund eines (irreversiblen) Dissipationsprozesses entsteht, weil der Körper einen elektrischen Widerstand R_{el}^* besitzt und von einem Strom I^* durchflossen wird. Dieser Anteil der inneren Energie wird in der Regel in Form von Wärme vom Ort der Entstehung wegtransportiert.

In der WÄRMELEITUNGSGLEICHUNG für den Körper tritt die Joulesche Wärme als sog. Quellterm auf. Die Wärmeleitungsgleichung lautet dann in vektorieller Schreibweise

$$\varrho^* c_p^* \frac{\partial T^*}{\partial t^*} = \lambda^* \nabla^2 T^* + r_{el}^* I^{*2}$$

</td></tr>
<tr><td>r_{el}^*</td><td>volumetrischer elektrischer Widerstand ($R_{el}^* = \int r_{el}^* \, dV^*$)</td><td>$\Omega/\mathrm{m}^3$</td></tr>
<tr><td>I^*</td><td>elektrischer Strom</td><td>A</td></tr>
<tr><td>T^*</td><td>Temperatur</td><td>K</td></tr>
<tr><td>t^*</td><td>Zeit</td><td>s</td></tr>
<tr><td>ϱ^*</td><td>Dichte</td><td>$\mathrm{kg/m}^3$</td></tr>
<tr><td>c_p^*</td><td>spezifische isobare Wärmekapazität</td><td>$\mathrm{m}^2/\mathrm{s}^2\mathrm{K}$</td></tr>
<tr><td>λ^*</td><td>Wärmeleitfähigkeit</td><td>$\mathrm{W/mK}$</td></tr>
</table>

PHYSIKALISCHER HINTERGRUND

In einem Körper mit dem volumetrischen elektrischen Widerstand r_{el}^*, durch den aufgrund einer elektrischen Potentialdifferenz (= elektrische Spannung) ein elektrischer Strom fließt, kommt es lokal zur Erhöhung der inneren Energie (bei $\varrho^* = \text{const}$) bzw. der Enthalpie (bei $\varrho^* \neq \text{const}$) um den Betrag $r_{el}^* I^{*2}$ mit der Dimension Leistung pro Volumen (und der Einheit W/m^3, da $\Omega A^2 = W$ gilt). Dies äußert sich unmittelbar in einer Temperaturerhöhung, die als ein Element des Wärmeleitungsprozesses zur Ausbildung des Temperaturfeldes gemäß der Wärmeleitungsgleichung führt.

Dieser Prozeß ist irreversibel, wobei genaugenommen zu beachten ist, daß der Wärmestrom, mit dem die erzeugte innere Energie abgeführt wird, noch einen Exergieanteil enthält, solange er bei einer Temperatur oberhalb der Umgebungstemperatur vorliegt.

Dieser Exergieanteil wird in der Regel jedoch nicht genutzt (er könnte prinzipiell in Nutzarbeit umgewandelt werden), sondern z.B. durch den irreversiblen Prozeß der Wärmeleitung in Anergie verwandelt, so daß der Gesamtvorgang vollständig irreversibel ist.

ANWENDUNGEN UND BEISPIELE

Nutzung der Jouleschen Wärme in Elektroöfen (engl.: electric furnaces)

Im Vergleich zu Brenner–Öfen besitzen Elektroöfen eine Reihe von Vorteilen:

- hohe Leistungsdichten sind erreichbar

- eine gezielte Gleich- oder Ungleichverteilung der räumlichen Leistungsdichte ist möglich

- leichte Regelbarkeit

- die Möglichkeit zur Isolierung gegenüber der Umgebung (z.B. auch Betrieb im Vakuum)

Grundsätzlich werden zwei Typen von Elektroöfen unterschieden:

- indirekt arbeitende Öfen, bei denen der Ofen ein wärmeerzeugendes Element besitzt und das zu erhitzende Gut durch Wärmeleitung, konvektiven Wärmeübergang und/oder Wärmestrahlung erwärmt wird

- direkt arbeitende Öfen, bei denen das in einen Stromkreis integrierte Gut unmittelbar durch die Joulesche Wärme erhitzt wird.

BEACHTE

⬛ Die Verwendung von Elektroenergie zu Heizzwecken ist unter ökologischen Gesichtspunkten äußerst problematisch. Da elektrische Energie zu 100%

aus EXERGIE besteht, gehört sie zu den höchstwertigen Energien, d.h., sie sollte nur dort eingesetzt werden, wo sie wegen ihres Exergieanteiles benötigt wird. Im Zusammenhang mit der Raum- und Gebäudeheizung kann sie in der Regel sinnvoller eingesetzt werden, um z.B. den Kompressor einer WÄRMEPUMPE zu betreiben.

❐ Der Begriff Joulesche Wärme ist insofern problematisch, als der Transportcharakter der Energieform Wärme nur eine nachrangige Rolle bei dem betrachteten Geschehen spielt. Nur weil die lokal entstandene innere Energie in der Regel in Form von Wärme abgeführt wird, ist diese Bezeichnung halbwegs sinnvoll.

WEITERFÜHRENDE LITERATUR

Standard–Werke zur Thermodynamik, s. die Liste am Ende des Buches

Kältemaschine
(refrigerator)

Bedeutung und Definition

Es handelt sich um einen wärmetechnischen Apparat, mit dem ein Kühlraum auf eine gegenüber der Umgebungstemperatur erniedrigte Temperatur gebracht und anschließend auf dieser gehalten werden kann. Sehr nahe verwandt mit der Kältemaschine ist die sog. Wärmepumpe. Aus systematischen Gründen wird mit dem Begriff Kältemaschine aber ein eigener Name verwendet, obwohl beide Apparate die technische Umsetzung desselben thermodynamischen Kreisprozesses sind.

	Definition	
Unter einer Kältemaschine versteht man einen wärmetechnischen Apparat, der einen Wärmestrom auf einem Temperaturniveau unterhalb der Umgebungstemperatur aufnimmt und diesen zusammen mit der notwendigen Antriebsenergie auf dem Temperaturniveau der Umgebung wieder abgibt.		

Physikalischer Hintergrund

In der Kältemaschine wird derselbe thermodynamische Kreisprozeß wie bei der Wärmepumpe realisiert, nur auf einem insgesamt niedrigeren Temperaturniveau. Zur Erläuterung soll das unter dem Stichwort Thermodynamischer Kreisprozess (dort unter Anwendungen und Beispiele) gezeigte Schema der Kompressions–Kältemaschine in der nachfolgenden Skizze noch einmal aufgegriffen werden.

Das Ziel des Kältemaschineneinsatzes ist es, einem Kühlraum die Kälteleistung $\dot{Q}^*_{41}$ zu entziehen, um diesen auf einem Temperaturniveau T^*_K unterhalb der Umgebungstemperatur T^*_{Umg} zu halten. Damit werden die unerwünschten Wärmeströme (aufgrund mangelnder Isolierung) in den Kühlraum kompensiert.

Der erste Hauptsatz der Thermodynamik fordert dazu

$$\left|\dot{Q}^*_{41}\right| = \left|\dot{Q}^*_{23}\right| - |P^*_{12}| \tag{$*$}$$

im Sinne der Energieerhaltung. Hier und im folgenden werden Betragsstriche an den Leistungs- und Wärmestromsymbolen verwendet, die Flußrichtung entspricht dann der Pfeilrichtung in den zugehörigen Skizzen (mit der

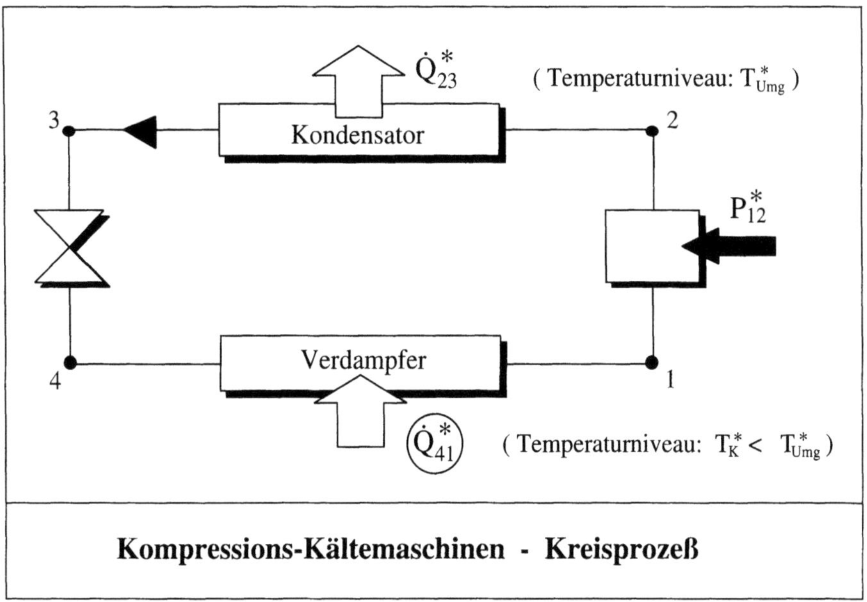

üblichen Vorzeichenregelung ergäbe sich $\dot{Q}^*_{41} = -\dot{Q}^*_{23} - P^*_{12}$, was für manche Nutzer weniger anschaulich ist). Die dem Kühlraum entzogene Kälteleistung $\dot{Q}^*_{41}$ wird also zusammen mit der Antriebsleistung P^*_{12} an die Umgebung abgeführt.

Der zweite Hauptsatz der Thermodynamik fordert

$$- \left| \dot{Q}^*_{41,E} \right| = \left| \dot{Q}^*_{23,E} \right| - \left| P^*_{12,E} \right| + \dot{E}^*_{Verl} \qquad (**)$$

im Sinne der Exergiebilanz. Dabei ist $|..._{,E}|$ der jeweilige Exergieanteil, $\dot{E}^*_{Verl}$ ist der (nie negative) Exergieverlust durch Irreversibilitäten im Prozeß. Für das weitere Verständnis ist nun folgendes wichtig:

1. Ein Wärmestrom besteht aus Anergie und Exergie. Der Exergieanteil eines Wärmestromes $\dot{Q}^*$ ist $(1 - T^*_{Umg}/T^*)\dot{Q}^*$ mit T^* als Temperatur, bei der $\dot{Q}^*$ die Systemgrenze überquert, der Rest ist Anergie, d.h.:

$$\begin{aligned} | \dot{Q}^*_{41,E} | &= | (1 - T^*_{Umg}/T^*)\, \dot{Q}^*_{41} | \\ | \dot{Q}^*_{23,E} | &= 0 \quad (\text{mit } T^* = T^*_{Umg}, \quad \text{idealisiert}). \end{aligned}$$

2. Mechanische Energie ist reine Exergie, d.h.: $| P^*_{12,E} | = | P^*_{12} |$.

3. Der Exergieverlust ist nur im reversiblen Grenzfall gleich Null, sonst stets vorhanden, d.h., $\dot{E}^*_{Verl} \geq 0$. Somit ergibt sich für Gleichung $(**)$ jetzt:

$$\left| \left(1 - \frac{T^*_{Umg}}{T^*} \right) \dot{Q}^*_{41} \right| = |P^*_{12}| - \dot{E}^*_{Verl} \qquad (***)$$

Für die Interpretation dieser Exergiebilanz ist es wichtig, daß der Wärme-
strom $\dot{Q}^*_{41}$ und sein Exergieanteil $\dot{Q}^*_{41,E}$ ein unterschiedliches Vorzeichen besitzen, da der Faktor $(1 - T^*_{Umg}/T^*)$ für $T^* < T^*_{Umg}$ negativ wird. Dies
ist Ausdruck der Tatsache, daß jeder Wärmestrom, der bei einer Temperatur unterhalb der Umgebungstemperatur übertragen wird, ein Exergiedefizit
bezüglich des Umgebungszustandes aufweist (und keinen Exergieanteil wie
ein Wärmestrom, der bei $T^* > T^*_{Umg}$ übertragen wird). Dieses Exergiedefizit
muß ausgeglichen werden, wenn der bei $T^* < T^*_{Umg}$ aufgenommene Wärmestrom auf dem Temperaturniveau der Umgebung wieder abgeführt werden
soll, wie dies bei der Kältemaschine mit $\dot{Q}^*_{23}$ der Fall ist. Für diesen Ausgleich
sorgt die Antriebsleistung P^*_{12} (reine Exergie), die zusätzlich auch noch die
Exergieverluste durch Dissipationseffekte im Prozeß, $\dot{E}^*_{Verl}$, aufbringen muß.

Die bisherigen Ausführungen machen deutlich, daß mit P^*_{12} Exergie in das
System fließen muß. Dies ist mit mechanischer Energie optimal erreichbar, da
diese zu 100% aus Exergie besteht. Aber auch andere Energieformen sind an
dieser Stelle prinzipiell möglich, wenn sie nur den erforderlichen Exergiestrom
aufbringen (z.B.: Absorptions-Kältemaschine).

Die technische Umsetzung des Kältemaschinen-Kreisprozesses erfolgt vorwiegend in zwei Systemen:

- der Kompressions-Kältemaschine

- der Absorptions-Kältemaschine

Beide Systeme unterscheiden sich im wesentlichen durch die Art, wie die
erforderliche Exergie in den Kreisprozeß eingebracht wird. Die generelle
Funktionsweise beider Systeme kann den beiden Beispielen zum Stichwort
WÄRMEPUMPE (dort unter ANWENDUNGEN UND BEISPIELE) entnommen
werden, da Wärmepumpe und Kältemaschine sich nur im Temperaturniveau
unterscheiden, aber denselben Kreisprozeß realisieren.

ANWENDUNGEN UND BEIPIELE

Heizen und Kühlen: ein Vergleich

Mit dem nachfolgenden Energie/Exergie/Anergie-Flußschema soll der prinzipielle Unterschied zwischen dem Heiz- und dem Kühlfall in bezug auf einen
(nicht ideal) isolierten Raum verdeutlicht werden. In beiden Fällen soll eine von der Umgebungstemperatur T^*_{Umg} abweichende Temperatur im Raum
gehalten werden. Im Heizfall gilt $T^*_H > T^*_{Umg}$. Wegen der nicht idealen Iso-

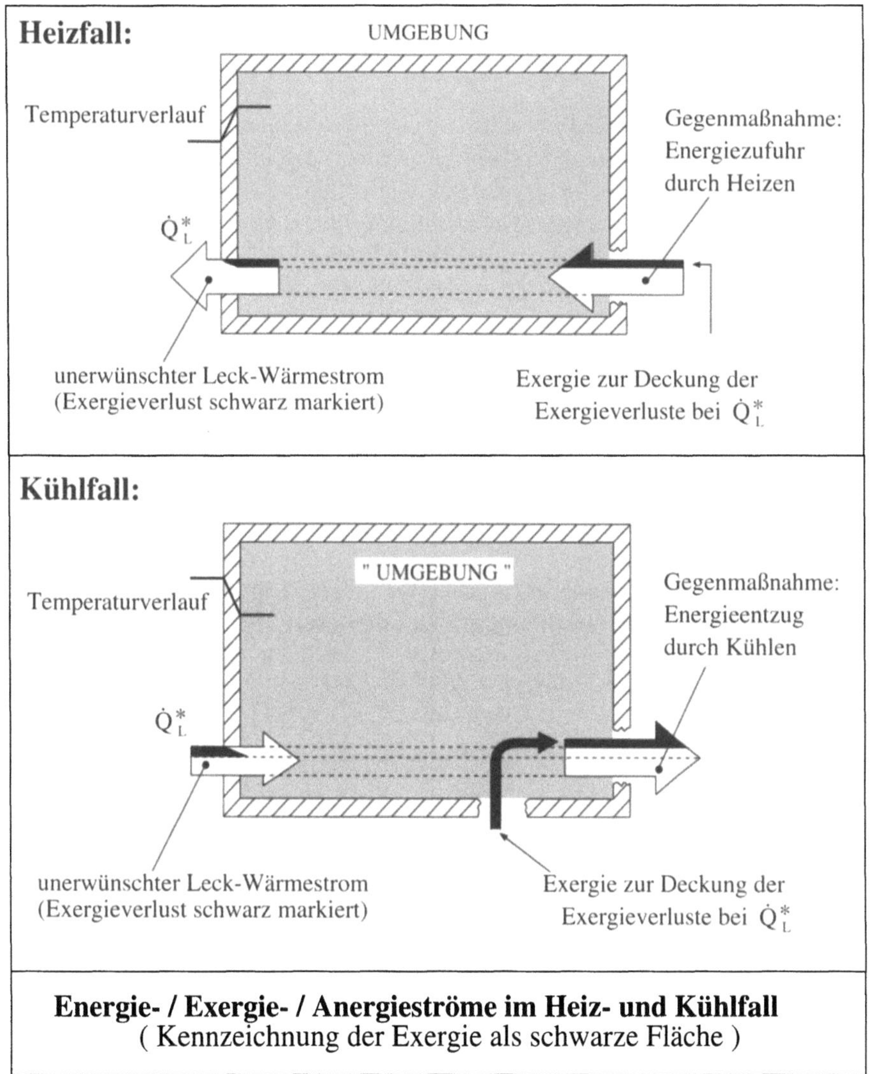

Energie- / Exergie- / Anergieströme im Heiz- und Kühlfall
(Kennzeichnung der Exergie als schwarze Fläche)

lierung kommt es zu einem unerwünschten Leck-Wärmestrom $\dot{Q}_L^*$ aus dem Raum, der durch eine entsprechende Gegenmaßnahme (Heizen) kompensiert werden muß.

Im Kühlfall gilt $T_K^* < T_{Umg}^*$ mit der Folge, daß der unerwünschte Leck-Wärmestrom $\dot{Q}_L^*$ jetzt in den Raum hineinfließt und ebenfalls durch eine entsprechende Gegenmaßnahme (Kühlen) kompensiert werden muß. Im folgenden ist zu beachten, daß mit einem Leck-Wärmestrom stets ein Exergieverlust beim Durchtritt durch die Wand verbunden ist.

Zum Verständnis der Vorgänge ist folgende Hilfsvorstellung sehr nützlich:

Im Heizfall bezieht sich der Exergieanteil der Wärmeströme auf die tatsächliche Umgebung um den Raum. Im Kühlfall wird in Gedanken der Raum zur „UMGEBUNG" erklärt, so daß jetzt die Exergieanteile der Wärmeströme in bezug auf diese „UMGEBUNG" gelten. Mit dieser Hilfsvorstellung wird das Problem bei der Kühlung sehr deutlich: Während beim Heizen die Exergie zur Kompensation der Exergieverluste von $\dot{Q}_L^*$ Teil des Heizwärmestromes (Gegenmaßnahme) ist, muß diese im Kühlfall gesondert zugeführt werden. Der Kühlwärmestrom (Energieentzug durch Kühlen) wird auf einem gegenüber der „UMGEBUNG" erhöhten Temperaturniveau abgegeben, muß in bezug auf diese „UMGEBUNG" also einen von Null verschiedenen Exergieanteil besitzen. Dieser kann aber nicht von $\dot{Q}_L^*$ stammen, da dessen Exergie beim Einströmen in den Raum vernichtet worden ist. Sie muß also gesondert zugeführt werden. Dies geschieht mit einer Kältemaschine, die im Kühlfall also stets erforderlich ist.

Das vorhergehende Bild zeigt dabei (mit der Schwarz-Weiß–Aufteilung im Pfeil der Gegenmaßnahme) der Einfachheit halber die Verhältnisse für eine reversibel arbeitende Kältemaschine. Bei einer realen, irreversibel arbeitenden Kältemaschine müßte zusätzlich zu der für die Deckung der Exergieverluste bei $\dot{Q}_L^*$ benötigten Exergie noch ein in der Kältemaschine in Anergie übergehender Exergiestrom bereitgestellt werden.

BEACHTE

▶ Ohne die Hilfsvorstellung der „UMGEBUNG" (s. vorheriges Beispiel) gilt folgendes:

Gleichbedeutend mit dem Exergiedefizit (gegenüber der „echten" Umgebung) eines Wärmestroms, der bei $T^* < T_{Umg}^*$ übertragen wird, ist die Tatsache, daß die Anergie dieses Wärmestromes (in bezug auf den Umgebungszustand) betragsmäßig größer als seine Energie ist, da nach wie vor die Energie (positiv) die Summe aus Anergie (positiv) und Exergie (negativ) ist. Die Bezeichnung Anergie- bzw. Exergie*anteile* sollte man dann vermeiden, da diese leicht zu einer falschen Vorstellung führen.

▶ Bei der Kältemaschine verzichtet man meist zwischen den Zuständen 3 und 4 (s. das Bild im Abschnitt PHYSIKALISCHER HINTERGRUND) auf die prinzipiell mögliche Arbeitsentnahme und beschränkt sich auf den gewünschten Effekt der Druckabsenkung in einer Drossel (Expansionsventil).

Wenn jedoch anstelle des Expansionsventils zwischen den Stellen 3 und 4 eine Expansionsmaschine verwendet wird (wie z.B. bei der Gaskältemaschine), so muß dies in den Energie- und Exergiebilanzen berücksichtigt werden.

Weiterführende Literatur

v. Cube, H.L.; Steimle, F.; Lotz, H.; Kunis, J. (1997): *Lehrbuch der Kältetechnik, 2 Bände*, C.F. Müller-Verlag, Heidelberg

Jungnickel, H.; Agsten, R.; Kraus, W.E. (1990): *Grundlagen der Kältetechnik*, Verlag Technik GmbH, Berlin

Baehr, H.D. (1965): *Exergie und Anergie und ihre Anwendung in der Kältetechnik*, Kältetechnik 17, 14–22

Kältemittel
(refrigerants)

Bedeutung und Definition

Es handelt sich um Arbeitsmittel in Kältemaschinen, wie z.B. Kaltdampf-Kompressions–Kältemaschinen (Zustandsänderungen im Naßdampfgebiet) oder Gas–Kältemaschinen (Zustandsänderungen im Gasgebiet). Ihrer Funktion entsprechend werden sie auch als Kälteträger bezeichnet.

Definition
Unter einem Kältemittel versteht man einen organischen oder einen anorganischen Stoff, der in Kältemaschinen als Arbeitsfluid, also als intern umlaufendes Arbeitsmedium eingesetzt wird. Seine Aufgabe besteht darin, Wärme an einer bestimmten Stelle des Prozesses bei einer Temperatur T_0^* aufzunehmen und an einer anderen Stelle bei einer Temperatur T_1^* wieder abzugeben. Diese Anhebung des Temperaturniveaus erfolgt durch eine entsprechende Prozeßführung in der Kältemaschine.   Als wichtige Kenngröße wird die sog. *spezifische volumetrische Kälteleistung* q_V^* eingeführt: $$q_V^* = \frac{h_0^{*''} - h_1^{*'}}{v_0^{*''}}$$

q_V^*	spez. volumetrische Kälteleistung	$\mathrm{kJ/m^3} = \frac{\mathrm{kW}}{\mathrm{m^3/s}}$
$h_0^{*''}$	spez. Enthalpie des Dampfes bei der Temperatur T_0^*	$\mathrm{kJ/kg}$
$h_1^{*'}$	spez. Enthalpie der Flüssigkeit bei der Temperatur T_1^*	$\mathrm{kJ/kg}$
$v_0^{*''}$	spez. Volumen des Dampfes bei T_0^*	$\mathrm{m^3/kg}$

Physikalischer Hintergrund

Kältemaschinen stellen die technische Realisierung des thermodynamischen Kältemaschinen-Kreisprozesses dar (s. dazu auch das Stichwort Thermodynamischer Kreisprozess). Die darin eingesetzten Arbeits- oder Betriebsmittel (die Kältemittel) sind nach einer Reihe von Kriterien auszuwählen. Wichtige Gesichtspunkte dabei sind:

- der Verlauf der Dampfdruckkurve:
  - Bei der Verdampfungstemperatur T_0^* sollte noch ein Überdruck in be-

zug auf die Umgebung herrschen, um ein Eindringen von Luft bei Undichtigkeiten zu vermeiden.

– Bei der Verflüssigungstemperatur T_1^* sollte ein möglichst niedriger Druck herrschen, um damit eine relativ leichte Bauweise der flüssigkeitsdurchströmten Bauteile zu ermöglichen.

• die spezifische volumetrische Kälteleistung q_V^*:
  Hohe Werte von q_V^* ermöglichen bei einer bestimmten geforderten absoluten Kälteleistung $\dot{Q}^* = q_V^* \dot{V}^*$ kleine Werte des umlaufenden Volumenstromes $\dot{V}^*$.

• chemische Stabilität:
  Diese muß bei allen Temperaturen und gegenüber dem Einfluß aller beteiligten Materialien einschließlich der Schmiermittel und Öle gewährleistet sein.

• Betriebsverhalten:
  Das Kältemittel sollte nicht explosiv, brennbar oder toxisch sein sowie einen so geringen Wassergehalt aufweisen, daß Eisbildung (besonders im Expansionsorgan) vermieden wird.

• Umweltverträglichkeit; Verfügbarkeit; Preis:
  Besonders die Umweltverträglichkeit hat in den letzten Jahren eine entscheidende Bedeutung erlangt, da davon ausgegangen wird, daß eine Reihe von Kältemitteln entscheidend zur Schädigung der Erdatmosphäre beitragen können, wenn sie durch einen Störfall oder eine unsachgemäße Entsorgung in die Umwelt gelangen (zu erlassenen Verboten s. die entsprechende Anmerkung unter BEACHTE).

Die am häufigsten verwendeten Kältemittel sind grob folgenden Gruppen zuzuordnen:

• FCKW: Vollhalogenierte Fluor-Chlor–Kohlenwasserstoffe (ohne Wasserstoffatome im Molekül)

• HFCKW: Teilhalogenierte Fluor-Chlor–Kohlenwasserstoffe (mit Wasserstoffatomen im Molekül)

• (H)FKW: Fluor-Kohlenwasserstoffe (ohne Chlor-Atome), voll- oder teilhalogeniert (H)

• natürliche Kältemittel: Kohlenwasserstoffe (Propan, Butan), Ammoniak, Kohlendioxid, Wasser

Alle Kältemittel werden vereinbarungsgemäß durch den Großbuchstaben „R" (für das engl. Wort „refrigerant") und eine Zahlenfolge, evtl. zusätzlich ergänzt durch Einzelbuchstaben, gekennzeichnet (zur Systematik s. die entsprechende Anmerkung unter BEACHTE). Als Kältemittel kommen Reinstoffe, in letzter Zeit aber auch zunehmend Gemische aus Reinstoff-Kältemitteln in Frage (engl.: blends).

Bei den Gemischen ist entscheidend, ob es sich um sog. *azeotrope Gemische* handelt, die sich beim Siede- und Kondensationsvorgang wie Reinstoff-Kältemittel verhalten (also eine Dampfdruckkurve besitzen) oder um *zeotrope Gemische*, bei denen der Phasenwechsel „gleitend" über einen gewissen Temperaturbereich erfolgt, weil die einzelnen Komponenten den Phasenwechsel bei unterschiedlichen Temperaturen vollziehen. Man spricht dann von einem sog. *Temperaturgleit.*

Die FCKW–Kältemittel, die auf fast ideale Weise die Anforderungen der Kältetechnik erfüllen, haben sich leider als stark umweltgefährdend erwiesen. Sie sind chemisch sehr stabil und erreichen deshalb im Laufe eines längeren Zeitraumes auf den unterschiedlichsten Wegen in größerem Umfang die Ozonschicht der Erde, wo die Chlor-Atome zur Zerstörung des Ozons führen. Zusätzlich beeinflussen sie die Strahlungsbilanz der Erdatmosphäre und wirken in diesem Sinne als sog. *Treibhausgase* (s. dazu das Stichwort TREIBHAUSEFFEKT).

Zur Beurteilung von Kältemitteln bzgl. ihrer Umweltschädlichkeit ist in der Europa–Norm *EN* 378 ein sog. TEWI-Kennwert eingeführt worden (Total Equivalent Warming Impact), der sowohl den direkten Treibhauseffekt aufgrund der Freisetzung von Kältemittel, als auch den indirekten Treibhauseffekt aufgrund des Energiebedarfes der betriebenen Kältemaschine und dem damit verbundenen CO_2-Ausstoß berücksichtigt.

Die wichtigsten, weitverbreiteten, aber zukünftig zu ersetzenden Kältemittel sind:

- R 11; chemisch: $CFCl_3$ (FCKW-Mittel)

- R 12; chemisch: CF_2Cl_2 (FCKW-Mittel)

- R 22; chemisch: CHF_2Cl (HFCKW-Mittel)

- R 502; chemisch: azeotropes Gemisch aus R 22 und R 115 (C_2F_5Cl)

Als Ersatzmittel werden vorzugsweise folgende Kältemittel als Reinstoffe oder als Gemische eingesetzt:

- R 32; chemisch: CH_2F_2 (HFKW-Mittel)

- R 125; chemisch: C_2HF_5 (HFKW-Mittel)

- R 134 a; chemisch: $C_2H_2F_4$ (HFKW-Mittel)

- R 143 a; chemisch: $C_2H_3F_3$ (HFKW-Mittel)

- R 404 a; Gemisch aus: R 125/R 134 a/R 143 a

- R 507; Gemisch aus: R 125/R 143 a

- R 717; chemisch: NH_3 (nat. Kältemittel; Ammoniak)
- R 290; chemisch: C_3H_8 (nat. Kältemittel; Propan)
- R 600 a; chemisch: C_4H_{10} (nat. Kältemittel; Isobutan)
- R 744; chemisch: CO_2 (nat. Kältemittel; Kohlendioxid)

ANWENDUNGEN UND BEISPIELE

Physikalische Daten einiger Kältemittel

	R 22	R 134 a	R 507	R 717
chemische Formel	CHF_2Cl	$C_2H_2F_4$	Gemisch	NH_3
Siedetemperatur bei 1 bar	$-40{,}8°C$	$-26{,}3°C$	$-46{,}5°C$	$-33{,}3°C$
Kond.-Temp. bei 26 bar	$63°C$	$79°C$	$55°C$	$60°C$
Verdampfungs-Enthalpie bei 1 bar	$235\,\frac{kJ}{kg}$	$216\,\frac{kJ}{kg}$	$199\,\frac{kJ}{kg}$	$1\,368\,\frac{kJ}{kg}$
spez. vol. Kälteleistung bei $T_0^* = 0°C$; $T_1^* = 40°C$	$3\,435\,\frac{kJ}{kg}$	$2\,156\,\frac{kJ}{kg}$	$3\,576\,\frac{kJ}{kg}$	$3\,800\,\frac{kJ}{kg}$

Kältemittel-Daten

Daten aus: Recknagel et al. (1999)

BEACHTE

◪ Bezüglich der Kennzeichnung der Kältemittel gilt folgende Systematik:

- Für Fluorchlorkohlenwasserstoffe mit der allgemeinen chemischen Formel $C_kH_lF_nCl_m$ ist die Bezeichnung $R(k-1, l+1, n)$. Für die Zahl der Chloratome gilt stets $m = 2k + 2 - l - n$; diese Angabe entfällt. Bei Methanabkömmlingen wird die Zahl $k - 1 = 0$ nicht geschrieben. Zusätzliche kleine Buchstaben kennzeichnen verschiedene Isomere der jeweiligen chemischen Verbindung.

- Für die Basis Propan (C_3H_8) ist die 200er Gruppe reserviert.

- Für zeotrope Gemische gilt die 400er Gruppe.

- Für azeotrope Gemische gilt die 500er Gruppe.

- Für anorganische Kältemittel gilt die 700er Gruppe, wobei zur ersten Ziffer 7 die Molmasse des Stoffes als zweite und dritte Ziffer hinzugefügt wird.

❐ Die FCKW-Kältemittel tragen je nach Hersteller verschiedene Handelsnamen. Zum Beispiel gibt es für R 12 die Handelsnamen

- Frigen 12 (Farbwerke Hoechst; BRD)

- Kaltron 12 (Kali-Chemie; BRD)

- Freon 12 (Du Pont; USA)

❐ Zum Schutz der Erdatmosphäre sind internationale Vereinbarungen über den zukünftigen Einsatz von Kältemitteln getroffen worden (auf UNO- und EU-Ebene). Diese beziehen sich auf mögliche Alternativ-Kältemittel sowie auf die Rückgewinnung, Wiederverwendung und Entsorgung der Kältemittel. Mehrere zwischen 1987 und 1995 getroffene Vereinbarungen schreiben vor:

- ein totales Verbot von FCKW-Mitteln in Neuanlagen aller Industriestaaten ab dem 1.1.1996, in Neuanlagen der Entwicklungsländer ab 2040 (also z.B. für R 11 und R 12).

- eine starke Reduktion von HFCKW ab 2004 um 35%, bis 2020 auf 5%. Speziell in Deutschland war ein Einsatz von R 22 in Neuanlagen nur noch bis zum 31.12.1999 erlaubt.

WEITERFÜHRENDE LITERATUR

Recknagel, H.; Sprenger, E.; Schramek, E.-P. (1999): *Taschenbuch für Heizung-Klimatechnik*, Oldenbourg-Verlag, München

Kilger, K. (1994): *Stoffwerte von technischen Wärmeträgern*, in: VDI-Wärmeatlas, Dd1–Dd69, VDI-Verlag, Düsseldorf

Baehr, H. D.; Tillner-Roth, R. (1994): *Thermodynamische Eigenschaften umweltverträglicher Kältemittel*, Springer-Verlag, Berlin, Heidelberg, New York

Kondensation
(condensation)

Bedeutung und Definition

Es handelt sich um den Übergang eines Stoffes aus der Gasphase (Dampf) in die flüssige Phase. Diese Phasenumwandlung tritt ein, wenn Abweichungen vom thermodynamischen Gleichgewicht vorhanden sind. Sie ist stets mit Wärme- und Stoffströmen an der Phasengrenze verbunden. Neben dem Einsatz zur Trennung und Umwandlung von Stoffen wird der Kondensationsvorgang häufig gezielt für wärmetechnische Zwecke eingesetzt, wie z.B. bei der WÄRMEPUMPE oder beim WÄRMEROHR.

Definition

Unter dem Begriff Kondensation versteht man den Phasenübergang gasförmig → flüssig eines reinen Stoffes oder eines Gemisches. Dieser Vorgang kann an gekühlten Wänden oder an Kondensationskeimen im Inneren der Gasphase ablaufen.

Bei der Kondensation an (gekühlten) Wänden unterscheidet man folgende Formen:

- FILMKONDENSATION: Das Kondensat bildet einen zusammenhängenden Film auf der Wand.

- TROPFENKONDENSATION: Das Kondensat bildet einzelne unzusammenhängende Tropfen auf der Wand.

- Mischformen: Das Kondensat eines Dampfgemisches sei unmischbar. In dem Flüssigkeitsfilm einer Komponente entstehen dann Tropfen der anderen Komponente(n) an der Wand oder im Flüsigkeitsfilm.

- Direktkondensation: Die Kondensation findet im direkten Kontakt zwischen Dampf und Flüssigkeit (z.B. durch Spray-Einspritzung) statt.

Physikalischer Hintergrund

Im thermodynamischen Zweiphasen-Gleichgewicht gasförmig/flüssig existieren beide Phasen nebeneinander, ohne daß es auf der Ebene makroskopischer Betrachtung zu einem Stofftransport an der Grenzfläche zwischen beiden Phasen kommt. Auf der Ebene mikroskopischer Betrachtung gibt es eine ständige Molekülbewegung über die Grenzfläche hinweg, jedoch gerade so, daß die Zahl der in eine Phase ein- und austretenden Moleküle gleich ist. In diesem *thermodynamischen Gleichgewicht* sind die Temperaturen T^*

und die Drücke p^* in beiden Phasen jeweils gleich groß. Beide Größen sind durch die Dampfdruckkurve $p_S^*(T_S^*)$ des Fluides miteinander verknüpft ($p_S^* =$ Sättigungsdruck, $T_S^* =$ Sättigungstemperatur).

Ausgehend von diesem Gleichgewichtszustand kommt es zur Kondensation (mehr Moleküle treten in die flüssige Phase ein als aus), wenn die Temperatur in der flüssigen Phase verringert wird. Kondensation tritt ebenfalls in einer zunächst reinen Gasphase auf, wenn lokal (z.B. an einer begrenzenden Wand) die Sättigungstemperatur T_S^* gemäß der Dampfdruckkurve $p_S^*(T_S^*)$ unterschritten wird. Man spricht dann von dem Erreichen bzw. Unterschreiten der *Taupunkttemperatur*. Bei Gemischen ist darauf zu achten, daß der Druck in $p_S^*(T_S^*)$ dann der jeweilige Partialdruck ist.

Im Hinblick auf die Wärmeübertragung ist nun entscheidend, daß bei diesem Kondensationsvorgang die sog. spezifische Verdampfungsenthalpie bei $p^* =$ const freigesetzt wird, s. dazu die nachfolgende Tabelle.

$\Delta h_v^* = h^{*\prime\prime} - h^{*\prime}$		
Δh_v^*	spezifische Verdampfungsenthalpie	J/kg
$h^{*\prime\prime}$	spez. Enthalpie des gesättigten Dampfes	J/kg
$h^{*\prime}$	spez. Enthalpie der siedenden Flüssigkeit	J/kg
spezifische Verdampfungsenthalpie		

Sie muß in Form von Wärme vom Ort der Freisetzung (Grenzfläche) abgeführt werden. Hat sich z.B. an einer kalten Wand ein Kondensatfilm gebildet, so kann die mit Δh_v^* freiwerdende Energie z.B. durch Wärmeleitung an die Wand und weiter an die Umgebung abgeführt werden.

Häufig kommt es zusätzlich zu einem konvektiven Energietransport, weil der Kondensatfilm sich längs der Wand bewegt. Diese Bewegung kann durch Schwerkraftwirkung entstehen (*Rieselfilm*) oder durch Scherkräfte am Außenrand des Films bewirkt werden, weil der Dampf nicht in Ruhe ist, sondern längs der Wand strömt (Kondensation strömender Dämpfe). Insgesamt kann auf diese Weise eine sehr komplexe physikalische Situation entstehen, die bezüglich des Wärmeüberganges häufig nur mit empirischen Globalbeziehungen wie z.B. dem WÄRMEÜBERGANGSKOEFFIZIENTEN α^* beschrieben werden kann. In einer solchen Beziehung $\alpha^* = \dot{q}_W^*/\Delta T^*$, die die Wandwärmestromdichte (empirisch) mit einer treibenden Temperaturdifferenz verknüpft, wird die charakteristische Temperaturdifferenz ΔT^* dann in der Regel $\Delta T^* = T_S^* - T_W^*$ sein, mit T_S^* als Sättigungstemperatur und T_W^* als Wandtemperatur. In diesem Zusammenhang wird ΔT^* als *Unterkühlung der Wand* bezeichnet.

Diese Wandunterkühlung ist für den Gesamtvorgang von großer Bedeutung, weil mit ihr ein Temperaturgradient im Kondensatfilm entsteht, der wiederum die Wärmeleitung quer zum Film ermöglicht, mit der die an der Phasengrenze freiwerdende Wärme zur Wand transportiert wird.

ANWENDUNGEN UND BEISPIELE

Kondensationsvorgänge in einem geschlossenen System (eine Komponente, zwei Phasen)

In einem geschlossenen System, das im thermodynamischen Gleichgewicht mit der Umgebung steht und in dem die zwei Phasen flüssig und gasförmig einer Komponente koexistieren, herrscht ein thermodynamisches Gleichgewicht zwischen den Phasen mit $T^*_{Umg} = T^*_S$ und $p^*_S = p^*_S(T^*_S)$ gemäß der entspre-

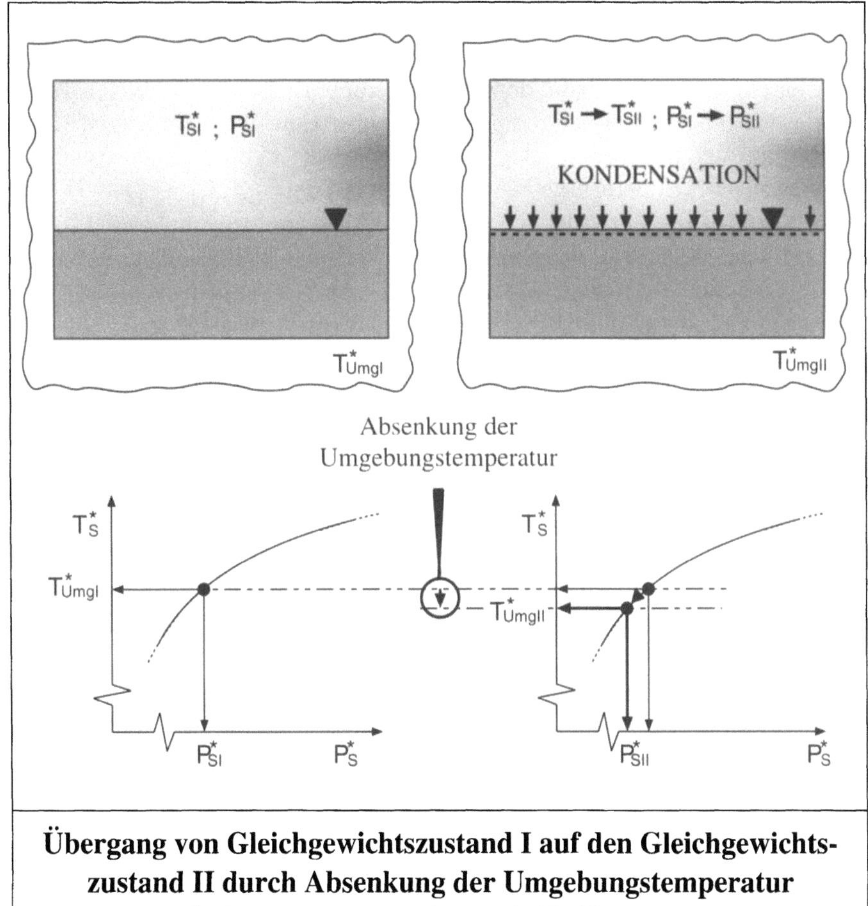

Übergang von Gleichgewichtszustand I auf den Gleichgewichts-zustand II durch Absenkung der Umgebungstemperatur

chenden Dampfdruckkurve. Die vorhergehende Skizze zeigt diesen Gleichgewichtszustand im linken Bild sowie einen Ausschnitt aus der Dampfdruckkurve, hier aufgetragen als $T_S^* = T_S^*(p_S^*)$. Senkt man nun die Umgebungstemperatur T_{UmgI}^* plötzlich auf T_{UmgII}^* ab, so ist der Gleichgewichtszustand unmittelbar danach gestört, weil sich durch einen instationären Wärmeleitungsprozeß das neue thermodynamische Gleichgewicht zwischen System und Umgebung erst wieder einstellen muß. Dabei kondensiert der Dampf im geschlossenen System, bis sich über der Flüssigkeitsoberfläche der neue Gleichgewichtsdruck p_{SII}^* einstellt, der zu der neuen Temperatur $T_{SII}^* = T_{UmgII}^*$ gehört.

BEACHTE

☞ Da während der Kondensation an der Phasengrenze kein thermodynamisches Gleichgewicht vorliegt, treten Abweichungen von der Gleichgewichtsbedingung $p^* = p_S^*$, $T^* = T_S^*$ mit $p_S^* = p_S^*(T_S^*)$ auf. Eine Extrapolation der Temperaturverteilungen auf der Dampf- und Flüssigkeitsseite auf die Phasengrenze hin ergibt dort einen Temperatursprung zwischen beiden Phasen (engl.: interface temperature drop). Eine genauere Analyse zeigt, daß auf der Dampfseite über eine Schichtdicke weniger freier Weglängen hinweg ein Temperaturgefälle vorhanden ist, da $T_S^* > T_{Grenzfl}^*$ ist. Die Differenz $T_S^* - T_{Grenzfl}^*$ ist jedoch häufig sehr klein (wenige hundertstel Kelvin) und kann deshalb in der Regel unberücksichtigt bleiben. Eine Ausnahme davon bildet die Kondensation flüssiger Metalldämpfe, da diese weiterhin kleine Temperaturdifferenz nicht mehr ohne weiteres gegenüber dem Temperaturabfall im Kondensatfilm vernachlässigt werden darf. Dieser ist bei Metallen wegen der hohen Wärmeleitfähigkeit nämlich ebenfalls sehr gering.

☞ Der Kondensations-Wärmeübergang eines Dampfes mit Inertgas-Anteil (nicht kondensierendes Gas) ist gegenüber dem reinen Dampf oft drastisch herabgesetzt, wobei schon geringe Inertgas-Anteile einen erheblichen Einfluß haben.

    Da durch den Kondensationsprozeß das Dampf/Inertgas-Gemisch in der Nähe der Phasengrenze gegenüber den weiter entfernt liegenden Bereichen an Dampf verarmt (weil dieser auskondensiert, aber nicht das Inertgas), ist die Dampfkonzentration in der Nähe der Phasengrenze, und damit insbesondere direkt an der Phasengrenze niedriger als außerhalb des phasengrenznahen Bereiches. Dieses Konzentrationsprofil entwickelt sich entlang der gesamten Phasengrenzfläche mit der Zeit (instationär), wenn das Dampfgemisch nicht strömt, oder bildet sich in Form einer stationären Grenzschicht aus, wenn die Phasengrenzfläche durch das Gemisch überströmt wird.

Die niedrige Dampfkonzentration an der Phasengrenze ist gleichbedeutend mit einem erniedrigten Partialdruck des Dampfes ($= p_S^*$) und damit wegen $p_S^* = p_S^*(T_S^*)$ auch einer erniedrigten Phasengrenztemperatur ($= T_S^*$). Dies verringert aber auch die Temperaturdifferenz zur Wand hin, $\Delta T^* = T_S^* - T_W^*$, so daß wegen $\dot{q}_W^* = \alpha^* \, \Delta T^*$ nur eine entsprechend kleinere Wandwärmestromdichte auftritt. Zusätzlich kann in bestimmten Fällen auch α^* durch die Anwesenheit eines Inertgases beeinflußt werden.

Insgesamt reicht z.B. ein Massenanteil von wenigen Prozent Luft (Inertgas) in Wasserdampf aus, um die Wandwärmestromdichten bei natürlicher Konvektionsströmung auf der Gasseite um 80% zu verringern.

Weiterführende Literatur

Collier, J.G.; Thome, J.R. (1996): *Convective Boiling and Condensation*, Clarendon Press, Oxford

Stephan, K. (1988): *Wärmeübergang beim Kondensieren und beim Sieden*, Springer-Verlag, Berlin, Heidelberg, New York

Merte, H. (1973): *Condensation Heat Transfer*, Adv. in Heat Transfer 9, 181–268

Rose, J.W. (1969): *Condensation of a Vapour in the Presence of a Non-Condensing Gas*, Int. J. Heat Mass Transfer 12, 233–237

Kondensator
(condenser)

BEDEUTUNG UND DEFINITION

Es handelt sich um wärmetechnische Apparate, in denen kondensierbare Dämpfe unter die Sättigungstemperatur abgekühlt werden und dabei kondensieren, d.h., vom gasförmigen in den flüssigen Zustand übergehen. Kondensatoren stellen eine besondere Klasse von WÄRMEÜBERTRAGERN dar.

Definition
Unter einem Kondensator versteht man einen wärmetechnischen Apparat oder das Bauteil einer wärmetechnischen Anlage, in dem der Phasenwechsel gasförmig → flüssig (Kondensation) stattfindet. Das Ziel ist entweder die Gewinnung des Kondensates in verfahrenstechnischen Prozessen oder die Gewinnung der Kondensationsenthalpie in energietechnischen Anwendungen. Als grundsätzliche Ausführungsformen ist zwischen Kondensatoren mit indirektem Kontakt zwischen dem Dampf und dem Kühlmittel (Trennung durch undurchlässige Wände) und solchen mit direktem Kontakt (Einspritzkondensatoren) zu unterscheiden.

PHYSIKALISCHER HINTERGRUND

Kondensationsvorgänge sind ein integraler Bestandteil vieler verfahrens- und energietechnischer Prozesse, wie z.B. der Destillation (partielles Verdampfen eines homogenen Flüssigkeitsgemisches mit anschließender Kondensation zur Anreicherung einer oder mehrerer Stoffkomponenten) und des Wärmekraft-, Wärmepumpen- oder Kältemaschinen-Kreisprozesses.

Das physikalische Prinzip besteht einheitlich darin, an bestimmten Stellen im Kondensator die Sättigungstemperatur des zu kondensierenden Dampfes zu unterschreiten. Diese ist durch die entsprechende Dampfdruckkurve als Funktion des Druckes gegeben, wobei zu beachten ist, daß bei Gemischen der jeweilige Partialdruck im Gemisch maßgeblich ist. Bei der überwiegenden Anzahl von Kondensatorbauarten liegt ein indirekter Kontakt zwischen dem Dampf und dem Kühlmittel vor, so daß die Unterschreitung der Sättigungstemperatur an der dampfseitigen Wandoberfläche vorliegen muß. Bei stationärem Betrieb ist dann durch die Wand hindurch genau die an der Oberfläche freiwerdende Kondensationsenthalpie (= „negative" Verdampfungsenthalpie) abzuführen, sowie die durch eine eventuell vorliegende Unterkühlung des Kondensates abgegebene sensible Wärme des Kondensates.

Bei einem direkten Dampf/Kühlmittel-Kontakt wie er bei Einspritzkondensatoren vorliegt, erfolgt die Kondensation direkt an der Oberfläche der Kühlmittel-Sprayteilchen. Es handelt sich zwar um eine sehr effektive Form der Kondensation (keine Wärmewiderstände in Trennwänden), jedoch mischt sich das Kühlmittel zwangsläufig mit dem Kondensat, was in vielen Anwendungsfällen nicht akzeptabel ist.

ANWENDUNGEN UND BEISPIELE

Ausführungsformen von Rohrbündel-Kondensatoren (engl.: shell and tube condenser)

Die sog. Rohrbündel-Kondensatoren sind eine häufig verwendete Bauart, besonders wenn hohe Wärmeströme abzuführen sind, wie z.B. nach einer Turbine in einem Dampfkraftwerk. Sie bestehen aus kompakt angeordneten Rohrbündeln (Innenrohr-Bündeln), die einerseits durchströmt sind und zum anderen umströmt werden. Dazu befinden sich die Innenrohre in einem alle umschließenden Mantel, der Ein- und Ausflußstutzen besitzt, wie dies in dem nachfolgenden Bild gezeigt ist. Ohne weitere Einbauten, sog. Trennwänden in den Hauben, durchströmt das Fluid F1 die Innenrohre einmal, bei entsprechender Trennwandanordnung kann ein mehrgängiges Durchströmen (2, 4, 8, ...) erreicht werden. Es wird damit eine Vergrößerung der Geschwindigkeit in den Rohren sowie eine Verlängerung der Strömungswege erreicht. Die Größe des Kondensators sowie die Anzahl der Innenrohre ist dem konkreten Einsatzfall anzupassen. In großen Kraftwerksblöcken sind Kondensatoren bis zu 3 m Manteldurchmesser mit bis zu 6000 Innenrohren installiert.

Da der Dampfvolumenstrom zumindest zu Beginn der Kondensation noch relativ groß ist, wird man diesen in der Regel durch den Mantelraum leiten (Fluid F2 in der Skizze), obwohl prinzipiell die Kondensation auch in den Rohren erfolgen kann. Die häufigste Anordnung ist eine liegende Konstruktion, aber auch senkrechte Bauformen sind möglich (z.B. angewandt, wenn mit der Verdampfungsenthalpie des um die Rohre kondensierenden Dampfes ein Fallfilm eines Produktes in den Rohren verdampft werden soll).

Wenn der zu kondensierende Dampf Inertgas-Anteile (nichtkondensierbare Anteile) enthält, muß ein separater Inertgasstutzen vorgesehen werden, über den das nichtkondensierende „Fremdgas" abgelassen oder abgesaugt werden kann. Der physikalische Mechanismus, der zu einer erheblichen Verschlechterung des Wärmeüberganges schon bei geringen Inertgaskonzentrationen führt, ist unter dem Stichwort KONDENSATION (dort in der Rubrik BEACHTE) näher erläutert.

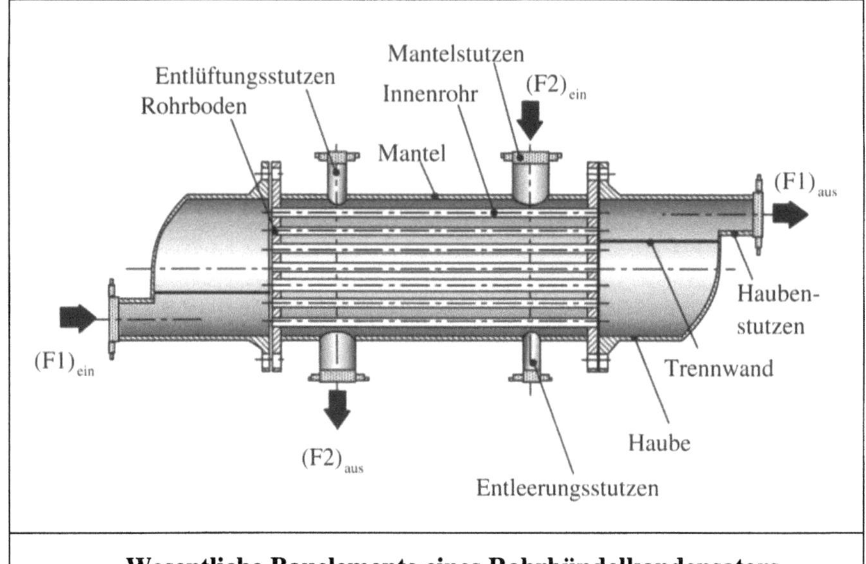

Wesentliche Bauelemente eines Rohrbündelkondensators

BEACHTE

☛ Ein ernstes Problem bei allen Wärmeübertragern und so auch bei den Kondensatoren ist die Ablagerung von Verunreinigungen an den wärmeübertragenden Flächen (engl.: fouling), die zu drastischen Leistungsreduktionen des Kondensators führen können. Nähere Erläuterungen dazu finden sich unter dem Stichwort WÄRMEÜBERTRAGER (dort in der Rubrik ANWENDUNGEN UND BEISPIELE). Im Falle eines von Kühlwasser offen durchströmten Kondensators (kein geschlossener Kühlwasser-Kreislauf, sondern z.B. Durchströmung mit Flußwasser) kann es aufgrund einer nur unzureichend arbeitenden Vorreinigungsanlage unmittelbar zu einer mechanischen Blockade von Teilen des Kondensators kommen. Dies kann auch durch in der Anlage wachsende Muscheln oder Algen auftreten.

☛ Zur Regelung der Kondensatorleistung bei gegebener Kondensatorfläche und Kühlmittel(eintritts)temperatur kann man sich zunutze machen, daß die mittlere Temperaturdifferenz zwischen der Kondensationstemperatur (Sättigungstemperatur des Dampfes) und der Kühlmitteltemperatur maßgeblich für den Wärmedurchgang zwischen dem kondensierenden Dampf und dem Kühlmittel ist, da sich der Wärmedurchgang proportional zu dieser Temperaturdifferenz verhält. Diese Temperaturdifferenz kann aber über das Einstellen einer gewünschten Kondensationstemperatur (in gewissen Grenzen) gesteuert werden, indem entweder der Druck (Zusammenhang zur Temperatur über die Dampfdruckkurve) oder der Inertgasanteil gezielt verändert werden.

WEITERFÜHRENDE LITERATUR

Hewitt, G. F.; Shires, G. L.; Bott, T. R. (1994): *Process Heat Transfer*, CRC Press, Boca Raton, New York

Hoppmann, W.; Fink, T.; Altinger, G. (1994): *Konstruktive Hinweise für den Bau von Wärmeübertragern*, VDI-Wärmeatlas, Ob 1 – Ob 22, VDI-Verlag, Düsseldorf

Kakac, S. (1991): *Boilers, Evaporators and Condensers*, John Wiley & Sons, Inc., New York

Konjugierter Wärmeübergang
(conjugate heat transfer)

BEDEUTUNG UND DEFINITION

Es handelt sich um Wärmeübergangssituationen zwischen einer festen Wand und dem angrenzenden Fluid, bei denen die thermischen Randbedingungen an der Grenzfläche zwischen beiden Systemen nicht a priori festliegen.

	Definition	
Unter einem konjugierten Wärmeübergangsproblem versteht man den Wärmeübergang zwischen einer Wand und dem angrenzenden Fluid, bei dem sich die Temperaturfelder in den beiden Teilsystemen *Festkörper* und *Fluid* gegenseitig beeinflussen und deshalb in der Regel simultan bestimmt werden müssen.		

PHYSIKALISCHER HINTERGRUND

Sehr oft werden Wärmeübertragungsprobleme unter Angabe von bestimmten thermischen Randbedingungen formuliert. Die Standardbedingungen $T_W^* = $ const und $\dot{q}_W^* = $ const sind typische Beispiele dafür. Häufig sind solche Vorgaben aber nicht sehr realistisch, weil sich z.B. das Temperaturfeld in einer Wand endlicher Dicke mit dem Wärmeübergang zwischen Wand und Fluid verändert.

Es ist deshalb erforderlich, die Temperaturfelder in der Wand und im Fluid simultan zu berechnen. An der Grenzfläche zwischen dem festen und dem fluiden System kann man dann im eigentlichen Sinne nicht mehr von einer thermischen Randbedingung sprechen, weil die Temperaturen oder Wärmeströme dort dann Teil der Lösung eines größeren Systems sind, das aus festen und fluiden Teilen besteht. An den Rändern dieses größeren Systems sind selbstverständlich wieder thermische Randbedingungen zu formulieren.

ANWENDUNGEN UND BEISPIELE

Wärmedurchgang durch eine ebene Wand

Unter dem Wärmedurchgang versteht man eine physikalische Situation, bei der ein Wärmestrom $\dot{Q}_W^*$ von einem Fluid 1 durch eine Trennwand an ein

Fluid 2 übertragen wird. Das Gesamtsystem besteht also aus der Wand und den beiden angrenzenden Fluidbereichen, wie in dem nachfolgenden Bild skizziert ist.

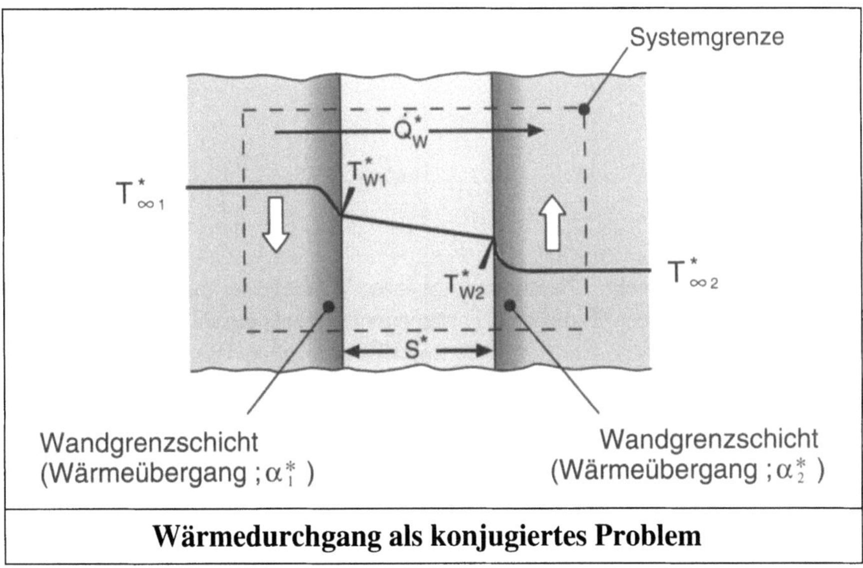

Wärmedurchgang als konjugiertes Problem

Bei vorgegebener Temperaturdifferenz $\Delta T^* = T^*_{\infty 1} - T^*_{\infty 2}$ stellt sich ein Wärmestrom $\dot{Q}^*_W$ ein, der sich aus der Lösung des konjugierten Wärmeübertragungsproblems ergibt. Dabei ist die konkrete Temperaturverteilung in der Wand abhängig von den thermischen Verhältnissen in den Fluiden. Umgekehrt werden die dortigen Temperaturverhältnisse aber auch durch die Wärmeleitfähigkeit der Wand beeinflußt. Für den Fall, daß die Wärmeübergänge auf der Fluidseite in Form von WÄRMEÜBERGANGSKOEFFIZIENTEN α^* bekannt sind, ergibt sich eine einfache geschlossene Lösung des Problems. Unter Verwendung des WÄRMEDURCHGANGSKOEFFIZIENTEN k^* lautet sie:

$$\dot{Q}^*_W = k^* A^* (T^*_{\infty 1} - T^*_{\infty 2}) \; ; \quad k^* = \left(\frac{1}{\alpha^*_1} + \frac{s^*}{\lambda^*} + \frac{1}{\alpha^*_2} \right)^{-1} , \qquad (*)$$

wobei A^* die beaufschlagte Wandfläche ist, s^* die Wandstärke und λ^* die WÄRMELEITFÄHIGKEIT der Wand.

Für die Temperaturen an den beiden Seiten der Wand, T^*_{W1} und T^*_{W2}, gilt dann mit $\dot{Q}^*_W$ aus $(*)$:

$$T^*_{W1} - T^*_{\infty 1} = -\frac{\dot{Q}^*_W}{A^* \alpha^*_1} \; ; \qquad T^*_{W2} - T^*_{\infty 2} = \frac{\dot{Q}^*_W}{A^* \alpha^*_2} \qquad (**)$$

Solange α_1^* und α_2^* keine Funktionen der Temperatur sind, können die Gleichungen (*) und (**) nacheinander gelöst werden.

Wenn die Wärmeübergangskoeffizienten α_1^* und α_2^* jedoch temperaturabhängig sind, wie dies z.B. bei Grenzschichten aufgrund von natürlicher Konvektion der Fall ist (für laminare Grenzschichten gilt dann $\alpha^* \sim \Delta T^{*1/4}$), müssen die Gleichungen (*) und (**) wegen der gegenseitigen Kopplung simultan gelöst werden, was z.B. durch ein numerisches Iterationsverfahren geschehen kann.

BEACHTE

□ Für die numerische Lösung konjugierter Wärmeübergangsprobleme wird das Lösungsgebiet (Fluid und Festkörper) oftmals einheitlich vernetzt und anschließend unter Berücksichtigung der speziellen Physik in den Teilgebieten behandelt. In komplexen CFD-Programmen, die auf der Basis der vollständigen Navier-Stokes-Gleichungen und des Energiesatzes aufgebaut sind, kann im Bereich des Festkörpers in diesem Sinne das Geschwindigkeitsfeld zu Null gesetzt werden.

□ Ein maßgeblicher Parameter konjugierter Probleme ist die BIOT-ZAHL $\mathrm{Bi} = \alpha^* L_c^* / \lambda^*$, die mit dem Wärmeübergangskoeffizienten α^* und der Wärmeleitfähigkeit λ^* des Festkörpers charakteristische Werte des Temperaturfeldes aus beiden Teilgebieten ins Verhältnis setzt. Ihre Grenzwerte (0 und ∞) beschreiben jeweils besonders einfache physikalische Situationen.

WEITERFÜHRENDE LITERATUR

Standard–Werke zur Wärmeübertragung, s. die Liste am Ende des Buches

Konstitutive Gleichungen
(constitutive equations)

Bedeutung und Definition

Es handelt sich um die mathematische Formulierung bestimmter Aspekte des Materialverhaltens. Im Zusammenhang mit der Wärmeübertragung tritt als konstitutive Gleichung (auch *Materialgleichung* genannt) die Verknüpfung des Wärmestromvektors mit dem Temperaturfeld und ggf. anderen Feldgrößen auf. Konstitutive Gleichungen werden in den allgemeinen Bilanzgleichungen benötigt. Erst nach Einsetzen der Materialgleichungen können die Bilanzgleichungen herangezogen werden, um die entsprechenden Feldgrößen daraus zu bestimmen. In diesem Sinne bestehen die Wärmeleitungsgleichung und die thermische Energiegleichung aus der jeweiligen allgemeingültigen Bilanzgleichung (materialunabhängige Bilanz) und den Materialgleichungen.

Definition

Unter einer konstitutiven Gleichung versteht man die mathematische Beschreibung eines bestimmten Aspektes von Materialverhalten. Diese Beziehungen in Form mathematischer Gleichungen stellen in der Regel Ansätze dar, deren freie Parameter experimentell für die jeweiligen Materialien bestimmt werden. Da die allgemeinen Bilanzgleichungen (für Masse, Impuls und Energie) eine Verknüpfung von Strömen (Masse-, Impuls-, Wärme-, ...) mit den jeweiligen Feldgrößen (Konzentration, Geschwindigkeit, Temperatur, ...) erfordern, hat sich ein einheitlicher Gradienten-Ansatz bewährt.

In erster Näherung kann die jeweilige Bilanzgleichung für sich durch eine konstitutive Gleichung geschlossen werden, die den sog. *Grundeffekt* beschreibt. Für die Wärmeleitung ist dies die Abhängigkeit des Wärmestromvektors vom Temperaturfeld. Eine vollständige konstitutive Gleichung muß zusätzlich aber die Abhängigkeit von weiteren physikalischen Größen berücksichtigen (*Kopplungseffekte*).

Physikalischer Hintergrund

Das System der allgemeinen Bilanzgleichungen ist für alle Materialien gleichermaßen gültig. Es ist die mathematische Formulierung des Erhaltungsprinzipes bzgl. der Masse, des Impulses und der Energie. In die Formulierung der allgemeinen Bilanzgleichungen gehen thermodynamische *Zustandsgrößen* (wie z.B.: Druck, Dichte und Temperatur) sowie *Prozeßgrößen* (wie z.B.:

Wärmestrom, Stoffstrom und Dissipation) ein. Diese allgemeinen Bilanzgleichungen stellen kein geschlossenes Gleichungssystem dar, da die Anzahl der unabhängigen Variablen größer als die Anzahl der Gleichungen ist. Erst durch die Hinzunahme von sog. *Materialgleichungen*, die das konkrete Materialverhalten beschreiben, kann das Gleichungssystem geschlossen werden.

Es gibt nun zwei verschiedene Arten von Materialgleichungen, die beide zusammen erforderlich sind, um das System der allgemeinen Bilanzgleichungen zu schließen:

- thermodynamische Zustandsgleichungen: Eine vollständige Beschreibung des Materialverhaltens bzgl. der Zustandsgrößen ist durch die jeweilige materialspezifische Fundamentalgleichung gegeben. Alternativ ist diese Information vollständig in den drei Einzelzustandsgleichungen (thermische, kalorische, Entropiezustandsgleichung) enthalten.

- konstitutive Gleichungen: Diese verknüpfen beteiligte Prozeßgrößen mit Zustandsgrößen des betrachteten Systems und sind Ausdruck eines spezifischen Materialverhaltens.

Die konstitutiven Gleichungen können auf unterschiedlichem Wege gewonnen werden. Die drei wesentlichen Möglichkeiten sind:

1. Rein empirisch:
   Über entsprechende Ansätze versucht man, die experimentellen Beobachtungen durch eine möglichst einfache mathematische Gleichung wiederzugeben. Bezüglich der Wärmeleitung geht ein solcher Ansatz auf Fourier zurück und lautet:
$$\vec{q}^* = -\lambda^* \operatorname{grad} T^*$$

   Dieser Ansatz kann gleichzeitig als Definitionsgleichung für die Wärmeleitfähigkeit λ^* interpretiert werden.

2. Phänomenologisch:
   Auf der Basis einer Modellvorstellung über „verallgemeinerte Flüsse" und verursachende „verallgemeinerte Kräfte" sowie Strukturüberlegungen aus der Tensoralgebra kann ein allgemeiner Ansatz für die prinzipiellen Abhängigkeiten der gesuchten Prozeßgrößen aufgestellt werden. Ein solcher Ansatz enthält sowohl den jeweiligen Grundeffekt als auch alle denkbaren Kopplungseffekte. Bezüglich der Wärmeleitung werden dabei neben dem Grundeffekt der Temperaturabhängigkeit von $\vec{q}^*$ (der durch den Fourierschen Ansatz beschrieben wird) eine Reihe weiterer Abhängigkeiten angenommen wie z.B. diejenige von der Konzentration (Diffusions-Thermoeffekt; s. dazu das Stichwort THERMODIFFUSION) oder vom elektrischen Strom (s. dazu das Stichwort THERMOELEMENT). Solche Modellbildungen gehören in den Bereich der sog. *Thermodynamik irreversibler Prozesse*, s. dazu You et al. (1996).

3. Statistisch:

Auf der Basis einer mikroskopischen Theorie der Atome und Moleküle sowie ihrer Wechselwirkungen können mit Methoden der statistischen Mechanik und der kinetischen Theorie quantitative Aussagen über die Abhängigkeiten der Prozeßgrößen von den Zustandsgrößen gewonnen werden.

ANWENDUNGEN UND BEISPIELE

Verschiedene Formen der konstitutiven Gleichung für die Wärmeleitungs- bzw. thermische Energiegleichung

Als Prozeßgröße tritt in der Wärmeleitungs- bzw. thermischen Energiegleichung auf der Ebene der allgemeinen Bilanzgleichung der Wärmestromdichte-Vektor $\vec{q}^*$ auf. Dieser muß mittels einer konstitutiven Gleichung mit den Zustandsgrößen des Problems verknüpft werden. Drei verschiedene Beispiele für eine solche Materialgleichung sind:

- $\vec{q}^* = -\lambda^* \operatorname{grad} T^*$

  Fourierscher Ansatz, s. dazu das Stichwort FOURIERSCHES WÄRMELEITUNGSGESETZ

- $\vec{q}^* = -\lambda^* \operatorname{grad} T^* - \tau^* \dfrac{\partial^2 \vec{q}^*}{\partial t^{*2}}$

  CV-Ansatz; s. dazu das Stichwort NICHT-FOURIERSCHE WÄRMELEITUNG, speziell unter ANWENDUNGEN UND BEISPIELE

- $\vec{q}^* = -\lambda^* \operatorname{grad} T^* + \hat{c}^* \overline{\alpha} \operatorname{grad} c_A$

  Ansatz mit Berücksichtigung des Diffusions-Kopplungseffektes, s. dazu das Stichwort THERMODIFFUSION, speziell das Kapitel PHYSIKALISCHER HINTERGRUND

BEACHTE

☞ Die Begründung für den Einsatz beider Arten von Materialgleichungen (konstitutive und Zustandsgleichungen) ist keineswegs trivial. Die konstitutiven Gleichungen als eine Form von Materialgleichungen werden benötigt, weil sich ein System *als Ganzes* im Nicht-Gleichgewicht befindet und deshalb in ihm Transportprozesse stattfinden. Die thermischen Zustandsgleichungen als die andere Form von Materialgleichungen dürfen verwendet werden, weil sich das System *lokal und momentan* im Gleichgewicht befindet. So sind z.B. typische Relaxationszeiten, die einen momentanen Nichtgleichgewichtszustand beschreiben, in der Regel um Größenordnungen kleiner als typische Prozeßzeiten. Nur in Ausnahmesituationen (wie z.B. bei Verdichtungsstößen) können solche lokalen und momentanen Nichtgleichgewichtszustände entscheidende Bedeutung erlangen.

❏ Auch in den anderen Bilanzgleichungen sind jeweils konstitutive Gleichungen erforderlich. In der Impulsgleichung z.B. gilt es, den Spannungstensor als Prozeßgröße (dieser bewirkt die Verrichtung von Arbeit am Fluidelement) mit den Zustandsgrößen des Systems zu korrelieren. Der lineare Ansatz des sog. Newtonschen Reibungsgesetzes ist die einfachste Form zur Erfassung des Grundeffektes in der Impulsbilanz.

❏ Die Bezeichnung Fouriersches Wärmeleitungs*gesetz* ist, obwohl weit verbreitet und deshalb auch in diesem Buch gebraucht, eher irreführend, da sie den wahren Charakter als schlichten Ansatz zur Formulierung einer konstitutiven Gleichung verschleiert. Offensichtlich ist dieser Ansatz aber so gut zur Beschreibung einer Vielzahl von Wärmeleitungssituationen geeignet, daß er fast den Charakter eines „Gesetzes" annimmt.

Weiterführende Literatur

You, D.; Casas-Vazquez, J.; Lebon, G. (1996): *Extended Irreversible Thermodynamics*, Springer-Verlag, Berlin, Heidelberg, New York

Kluge, G.; Neugebauer, G. (1994): *Grundlagen der Thermodynamik*, Spektrum Akademischer Verlag, Heidelberg (besonders Abschnitt III: Thermodynamik irreversibler Prozesse)

Jischa, M. (1982): *Konvektiver Impuls-, Wärme- und Stoffaustausch*, Vieweg-Verlag, Braunschweig

Bird, R. B.; Stewart, W. E.; Lightfood, E. N. (1960): *Transport Phenomena*, John Wiley & Sons, New York

Kontaktwiderstand
(contact resistance)

Siehe unter Thermischer Kontaktwiderstand.

Konvektive Wärmeübertragung
(convective heat transfer)

Es handelt sich um eine spezielle Form der Wärmeübertragung zwischen einer festen Wand und dem daran angrenzenden Fluid, bei dem die Fluidbewegung längs der Wand entscheidend zu dem Gesamtvorgang beiträgt.

	Definition	
Unter konvektiver Wärmeübertragung versteht man das Zusammenspiel von Wärmeleitung über die Grenzfläche Wand/Fluid hinweg und einem konvektiven, hauptsächlich wandparallelen Transport von innerer Energie durch die Konvektionsbewegung des Fluides, gepaart mit weiterhin vorhandener Wärmeleitung (viskos und/oder turbulent) im Fluid. Dieser Vorgang führt bei hinreichend großen Konvektionsgeschwindigkeiten zur Ausbildung von Temperaturgrenzschichten an der Wand.		

PHYSIKALISCHER HINTERGRUND

Ausgangspunkt für die nachfolgenden Überlegungen soll der Wärmeübergang in ein zunächst ruhendes Fluid sein. Wird der Wärmeübergang zu einem Zeitpunkt $t^* = 0$ dadurch in Gang gesetzt, daß z.B. eine bestimmte Wandwärmestromdichte $\dot{q}_W^*$ oder eine bestimmte Temperaturdifferenz $\Delta T^* = T_W^* - T_\infty^*$ gegenüber der Temperatur T_∞^* im wandfernen Bereich erzeugt wird, so beginnt ein instationärer Wärmeleitungsvorgang im Fluid. Dieser erfaßt zunächst nur die unmittelbar an die Wand angrenzenden Fluidbereiche und erhöht im Falle einer Wärmeübertragung *an* das Fluid deren Temperatur in dem Maße, wie es die thermische Energiegleichung fordert: der über die Wand fließende Wärmestrom wird in Form von innerer Energie im Fluid gespeichert. Ein zeitunabhängiges Temperaturfeld z.B. über einer ebenen geheizten Platte ist damit nicht möglich, da die innere Energie im Fluidbereich über der Platte stetig ansteigt und dies zumindest in bestimmten Bereichen des Fluidfeldes zu Temperaturerhöhungen führen muß (wenn ein Phasenwechsel des Fluides ausgeschlossen wird).

Bleibt das Fluid jedoch nicht in Ruhe, sondern wird z.B. durch Zwangskonvektion (etwa mit Hilfe einer Pumpe) längs der Wand bewegt, so stellen sich folgende Änderungen gegenüber der Situation des Fluides in Ruhe ein:

- Bei konstanter Strömung entsteht eine stationäre Temperaturgrenzschicht mit einem zeitunabhängigen Temperaturprofil. Der über die Wand einflie-

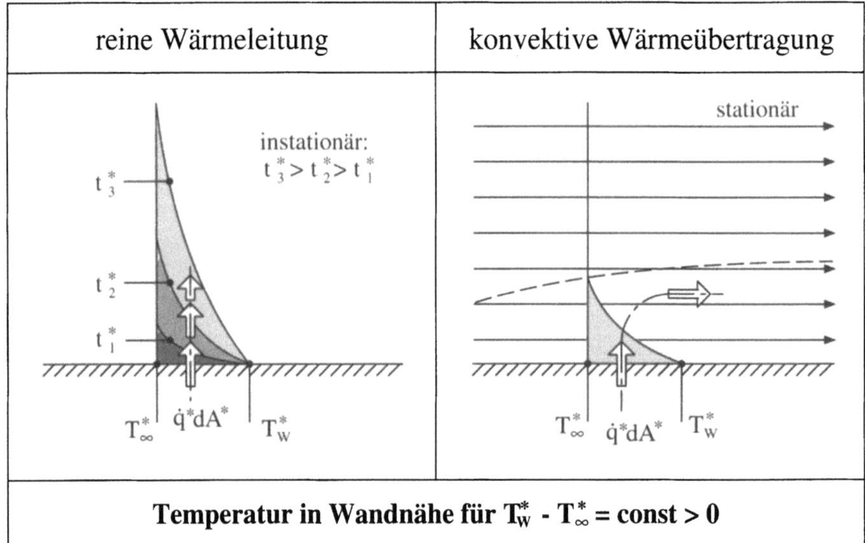

ßende Wärmestrom wird konvektiv als innere Energie des Fluides stromabwärts transportiert.

- Da das Temperaturprofil auf den Bereich der Grenzschicht beschränkt ist,
  liegen häufig hohe Temperaturgradienten an der Wand und damit hohe
  Wandwärmestromdichten vor. Diese sind bei festem ΔT^* umso größer, je
  dünner die Temperaturgrenzschichten sind.

In der nachfolgenden Skizze wird die Physik der konvektiven Wärmeübertragung im Unterschied zur reinen Wärmeleitung verdeutlicht.
Da die Dicke der Temperaturgrenzschicht wesentlich durch die Strömung bestimmt wird, ist der starke Einfluß der Strömung auf die konvektive Wärmeübertragung unmittelbar einsichtig.
Zwei Strömungseigenschaften sind dabei für einen hohen konvektiven Wärmeübergang entscheidend:

1. Hohe Konvektionsgeschwindigkeiten führen zu dünnen Grenzschichten
   und damit zu einem guten Wärmeübergang. Eine Erhöhung der Geschwindigkeit verbessert in der Regel den Wärmeübergang.

2. Hohe Turbulenz in den Grenzschichten führt im wandfernen Teil der
   Grenzschicht zu einer hohen effektiven Temperaturleitfähigkeit (Summe
   aus molekularer und turbulenter Scheintemperaturleitfähigkeit) und dort
   dann generell zu niedrigen Temperaturgradienten. Da über die Grenzschicht hinweg aber insgesamt eine bestimmte Temperaturdifferenz vorliegt, sind die wandnahen Temperaturgradienten dann sehr groß, so daß
   insgesamt ein „völliges" Grenzschicht-Temperaturprofil mit hohen Wand-
   gradienten (und damit einer hohen Wandwärmestromdichte) vorliegt.

Der Einfluß der Stoffeigenschaften wird im wesentlichen als Prandtl-Zahl-Einfluß erfaßt, siehe dazu auch die Stichwörter GRENZSCHICHT, PRANDTL-ZAHL und THERMISCHE ENERGIEGLEICHUNG.

Bei durchströmten Geometrien (z.B. bei der Rohrströmung) sind nur im Einlaufbereich diskrete Wandgrenzschichten vorhanden. Weiter stromabwärts ist das gesamte Strömungsfeld von Reibungseffekten bzw. durch Turbulenz beeinflußt. Die beiden maßgeblichen Strömungseigenschaften, hohe Konvektionsgeschwindigkeiten und hohe Turbulenz, tragen jedoch auch bei diesen Strömungen entscheidend zur Erhöhung des Wärmeüberganges bei.

ANWENDUNGEN UND BEISPIELE

Konvektiver Wärmeübergang bei der ausgebildeten Rohrströmung mit den thermischen Randbedingungen $T_W^* = const$ und $\dot{q}_W^* = const$

Für beide thermischen Randbedingungen ergibt sich bei einer hydrodynamisch ausgebildeten Strömung (x^*–unabh. Geschwindigkeitsprofil) nach einer hinreichenden Lauflänge ein sog. *thermisch ausgebildetes Profil* für die zeitlich gemittelte Temperatur $\overline{T}^*$ mit der Eigenschaft

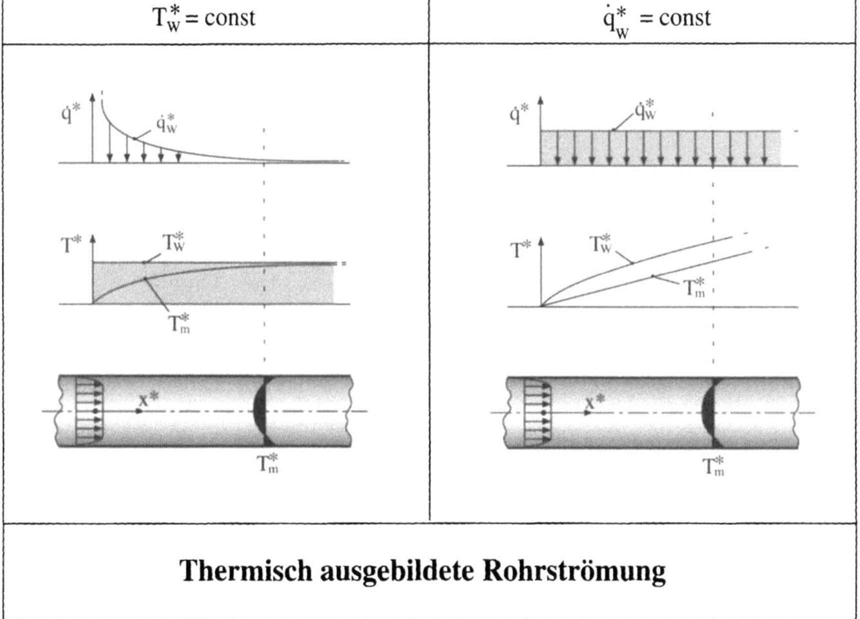

Thermisch ausgebildete Rohrströmung

	Pr	Re $= 10^4$	Re $= 10^5$	Re $= 10^6$
	0,5	24,9	146	935
turbulent, $T_W^* = $ const	0,72	30,4	185	1 215
	14,3	107	777	5 948
	0,5	26,2	150	951
turbulent, $\dot{q}_W^* = $ const	0,72	31,5	189	1 225
	14,3	107	778	5 953
laminar, $T_W^* = $ const	—	3,66		
laminar, $\dot{q}_W^* = $ const	—	4,36		

Nu-Zahlen der thermisch ausgebildeten Rohrströmung

Daten aus: Gersten, Herwig (1992)

$$\frac{\partial}{\partial x^*}\left(\frac{\overline{T}^* - T_m^*}{T_W^* - T_m^*}\right) = 0 \quad ,$$

wobei T_W^* und T_m^* die Wand- bzw. die kalorische Mitteltemperatur an einer bestimmten Stelle x^* sind. Die Skizze auf der vorhergehenden Seite erläutert die Temperaturverhältnisse für beide thermischen Randbedingungen. Für die NUSSELT-ZAHL, definiert als

$$\mathrm{Nu} = \frac{\dot{q}_W^* D^*}{\lambda^*(T_W^* - T_m^*)} \quad ,$$

sind einige Zahlenwerte in der obigen Tabelle angegeben. Für den turbulenten Fall erkennt man das starke Anwachsen der Nußelt-Zahl mit steigender Reynolds-Zahl und steigender Prandtl-Zahl. Die Angaben für den laminaren Fall dienen als Vergleich, was wäre, wenn die Strömung bei diesen Reynolds-Zahlen als laminare Strömung vorliegen würde. Tatsächlich gelingt es, laminare Strömungen auch bei sehr hohen Reynolds-Zahlen (oberhalb der kritischen Reynolds-Zahl) zu erzeugen, wenn alle Formen von Störungen weitgehend unterdrückt werden. Insgesamt ist der starke Einfluß der Konvektion wie auch der Turbulenz auf den Wärmeübergang sehr deutlich zu erkennen. Für die Interpretation des konkreten Beispieles ist zu beachten, daß ein verbesserter Wärmeübergang im Fall $T_W^* = $ const zu einer früheren Angleichung von T_m^* an T_W^* führt (d.h., bei kleinen x^*–Werten) und im Fall $\dot{q}_W^* = $ const zu kleineren Temperaturunterschieden im jeweiligen Querschnitt $x^* = $ const.

BEACHTE

⌨ Unmittelbar an der Wand liegt auch bei konvektiver Wärmeübertragung reine molekulare Leitung vor, da die Strömungsgeschwindigkeiten (und damit auch die Schwankungsgeschwindigkeiten) wegen der Haftbedingung dort Null sind. Es gilt also für laminare wie für turbulente Strömungen an der Wand: $\dot{q}_W^* = -\lambda^*(\partial T^*/\partial n^*)_W$ mit λ^* als molekularer Wärmeleitfähigkeit des Fluides und n^* als Koordinate senkrecht zur Wand.

⌨ Die Strömung im Zusammenhang mit der konvektiven Wärmeübertragung kann auch durch das Temperaturfeld selbst erzeugt werden (natürliche Konvektion). Ein typisches Beispiel ist die sog. BENARD-KONVEKTION, bei der zwei horizontale, gegenüberliegende Wände so auf ein unterschiedliches Temperaturniveau gebracht werden, daß dazwischen eine instabile Fluidschicht entsteht (Fluid mit positivem Dichtegradienten in vertikaler Richtung). Während für kleine Temperaturunterschiede reine Wärmeleitung vorliegt, treten bei größeren Werten der Temperaturdifferenz großräumige Fluidzirkulationen auf, die zu einem deutlich verbesserten Wärmeübergang zwischen beiden Wänden führen.

⌨ Der Zusammenhang zwischen der Strömung einerseits und dem Wärmeübergang andererseits ist bei der konvektiven Wärmeübertragung so stark, daß sich beide Teilaspekte häufig nicht entkoppeln lassen. Dies hat zur Folge, daß in vielen Fällen für eine verbesserte Wärmeübertragung der „Preis" z.B. eines erhöhten Druckverlustes gezahlt werden muß.

WEITERFÜHRENDE LITERATUR

Gersten, K., Herwig, H. (1992): *Strömungsmechanik*, Vieweg-Verlag, Braunschweig

Standard–Werke zur Wärmeübertragung, s. die Liste am Ende des Buches

Kopplungseffekt
(coupling effect)

Siehe dazu das Stichwort KONSTITUTIVE GLEICHUNGEN.

Kreisprozess, thermodynamischer
(thermodynamic cycle)

Siehe dazu das Stichwort THERMODYNAMISCHER KREISPROZESS.

Kritische Wärmestromdichte
(critical heat flux)

Siehe dazu das Stichwort SIEDEN, besonders unter ANWENDUNGEN UND BEI-
SPIELE.

Kühlgrenztemperatur T_{KG}^*

(adiabatic saturation temperature T_{as}^*)

BEDEUTUNG UND DEFINITION

Es handelt sich um die niedrigste Temperatur an der Grenzfläche zwischen einer Flüssigkeit und einem darüber hinwegströmenden zugehörigen Gas-Dampf-Gemisch (ideales Gasgemisch mit einer kondensierenden Komponente im relevanten Druck- und Temperaturbereich) die sich einstellt, wenn die Strömung hinreichend stark ist. „Zugehöriges" Gas-Dampf–Gemisch bedeutet dabei, daß die kondensierende Komponente des Gemisches der Dampf der überströmten Flüssigkeit ist. Ein technisch wichtiges Beispiel ist feuchte Luft in Kontakt mit einer Wasseroberfläche.

	Definition	
	Die Kühlgrenztemperatur eines Gas-Dampf-Gemisches ist diejenige Temperatur, die sich an der Austrittsseite der nachfolgenden prinzipiellen Anordnung einstellt, wenn das Gas-Dampf-Gemisch am Austritt gesättigt ist und ein stationärer Zustand herrscht.	

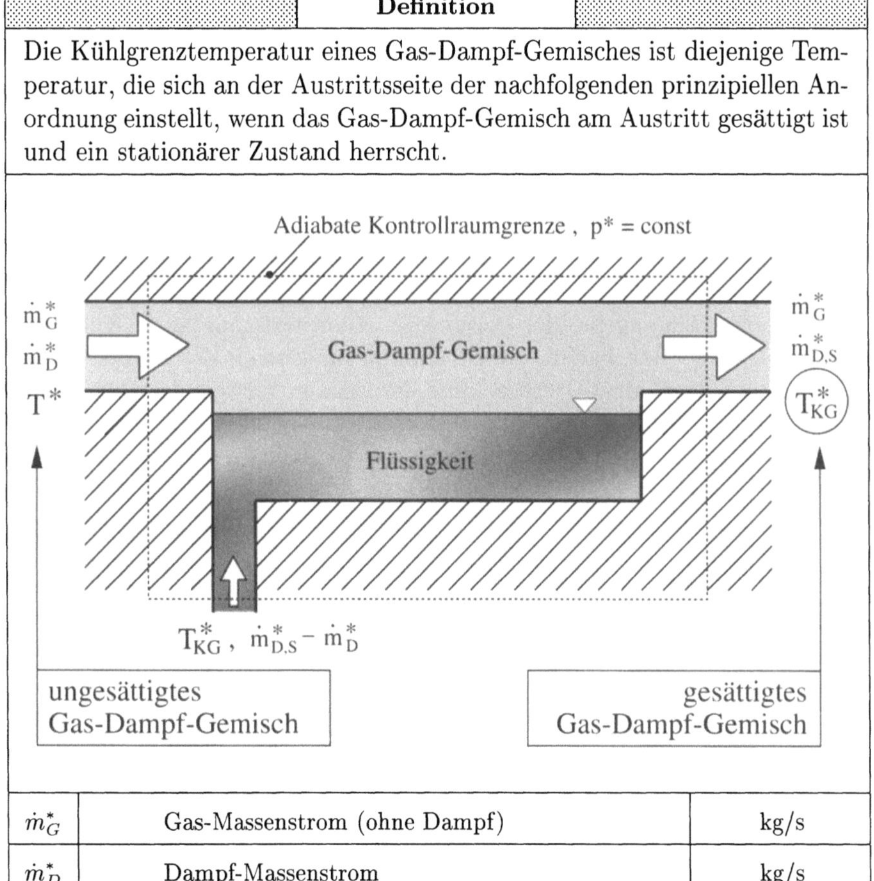

$\dot m_G^*$	Gas-Massenstrom (ohne Dampf)	kg/s
$\dot m_D^*$	Dampf-Massenstrom	kg/s

$\dot{m}_{D,S}^{*}$	Sättigungs-Dampf-Massenstrom	kg/s
T^{*}	Temperatur des ungesättigten Gemisches	K
T_{KG}^{*}	Kühlgrenztemperatur	K
p^{*}	(Gesamt-)Druck	N/m^{2}

Physikalischer Hintergrund

Wenn die Oberfläche einer Flüssigkeit von einem ungesättigten Gas-Dampf-Gemisch überströmt wird, kommt es zur Verdunstung der Flüssigkeit und zu einer Anreicherung des Gemisches mit Dampf. Bei einer Anordnung, die einen begrenzten, endlichen Massenstrom des sich anreichernden Gemisches aufweist, wie dies in der Definitionsanordnung der Fall ist, stellt sich dann nach einem hinreichend intensiven Verdunstungsvorgang (konvektive Stoffübertragung) ein gesättigter Zustand des Gas-Dampf–Gemisches ein.

Dieser Verdunstungsvorgang benötigt die für den Phasenwechsel erforderliche Energie (in der Definitionsanordnung $(\dot{m}_{D,S}^{*} - \dot{m}_{D}^{*})\,\Delta h_{v}^{*}$ mit Δh_{v}^{*} als spezifischer Verdampfungsenthalpie des verdunstenden Stoffes), die nicht von außen zugeführt wird und deshalb aus der inneren Energie der Stoffströme aufgebracht werden muß.

Dies führt zu einer entsprechenden Temperaturabsenkung der Stoffströme durch den Kontrollraum. Wenn die verdunstende Flüssigkeit wie in der Definitionsanordnung bei der stationären Austrittstemperatur (Kühlgrenztemperatur T_{KG}^{*}) nachgeführt wird, stammt die Energie des Phasenwechsels also ausschließlich aus der Absenkung der inneren Energie des Gas-Dampf–Gemisches. Die sich in der Nähe des Austritts einstellende konstante Temperatur des gesättigten Gemisches ist dann die Kühlgrenztemperatur T_{KG}^{*}. Diese ist bei konstanter Zuströmtemperatur umso niedriger, je weiter das ungesättigt zuströmende Gas-Dampf–Gemisch vom Sättigungszustand entfernt ist.

Die in der Definition gezeigte Anordnung stellt keine „exotische" Anlage dar, sondern dient als prinzipielle Anordnung mit klar definierten Randbedingungen quasi als Referenzfall für praktische Probleme, bei denen ähnliche physikalische Vorgänge ablaufen, die aber bezüglich der Randbedingungen häufig nicht klar abgrenzbar sind. So findet man in der Trocknungstechnik häufig Situationen vor, bei denen ein warmer Luftstrom ein nasses, zu trocknendes Gut überströmt. Im Unterschied zur Definitionsanordnung ist der Massenstrom feuchter Luft (Gas-Dampf–Gemisch) durch den wandnahen Luftstrom gegeben, ohne daß dieser nach außen exakt abgegrenzt werden könnte. Darüber hinaus wird die verdunstende Flüssigkeit nicht nachgeführt, um einen stationären Zustand zu erreichen. Die Situation auf der

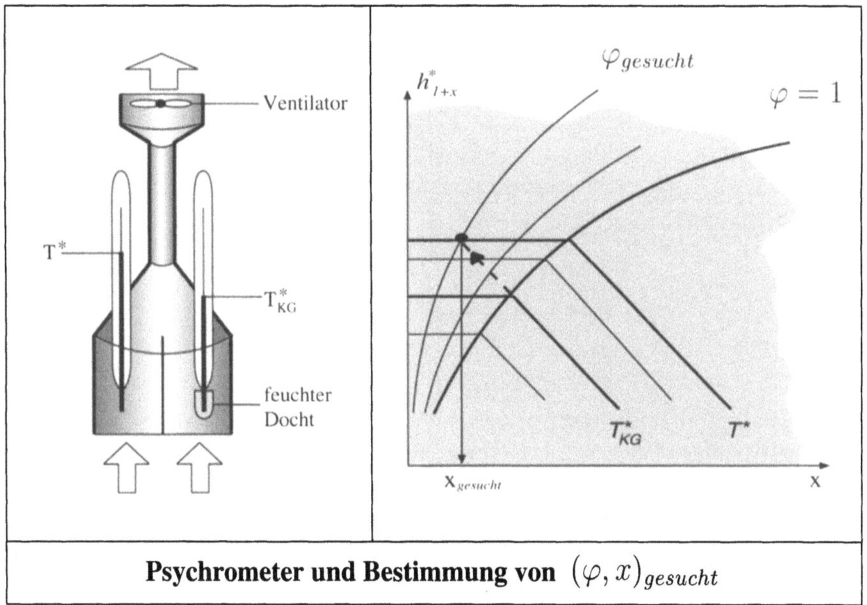

Psychrometer und Bestimmung von $(\varphi, x)_{gesucht}$

Flüssigkeits–Seite ist trotzdem vergleichbar, weil das geringe Flüssigkeitsvolumen relativ schnell eine feste Temperatur annimmt und diese dann bis zur endgültigen Verdunstung beibehält. Diese Temperatur liegt häufig sehr nahe bei der Kühlgrenztemperatur T^*_{KG}, die für genau definierte Bedingungen gilt und eine untere Grenze realer vergleichbarer Situationen darstellt.

ANWENDUNGEN UND BEISPIELE

Das Psychrometer: ein Meßinstrument zur Bestimmung der Feuchtebeladung von Luft

Mit der in obiger Skizze dargestellten Meßanordnung werden gleichzeitig die beiden Temperaturen T^* und T^*_{KG} der feuchten Luft gemessen. Dazu wird ein Thermometer ohne besondere Vorkehrungen umströmt, so daß die Lufttemperatur T^* gemessen wird. Das andere Thermometer ist mit einem feuchten Docht umwickelt. Dieser kühlt durch die Wasser–Verdunstung ab, und es stellt sich bei richtiger Auslegung eine Temperatur ein, die in guter Näherung als die Kühlgrenztemperatur gelten kann, so daß mit dem zweiten Thermometer T^*_{KG} gemessen wird.

Zur Auswertung der Messungen kann man eine Energiebilanz über die Definitionsanordnung aufstellen. Dies führt unmittelbar auf eine Beziehung für die gesuchte Größe $x = \dot{m}_D^* / \dot{m}_G^*$ (*Feuchtebeladung*, gelegentlich auch *Wasserbeladung* oder *Wassergehalt* genannt). Alternativ kann x auch aus dem $(h_{1+x}^* - x)$-Diagramm für feuchte Luft ermittelt werden, wie dies im Bild skizziert ist. Dazu ist die sogenannte Nebelisotherme T_{KG}^* rückwärts zu verlängern. Der Schnittpunkt mit der Isothermen T^* beschreibt dann den Zustand der feuchten Luft. Damit liegen die gesuchten Größen x und φ fest. Dieser Weg der Auswertung folgt aus Überlegungen zur Mischung zweier Ströme feuchter Luft.

BEACHTE

❏ Die Kühlgrenztemperatur wird in Anlehnung an das Psychrometer-Meß-prinzip gelegentlich auch *Feuchtkugeltemperatur* (engl.: wet bulb temperature) genannt.

WEITERFÜHRENDE LITERATUR

Bošnjaković, F.; Knoche, K.F. (1997): *Technische Thermodynamik, Teil II*, Steinkopf–Verlag, Darmstadt

Latente Wärme
(latent heat)

Bedeutung und Definition

Es handelt sich um einen Oberbegriff für die Energien, die für den Phasenwechsel eines Stoffes erforderlich sind. Als spezifische Größen (Energie pro Masse) sind dies die Phasenwechsel-Enthalpien Δh_i^* des jeweiligen Phasenüberganges.

	Definition	
Unter latenter Wärme versteht man als spezifische Größe formuliert die spezifische Enthalpiedifferenz zweier Phasen bei derselben Temperatur und demselben Druck. Dies sind: <ul><li>die Verdampfungsenthalpie $\Delta h_v^* = (h^{*\prime\prime} - h^{*\prime})_v$ für den Phasenübergang flüssig-gasförmig</li><li>die Schmelzenthalpie $\Delta h_{Sch}^* = (h^{*\prime\prime} - h^{*\prime})_{Sch}$ für den Phasenübergang fest-flüssig</li><li>die Sublimationsenthalpie $\Delta h_{Sub}^* = (h^{*\prime\prime} - h^{*\prime})_{Sub}$ für den Phasenübergang fest-gasförmig</li></ul>		
Δh_i^*	spez. Phasenwechsel-Enthalpie $i = v, Sch, Sub$	kJ/kg
$h^{*\prime\prime}$	spez. Enthalpie der Phase $\prime\prime$	kJ/kg
$h^{*\prime}$	spez. Enthalpie der Phase $\prime$ mit $h^{*\prime\prime} > h^{*\prime}$	kJ/kg

Physikalischer Hintergrund

Da die intermolekularen Bindungskräfte in den verschiedenen Phasen eines bestimmten Stoffes nicht gleich sind, muß die daraus resultierende Differenz der inneren Energie zwischen zwei verschiedenen Phasen beim Phasenwechsel entsprechend zu- oder abgeführt werden. Da ganz allgemein die Bindungskräfte vom Festkörper über die Flüssigkeit zum Gas hin abnehmen, muß bei diesen Übergängen, also beim Schmelzen, beim Verdampfen und beim Sublimieren Energie zugeführt werden, um die jeweils festere Bindung „aufzubrechen".

Bei den umgekehrten Phasenübergängen, also bei der Kondensation, der Erstarrung und bei der Desublimation werden diese Energien im gleichen Umfang wieder frei.

Beim Übergang in die Gasphase ist als Besonderheit zu beachten, daß wegen der starken Volumenzunahme in nicht zu vernachlässigendem Maße neben der Erhöhung der inneren Energie auch Volumenänderungsarbeit zu leisten ist. Beide Anteile sind als Verdampfungsenthalpie beim Phasenwechsel aufzubringen und werden im umgekehrten Fall (der Kondensation) entsprechend wieder freigesetzt, s. dazu auch das Beispiel im nachfolgenden Kapitel.

Wärme- und Stoffübergangsprozesse mit Phasenwechsel sind ganz wesentlich durch die zu- oder abzuführenden Phasenwechsel-Energien bestimmt. Diese müssen jeweils durch den entsprechenden Transportmechanismus (Wärmeleitung, konvektiver Transport, Wärmestrahlung) an den Ort des Phasenwechsels gelangen oder von dort wegtransportiert werden.

Da die Phasenwechsel-Enthalpien in Form von Wärme zu- bzw. abgeführt werden, gilt wegen $dq^* = T^* ds^*$ (2. Hauptsatz) unmittelbar

$$\Delta h_i^* = (h^{*''} - h^{*'})_i = T^* (s^{*''} - s^{*'})_i \qquad (*)$$

mit T^* als THERMODYNAMISCHER TEMPERATUR und s^* als spez. ENTROPIE. Mit $''$ und $'$ sind die beiden Phasen gekennzeichnet, wobei stets $h^{*''} > h^{*'}$ gelten soll.

Die spezifischen Bedingungen, bei denen der jeweilige Phasenwechsel erfolgt, sind durch die Zweiphasen-Gleichgewichtskurven festgelegt. Diese wiederum folgen unmittelbar aus der Bedingung der Gleichheit der freien Enthalpien g^* in beiden Phasen, woraus folgt:

$$\frac{dp^*}{dT^*} = \frac{s^{*''} - s^{*'}}{v^{*''} - v^{*'}}$$

oder mit $(s^{*''} - s^{*'})_i = \Delta h_i^* / T^*$

$$T^* \frac{dp^*}{dT^*} = \frac{\Delta h_i^*}{v^{*''} - v^{*'}} \qquad (**)$$

Dabei ist p^* der (Sättigungs-)Druck, T^* die (Sättigungs-)Temperatur und v^* das spez. Volumen. Gl. $(**)$ ist unter dem Namen *Clausius-Clapeyronsche Gleichung* bekannt und ergibt nach einmaliger Integration über T^* den Verlauf der Schmelz-, Verdampfungs- bzw. Sublimationsdruckkurve.

ANWENDUNGEN UND BEISPIELE

1. *Zahlenbeispiele für* Δh_v^* *(Verdampfungsenthalpie) und* Δh_{Sch}^* *(Schmelzenthalpie) einiger Stoffe bei* $p^* = 1{,}013$ *bar.*

Die nachfolgende Tabelle gibt zusätzlich die Siedetemperatur T_S^* (Punkt auf der Dampfdruckkurve bei $p^* = 1{,}013$ bar) und die Schmelztemperatur T_{Sch}^*

	FLÜSSIG/GASFÖRMIG		FEST/FLÜSSIG	
STOFF	T_S^* /°C	$\Delta h_v^* \left/ \dfrac{kJ}{kg}\right.$	T_{Sch}^* /°C	$\Delta h_{Sch}^* \left/ \dfrac{kJ}{kg}\right.$
Stickstoff (N$_2$)	$-195{,}8$	199	$-210{,}0$	25,75
Sauerstoff (O$_2$)	$-183{,}0$	214	$-218{,}8$	13,82
Kohlendioxid (CO$_2$)	$-78{,}5$	574	$-56{,}55$	205
Wasser (H$_2$O)	$100{,}0$	2257	$0{,}0$	335

Spez. Verdampfungs- und Schmelzenthalpien bei
$$p^* = 1{,}013\,\text{bar}$$
Daten aus: Lieberam (1994)

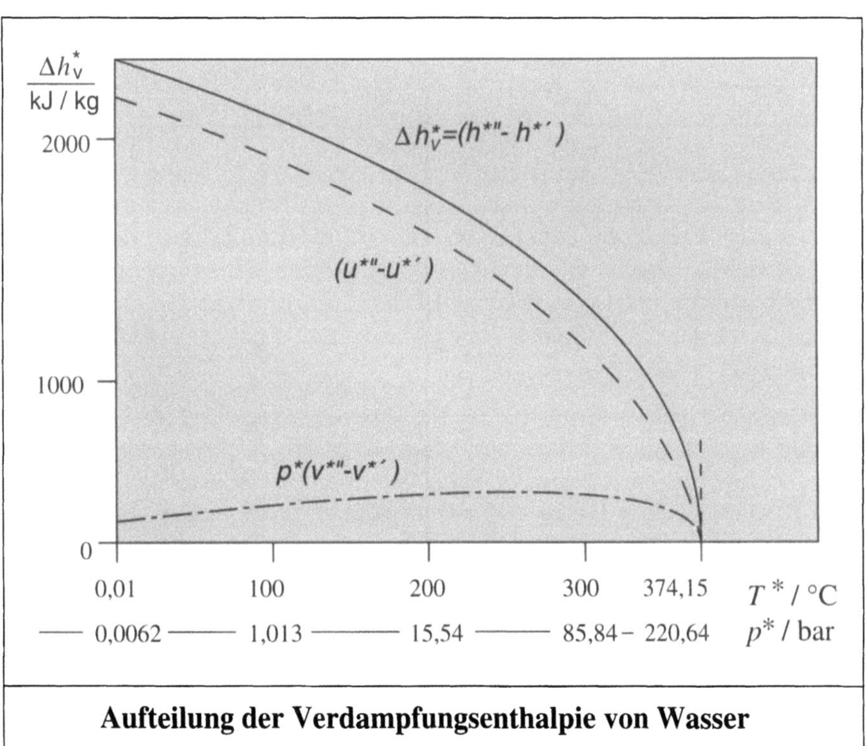

Aufteilung der Verdampfungsenthalpie von Wasser

Daten aus: Baehr (1996)

(Punkt auf der Schmelzdruckkurve bei $p^* = 1{,}013\,\text{bar}$) an. Die aufgeführten Stoffe haben bei dem vorgegebenen Druck keine Sublimationstemperatur (kein Punkt auf der Sublimationsdruckkurve bei $p^* = 1{,}013\,\text{bar}$).

2. Aufteilung der Verdampfungsenthalpie in innere Energie und Volumenänderungsarbeit

Am Beispiel der Verdampfung bzw. Kondensation von Wasser zeigt das Bild auf der vorigen Seite, jeweils als spezifische Größen, welcher Anteil der Verdampfungsenthalpie der Veränderung der inneren Energie ($u^{*\prime\prime} - u^{*\prime}$) dient und welcher der Verrichtung von Volumenänderungsarbeit $p^*(v^{*\prime\prime} - v^{*\prime})$. Es wird deutlich, daß die Volumenänderungsarbeit jeweils nur einen kleinen Teil der Verdampfungsenthalpie bindet.

Die an der Abszisse angegebenen Druckwerte stellen die zu der jeweiligen Temperatur gehörigen Sättigungsdrücke dar (Zusammenhang über die Dampfdruckkurve).

BEACHTE

❏ Im Zusammenhang mit der Verdampfungsenthalpie nennt man den Anteil zur Veränderung der inneren Energie gelegentlich „inneren Verdampfungswärme", den Anteil zur Verrichtung der Volumenänderungsarbeit „äußere Verdampfungswärme". Beiden Begriffen wie auch dem übergeordneten Begriff der latenten Wärme ist die Problematik des Begriffes „Wärme" in diesem Zusammenhang gemeinsam. Nur im Sinne von „zur Verdampfung benötigte Wärme" ist der Ausdruck sinnvoll, nicht aber als Ausdruck der im Phasenwechsel gespeicherten Energie, s. dazu auch das Stichwort WÄRME.

❏ Wegen der relativ hohen Werte der latenten Wärmen bietet es sich an, den physikalischen Effekt des Phasenwechsels zur Speicherung thermischer Energie einzusetzen, s. dazu das Stichwort WÄRMESPEICHERUNG. Leider ist mit dem in dieser Hinsicht besonders interessanten Phasenwechsel flüssig/gasförmig (hohe Werte der Verdampfungsenthalpie) stets eine technisch schwer beherrschbare, starke Volumenänderung verbunden.

WEITERFÜHRENDE LITERATUR

Lock, G.S.H. (1996): *Latent Heat Transfer*, Oxford University Press, Oxford

Baehr, H. D. (1996): *Thermodynamik*, Springer-Verlag, Berlin, Heidelberg, New York

Lieberam, A. (1994): *Kalorische und kritische Daten*, VDI-Wärmeatlas, Dc 1 – Dc 59, VDI-Verlag, Düsseldorf

Standard–Werke der Thermodynamik, s. die Liste am Ende des Buches

Leidenfrost-Temperatur
(Leidenfrost temperature)

Siehe dazu das Stichwort SIEDEN besonders unter BEACHTE.

Lévêque-Lösung
(Lévêque solution)

Bedeutung und Definition

Es handelt sich ähnlich wie beim Graetz-Problem um die Bestimmung des Wärmeüberganges bei laminaren Durchströmungen (z.B. Kanal- oder Rohrströmung), wenn der Wärmeübergang an einer Stelle einsetzt, an der bereits eine hydrodynamisch ausgebildete Strömung vorliegt. In diesem Sinne handelt es sich also um eine *thermische Einlaufströmung*. Während mit dem Graetz-Problem die gesamte Entwicklung des Temperaturprofils (und damit auch des Wärmeüberganges) von Beginn der Wärmeübertragung (bei $x^* = 0$) bis zu großen Lauflängen ($x^* \to \infty$) in Form einer unendlichen Reihe beschrieben wird, stellt die Lévêque-Lösung die asymptotische Lösung für $x^* \to 0$ dar.

	Definition	

Unter der Lévêque-Lösung versteht man die asymptotische Lösung des Wärmeüberganges im Grenzfall $x^*/L^* \to 0$ in transformierten Variablen. Dabei gilt für den Wärmeübergang in Form der Nußelt-Zahl $\mathrm{Nu} = \dot{q}_W^* L^*/(\lambda^*(T_W^* - T_m^*))$ für $x^*/L^* \to 0$ stets:

$$\mathrm{Nu} = C\tilde{x}^{-\frac{1}{3}} \quad \mathrm{mit} \quad \tilde{x} = \frac{x^*}{L^*\mathrm{Re}\,\mathrm{Pr}} \qquad (*)$$

Nu	lokale Nusselt-Zahl	—
x^*	Lauflänge in Strömungsrichtung	m
L^*	charakteristische Länge (Rohr: Radius R^*; Kanal: halbe Kanalhöhe H^*)	m
Re	Reynolds-Zahl, $\mathrm{Re} = U_B^* L^*/\nu^*$	—
Pr	Prandtl-Zahl, $\mathrm{Pr} = \eta^* c_p^*/\lambda^*$	—
C	Konstante	—
$\dot{q}_W^*$	Wandwärmestromdichte	W/m^2
λ^*	Wärmeleitfähigkeit	W/mK
T_W^*	Wandtemperatur	K
T_m^*	(kalorische) Mitteltemperatur	K

PHYSIKALISCHER HINTERGRUND

Wenn bei $x = x^*/L^* = 0$ der Wärmeübergang einsetzt, wie dies in dem nachfolgenden Bild skizziert ist, bildet sich für kleine x–Werte zunächst eine dünne Temperaturgrenzschicht an der Wand aus, deren Dicke mit der Lauflänge zunimmt und die schließlich für große x–Werte mit der „gegenüberliegenden" Temperaturgrenzschicht des Innenströmungsproblems zusammenwächst. Für $x \to 0$ kann das Geschwindigkeitsprofil in der Temperaturgrenzschicht mit einem asymptotisch kleinen Fehler durch die Wandtangente ersetzt werden.

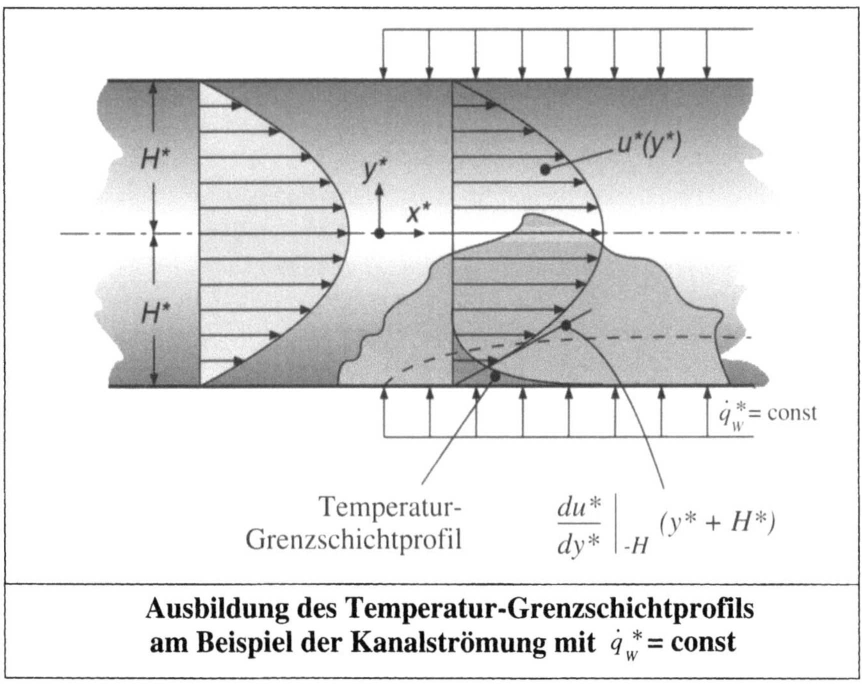

**Ausbildung des Temperatur-Grenzschichtprofils
am Beispiel der Kanalströmung mit $\dot{q}_W^* = $ const**

Da für die Temperaturgrenzschicht keine charakteristische Länge existiert, entsteht eine selbstähnliche Grenzschicht, d.h., die Temperaturprofile an verschiedenen Stellen x^* können durch eine Transformation zur Deckung gebracht werden. Mit dieser Transformation reduziert sich das ursprünglich partielle Differentialgleichungssystem auf ein System von gewöhnlichen Differentialgleichungen, aus dessen Lösung unmittelbar der Wärmeübergang in Form der örtlichen Nußelt-Zahl als $\mathrm{Nu} = C\tilde{x}^{-1/3}$ gewonnen werden kann.

Die nachfolgende Tabelle enthält die Werte der Konstanten C für die Rohr- und die Kanalströmung.

STRÖMUNG	L^*	THERMISCHE RB	C
Rohrströmung	R^*	$T_W^* = \text{const}$	1,7092
		$\dot{q}_W^* = \text{const}$	2,0668
Kanalströmung	H^*	$T_W^* = \text{const}$	0,7765
		$\dot{q}_W^* = \text{const}$	0,9402

C und L^* in Gl. ($*$) für verschiedene Fälle

ANWENDUNGEN UND BEISPIELE

Die Lévêque-Lösung als Asymptote des Graetz-Problems

Solange die Reihenentwicklung der Lösung des Graetz-Problems nur für eine endliche Anzahl von Termen ausgewertet wird, handelt es sich um eine Näherungslösung des thermischen Einlaufproblems für große Werte der Lauflänge x^*, also asymptotisch für $x^*/L^* \to \infty$. Da die Lévêque-Lösung die Asympto-

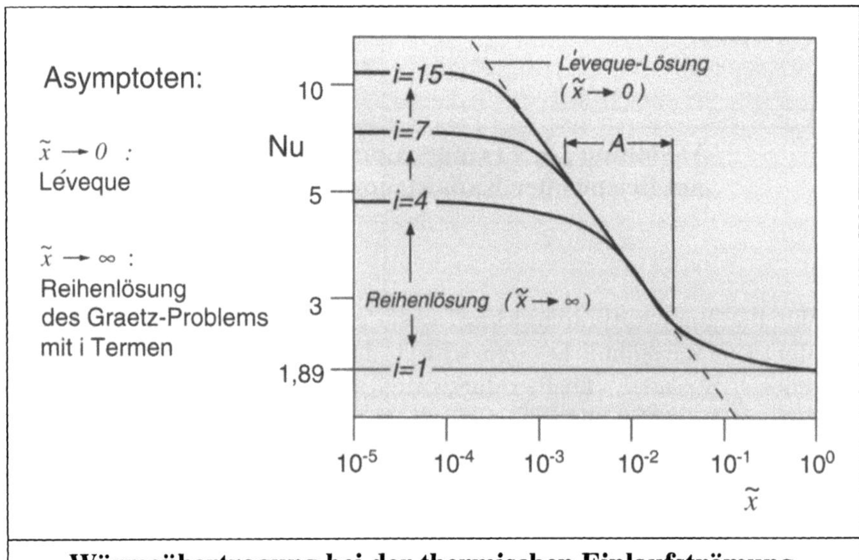

Wärmeübertragung bei der thermischen Einlaufströmung am ebenen Kanal mit $T_W^* = \text{const}$

te für $x^*/L^* \to 0$ darstellt, können beide Asymptoten kombiniert werden, um die Lösung im gesamten x^*-Bereich als sehr gute Näherung auch bei einer endlichen Anzahl von Reihengliedern der Graetz-Lösung zu erhalten. Das Bild auf der vorherigen Seite zeigt diese Kombination der Asymptoten für die ebene Kanalströmung mit der thermischen Randbedingung $T_W^* = $ const.

Im Bereich A wird das Ergebnis im Rahmen der Zeichengenauigkeit von der Lévêque-Lösung und der Reihenentwicklung mit $i = 15$ gleich gut wiedergegeben. Zum Beispiel gilt bei $\tilde{x} = 0{,}002$ nach Gl. (∗) Nu $= 6{,}1631$ im Vergleich zu Nu $= 6{,}1658$ nach der Graetz-Lösung mit $i = 15$ (Abweichung: $0{,}044\%$).

Beachte

▱ Physikalisch liegt bei der thermischen Einlaufströmung im Grenzfall $x \to 0$ dieselbe Situation vor, wie generell bei Grenzschichtströmungen im Grenzfall großer Prandtl-Zahlen Pr $\to \infty$. In beiden Fällen kann das wandnahe Strömungsprofil durch die Tangente an das Profil ersetzt werden. Als Folge davon entsteht jeweils dieselbe Potenz $-1/3$, bei der Lévêque-Lösung als $\tilde{x}^{-1/3}$, bei den Grenzschichtlösungen der erzwungenen Konvektion als $\mathrm{Pr}^{-1/3}$.

Weiterführende Literatur

Gersten, K.; Herwig, H. (1992): *Strömungsmechanik*, Vieweg-Verlag, Braunschweig

Lévêque, M. A. (1928): *Les lois de la transmission de chaleur par convection*, Annales des Mines, Memoires 12, 201–415

Merit-Zahl Me
(Merit number Me)

Siehe dazu das Stichwort WÄRMEROHR, besonders unter BEACHTE.

Mikrowellenheizung
(microwave heating)

BEDEUTUNG UND DEFINITION

Es handelt sich um den Energietransfer von einem elektrischen Feld an ein dielektrisches (d.h., isolierendes) Material. In diesem Material erhöht sich dadurch die innere Energie, was sich durch eine entsprechende Temperaturerhöhung manifestiert. Diese wiederum führt in dem Maße zu Wärmeströmen, wie damit die Ausbildung von Temperaturgradienten einhergeht. Die entscheidende Materialeigenschaft im Zusammenhang mit der Mikrowellenheizung ist die Polarisation der Moleküle. Stoffe mit nichtpolaren Molekülen (die kein Dipolmoment besitzen) sind für eine Mikrowellenheizung ungeeignet.

Definition

Unter der Mikrowellenheizung eines Stoffes versteht man den volumenförmig verteilten Energietransfer von einem elektrischen Feld, in dem sich der Stoff befindet, an diesen Stoff. Die damit verbundene Erhöhung der inneren Energie des Stoffes erfolgt durch die Rotation der polaren, d.h., mit einem Dipolmoment behafteten Moleküle (Orientierungspolarisation) in einem hochfrequenten Wechselfeld, bei dem die Dipolausrichtung dem Feld nur verzögert folgt und deshalb zu sogenannten dielektrischen Verlusten führt.

Aus dem weiten Mikrowellen-Frequenzbereich von etwa 10 MHz bis 300 GHz werden diskrete Werte als Standardfrequenzen verwendet. In Europa ist dies vorzugsweise die Frequenz 433,92 MHz, in den USA werden häufig 915 MHz und 2,45 GHz verwendet.

PHYSIKALISCHER HINTERGRUND

Die Wirkung des hochfrequenten elektrischen Wechselfeldes auf das betrachtete Dielektrikum (isolierendes Material) kann in einer einfachen Anordnung, wie sie im nachfolgenden Bild gezeigt ist, untersucht werden.

Dabei ist das interessierende Material (Dielektrikum) zwischen zwei Elektroden angeordnet und bildet mit diesen einen elektrischen Kondensator der Kapazität C^*. Der Wechselstrom I^*, der durch den Mikrowellengenerator erzeugt wird, ist eine komplexe Größe mit einem Realteil $I_R^* = \mathrm{Re}(I^*)$ und einem Imaginärteil $I_C^* = \mathrm{Im}(I^*)$. Das elektrische Ersatzschaltbild in der Skizze zeigt die doppelte Wirkung der Dielektrikum/Elektroden-Anordnung in Form von zwei Schaltelementen: einem Kondensator mit der Kapazität C^*, der von I_C^*, also dem imaginären Anteil von I^* durchflossen wird und somit auf eine rein kapazitive Blindleistung führt, und einem Widerstand R^*, der vom Realteil von I^* durchflossen wird und somit auf eine reine Wirkleistung führt. Der Widerstand R^* ist ein äquivalentes Maß für die elektrischen Verluste in der Dielektrikum/Elektroden-Anordnung unter der Wirkung eines hochfrequenten Wechselfeldes.

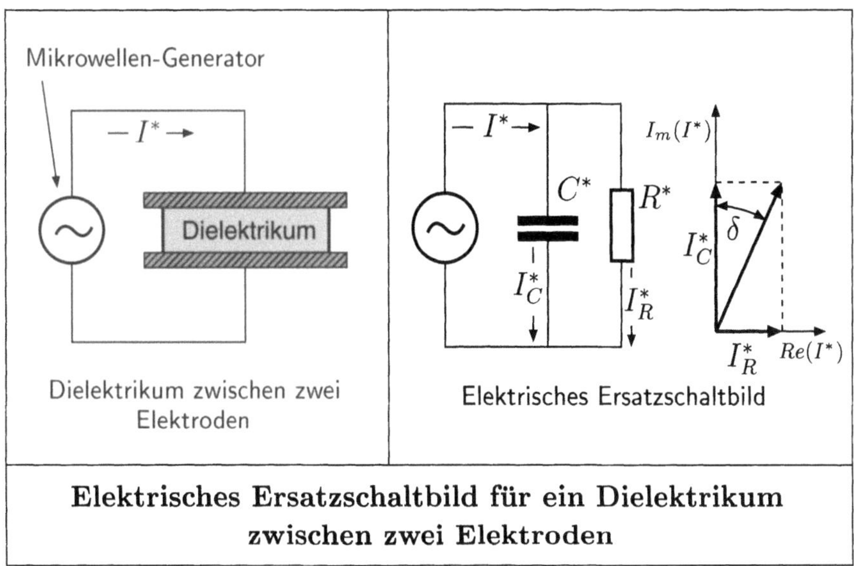

Elektrisches Ersatzschaltbild für ein Dielektrikum zwischen zwei Elektroden

Das Vektorbild der Stromstärke I^* zeigt den Winkel δ mit $\tan\delta = I_R^*/I_C^*$. Seine Größe bestimmt unmittelbar den Mikrowellen-Heizeffekt, weshalb $\tan\delta$ auch *Dissipationsfaktor* genannt wird. Je größer δ bzw. $\tan\delta$ ist, umso größer ist die über die Komponente I_R^* umgesetzte Wirkleistung, die unmittelbar als Erhöhung der inneren Energie des betrachteten Stoffes auftritt. Stoffe mit polaren Molekülen weisen vergleichsweise große Werte von $\tan\delta$ auf ($\tan\delta > 0{,}01$), Stoffe mit nichtpolaren Molekülen dagegen sehr kleine Werte.

Die dissipierte Leistung P_D^* in der gezeigten Anordnung ist direkt proportional zum Dissipationsfaktor $\tan\delta$, zur Frequenz f^* des Wechselfeldes und zur sog. Dielektrizitätskonstanten ϵ. Einige Zahlenwerte sind im nachfolgenden Abschnitt zu finden.

ANWENDUNGEN UND BEISPIELE

Zahlenbeispiele für die Dielektrizitätskonstante und den Dissipationsfaktor ausgewählter Dielektrika

Die nachfolgende Tabelle zeigt den z.T. erheblichen Einfluß der Frequenz auf die beiden Kenngrößen ϵ und δ für vier verschiedene Stoffe.

	DIELEKTRIZITÄTS-KONSTANTE ϵ			DISSIPATIONS-FAKTOR $\tan\delta$		
	1 MHz	100 MHz	3 GHz	1 MHz	100 MHz	3 GHz
Eis	4,15	3,45	3,20	0,12	0,035	0,0009
Wasser	78,2	78	76,7	0,040	0,005	0,157
Papier	2,99	2,77	2,70	0,038	0,066	0,056
Polyethylen	2,26	2,26	2,26	0,002	0,002	0,0003

Kennwerte für die Mikrowellenheizung

Daten aus: Guyer, Brownell (1989)

Die generell hohen Zahlenwerte von ϵ und $\tan\delta$ (bei hohen Frequenzen) für Wasser erklären den erfolgreichen Mikrowelleneinsatz zur Erwärmung von Lebensmitteln (die zu einem hohen Prozentsatz aus Wasser bestehen).

BEACHTE

- Alternative Bezeichnungen im englischsprachigen Bereich sind *radio frequency (RF) heating* und *dielectric heating*.

- Die relativ großen Wellenlängen der zur Erwärmung eingesetzten Mikrowellen führen zu ungleichmäßigen räumlichen Verteilungen der elektrischen Energiedichte. Eine Mikrowellenfrequenz von 2,45 GHz entspricht einer Wellenlänge von immerhin noch etwa 12 cm. Um eine gleichmäßige Erwärmung des Stoffes zu erreichen, sollte dieser deshalb im elektrischen Feld bewegt werden (z.B. auf einem Drehteller).

☛ Bei der Mikrowellenheizung von Stoffen muß bedacht werden, daß die Kennwerte (ϵ und $\tan\delta$) bei einem Phasenwechsel (z.B. durch Schmelzen) erhebliche Veränderungen erfahren können. Dies ist deutlich an den Werten für Eis und Wasser in der Tabelle auf der vorhergehenden Seite zu erkennen.

Weiterführende Literatur

Saltiel, C.; Ashim, K.D. (1999): *Heat and Mass Transfer in Microwave Processing*, Adv. in Heat Transfer 33, 1–94

Conrad, H.; Mühlbauer, A.; Thomas, R. (1993): *Elektrothermische Verfahrenstechnik*, Vulkan-Verlag, Essen

Guyer, E.C.; Brownell, D.L. (1989): *Handbook of Applied Thermal Design*, McGraw-Hill Book Company, New York

Metaxas, A.C., Meredith, R.J. (1983): *Industrial Microwave Heating*, Peter Peregrinas Publ. Company, London

Nicht-Fouriersche Wärmeleitung
(non-Fourier heat conduction)

BEDEUTUNG UND DEFINITION

Es handelt sich um eine Form der Wärmeleitung, zu deren Beschreibung die KONSTITUTIVE GLEICHUNG — als Materialgleichung — in Form des FOURIERSCHEN WÄRMELEITUNGSGESETZES in der WÄRMELEITUNGSGLEI- CHUNG nicht ausreicht, weil bestimmte Effekte damit nicht erfaßt werden können.

Definition

Unter dem Begriff der nicht–Fourierschen Wärmeleitung versteht man alle Formen der Wärmeleitung, die relevante Teilaspekte aufweisen, die mit der konstitutiven Gleichung $\dot{q}^* = -\lambda^* \mathrm{grad}\, T^*$ (Fouriersches Wärmeleitungsgesetz) in der Wärmeleitungsgleichung nicht beschrieben werden. Vorzugs- weise sind dies Effekte, die auf den Einfluß endlicher Wärmeleitungsge- schwindigkeiten c_q^* zurückgehen und vom Fourierschen Ansatz nicht erfaßt werden können, da dieser $c_q^* = \infty$ unterstellt.

PHYSIKALISCHER HINTERGRUND

Die Energiebilanz über ein Kontrollvolumen eines ruhenden Mediums ver- knüpft das Temperaturfeld mit den ein- und ausfließenden Wärmeströmen. Erst wenn ein zusätzlicher Zusammenhang zwischen den Wärmeströmen und dem Temperaturfeld hergestellt wird (konstitutive Gleichung oder Material- gleichung), kann aus der dann entstehenden sog. Wärmeleitungsgleichung das Temperaturfeld ermittelt werden (s. dazu auch das Stichwort KONSTITUTIVE GLEICHUNGEN).

Der Tatsache, daß sich bei gleicher Geometrie und gleichen Rand- und Anfangsbedingungen in verschiedenen Materialien unterschiedliche Tempera- turfelder ausbilden, wird in der mathematischen Beschreibung ausschließlich durch die entsprechende Form der Materialgleichungen Rechnung getragen, da die „übergeordnete" Bilanzgleichung für alle verschiedenen Materialien identisch dieselbe Gleichung ist. Im Falle des Fourier-Ansatzes unterscheiden sich verschiedene Materialien lediglich durch den Zahlenwert der Wärme- leitfähigkeit λ^*, es gibt jedoch überhaupt keinen Grund, weitergehende Ab- weichung im Verhalten unterschiedlicher Materialien auszuschließen. Im Sin- ne der mathematisch/physikalischen Modellbildung muß diese Möglichkeit jeweils im Vergleich mit der Realität überprüft werden. So stellt sich z.B.

heraus, daß stark anisotrope Materialien (Materialien mit richtungsabhängigen Eigenschaften) wie z.B. Laminate durch den Fourierschen Ansatz mit lediglich einer skalaren Größe λ^* völlig unzureichend beschrieben werden (s. dazu das Stichwort FOURIERSCHES WÄRMELEITUNGSGESETZ unter BEACHTE).

Neben anisotropen Materialeigenschaften (die eine konstitutive Gleichung erfordern, die man als „erweiterten Fourierschen Ansatz" bezeichnen könnte), vernachlässigt der Fouriersche Ansatz aber insbesondere die mögliche Zeitabhängigkeit der Wärmeleitung vollständig.

Die Lösungen der Wärmeleitungsgleichung mit Fourierscher Materialgleichung zeigen im Fall der instationären Wärmeleitung zwar eine Zeitabhängigkeit des Temperaturfeldes, diese rührt aber ausschließlich von der instationären Bilanzgleichung

$$\varrho^* c_p^* \frac{\partial T^*}{\partial t^*} = -\operatorname{div} \vec{q^*} \qquad (*)$$

her und enthält keinerlei „zusätzliche Zeitabhängigkeiten" aufgrund des in Gl. (*) einzuführenden Fourierschen Ansatzes $\vec{q^*} = -\lambda^* \operatorname{grad} T^*$. Physikalisch beschreibt die Zeitabhängigkeit der Lösungen von Gl. (*) die Tatsache, daß man einem Materialelement der Masse $\varrho^* \Delta V^*$ mit der spezifischen Wärmekapazität c_p^* eine endliche Menge innere Energie zuführen muß, damit dieses seine Temperatur um einen endlichen Betrag ΔT^* erhöht. Da diese Zufuhr innerer Energie durch endliche Wärmeströme über die Grenzen des Materialelementes ΔV^* erfolgt, dauert der Vorgang eine endliche Zeit Δt^*. Diese „allmähliche" Aufwärmung des Materials ist also nicht etwa Ausdruck davon, daß die Wärmeleitung in einem Material nur mit endlicher Geschwindigkeit erfolgt, sondern eine Folge davon, daß mit endlichen Wärmeströmen $\dot{q}_W^* A^*$ an einer Systemgrenze (Energie pro Zeit, die über die Übertragungsfläche A^* fließt) die übertragene Wärme $\int \dot{q}_W^* A^* dt^*$ erst nach endlichen Zeiten Werte erreicht, die zu einer „spürbaren" (d.h., endlichen) Temperaturerhöhung führen.

Der Fouriersche Ansatz, mit dem die Materialeigenschaft bzgl. der Wärmeleitung beschrieben wird, enthält keine Zeitabhängigkeit, womit unterstellt wird, daß der Zusammenhang zwischen $\vec{q^*}$ und $\operatorname{grad} T^*$ zu einem bestimmten Zeitpunkt t^* an jeder beliebigen Stelle im Feld gilt. Diese Konsequenz wird deutlich, wenn man die auf dem Fourierschen Ansatz basierende Wärmeleitungs-Differentialgleichung

$$\varrho^* c_p^* \frac{\partial T^*}{\partial t^*} = \operatorname{div} (\lambda^* \operatorname{grad} T^*) \qquad (**)$$

analysiert. Sie ist bzgl. der Zeit vom parabolischen Typ, d.h., sie besitzt in der (x^*, t^*)-Ebene als Einflußgebiet den Halbraum $t^* > 0$. Zu jeder Zeit $t^* > 0$ existiert die Lösung für x^* aus $[-\infty; +\infty]$. Die Wärmeleitung erfolgt nach dieser Modellvorstellung also mit der Geschwindigkeit $c_q^* = \infty$.

Da bei physikalischen Vorgängen unendliche Geschwindigkeiten grundsätzlich ausgeschlossen sind (Lichtgeschwindigkeit als Obergrenze), kann es sich bei dem Fourierschen Ansatz nur um ein Modell handeln, das deshalb erfolgreich eingesetzt wird, weil die tatsächlichen Geschwindigkeiten c_q^* sehr groß sind.

Für Materialien, bei denen dies nicht der Fall ist oder für physikalische Situationen, in denen auch sehr große aber endliche Werte von c_q^* einen entscheidenden Einfluß besitzen, muß deshalb eine erweiterte konstitutive Gleichung verwendet werden, die endliche Werte von c_q^* zuläßt.

Es gibt in der Literatur zahlreiche solcher erweiterten Ansätze, denen allen gemeinsam ist, daß sie eine Zeitabhängigkeit in die konstitutive Gleichung einführen und eingesetzt in die allgemeine Energie-Bilanzgleichung auf eine Wärmeleitungs-Differentialgleichung vom hyperbolischen Typ führen. Ein Beispiel wird im nachfolgenden Abschnitt gegeben.

Messungen der Wärmeleitungsgeschwindigkeiten c_q^* sind äußerst schwierig. Für Metalle sind in der Literatur Werte in der Größenordnung von 10^5 m/s zu finden (z.B. in Özisik, Tzou (1994)). Die Frage, ob Materialien mit inhomogener Materialstruktur (wie z.B. Sand) extrem niedrige Werte für c_q^* in der Größenordnung von 10^{-4} m/s besitzen, wie dies mehrfach berichtet worden ist, siehe z.B. Mitra et al. (1995), muß äußerst skeptisch gesehen werden.

Für instationäre Vorgänge, deren charakteristische Zeitkonstanten extrem klein sind (Pico- bis Nanosekunden) wie etwa lasergepulste Aufheizungen extrem dünner Folien, kann die endliche Wärmeleitungsgeschwindigkeit von entscheidender Bedeutung sein.

ANWENDUNGEN UND BEISPIELE

Eine einfach konstitutive Gleichung zur Beschreibung nicht-Fourierscher Wärmeleitung: Der CV-Ansatz

Da sich das Fouriersche Modell der Wärmeleitung prinzipiell gut bewährt hat, ist es naheliegend, eine Erweiterung dieses Modells zur Erfassung der Zeitabhängigkeit vorzunehmen. Eine solche Modellerweiterung ist schon vor langer Zeit von Cattaneo (1958) und Vernotte (1958) vorgenommen worden und heute unter der Bezeichnung ihrer Namens-Anfangsbuchstaben als CV-Modell der Wärmeleitung bekannt.

Der Ansatz lautet:

$$\vec{q}^* = -\lambda^* \operatorname{grad} T^* - \tau^* \frac{\partial^2 \vec{q}^*}{\partial t^{*2}} \tag{$*$}$$

und stellt also eine Erweiterung des Fourierschen Ansatzes um einen zeitabhängigen Term (in der Gleichung unterstrichen) dar. Die neu eingeführte Zeitkonstante τ^* kann als „Relaxationszeit" interpretiert werden und erlaubt es, zusammen mit der Temperaturleitfähigkeit a^* eine charakteristische Geschwindigkeit für die Wärmeleitung als

$$c_q^* = \sqrt{\frac{a^*}{\tau^*}}$$

zu bilden. Für den Grenzfall $\tau^* \to 0$ gilt $c_q^* \to \infty$ und der zusätzliche Term in der konstitutiven Gleichung $(*)$ verschwindet.

Eingesetzt in die allgemeine Bilanzgleichung führt $(*)$ auf eine Wärmeleitungs-Differentialgleichung vom hyperbolischen Typ. Sie lautet

$$\frac{\partial T^*}{\partial t^*} = a^* \nabla^2 T^* - \tau^* \frac{\partial^2 T^*}{\partial t^{*2}} \qquad (**)$$

und geht für $\tau^* = 0$ wiederum in die Fouriersche Form der Wärmeleitungsgleichung über.

Lösungen von Gl. $(**)$ mit $\tau^* \neq 0$ zeigen ein typisch hyperbolisches Verhalten mit diskreten Wellenfronten, die eine unmittelbar anschauliche Eigenschaft einer Wärmeleitung mit endlicher Geschwindigkeit sind.

BEACHTE

☞ Wenn man den Begriff der Nicht-Fourierschen Wärmeleitung nicht auf den Aspekt der endlichen Wärmeleitungsgeschwindigkeit einengen will, sondern damit alle Effekte bezeichnet, die nur durch eine Erweiterung des Fourierschen Ansatzes beschrieben werden können, dann zählen auch alle sog. Kopplungseffekte dazu. Diese bestehen bzgl. der Wärmeleitung im Einfluß zusätzlicher Felder (außer dem Temperaturfeld) auf den Wärmestromdichtevektor $\vec{q}^*$, s. dazu auch das Stichwort THERMODIFFUSION, speziell das Kapitel PHYSIKALISCHE GRUNDLAGEN. Streng genommen könnte man auch die Wirkung der Turbulenz hinzunehmen, die sich in einer zusätzlichen „scheinbaren" Wärmeleitfähigkeit (auch: turbulenten Wärmeleitfähigkeit) manifestiert.

☞ Auch wenn die konstitutive Gleichung bisher nur im Zusammenhang mit der Wärmeleitungsgleichung diskutiert worden ist, so gelten alle diesbezüglichen Aussagen natürlich auch in bezug auf die thermische Energiegleichung, in der die Wärmeleitung als ein Mechanismus enthalten ist und die auch durch Einführung einer entsprechenden Materialgleichung geschlossen werden muß. Dabei werden im Sinne nicht-Fourierschen Verhaltens in der Regel die Kopplungseffekte berücksichtigt (s. dazu die vorherige Anmerkung). Für den Einfluß einer endlichen Geschwindigkeit der

Wärmeleitung gilt hingegen, daß bei konvektiver Wärmeübertragung nur in extremen Ausnahmefällen diesbezügliche Abweichungen vom Fourierschen Wärmeleitungsverhalten zu erwarten sind, wie etwa im Zusammenhang mit Verdichtungsstößen.

Weiterführende Literatur

Tzou, D. Y. (1997): *Macro- to Microscale Heat Transfer — The Lagging Behavior*, Taylor & Francis, Washington, DC

Mitra, K.; Kumar, S.; Vedavarz, A.; Moallemi, M. K. (1995): *Experimental Evidence of Hyperbolic Heat Conduction in Processed Meat*, Journal of Heat Transfer 117, 568–573

Özisik, M. N.; Tzou, D. Y. (1994): *On the Wave Theory in Heat Conduction*, Journal of Heat Transfer 116, 526–535

Joseph, D. D.; Preziosi, L. (1990): *Addendum to the Paper on Heat Waves*, Reviews of Modern Physics 62, 375–391

Joseph, D. D.; Preziosi, L. (1989): *Heat Waves*, Reviews of Modern Physics 61, 41–73

Cattaneo, C. (1958): *A Form of Heat Conduction Which Eliminates the Paradox on Instantaneous Propagation*, Comptes Rendus 247, 431–433

Vernotte, P. (1958): *Les paradoxes de la theorie continue de l'equation de la chaleur*, Comptes Rendus 246, 3154–3155

Nußelt-Zahl Nu
(Nusselt number Nu)

BEDEUTUNG UND DEFINITION

Es handelt sich um eine dimensionslose Kennzahl im Sinne der DIMENSIONS-
ANALYSIS. Sie wird häufig zur dimensionslosen Darstellung des Wärmeüberganges in der Form Nu = Nu(...) benutzt und stellt in diesem Sinne eine Zielkennzahl dar (dimensionslose Form einer gesuchten Größe, hier der
Wandwärmestromdichte).

	Definition	
$$\mathrm{Nu} = \dfrac{\dot{q}_W^* L^*}{\lambda^* \Delta T^*}$$		
Nu	Nußelt-Zahl	–
$\dot{q}_W^*$	Wandwärmestromdichte	$\mathrm{W/m^2}$
L^*	charakteristische Länge	m
λ^*	Wärmeleitfähigkeit	W/mK
ΔT^*	charakteristische Temperaturdifferenz	K

PHYSIKALISCHER HINTERGRUND

Die Nußelt-Zahl wird vorzugsweise bei der Beschreibung des konvektiven
Wärmeüberganges verwendet. Ihr Zahlenwert ist ein Maß für die Güte des
Wärmeüberganges: Je größer die Nußelt-Zahl umso besser ist der Wärmeübergang. Dabei ist allerdings zu beachten, daß es im allgemeinen keinen
Sinn macht, Zahlenwerte von Nußelt-Zahlen an verschiedenen Geometrien
miteinander zu vergleichen (z.B. Grenzschichtströmungen und Rohrströmungen) und daß bei der Wahl der charakteristischen Länge L^* und der charakteristischen Temperaturdifferenz ΔT^* in der Definition der Nußelt-Zahl
eine gewisse Willkür herrscht. Oftmals sind verschiedene Werte L^* und ΔT^*
möglich und sinnvoll. Eine einmal getroffene Wahl muß dann nur konsequent
beibehalten werden.

Aus der Dimensionsanalyse konvektiver Wärmeübertragung folgt (bei Vernachlässigung von Dissipationseffekten) der allgemeine Zusammenhang

$$\mathrm{Nu} \;=\; \mathrm{Nu(Re, Pr)} \qquad \text{für erzwungene Konvektion}$$

$$\text{Nu} \;=\; \text{Nu}(\text{Gr}, \text{Pr}) \qquad \text{für natürliche Konvektion}$$

Häufig wird deshalb z.B. bei erzwungener Konvektion der einfache Potenzansatz

$$\text{Nu} = c\,\text{Re}^m \text{Pr}^n$$

gewählt. Es muß jedoch beachtet werden, daß es sich dabei lediglich um eine nicht-rationale Näherung handelt, da insbesondere bei turbulenten Strömungen kein Potenzgesetz vorliegt (s. nachfolgendes Beispiel).

Anwendungen und Beipiele

Wärmeübergang bei der ausgebildeten turbulenten Rohrströmung

Aufgrund asymptotischer Überlegungen gilt für die Nußelt-Zahl im Grenzfall $\text{Re}_D = u_m^* D^* / \nu^* \to \infty$ die Beziehung (Gersten, Herwig (1992)):

$$\text{Nu} = \frac{\frac{1}{2} c_f \, \text{Re}_D \, \text{Pr}}{\frac{\kappa}{\kappa_\theta} + \sqrt{\frac{c_f}{2}}\, D_\theta(\text{Pr})} \quad \text{mit} \quad \sqrt{\frac{2}{c_f}} = \frac{1}{\kappa} \ln\left(\text{Re}_D \sqrt{\frac{c_f}{2}}\right) + 0{,}27 \quad (*)$$

Dabei ist $c_f = -\tau_W^* / \left(\varrho^* \, u_m^{*2}/2\right)$ der Reibungsbeiwert. Die Konstanten sind $\kappa = 0{,}41$ und $\kappa_\theta = 0{,}47$. Die Größe D_θ ist eine Funktion der Prandtl-Zahl, die zusätzlich von der thermischen Randbedingung abhängt.

Die nachfolgende Tabelle zeigt eine Auswertung der Beziehung $(*)$ für die Prandtl-Zahl $\text{Pr} = 0{,}72$ und drei Reynolds-Zahlen sowie einen Vergleich zwischen den asymptotischen und empirischen Ergebnissen. Dies sind Zahlenwerte aus Potenzfunktionen mit einem jeweils sehr eingeschränkten Gültigkeitsbereich (Merker (1997)). Sie lauten:

$$T_W^* = \text{const:} \quad \text{Nu} = 0{,}021\sqrt{\text{Pr}}\,\text{Re}^{0{,}8}; \quad \text{Pr} \approx 1, \; \text{Re} < 10^5$$

$$\dot{q}_W^* = \text{const:} \quad \text{Nu} = 0{,}022\sqrt{\text{Pr}}\,\text{Re}^{0{,}8}; \quad \text{Pr} \approx 1, \; \text{Re} < 10^5.$$

Re_D	$T_W^* = \text{const}$		$\dot{q}_W^* = \text{const}$	
	asymptotisch	Potenzgesetz	asymptotisch	Potenzgesetz
10^4	30,4	28,2	31,5	29,6
10^5	185	178	189	187
10^6	1 215	1 124	1 225	1 178

Nußelt-Zahlen der ausgebildeten Rohrströmung
(Pr = 0,72)

BEACHTE

- Da im Grenzfall großer Reynolds-Zahlen (asymptotisch für Re $\to \infty$) die Nußelt-Zahl für turbulente Strömungen stets den Faktor Re Pr aufweist (wie in der Gleichung (∗) des vorangegangenen Beispiels), wird die Kombination Nu/Re Pr als eine dimensionslose Kennzahl unter dem Namen Stanton-Zahl St eingeführt.

- Es besteht eine formal enge Verwandtschaft zum WÄRMEÜBERGANGS-KOEFFIZIENTEN α^* als Nu $= \alpha^* L^*/\lambda^*$. Konzeptionell besteht aber ein deutlicher Unterschied, da α^* ein empirischer Ansatz ist, die Nußelt-Zahl jedoch eine dimensionslose Kennzahl im Rahmen der Dimensionsanalysis.

- Die Verwendung von ΔT^* als charakteristischer Temperatur in der Nußelt-Zahl ist keineswegs zwingend, bisweilen sogar irreführend. Es gibt häufig Wärmeübergangssituationen, in denen lokal $\Delta T^* = T_W^* - T_\infty^* = 0$ aber $\dot{q}_W^* \neq 0$ gilt. Dann tritt in der Nußelt-Zahl-Verteilung eine Singularität auf, ohne daß dort eine besondere physikalische Situation vorliegt. Bei Verwendung von T^* anstelle von ΔT^* wird dies vermieden. Daß dies in der Nußelt-Zahl möglich ist, aber beim Wärmeübergangskoeffizienten keinen Sinn ergeben würde ($\alpha^* = \dot{q}_W^*/T^*$), macht noch einmal die konzeptionellen Unterschiede von Nu und α^* deutlich.

- Eine Nußelt-Zahl läßt sich formal auch bei reiner Wärmeleitung über eine Schichtdicke L^* bilden. Man erhält dann den Zahlenwert Nu $= 1$. Bisweilen werden Zahlenwerte von Nußeltzahlen bei konvektiver Wärmeübertragung deshalb als ein Vielfaches des Wärmeüberganges bei reiner Leitung über eine entsprechend zu wählende Schichtdicke interpretiert. Die Schwäche dieser Interpretation liegt jedoch genau in der notwendigen Wahl der zugehörigen Schichtdicke, die sich im allgemeinen nicht aus der physikalischen Situation der konvektiven Wärmeübertragung ableiten läßt.

WEITERFÜHRENDE LITERATUR

Gersten, K; Herwig, H. (1992): *Strömungsmechanik*, Vieweg-Verlag, Braunschweig

Merker, G.P. (1987): *Konvektive Wärmeübertragung*, Springer-Verlag, Berlin, Heidelberg, New York

Standard–Werke zur Wärmeübertragung, s. die Liste am Ende des Buches

Peclet-Zahl Pe
(Peclet number Pe)

Bedeutung und Definition

Es handelt sich um eine dimensionslose Kennzahl im Sinne der Dimensionsanalysis. Sie entsteht im Zuge der Entdimensionierung der Grundgleichungen in der thermischen Energiegleichung.

	Definition	
$$Pe = \frac{\varrho^* U^* L^* c_p^*}{\lambda^*}$$		
Pe	Peclet-Zahl	–
ϱ^*	Dichte	kg/m^3
U^*	charakteristische Geschwindigkeit	m/s
L^*	charakteristische Länge	m
c_p^*	spezifische isobare Wärmekapazität	$m^2/s^2 K$
λ^*	Wärmeleitfähigkeit	W/mK

Physikalischer Hinterrund

Bei der Entdimensionierung der Grundgleichungen entsteht in der Impulsgleichung die dimensionslose Kombination $\varrho^* U^* L^*/\eta^* = Re$, die Reynolds-Zahl, und in der thermischen Energiegleichung auf ganz analoge Weise die Kombination $\varrho^* U^* L^* c_p^*/\lambda^* = Pe$, die Peclet-Zahl. Beides sind voneinander unabhängige Kennzahlen.

Da man aus dimensionsanalytischer Sicht jede Kennzahl gleichwertig durch eine entsprechend unabhängige Kombination mit den anderen Kennzahlen eines Problems ersetzen kann, sind die Paarungen (Re, Pe) und $(Re, Pe/Re)$ vollkommen gleichwertig. Die Kombination Pe/Re ist aber gerade die Prandtl-Zahl Pr.

Ersetzt man nun in der thermischen Energiegleichung die Peclet-Zahl durch Pr, so erscheint wegen $Pe = PrRe$ zunächst die Reynolds-Zahl auch in der Energiegleichung, was die Verhältnisse eher undurchsichtiger macht.

In der Tat ist der zunächst nur formale Übergang von der Peclet- auf die Prandtl-Zahl nur in zwei Fällen sinnvoll: Für die Grenzschichttheorie und die sog. Schlankkanaltheorie, beides Theorien für große Reynolds-Zahlen (Re $\to \infty$). In diesen Theorien wird die Reynolds-Zahl jeweils durch eine Koordinatentransformation eliminiert und erscheint danach weder in der Impuls-, noch in der Energiegleichung explizit.

Im allgemeinen Fall einer Problembeschreibung auf der Basis der Navier-Stokes-Gleichungen und der zugehörigen thermischen Energiegleichung ist die Peclet-Zahl jedoch der unabhängige dimensionslose Parameter des „thermischen Teils" des Problems.

Anwendungen und Beispiele

Dimensionslose Darstellung der stationären, zweidimensionalen laminaren Grenzschichtgleichungen und Grenzschichttransformation

Im folgenden werden nur die Terme der Navier-Stokes-Gleichungen und der Energiegleichung aufgeführt, die sich im Rahmen der Grenzschichttheorie als relevant erweisen. Diese Auswahl kann systematisch mit Hilfe der asymptotischen Theorie für große Reynolds-Zahlen getroffen werden.

1. Dimensionsbehaftete Gleichungen

$$\frac{\partial u^*}{\partial x^*} + \frac{\partial v^*}{\partial y^*} = 0 \quad ; \quad \varrho^* \left(u^* \frac{\partial u^*}{\partial x^*} + v^* \frac{\partial u^*}{\partial y^*} \right) = -\frac{dp^*}{dx^*} + \eta^* \frac{\partial^2 u^*}{\partial y^{*2}}$$

$$\varrho^* c_p^* \left(u^* \frac{\partial T^*}{\partial x^*} + v^* \frac{\partial T^*}{\partial y^*} \right) = \lambda^* \frac{\partial^2 T^*}{\partial y^{*2}}$$

2. Dimensionslose Gleichungen

$$\frac{\partial u}{\partial x} + \frac{\partial v}{\partial y} = 0 \quad ; \quad u \frac{\partial u}{\partial x} + v \frac{\partial u}{\partial y} = -\frac{dp}{dx} + \frac{1}{\mathrm{Re}} \frac{\partial^2 u}{\partial y^2}$$

$$u \frac{\partial T}{\partial x} + v \frac{\partial T}{\partial y} = \frac{1}{\mathrm{Pe}} \frac{\partial^2 T}{\partial y^2}$$

3. Transformierte Gleichungen ($\eta = y\sqrt{\mathrm{Re}}, \quad \bar{v} = v\sqrt{\mathrm{Re}}$)

$$\frac{\partial u}{\partial x} + \frac{\partial \bar{v}}{\partial \eta} = 0 \quad ; \quad u \frac{\partial u}{\partial x} + \bar{v} \frac{\partial u}{\partial \eta} = -\frac{dp}{dx} + \frac{\partial^2 u}{\partial \eta^2}$$

$$u \frac{\partial T}{\partial x} + \bar{v} \frac{\partial T}{\partial \eta} = \frac{1}{\mathrm{Pr}} \frac{\partial^2 T}{\partial \eta^2}$$

BEACHTE

- Bei der ausgebildeten Rohrströmung ist die Peclet-Zahl ein Maß für die Änderung der axialen Wärmeleitung. Nach einer entsprechenden Transformation erscheint sie als Vorfaktor $1/Pe^2$ vor der zweiten Ableitung der Temperatur nach x^* (in Strömungsrichtung). Dieser Effekt wird häufig vernachlässigt, da Pe in praktischen Fällen große Zahlenwerte annimmt, ist genaugenommen aber nur im Grenzfall Pe $\to \infty$ vollständig ohne Bedeutung.

- Wegen Pe = RePr ist besonders bei kleinen Prandtl-Zahlen (flüssige Metalle) auf Peclet-Zahl-Effekte zu achten.

WEITERFÜHRENDE LITERATUR

Gersten, K.; Herwig, H. (1992): *Strömungsmechanik*, Vieweg-Verlag, Braunschweig

Peltier-Effekt
(Peltier effect)

Siehe dazu das Stichwort THERMOELEMENT, besonders unter BEACHTE.

Peltier-Koeffizient
(Peltier coefficient)

Siehe dazu das Stichwort THERMOELEMENT, besonders unter PHYSIKALISCHER HINTERGRUND.

Prandtl-Zahl Pr
(Prandtl number Pr)

Bedeutung und Definition

Es handelt sich um eine dimensionslose Kombination von Stoffwerten, die damit einerseits wiederum ein Stoffwert ist, andererseits aber auch als Kennzahl im Sinne der Dimensionsanalysis angesehen werden kann.

	Definition	
$$\Pr = \dfrac{\eta^* \, c_p^*}{\lambda^*} = \dfrac{\nu^*}{a^*}$$		
Pr	Prandtl-Zahl	–
η^*	dynamische Viskosität	kg/ms
c_p^*	spezifische isobare Wärmekapazität	$\mathrm{m^2/s^2K}$
λ^*	Wärmeleitfähigkeit	W/mK
ν^*	kinematische Viskosität $\nu^* = \eta^*/\varrho^*$	$\mathrm{m^2/s}$
a^*	Temperaturleitfähigkeit $a^* = \lambda^*/\varrho^* \, c_p^*$	$\mathrm{m^2/s}$

Physikalischer Hintergrund

Die Stoffwertkombination Prandtl-Zahl Pr erscheint zunächst nicht als Kennzahl in der allgemeinen Energiegleichung. Nur für besondere physikalische Situationen, die eine Koordinatentransformation in der Energiegleichung nahelegen, erhält man danach die Prandtl-Zahl als Kennzahl in der Energiegleichung (s. dazu das Stichwort Peclet Zahl unter Anwendungen und Beispiele).

Ein wichtiges Beispiel in diesem Sinne sind laminare Strömungen bei großen Reynolds-Zahlen, die zur Ausbildung von Grenzschichten an Trennflächen führen. Nach einer entsprechenden Grenzschichttransformation enthält die Energiegleichung die Prandtl-Zahl Pr als Parameter, der für Grenzschichten dann wie folgt interpretiert werden kann.

In der Formulierung $\Pr = \nu^*/a^*$ werden zwei Transportkoeffizienten ins Verhältnis gesetzt. Die kinematische Viskosität ν^* bestimmt den Impulstransport quer zur Hauptströmungsrichtung und ist damit ein Maß für die Dicke der Strömungsgrenzschicht. Die Temperaturleitfähigkeit a^* bestimmt

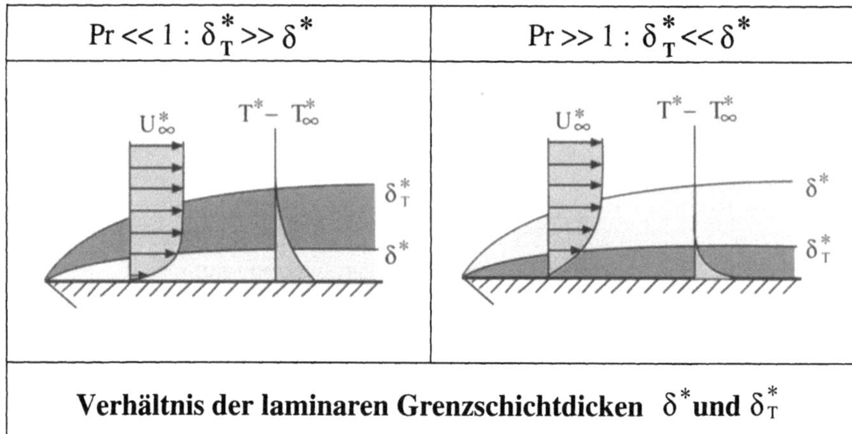

Verhältnis der laminaren Grenzschichtdicken δ^* und δ_T^*

die Ausbreitung von Temperaturunterschieden im Fluid und ist damit ein Maß für die Dicke der Temperaturgrenzschicht.

Für Prandtl-Zahlen in der Nähe von Eins sind deshalb beide Grenzschichtdicken etwa gleich groß. Für Extremwerte der Prandtl-Zahlen ergeben sich jedoch die in der obigen Abbildung gezeigten beiden Grenzfälle.

Der entsprechende turbulente Fall ist in einem Beispiel zum Stichwort THERMISCHE ENERGIEGLEICHUNG behandelt.

ANWENDUNGEN UND BEISPIELE

1. Temperatur- und Druckabhängigkeit der Prandtl-Zahl für typische Stoffe

	FL. NATRIUM	LUFT	WASSER	ÖL
$K_{\mathrm{Pr\,T}}$	$-1,4$	$-0,05$	$-8,0$	$-13,9$
$K_{\mathrm{Pr\,p}}$	~ 0	~ 0	~ 0	~ 0

Einflußfaktoren $K_{\mathrm{Pr\,T}}$ und $K_{\mathrm{Pr\,p}}$

$p_R^* = 1\,\mathrm{bar}$, $T_R^* = 293\,\mathrm{K}$ ($= 473\,\mathrm{K}$ für Natrium)

Eine Abschätzung kann über den linearen Term einer Taylor-Reihenentwicklung nach der Temperatur und dem Druck erfolgen ($R =$ Referenzzustand):

$$\frac{\mathrm{Pr}}{\mathrm{Pr}_R} = 1 + \mathrm{K}_{\mathrm{Pr\,T}}\frac{T^* - T_R^*}{T_R^*} + \mathrm{K}_{\mathrm{Pr\,p}}\frac{p^* - p_R^*}{p_R^*} + \dots$$

Die Tabelle auf der vorigen Seite zeigt anhand von $\mathrm{K}_{\mathrm{Pr\,T}}$ und $\mathrm{K}_{\mathrm{Pr\,p}}$ (dimensionslose erste Ableitung von Pr nach T^* bzw. p^*, sog. Einflußfaktoren), daß die Druckabhängigkeit vernachlässigbar klein ist.

2. *Größenordnung von Prandtl-Zahlen verschiedener Stoffe bei üblichen Temperaturen und Drücken (Umgebungsbedingungen)*

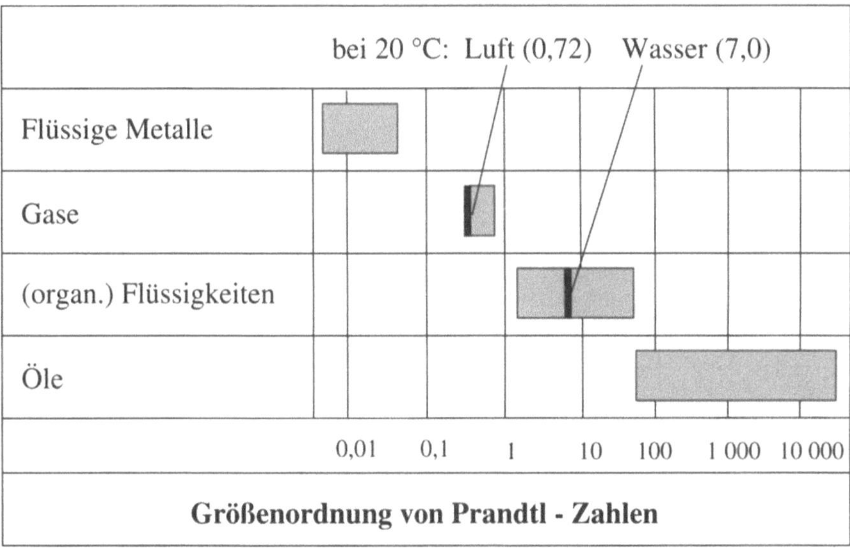

BEACHTE

- Die Grenzfälle der Prandtl-Zahl ($\mathrm{Pr} \to 0$ und $\mathrm{Pr} \to \infty$) können häufig mit asymptotischen Methoden systematisch beschrieben werden, wobei versucht wird, die Prandtl-Zahl durch eine entsprechende Transformation formal in eine Koordinate zu übernehmen. Bei laminaren Grenzschichten skaliert die Querkoordinate in diesem Sinne mit $\mathrm{Pr}^{1/2}$ für $\mathrm{Pr} \to 0$ und mit $\mathrm{Pr}^{1/3}$ für $\mathrm{Pr} \to \infty$ (s. Gersten, Herwig (1992, S. 162)).

- Von den beiden Grenzfällen $\mathrm{Pr} \to 0$ und $\mathrm{Pr} \to \infty$ erweist sich der Grenzfall $\mathrm{Pr} \to 0$ stets als der „schwierigere". Besonders bei turbulenten Strömungen sind bis heute eine Reihe von Fragen in bezug auf diesen Grenzfall noch offen.

Weiterführende Literatur

Gersten, K.; Herwig, H. (1992): *Strömungsmechanik*, Vieweg-Verlag, Braunschweig

Standard–Werke zur Wärmeübertragung, s. die Liste am Ende des Buches

Prandtl-Zahl, turbulente
(Prandtl number, turbulent)

Siehe dazu das Stichwort TURBULENTE PRANDTL-ZAHL.

Rayleigh-Bénard Konvektion
(Rayleigh-Bénard convection)

Siehe unter BÉNARD KONVEKTION.

Rayleigh-Zahl Ra
(Rayleigh number Ra)

Siehe dazu das Stichwort GRASHOF-ZAHL, besonders unter BEACHTE.

Referenztemperatur
(reference temperature)

Bedeutung und Definition

Es handelt sich um eine zunächst willkürlich wählbare konstante Temperatur T_R^* eines betrachteten Problems, die als Bezugstemperatur dient. Da aber mit der Einführung von T_R^* bestimmte physikalische Vorstellungen verbunden sind, ist die Wahl von T_R^* nicht beliebig. Das Temperaturfeld wird damit nicht mehr in absoluten Temperaturen beschrieben, sondern als $(T^* - T_R^*)$, also als Differenz-Temperaturfeld. Ob dies im konkreten Fall zulässig ist muß geprüft werden.

Definition

Unter der Referenztemperatur für ein bestimmtes nicht-isothermes Problem versteht man diejenige feste Temperatur T_R^*,

- die zur Definition einer Temperaturdifferenz $(T^* - T_R^*)$ dient, die anstelle der absoluten Temperatur T^* eingeführt wird,

- bei der alle als konstant unterstellten Stoffwerte des Problems zu bestimmen sind.

Physikalischer Hintergrund

Die Formulierung eines Temperaturfeldes durch eine Temperaturdifferenz (Differenz zu einer festen Bezugstemperatur) anstelle der absoluten Temperatur ist möglich, wenn die zugrundeliegende Differentialgleichung nur erste oder höhere Ableitungen der Temperatur, nicht aber die Temperatur selbst (als Faktor oder Summand) enthält. Die thermische Energiegleichung besitzt diese Eigenschaft, solange die darin direkt oder indirekt vorkommenden Stoffwerte bzgl. ihrer Temperaturabhängigkeit ebenfalls eine solche Differenzformulierung zulassen. Diese Bedingung ist z.B. dann nicht mehr erfüllt, wenn in einem Problem die ideale Gasgleichung in der Form $p^*/\varrho^* = R^* T^*$ berücksichtigt werden muß und damit über ϱ^* der Absolutwert von T^* in die Differentialgleichungen eingeht. Daraus folgt, daß für kompressible Strömungen (deren starke Dichteänderungen stets mit dem Absolutwert der Temperatur verbunden sind) keine Formulierung als Differenztemperaturfeld möglich ist. Gleichwohl muß auch für diese Strömungen eine Referenztemperatur festgelegt werden, wenn andere Stoffwerte beteiligt sind, die als konstant unterstellt werden. Für Fälle, in denen die Referenztemperatur die doppelte

Funktion besitzt (Temperatur zur Differenzbildung und zur Stoffwertbestimmung) ist zu entscheiden, nach welchen Gesichtspunkten die konkrete Wahl von T_R^* zu treffen ist. Hierfür ist eindeutig die Stoffwertbestimmung maßgeblich, da damit eine Approximation in bezug auf das vollständige Problem verbunden ist, nicht jedoch bei der Differenzbildung (diese enthält keine Approximation). Je nach Wahl von T_R^* wird die durch die Annahme konstanter Stoffwerte grundsätzlich eingeführte Approximation besser oder schlechter sein.

Um nun entscheiden zu können, welche Wahl von T_R^* in diesem Sinne optimal ist, müßte der Einfluß variabler Stoffwerte auf das betrachtete Problem bekannt sein, was in der Regel jedoch nicht der Fall ist. Diese Überlegungen führen unmittelbar auf die REFERENZTEMPERATUR-METHODE zur Erfassung des Einflusses variabler Stoffwerte.

Als Ausweg bleibt, eine physikalisch sinnvolle und plausible Wahl für T_R^* zu treffen, die sich daran orientiert, damit den Einfluß der (eigentlich variablen) Stoffwerte möglichst gut zu erfassen. In der Regel wird man als Referenztemperatur eine „mittlere Temperatur" des Problems wählen in der Hoffnung, daß sich damit Einflüsse von bereichsweise zu kleinen und zu großen Stoffwerten (jeweils gegenüber den wahren, variablen Werten) weitgehend kompensieren. Abhängig vom konkreten Problem kann die Wahl der „richtigen" Referenztemperatur von entscheidendem Einfluß sein.

ANWENDUNGEN UND BEISPIELE

Laminare Rohrströmung mit Wärmeübergang

Für die ausgebildete laminare Rohrströmung erhält man als Ergebnis einer Berechung unter der Annahme konstanter Stoffwerte (ohne die Berücksichtigung der Dissipation):

- für den Widerstand:

$$\lambda_R \mathrm{Re_D} = 64 \quad \mathrm{mit} \quad \lambda_R = \frac{2D^*(-dp^*/dx^*)}{\varrho^* u_m^{*2}} \quad ; \quad \mathrm{Re_D} = \frac{\varrho^* u_m^* D^*}{\eta^*}$$

- für den Wärmeübergang:

$$\mathrm{Nu_D} = 4{,}36 \quad \mathrm{für} \quad \dot{q}_W^* = \mathrm{const}$$
$$\mathrm{Nu_D} = 3{,}66 \quad \mathrm{für} \quad T_W^* = \mathrm{const} \qquad \mathrm{mit} \quad \mathrm{Nu_D} = \frac{(-\dot{q}_W^*)D^*}{\lambda^*(T_W^* - T_m^*)}$$

mit u_m^* als mittlerer Geschwindigkeit, T_W^*, T_m^* als Wand- und kalorische Mitteltemperatur, $\dot{q}_W^*$ als Wärmestromdichte an der Wand, dp^*/dx^* als Druckgradient in Strömungsrichtung, D^* als Rohrdurchmesser sowie ϱ^*, η^* und

λ^* als Dichte, Viskosität und Wärmeleitfähigkeit. Aus diesen Ergebnissen ergeben sich folgende Proportionalitäten zu Stoffwerten:

- $(dp^*/dx^*) \sim \eta^*$

- $(T_W^* - T_m^*) \sim 1/\lambda^*$ für $\dot{q}_W^* = \text{const}$

- $\dot{q}_W^* \sim \lambda^*$ für $T_W^* = \text{const}$

Da η^* und λ^* prinzipiell temperaturabhängige Stoffwerte sind, ist das konkrete Zahlen-Endergebnis von der Wahl von T_R^* abhängig, da zwar für die Lösung konstante Stoffwerte unterstellt wurden, ihr konkreter Zahlenwert jedoch erst im Endergebnis über die Wahl von T_R^* festgelegt wird.

Für die Festlegung von T_R^* ist entscheidend, wie das Temperaturfeld der jeweiligen Lösung aussieht. Das nachfolgende Bild zeigt die insgesamt auftretenden Temperaturbereiche für beide Fälle.

Daraus ist unmittelbar ersichtlich, daß die beiden thermischen Randbedingungen $T_W^* = \text{const}$ und $\dot{q}_W^* = \text{const}$ zu sehr verschiedenen Temperaturfeldern führen. Während für $T_W^* = \text{const}$ eine für das ganze Problem konstante Referenztemperatur (z.B. $T_R^* = T_W^*$) zu sinnvollen Ergebnissen führen wird, kann bei $\dot{q}_W^* = \text{const}$ sinnvollerweise nur eine jeweils lokal günstige Referenztemperatur (z.B. $T_R^* = T_m^*(x^*)$) gewählt werden. Für das Gesamtergebnis ist damit eine Integration über x^* erforderlich.

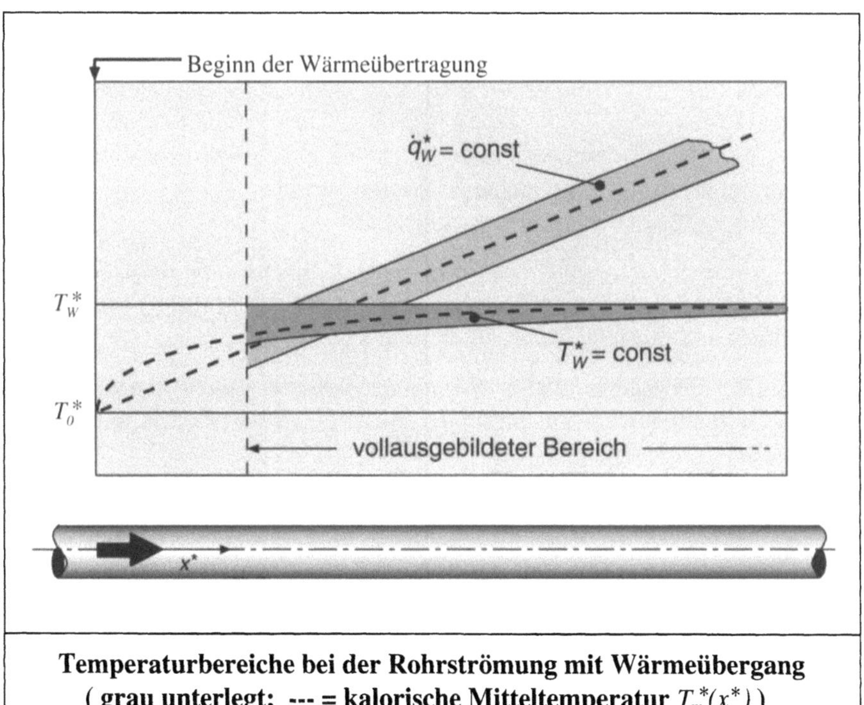

Temperaturbereiche bei der Rohrströmung mit Wärmeübergang
(grau unterlegt; --- = kalorische Mitteltemperatur $T_m^*(x^*)$)

BEACHTE

◻ Wie im Beispiel für $\dot{q}_W^* = $ const deutlich geworden ist (s. voriger Abschnitt), kann bei der Annahme konstanter Stoffwerte die „richtige" Wahl der Referenztemperatur von Bedeutung sein. Wenn, wie in dem gezeigten Beispiel, die Temperaturbereiche an verschiedenen Stellen sehr unterschiedlich sind, muß entweder eine sinnvolle Referenztemperatur für das Gesamtproblem gefunden werden, oder die Ergebnisse sind bereichsweise bzw. lokal mit jeweils sinnvollen Referenztemperaturen auszuwerten und dann zu einem Gesamtergebnis aufzuintegrieren. Der zweite Weg kann auch als Vorgehensweise unter der Annahme „quasi-konstanter Stoffwerte" bezeichnet werden. Dabei wird angenommen, daß jeweils lokal ausgebildete Zustände vorliegen, aber auf dem jeweiligen lokalen Temperaturniveau. Diese Annahme vernachlässigt die Wirkung der Temperaturgradienten in Strömungsrichtung.

◻ Bei Grenzschichtströmungen, die eine feste Außentemperatur T_∞^* und eine feste Wandtemperatur T_W^* besitzen, wird häufig die sog. FILMTEMPERATUR $(T_W^* + T_\infty^*)/2$ als Referenztemperatur empfohlen. Dies ist aber selbstverständlich auch nur eine Näherung, s. dazu das Stichwort REFERENZTEMPERATUR-METHODE.

WEITERFÜHRENDE LITERATUR

Herwig, H. (1998): *Laminar Boundary Layers / Asymptotic and Scaling Considerations*, in: Recent Advances in Boundary Layer Theory (A. Kluwick, Ed.), 9–48, Springer-Verlag, Wien, New York

You, X.; Herwig, H. (1997): *Linear Stability of Channel Flow with Heat Transfer: The Important Role of Reference Temperature*, Int. Communications in Heat and Mass Transfer 24, 485–496

Gersten, K.; Herwig, H. (1992): *Strömungsmechanik*, Vieweg-Verlag, Braunschweig, besonders Kap. 5.4: Methoden zur Erfassung des Einflusses variabler Stoffwerte

Referenztemperatur-Methode
(reference temperature method)

Bedeutung und Definition

Es handelt sich um eine spezielle Methode zur Erfassung des Einflusses variabler Stoffwerte auf Strömungs- und Wärmeübertragungsvorgänge. Variable Stoffwerte meint in diesem Zusammenhang die Temperaturabhängigkeit der an einem Problem beteiligten physikalischen Stoffwerte, wie Dichte und Viskosität. Solange ihr Einfluß nicht systematisch aus den Grundgleichungen abgeleitet wird, handelt es sich um eine rein empirische Methode. Eine Alternative zur Referenztemperatur-Methode ist die STOFFWERT-VERHÄLTNIS-METHODE.

Definition
Unter der Referenztemperatur-Methode versteht man die nachträgliche Erfassung von Effekten temperaturabhängiger Stoffwerte. Dazu werden alle an einem Problem beteiligten physikalischen Stoffwerte in den Lösungen für konstante Stoffwerte bei einer zunächst noch nicht bekannten sog. Referenztemperatur genommen. Diese muß so gewählt werden, daß die Ergebnisse für konstante Stoffwerte mit denen übereinstimmen, die man für variable Stoffwerte erhalten würde. Im konkreten Einzelfall muß für die Bestimmung der Referenztemperatur die Lösung für variable Stoffwerte bekannt sein.

Physikalischer Hintergrund

In vielen Strömungs- und Wärmeübertragungssituationen sind die Effekte temperaturabhängiger Stoffwerte klein, weil entweder die Stoffwerte nur schwach von der Temperatur abhängen oder weil in dem Problem nur geringe Temperaturunterschiede auftreten. Die Annahme konstanter Stoffwerte ist dann eine (häufig ausreichend genaue) erste Näherung. Ihre Zulässigkeit wird durch die jeweiligen Genauigkeitskriterien bestimmt und ist darüber hinaus jeweils im Einzelfall zu prüfen, weil dazu keine generellen Aussagen möglich sind. Für eine genauere Beschreibung der Physik sind Korrekturen bezüglich des Einflusses variabler Stoffwerte erforderlich.

Die hier interessierende Referenztemperatur-Methode geht in diesem Zusammenhang von der Vorstellung aus, daß es nur gelingen muß, diejenige Temperatur zu finden, bei der die „falschen Lösungen" (keine Berücksichtigung variabler Stoffwerte) das „richtige Ergebnis" (inklusive aller Stoffwerteffekte) liefern. Mit dem Ansatz für die Referenztemperatur als

$$T_r^* = T_1^* + j\,(T_2^* - T_1^*)$$

gilt es also, den Faktor j zu finden, der zwischen 0 und 1 liegt, wenn $T_1^* < T_r^* < T_2^*$ gilt. Die Temperaturen T_1^* und T_2^* können z.B. die Wandtemperatur T_W^* und die wandferne Fluidtemperatur T_∞^* sein. Es handelt sich also weiterhin um Ergebnisse, die unter der Annahme konstanter Stoffwerte erzielt werden, es wird aber versucht, die „richtige" Temperatur zu finden, bei der die konstanten Stoffwerte zu nehmen sind. Für jedes spezielle Ergebnis läßt sich ein solcher Faktor j aus einem Vergleich mit dem exakten Ergebnis (das dann bekannt sein muß) bestimmen. Der Faktor j ist aber weder für eine größere Anzahl von Lösungen noch etwa für alle Probleme, in denen Temperaturunterschiede vorkommen, ein fester (und universeller) Zahlenwert, der dann a priori verwendet werden könnte. Vielmehr stellt sich heraus, daß j selbst innerhalb eines Problems bei der Bestimmung z.B. der Wandschubspannung einen anderen Zahlenwert annimmt als bei der Bestimmung des Wandwärmestromes.

Da $j = 0$ oder 1 der Annahme konstanter Stoffwerte bei T_1^* bzw. T_2^* entspricht, sind Korrekturversuche mit $0 < j < 1$ allerdings auch nicht schlechter als eine dieser beiden ersten Näherungen. Die generelle Verwendung von $j = 0{,}5$ wird als *Filmtemperatur-Methode* bezeichnet, von der man häufig annimmt, daß sie genauere Ergebnisse liefert als die Verwendung von $j = 0$ oder 1. Sind T_1^* und T_2^* die Extremtemperaturen in einem Problem, so ist diese Vermutung sicherlich auch nicht abwegig, muß aber jeweils im Einzelfall überprüft werden.

Solange der Faktor j durch Anpassen der Ergebnisse für konstante Stoffwerte an bekannte exakte Ergebnisse ermittelt und dann heuristisch auf andere Fälle übertragen wird, handelt es sich um eine nicht-rationale, rein empirische Methode zur Erfassung des Einflusses variabler Stoffwerte. Es ist allerdings möglich, den Faktor j systematisch aus den Grundgleichungen eines Problems abzuleiten und die Referenztemperatur-Methode damit zu einer rationalen Theorie „aufzuwerten". Dies kann mit Hilfe einer asymptotischen Theorie zur Erfassung von Stoffwerteffekten geschehen, s. dazu das Stichwort VARIABLE STOFFWERTE. Im nachfolgenden Kapitel wird ein Beispiel für dieses Vorgehen gegeben.

ANWENDUNGEN UND BEISPIELE

Laminare Plattenströmung/systematische Bestimmung der Referenztemperatur aus den Grundgleichungen

Der Einfluß variabler Stoffwerte auf den Strömungswiderstand (in Form des Widerstandsbeiwertes c_f) und den Wärmeübergang (in Form der Nußelt-

Zahl Nu) kann z.B. für die laminare Plattengrenzschicht systematisch und allgemeingültig bestimmt werden. Dazu werden alle beteiligten Stoffwerte in einer Taylor-Reihe entwickelt und das ganze Problem als reguläres Störungsproblem mit dem Störparameter $\epsilon = (T_W^* - T_\infty^*)/T_\infty^*$ behandelt, s. dazu wiederum das Stichwort VARIABLE STOFFWERTE.

Die Taylor-Reihenentwicklung der Stoffwerte lautet:

$$\varrho = \frac{\varrho^*}{\varrho_\infty^*} \;=\; 1 + \epsilon\, K_\varrho\, \Theta + \dots$$

$$\eta \;=\; 1 + \epsilon\, K_\eta\, \Theta + \dots$$

$$\lambda \;=\; 1 + \epsilon\, K_\lambda\, \Theta + \dots$$

$$c_p \;=\; 1 + \epsilon\, K_c\, \Theta + \dots$$

mit: $\qquad\qquad\qquad\qquad\qquad\qquad (\alpha = \varrho, \eta, \lambda, c_p, \mathrm{Pr})$

$$\epsilon = \frac{T_W^* - T_\infty^*}{T_\infty^*} \;\; ; \quad \Theta = \frac{T^* - T_\infty^*}{T_W^* - T_\infty^*} \;\; ; \quad K_\alpha = \left(\frac{\partial \alpha^*}{\partial T^*} \frac{T^*}{\alpha^*} \right)_\infty$$

Die Ergebnisse $c_f = \dots$ und $\mathrm{Nu} = \dots$ folgen dann als Reihenentwicklungen in ϵ, die hier nur bis zum linearen Term interessieren, wenn daraus der Faktor j in der Referenztemperatur-Methode gewonnen werden soll.

Aus den asymptotischen Ergebnissen läßt sich der Faktor j unmittelbar ableiten. Für die laminare Plattengrenzschicht bei konstanter Wandtemperatur folgt aus einem einfachen Koeffizientenvergleich mit den asymptotischen Ergebnissen und $K_{\mathrm{Pr}} = K_\eta + K_c - K_\lambda$; $K_{\varrho\eta} = K_\varrho + K_\eta$:

- für den Widerstandsbeiwert c_f: $\quad j_{c_f} = 2F_\varrho$

- für die Nußelt-Zahl Nu: $\qquad\qquad j_{\mathrm{Nu}} = \dfrac{2G_\varrho K_{\varrho\eta} + K_c - 2G_\lambda K_{\mathrm{Pr}}}{K_{\varrho\eta} + 2K_c - 2(1 - F)K_{\mathrm{Pr}}}$

Dabei sind K_ϱ, K_η, K_λ und K_c stoffabhängige Konstanten (dimensionslose erste Ableitungen nach der Temperatur) und F_ϱ, G_ϱ, G_λ und F stoffunabhängige Funktionen der Prandtl-Zahl. Die nachfolgenden Tabellen geben einige Zahlenbeispiele.

Aus den Ergebnissen folgt insbesondere:

- Die Referenztemperatur ist für die Verwendung in der c_f–Beziehung und in der Nu–Beziehung verschieden.

- Die Referenztemperatur für c_f ist Prandtl-Zahl abhängig, diejenige für Nu ist zusätzlich stoffabhängig.

- Für $K_{\mathrm{Pr}} = 0$ und $K_{\varrho\eta} = 0$ gilt $j_{\mathrm{Nu}} = 0{,}5$ (*Filmtemperatur*). Diese Beziehung ist für Gase bisweilen in guter Näherung erfüllt.

- Die Auswertung der allgemeinen Beziehung für Luft und Wasser bei 20°C und 1 bar ergibt:

	Pr_∞	K_ϱ	K_η	K_λ	K_c
Luft bei 20°C	0,72	−1,0	0,733	0,906	−0,303
Wasser bei 20°C	7,0	−0,057	−7,142	0,825	−0,053
Öl bei 20°C	412	−0,234	−14,72	−0,166	0,584
fl. Natrium bei 200°C	0,007	−0,124	−0,918	−0,310	−0,149

dimensionslose Stoffwerte K_α, $p_\infty^* = 1\,\mathrm{bar}$

Pr_∞	F_ϱ	G_ϱ	G_λ	F
$\to 0$	0,5000	0,3183	0,3183	0,5000
0,7	0,2660	0,2493	0,3970	0,3568
1,0	0,2411	0,2411	0,3989	0,3511
7,0	0,1152	0,2000	0,4035	0,3364
$\to \infty$	0,0	0,1616	0,4044	0,3333

Hilfsfunktionen aus der Lösung der Grenzschichtgleichungen

Luft: $j_{c_f} = 0{,}53$; $j_{\mathrm{Nu}} = 0{,}26$

Wasser: $j_{c_f} = 0{,}23$; $j_{\mathrm{Nu}} = 1{,}06$

Die Tatsache, daß j auch außerhalb des Intervalles $[0, 1]$ liegen kann, widerspricht nicht dem Konzept der Referenztemperatur-Methode, zeigt aber umso mehr, daß die „Hoffnung", j möge stets 0,5 sein (Filmtemperatur), keinesfalls in Erfüllung geht. Weitere Details sind zu finden in: Gersten, Herwig (1984).

BEACHTE

❒ Die asymptotische Theorie zur systematischen Erfassung von Stoffwerteffekten kann auch auf turbulente Strömungen angewandt werden und erlaubt damit z.B. auch für turbulente Grenzschichten die Bestimmung von Referenztemperaturen auf der Basis einer rationalen Theorie. Für die Plattenströmung gilt in diesem Sinne z.B. für den Faktor j_{c_f} bei der Bestimmung des Reibungsbeiwertes c_f mit $T_r^* = T_W^* + j_{c_f}(T_\infty^* - T_W^*)$:

- Im Grenzfall großer Reynolds-Zahlen gilt für Gasströmungen $j_{c_f} = 0{,}5$ (Filmtemperatur).

- Für endliche Reynolds-Zahlen gilt für Gasströmungen $j_{c_f} > 0{,}5$.

- Für endliche Reynolds-Zahlen ist j_{c_f} zusätzlich zu den Stoffgesetzen auch noch von der Reynolds-Zahl abhängig.

- Für Fluide konstanter Dichte ist $j_{c_f} = 0$, d.h., die Referenztemperatur ist gleich der Wandtemperatur.

☞ Die systematische Ableitung von j aus den jeweiligen Grundgleichungen mit Hilfe der asymptotischen Theorie zur Erfassung von Stoffwerteffekten zeigt, daß j nur lineare Stoffwerteffekte erfassen kann, wenn keine Abhängigen von der Stärke der Wärmeübertragung (z.B. in Form einer Heiz- oder Kühlrate) in j zugelassen sind. Mit linearen Stoffwerteffekten ist hier eine lineare Abhängigkeit der beteiligten Stoffwerte von der Temperatur gemeint. Dies schließt insbesondere unterschiedliche Werte von j für die analogen Fälle von „Heizen" und „Kühlen" aus, wie man dies gelegentlich in der Literatur findet.

Weiterführende Literatur

Herwig, H. (1998): *Laminar Boundary Layers, Asymptotic and Scaling Considerations*, in: Recent Advances in Boundary Layer Theory (ed.: A. Kluwick), 9–48, Springer-Verlag, Wien, New York

Gersten, K.; Herwig, H. (1992): *Strömungsmechanik*, Vieweg-Verlag, Braunschweig (besonders Kap. 5.4: Methoden zur Erfassung des Einflusses variabler Stoffwerte)

Herwig, H. (1985): *Asymptotische Theorie zur Erfassung des Einflusses variabler Stoffwerte auf Impuls- und Wärmeübertragung*, VDI Fortschritt-Berichte, Reihe 7, Nr. 93

Regenerator
(regenerator)

Siehe dazu das Stichwort WÄRMEÜBERTRAGER, besonders unter PHYSIKA-
LISCHER HINTERGRUND.

Rekuperator
(recuperator)

Siehe dazu das Stichwort WÄRMEÜBERTRAGER, besonders unter PHYSIKA-
LISCHER HINTERGRUND.

Reynolds-Analogie
(Reynolds analogy)

Siehe dazu das Stichwort ANALOGIE.

Reynolds-Zahl Re
(Reynolds number Re)

Bedeutung und Definition

Es handelt sich um eine dimensionslose Kennzahl im Sinne der Dimensions-analysis. Als solche tritt sie formal bei der Entdimensionierung der Impulsgleichung (Kräftegleichgewicht an einem Fluidelement) auf. Wegen der Kopplung der Impulsgleichung mit der Thermischen Energiegleichung über die sog. konvektiven Terme der Energiegleichung tritt die Reynolds-Zahl indirekt auch in der thermischen Energiegleichung auf und ist deshalb bei konvektiven Wärmeübertragungsproblemen von Bedeutung (s. dazu auch das Stichwort Konvektive Wärmeübertragung).

	Definition	
$$\mathrm{Re} = \dfrac{\varrho^* U^* L^*}{\eta^*} = \dfrac{U^* L^*}{\nu^*}$$		
Re	Reynolds-Zahl	—
U^*	charakteristische Geschwindigkeit	m/s
L^*	charakteristische Länge	m
ϱ^*	Dichte	kg/m^3
η^*	dynamische Viskosität	kg/ms
ν^*	kinematische Viskosität $\nu^* = \eta^*/\varrho^*$	m^2/s

Physikalischer Hintergrund

Bei der Entdimensionierung der Grundgleichungen entsteht in der Impulsgleichung die dimensionslose Kombination $\varrho^* U^* L^*/\eta^* = \mathrm{Re}$, die sog. Reynolds-Zahl. Sie ist ein Parameter des Strömungsproblems. Bei einer bestimmten Geometrie und unveränderten Rand- und Anfangsbedingungen bestimmt ihr Zahlenwert die konkrete Lösung. Diese Lösungen weisen je nach der Größe der Reynolds-Zahl (prinzipiell sind Werte $0 \leq \mathrm{Re} < \infty$ möglich) einen sehr unterschiedlichen Charakter auf. Folgende Fälle können unterschieden werden:

- Strömungen bei kleinen Reynolds-Zahlen ($\mathrm{Re} \to 0$):

  Im Grenzfall $\mathrm{Re} \to 0$ handelt es sich um sog. *schleichende Strömungen*, bei denen die Trägheitskräfte gegenüber den anderen Kräften (Druck-, Reibungskräfte) von untergeordneter Bedeutung sind und in erster Näherung vernachlässigt werden können.

- Strömungen bei mittleren Reynolds-Zahlen (Re $= \mathcal{O}(1)$):

  Im Bereich mittlerer Reynolds-Zahlen, der durchaus Zahlenwerte von 10 bis 10^4 umfassen kann (ohne daß ein scharf abgrenzbarer Bereich angegeben werden kann), ist es von entscheidender Bedeutung, ob die Strömung bei einer Reynolds-Zahl größer oder kleiner als der sog. *kritischen Reynolds-Zahl* vorliegt. Die kritische Reynolds-Zahl Re_{krit} trennt die Bereiche laminarer und turbulenter Strömungen. Für die ausgebildete Rohrströmung z.B. liegt dieser Wert bei $\mathrm{Re}_{krit} = 2\,300$, so daß für Strömungen bei Reynolds-Zahlen oberhalb dieses Wertes eine turbulente Strömung vorliegt.

- Strömungen bei hohen Reynolds-Zahlen (Re $\to \infty$):

  Diese Strömungen sind durch die Ausbildung eines Schichtencharakters gekennzeichnet, wobei die einzelnen Schichten durch unterschiedliche physikalische Effekte bestimmt werden. Es ist jetzt grundsätzlich nach Um- und Durchströmungen zu unterscheiden.

  Bei Umströmungen ist der wandferne Teil des Strömungsfeldes dadurch gekennzeichnet, daß die Reibungskräfte nur noch von untergeordneter Bedeutung sind und in erster Näherung vernachlässigt werden können. Sie spielen aber in einer wandnahen Schicht eine entscheidende Rolle, s. dazu das Stichwort GRENZSCHICHT. Die Strömung hat nur in der wandnahen Grenzschicht einen turbulenten Charakter.

  Bei Durchströmungen kommt es nach einer gewissen Einlauflänge zu einer voll turbulenten Strömung. Wenn der Strömungsquerschnitt stromabwärts konstant bleibt, stellt sich eine voll ausgebildete (lauflängenunabhängige) Strömung ein. Diese turbulente Strömung ist wiederum durch einen ausgeprägten Schichtencharakter gekennzeichnet (wandnahe Schicht mit dem Einfluß der molekularen Viskosität, wandferne Schicht mit dem dominierenden Einfluß der turbulenten Scheinviskosität).

Da in allen konvektiven Wärmeübertragungsprozessen die Strömung einen entscheidenden Einfluß ausübt, findet sich der Reynolds-Zahl-Einfluß unmittelbar in diesen Prozessen wieder. Formal äußert er sich durch die häufig explizit formulierte Abhängigkeit der Wärmeübertragungsparameter von der Reynolds-Zahl. Dies gilt für exakte Ergebnisse, rationale (asymptotische) Näherungen oder nicht-rationale Näherungen (häufig in Form von Potenzansätzen). So gilt z.B. für die vollausgebildete turbulente Rohrströmung für Re $\to \infty$ ein (exaktes) Gesetz Nu $=$ Nu(Re, Pr) mit einer komplizierten Reynolds-Zahl–Abhängigkeit (s. dazu das Stichwort NUSSELT-ZAHL unter ANWENDUNGEN UND BEISPIELE). Es wird häufig durch die nicht-rationale Näherung Nu $= c_1 \mathrm{Re}^{0,8} \mathrm{Pr}^{0,5}$ approximiert.

ANWENDUNGEN UND BEISPIELE

Einfluß der Reynolds-Zahl auf den örtlichen Wärmeübergang am querange-strömten Kreiszylinder

Das nachfolgende Bild zeigt den starken Einfluß der Reynolds-Zahl $Re = U_\infty^* D^*/\nu^*$ auf die Nußelt-Zahl $Nu = \dot{q}_W^* D^*/(\lambda^*(T_W^* - T_\infty^*))$ am Kreiszylinder des Durchmessers D^*, angeströmt mit U_∞^*, T_∞^* bei der konstanten Wandtemperatur T_W^*. Die Nußelt-Zahl ist dabei ein unmittelbares Maß für die lokale Wandwärmestromdichte $\dot{q}_W^*$.

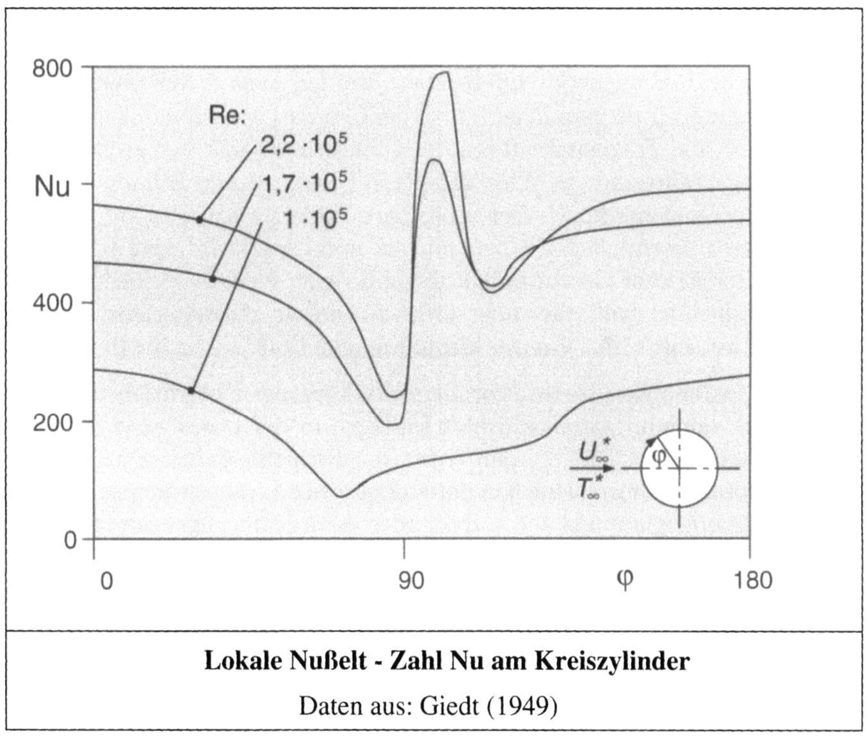

Lokale Nußelt - Zahl Nu am Kreiszylinder

Daten aus: Giedt (1949)

Bei der niedrigsten Reynolds-Zahl ($Re = 10^5$) tritt bei einem Winkel von etwa $\varphi = 80°$ ein Minimum im örtlichen Wärmeübergang auf. Dort kommt es zur (laminaren) Grenzschichtablösung. Weiter stromabwärts sorgt dann die rezirkulierende Strömung im Ablösegebiet für wieder ansteigende Nußelt-Zahlen.

Bei höheren Reynolds-Zahlen liegen jeweils zwei (relative) Minima in der Nußelt-Zahl-Verteilung vor. Der starke Anstieg nach dem ersten Minimum bei etwa $\varphi = 90°$ ist auf den Umschlag von der laminaren zur turbulenten Strömungsgrenzschicht zurückzuführen. Das zweite Minimum bei etwa $\varphi = 140°$ ensteht aufgrund der (jetzt turbulenten) Grenzschichtablösung. Wiederum führen rezirkulierende Strömungen im Ablösegebiet zu einem Anstieg der Nußelt-Zahl nach dem zweiten Minimum.

BEACHTE

◻ Die häufig zu findende Interpretation der Reynolds-Zahl als dem Verhältnis aus Trägheits- zu Reibungskräften ist oft irreführend. Diese Vorstellung geht davon aus, daß $Re = \varrho^* U_\infty^* L^*/\eta^*$ formal zu $Re = (\varrho^* U_\infty^2)L^{*2}/(\eta^* U_\infty^*/L^*)L^{*2}$ erweitert bzw. umgeformt wird und dann anschließend der Zähler als charakteristische Trägheitskraft und der Nenner als charakteristische Reibungskraft interpretiert werden kann. Aus einer solchen Überlegung würde man folgern, daß bei Grenzschichtströmungen, also für $Re \to \infty$, die Trägheitskräfte in der Grenzschicht sehr viel größer als die Reibungskräfte sind. In Wirklichkeit sind sie in diesem Fall aber von der gleichen Größenordnung! Der scheinbare Widerspruch tritt auf, weil mit den zuvor beschriebenen Überlegungen unterstellt wird, daß U_∞^*/L^* ein charakteristischer Geschwindigkeitsgradient in der Grenzschicht ist. Für Grenzschichten trifft dies aber nicht zu, da ein charakteristischer Wert U_∞^*/δ^* ist, mit δ^* als Grenzschichtdicke und $L^*/\delta^* \to \infty$ für $Re \to \infty$!

◻ Wenn Strömungen in transformierten Gleichungen beschrieben werden, wie z.B. laminare Grenzschichtströmungen in der transformierten Querkoordinate $(y^*/L^*)Re^{1/2}$, dann tritt die Reynolds-Zahl aufgrund dieser Transformation formal auch in der (entsprechend transformierten) thermischen Energiegleichung auf, s. dazu auch die Ausführungen zum Stichwort PECLET-ZAHL Pe.

WEITERFÜHRENDE LITERATUR

Schlichting, H.; Gersten, K. (1997): *Grenzschichttheorie*, Springer-Verlag, Berlin, Heidelberg, New York

Gersten, K.; Herwig, H. (1992): *Strömungsmechanik*, Vieweg-Verlag, Braunschweig

Richardson-Zahl Ri
(Richardson number Ri)

BEDEUTUNG UND DEFINITION

Es handelt sich um eine dimensionslose Kennzahl im Sinne der DIMENSI-
ONSANALYSIS, die im Zusammenhang mit der Wirkung von Auftriebskräften
auftritt. Eine besondere Bedeutung hat sie zur Kennzeichnung der Auftriebseffekte bei turbulenten Strömungen. Für diesen Zweck werden spezielle
Definitionen der Richardson-Zahl eingeführt.

	Definition	
$$\mathrm{Ri} = \dfrac{\beta^* \Delta T^* g^* L^*}{U_B^{*\,2}}$$		
Ri	Richardson-Zahl	—
β^*	$= -(\partial \varrho^*/\partial T^*)/\varrho^*$ isobarer therm. Ausdehnungskoeffizient	1/K
ΔT^*	charakteristische Temperaturdifferenz	K
g^*	Fallbeschleunigung	$\mathrm{m/s^2}$
L^*	charakteristische Länge	m
U_B^*	Bezugsgeschwindigkeit	m/s

PHYSIKALISCHER HINTERGRUND

Die Richardson-Zahl tritt im Zusammenhang mit thermischen Auftriebseffekten in den entdimensionierten Grundgleichungen auf. Dabei ist bzgl. ihrer
Anwendung sinnvollerweise nach zwei Fällen zu unterscheiden:

1. Einführung der Richardson-Zahl zur allgemeinen Beschreibung von Auftriebseffekten in einer Strömung, die nicht allein durch die Wirkung von
   Auftriebseffekten zustande kommt, sondern durch diese lediglich modifi-
   ziert wird. Für diesen Zweck kann Ri in der zuvor gegebenen Definition
   unmittelbar eingesetzt werden, wie unter dem Stichwort FROUDE-ZAHL
   (dort unter PHYSIKALISCHER HINTERGRUND) ausführlich erläutert ist.

2. Einführung einer modifizierten „lokalen" Richardson-Zahl zur speziellen
   Charakterisierung der Wirkung von Auftriebskräften auf horizontale, dich-
   tegeschichtete turbulente Strömungen. Bei diesen Strömungen wirken

die Auftriebskräfte nicht unmittelbar, weil der Fallbeschleunigungsvektor senkrecht zur Strömungsrichtung steht. Wegen des grundsätzlich dreidimensionalen Charakters der Turbulenz gibt es jedoch eine indirekte Wirkung auf solche Strömungen durch eine entsprechende Turbulenzbeeinflussung. Diese wirkt unmittelbar zunächst nur auf die Turbulenzproduktion. Diese Wirkung ist in der Gleichung für die kinetische Energie der Turbulenz (k–Gleichung) erkennbar. Zur Charakterisierung wird das Verhältnis der Turbulenzproduktion durch Auftrieb und Scherung gebildet und „Wärmestrom-Richardson-Zahl" Ri_f (engl.: flux Richardson number) genannt:

$$\mathrm{Ri}_f = \frac{-g^* \overline{v^{*\prime} T^{*\prime}}/\overline{T^*}}{-\overline{u^{*\prime} v^{*\prime}} \, \partial \overline{u^*}/\partial y^*}$$

wobei $u^* = \overline{u^*} + u^{*\prime}$; $T^* = \overline{T^*} + T^{*\prime}$ die Aufspaltung der Horizontalgeschwindigkeit bzw. der Temperatur in mittlere und Schwankungsgrößen ist und $v^{*\prime}$ die Schwankungsgeschwindigkeit in y–Richtung, d.h., senkrecht zur u^*–Komponente.

Für eine stabile Schichtung (negativer Dichtegradient in y^*–Richtung) ist Ri_f positiv und dämpft die Turbulenzproduktion, für eine instabile Schichtung ist Ri_f negativ und verstärkt die Turbulenzproduktion.

Der kritische Wert für die Existenz einer turbulenten Strömung ist $\mathrm{Ri}_f \approx 0{,}2$. Bei größeren Werten von Ri_f wird die Turbulenz durch Auftriebseffekte so stark gedämpft, daß eine Relaminarisierung eintritt.

ANWENDUNGEN UND BEISPIELE

Wirkung von Auftriebskräften in atmosphärischen Strömungen

Ein wichtiger Aspekt bei atmosphärischen (horizontalen dichtegeschichteten) Strömungen ist deren Stabilität. In diesem Zusammenhang wird zur Charakterisierung das Verhältnis aus zwei Frequenzen, der Frequenz von Schwerewellen (Brunt-Väisälä-Frequenz) und einer typischen Turbulenzfrequenz gebildet und „Gradienten-Richardson-Zahl" Ri_g (engl.: gradient Richardson number) genannt:

$$\mathrm{Ri}_g = \frac{g^* \partial \overline{T^*}/\partial y^*}{\overline{T^*} (\partial \overline{u^*}/\partial y^*)^2}$$

Für Ri_g existiert ein kritischer Wert von $\mathrm{Ri}_g = 0{,}25$ (kritsche Richardson-Zahl) bei dessen Unterschreiten eine dann auftretende Instabilität (Kelvin-Helmholtz-Instabilität) zur Ausbildung von großräumigen Wirbeln mit horizontaler Achse senkrecht zur Strömung führen kann. Diese werden wegen ihrer länglichen Form auch als „Katzenaugenwirbel" bezeichnet. Derartige Wirbel können in der Atmosphäre auftreten und sind als ein Element der sog. „Clear Air Turbulence" (CAT) im Luftverkehr gefürchtet.

BEACHTE

◘ Bei sehr starker instabiler Schichtung ($\mathrm{Ri}_f \to -\infty$) überwiegt der Schwerkrafteinfluß und die Strömung verliert demgegenüber an Bedeutung. Es handelt sich dann um einen Vorgang, bei dem zwischen zwei horizontalen Ebenen ohne mittlere Strömung Wärme von unten nach oben nur aufgrund turbulenter Bewegung übertragen wird.

◘ Die Richardson-Zahl wird gelegentlich auch als Verhältnis von zwei Längen interpretiert, wobei die zweite nicht-geometrische Länge „Obukhov-Länge" genannt wird.

WEITERFÜHRENDE LITERATUR

Gersten, K.; Herwig, H. (1992): *Strömungsmechanik*, Vieweg-Verlag, Braunschweig

Prandtl, L.; Oswatitsch, K.; Wieghardt, K. (1990): *Führer durch die Strömungslehre*, Vieweg-Verlag, Braunschweig

Monin, A. S.; Yaglom, A. M. (1971): *Statistical Fluid Mechanics: Mechanics of Turbulence. Vol. 1*, The MIT Press, Cambridge, Mass.

Miles, J. W. (1961): *On the Stability of Heterogeneous Shear Flows*, J. Fluid Mech. 10, 496–508

Rückgewinnfaktor r
(recovery factor r_c)

BEDEUTUNG UND DEFINITION

Es handelt sich um einen Zahlenfaktor, der den komplizierten und komplexen Effekt der Dissipation in Wandnähe charakterisiert. Er ist ursprünglich bei Gasen, die Körper mit hoher Geschwindigkeit umströmen, eingeführt worden und auch dort von Bedeutung.

	Definition	
$$T_{ad}^* = T_\infty^* + r\,\frac{U_\infty^{*2}}{2c_p^*} \quad \rightarrow \quad r = \frac{T_{ad}^* - T_\infty^*}{U_\infty^{*2}/2c_p^*}$$		
r	Rückgewinnfaktor	—
T_{ad}^*	adiabate Wandtemperatur	K
T_∞^*	Temperatur außerhalb der Grenzschicht	K
U_∞^*	Strömungsgeschwindigkeit außerhalb der Grenzschicht	m/s
c_p^*	spezifische isobare Wärmekapazität	$\mathrm{m^2/s^2K}$

PHYSIKALISCHER HINTERGRUND

Bei niedrigen Geschwindigkeiten (vernachlässigbare Dissipationseffekte) ist das Temperaturprofil in der Temperaturgrenzschicht unmittelbar durch den Wärmeübergang an der Wand bestimmt. Bei hohen Geschwindigkeiten mit entsprechend nicht vernachlässigbaren Dissipationseffekten ist eine Temperaturerhöhung aufgrund der Dissipation überlagert, wie das nachfolgende Bild verdeutlicht.

Die Differenz der adiabaten Wandtemperatur zur Außentemperatur T_∞^* ist dabei ausschließlich eine Folge von Dissipationseffekten und charakterisiert einen irreversiblen Übergang von kinetischer in innere Energie. Bei nichtadiabatischen Wänden kommt es dann zu benachbarten Temperaturprofilen mit positiven oder negativen Wandwärmestromdichten $\dot{q}_W^* = -\lambda^*\,(\partial T^*/\partial n^*)_W$ wie in der Skizze angedeutet.

Damit wird deutlich, daß in Wärmeübergangsbeziehungen (Nußelt-Zahlen; Wärmeübergangskoeffizienten) stets als charakteristische Temperaturdifferenz $(T_W^* - T_{ad}^*)$ genommen werden muß. Diese Differenz geht bei Ver-

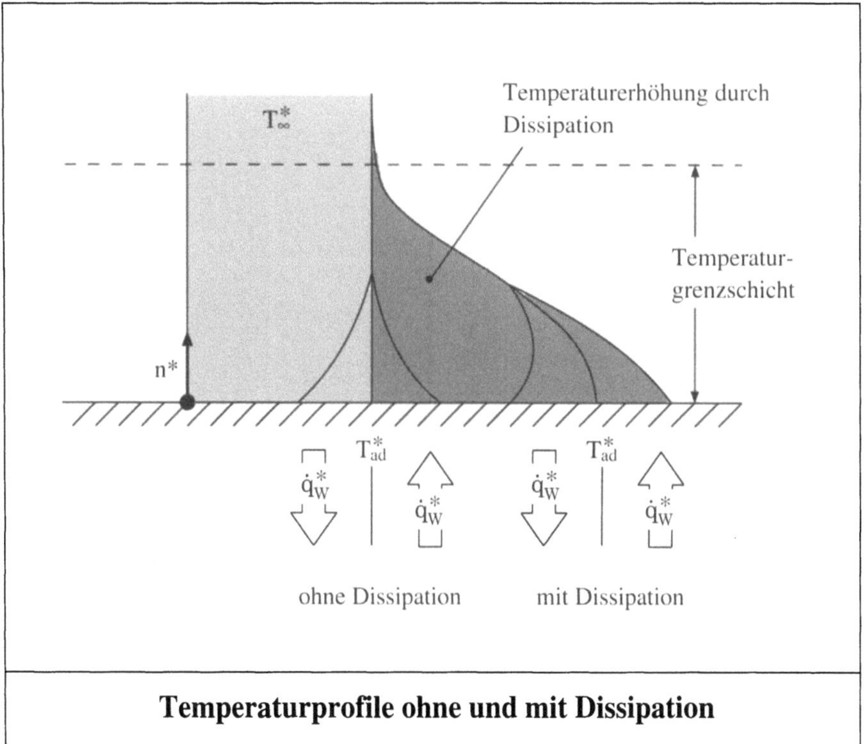

Temperaturprofile ohne und mit Dissipation

nachlässigung der Dissipation automatisch in $T_W^* - T_\infty^*$ über, da dann $T_{ad}^* = T_\infty^*$ gilt.

Da bei einem idealen Gas konstanter Wärmekapazität für die Ruhetemperatur T_0^* gilt:

$$T_0^* = T_\infty^* + \frac{U_\infty^{*2}}{2c_p^*},$$

und dies bis auf den Faktor r formal mit der adiabaten Wandtemperatur $T_{ad}^* = T_\infty^* + r\,U_\infty^{*2}/2c_p^*$ übereinstimmt, kann r auch als das Verhältnis

$$r = \frac{T_{ad}^* - T_\infty^*}{T_0^* - T_\infty^*}$$

interpretiert werden. In diesem Sinne beschreibt r keine neue physikalische Situation, sondern weiterhin, wie stark die Wandaufheizung durch Dissipationseffekte ist, diesmal im Vergleich zur Aufheizung des Fluides bei einem adiabaten Aufstauen von einer Geschwindigkeit U_∞^* auf Null.

Der Rückgewinnfaktor r ist aufgrund seiner physikalischen Bedeutung erwartungsgemäß abhängig von der Prandtl-Zahl und der konkreten Form des

Geschwindigkeitsprofiles der zugehörigen Strömungsgrenzschicht. Beide beeinflussen die Lösungen der Temperatur-Grenzschichtgleichungen, aus denen der Faktor r gewonnen werden kann.

ANWENDUNGEN UND BEISPIELE

1. Rückgewinnfaktor der längsangeströmten ebenen Platte; laminare Grenzschicht

Das nachfolgende Bild zeigt neben dem Verlauf des Rückgewinnfaktors r im Prandtl-Zahl-Bereich $0{,}01 \leq \mathrm{Pr} \leq 100$ auch die Asymptoten für $\mathrm{Pr} \to 0$ und $\mathrm{Pr} \to \infty$ (gestrichelte Kurven).

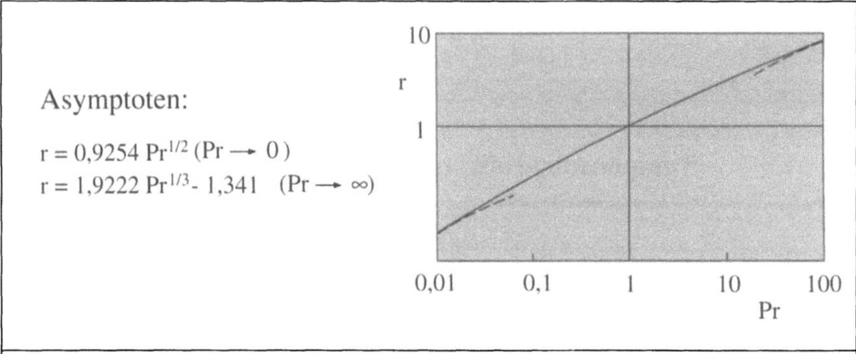

Rückgewinnfaktor der ebenen Plattengrenzschicht (laminar)

Daten aus: Schlichting, Gersten (1997)

2. Rückgewinnfaktor der längsangeströmten ebenen Platte; turbulente Grenzschicht

Für den Rückgewinnfaktor folgt aus asymptotischen Überlegungen:

$$r = 0{,}87 \left[1 + 1{,}2\sqrt{c_f/2} + \cdots \right]$$

Dabei ist c_f der Widerstandsbeiwert der ebenen Platte. Es handelt sich um ein asymptotisches Ergebnis in Form einer Reihenentwicklung für $\mathrm{Re} \to \infty$. Dabei zeigt sich, daß r in führender Ordnung eine Konstante ist. Im zweiten

Term tritt wegen $c_f = c_f(\mathrm{Re})$ eine Reynolds-Zahl–Abhängigkeit auf und erst in den folgenden Termen auch eine Abhängigkeit von der Prandtl-Zahl (Daten aus: Gersten, Herwig (1992)).

BEACHTE

◻ Wie sich herausstellt, sind Wärmeübergangsbeziehungen, die bei niedrigen Geschwindigkeiten gewonnen werden, auch bei hohen Geschwindigkeiten gute Näherungen, wenn nur $\Delta T^* = T_W^* - T_{ad}^*$ gesetzt wird. Damit zerfällt die Aufgabe, den Wärmeübergang unter Berücksichtigung von Dissipationseffekten zu bestimmen, in zwei Teilaufgaben: 1. Bestimmung der Wärmeübergangsbeziehung für den Fall ohne Dissipation und 2. Ermittlung der adiabaten Wandtemperatur.

◻ Der Name „Rückgewinnfaktor" suggeriert eine anschauliche Interpretationsmöglichkeit der mit r verbundenen physikalischen Vorgänge. Dies ist jedoch irreführend. Zwar ist mit der Temperaturdifferenz $T_{ad}^* - T_\infty^*$ ein Energietransfer von mechanischer zu innerer Energie charakterisiert, der wegen seines dissipativen Charakters (Entropieproduktion) nicht umkehrbar ist, also einem „Rückgewinn" verlorengegangen ist, jedoch kann dieser nicht sinnvoll als „r-ter" oder „$(1 - r)$-ter" Teil einer maximal möglichen rückgewinnbaren spezifischen Energie $U_\infty^{*2}/2c_p^*$ interpretiert werden. Dies wird durch die Tatsache unterstrichen, daß r Werte kleiner, aber auch größer als 1 annehmen kann.

WEITERFÜHRENDE LITERATUR

Schlichting, H.; Gersten, K. (1997): *Grenzschichttheorie*, Springer-Verlag, Berlin, Heidelberg, New York

Gersten, K.; Herwig, H. (1992): *Strömungsmechanik*, Vieweg-Verlag, Braunschweig

Gersten, K., Körner, H. (1968): *Wärmeübergang unter Berücksichtigung der Reibungswärme bei laminaren Keilströmungen mit veränderlicher Temperatur und Normalgeschwindigkeit entlang der Wand*, Int. J. Heat Mass Transfer 11, 655–673

Schmelzenthalpie
(latent heat of melting)

Siehe dazu das Stichwort LATENTE WÄRME.

Schwitzkühlung
(transpiration cooling)

Siehe dazu das Stichwort TRANSPIRATIONSKÜHLUNG.

Seebeck-Effekt
(Seebeck effect)

Siehe dazu das Stichwort THERMOELEMENT, besonders unter PHYSIKALI-
SCHER HINTERGRUND.

Siedekrise
(boiling crisis)

1. Art: Siehe dazu das Stichwort SIEDEN, besonders unter ANWENDUNGEN
   UND BEISPIELE.

2. Art: Siehe dazu das Stichwort STRÖMUNGSSIEDEN, besonders unter BE-
   ACHTE.

Sieden
(Boiling)

BEDEUTUNG UND DEFINITION

Es handelt sich um den Übergang eines Stoffes aus der flüssigen Phase in die Gasphase (Dampf). Diese Phasenumwandlung tritt ein, wenn Abweichungen vom thermodynamischen Gleichgewicht zwischen beiden Phasen vorhanden sind. Sie ist stets mit Wärme- und Stoffströmen an der Phasengrenze verbunden. Neben dem Einsatz zur Dampferzeugung und Trennung von Stoffen wird der Siedevorgang häufig gezielt für wärmetechnische Zwecke eingesetzt, wie z.B. bei der WÄRMEPUMPE oder beim WÄRMEROHR. Dieser Vorgang wird in der technischen Anwendung häufig auch als Verdampfen bezeichnet.

	Definition	

Unter dem Begriff des Siedens versteht man den Phasenübergang flüssig → gasförmig eines reinen Stoffes oder eines Gemisches. Dieser Vorgang findet an der Flüssigkeitsoberfläche oder im Inneren der Flüssigkeit an einer geheizten Wand statt.

Beim Sieden von Flüssigkeiten unterscheidet man folgende Formen:

- Stilles Sieden: An der freien Oberfläche einer von unten beheizten Flüssigkeit erfolgt die Verdampfung (die Gasphase besteht nur aus dem Dampf der Flüssigkeit) oder Verdunstung (die Gasphase enthält weitere Komponenten), weil die Flüssigkeitstemperatur über der Sättigungstemperatur liegt. Es findet keine nennenswerte Dampfblasenbildung im Inneren der Flüssigkeit statt.

- Blasensieden: Auftreten von Dampfblasen an bestimmten Stellen der Heizfläche, die zeitlich anwachsen, abreißen und unter der Wirkung von Auftriebskräften aufsteigen.

- Filmsieden: Ausbildung eines geschlossenen Dampffilmes an der Wand, der aufgrund der geringen Wärmeleitfähigkeit des Dampfes einen hohen Wärmewiderstand darstellt.

Bezüglich der technischen Umsetzung wird grob nach folgenden zwei Varianten unterschieden:

- BEHÄLTERSIEDEN: Verdampfung einer Flüssigkeit in großen Behältern. „Groß" bedeutet in diesem Zusammenhang, daß die Behälterabmessungen deutlich über typischen Blasengrößen liegen. Eine Strömung kommt nur infolge von Dichteunterschieden (natürliche Konvektion) oder durch die Bewegung der aufsteigenden Dampfblasen zustande.

- STRÖMUNGSSIEDEN: Verdampfen einer Flüssigkeit unter Zwangskonvektion, häufig in durchströmten Rohren. Dabei treten in Strömungsrichtung nacheinander verschiedene Siedephänomene auf. Der Dampfgehalt steigt bis zur vollständigen Verdampfung kontinuierlich an.

PHYSIKALISCHER HINTERGRUND

Im thermodynamischen Zweiphasen-Gleichgewicht flüssig/gasförmig existieren beide Phasen nebeneinander, ohne daß es auf der Ebene makroskopischer Betrachtung zu einem Stofftransport an der Grenzfläche zwischen beiden Phasen kommt. Auf der Ebene mikroskopischer Betrachtung gibt es eine ständige Molekülbewegung über die Grenzfläche hinweg, aber so, daß die Zahl der ein- und austretenden Moleküle gleich ist. In diesem thermodynamischen Gleichgewicht sind die Temperaturen T^* und die Drücke p^* in beiden Phasen jeweils gleich groß. Beide Größen sind durch die Dampfdruckkurve $p_S^*(T_S^*)$ des Fluides miteinander verknüpft (p_S^* = Sättigungsdruck; T_S^* = Sättigungstemperatur).

Ausgehend von diesem Gleichgewichtszustand kommt es zum Sieden (mehr Moleküle treten in die Gasphase ein als aus dieser heraus), wenn die Temperatur in der flüssigen Phase erhöht wird. Sieden tritt ebenfalls in einer zunächst reinen Flüssgkeitsphase auf, wenn lokal (z.B. an einer begrenzenden Wand) die Sättigungstemperatur T_S^* gemäß der Dampfdruckkurve $p_S^*(T_S^*)$ überschritten wird.

Im Hinblick auf die Wärmeübertragung ist nun entscheidend, daß bei diesem Siedevorgang die sog. Verdampfungsenthalpie aufgebracht werden muß. Diese ist als spezifische (massenbezogene) Größe für p^* = const:

$\Delta h_v^* = h^{*\prime\prime} - h^{*\prime}$		
Δh_v^*	spezifische Verdampfungsenthalpie	kJ/kg
$h^{*\prime\prime}$	spez. Enthalpie des gesättigten Dampfes	kJ/kg
$h^{*\prime}$	spez. Enthalpie der siedenden Flüssigkeit	kJ/kg

Sie muß in Form von Wärme an den Ort des Phasenwechsels gelangen. Wesentliche Transportmechanismen hierfür sind die Wärmeleitung und der konvektive Transport. Bezüglich der Wärmeleitung ist es entscheidend, ob die an der Phasengrenze benötigte Energie durch die Flüssigkeit geleitet werden muß (wie z.B. beim stillen Sieden) oder durch die Dampfphase (wie bei der Ausbildung eines geschlossenen Dampffilmes an der Wand), da die Wärmeleitfähigkeit von Flüssigkeiten erheblich größer als diejenige von Dämpfen ist.

Besonders durch die häufig auftretende Dampfblasenbildung entsteht eine sehr komplexe physikalische Situation, die bezüglich des Wärmeüberganges deshalb meist nur mit empirischen Globalbeziehungen wie z.B. dem WÄRMEÜBERGANGSKOEFFIZIENTEN α^* beschrieben werden kann.

In einer solchen Beziehung $\alpha^* = \dot{q}_W^* / \Delta T^*$, die die Wandwärmestromdichte empirisch mit einer „treibenden Temperaturdifferenz" verknüpft, wird die charakteristische Temperaturdifferenz $\Delta T^* = T_W^* - T_S^*$ sein, mit T_W^* als Wand- und T_S^* als Sättigungstemperatur. In diesem Zusammenhang wird ΔT^* als *Wandüberhitzung* bezeichnet (engl.: excess temperature).

ANWENDUNGEN UND BEISPIELE

Verlauf der Siedekennlinie beim Behältersieden

Als Siedekennlinie bezeichnet man den funktionalen Zusammenhang $\dot{q}_W^* = \dot{q}_W^*(T_W^* - T_S^*)$. In einem ruhenden Fluid hat diese Kennlinie einen charakteri-

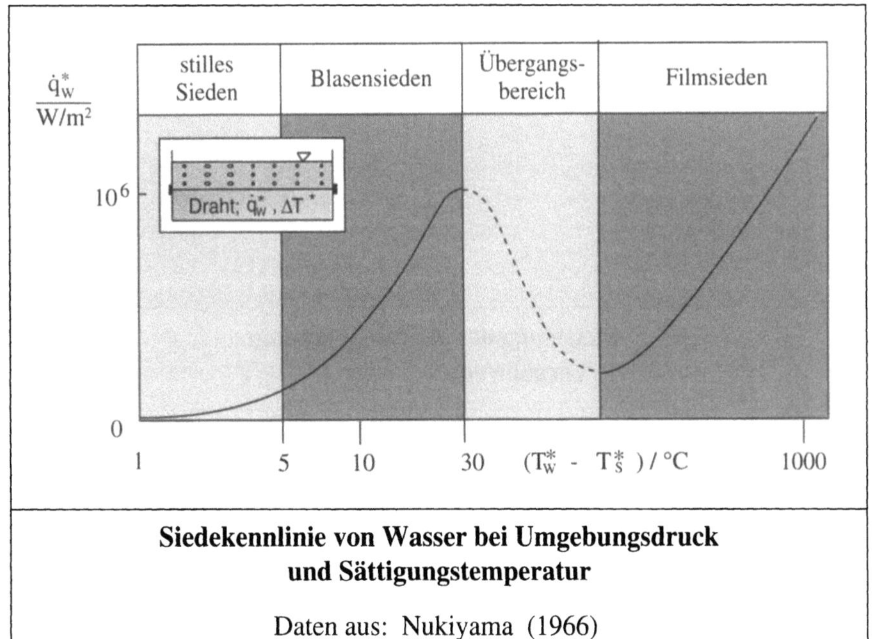

Siedekennlinie von Wasser bei Umgebungsdruck und Sättigungstemperatur

Daten aus: Nukiyama (1966)

stischen N–förmigen Verlauf, wie die vorhergehende Abbildung für Wasser bei Umgebungsdruck zeigt. Der Siedevorgang wird dabei z.B. durch einen stromdurchflossenen Draht ausgelöst, der aufgrund des elektrischen Widerstandes eine bestimmte Wandwärmestromdichte an der Drahtoberfläche freisetzt.

Der N–förmige Verlauf entsteht, weil das bei steigender Temperaturdifferenz zuletzt einsetzende Filmsieden mit einem deutlich schlechteren Wärmeübergang als das Blasensieden einhergeht. Die folgende Abbildung skizziert zwei mögliche Arten, den Wärmeübergang zu steuern.

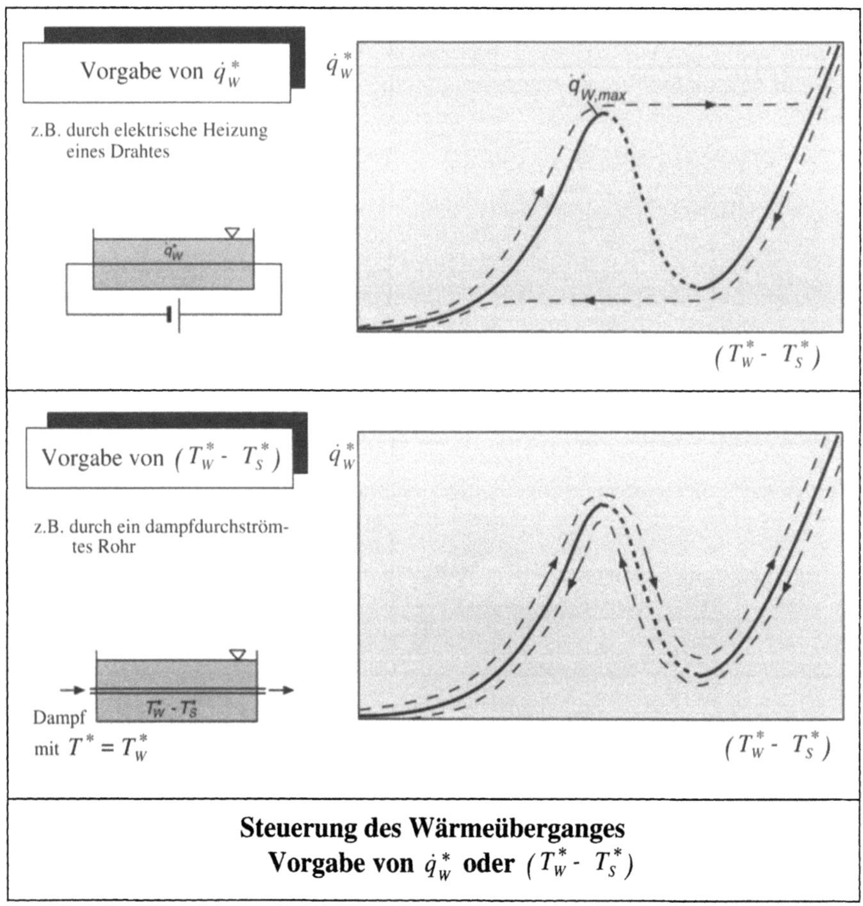

Der Verlauf der Siedekennlinie führt zu einem problematischen Hysterese-Verhalten, wenn der Wärmeübergang durch Vorgabe der Wärmestromdichte festgelegt wird, da dann größere Temperaturbereiche übersprungen werden, wie in der Abbildung durch den Verlauf der gestrichelten Linie angedeutet ist. Man spricht dann von einer *Siedekrise*, weil dies in der Regel dazu führt, daß bei ansteigendem $\dot{q}_W^*$ bei Erreichen von $\dot{q}_{W\,max}^*$ die plötzliche Temperaturerhöhung der Wand zur Zerstörung der Heizfläche führt. Im gezeigten Beispiel tritt ein Sprung von ca. 1000°C auf! Das relative Maximum in der Wandwärmestromdichte wird auch als *kritische Wärmestromdichte* (engl.: CHF = critical heat flux) bezeichnet.

BEACHTE

- Die Siedekrise im Zusammenhang mit dem N–förmigen Verlauf der Siedekennlinie wird bisweilen auch als „Siedekrise 1. Art" bezeichnet (Zur Siedekrise 2. Art, siehe das Stichwort STRÖMUNGSSIEDEN, dort unter BEACHTE).

- Die physikalischen Vorgänge bei beginnendem Filmsieden (relatives Minimum von $\dot{q}_W^*$ in der Siedekennlinie) werden auch als *Leidenfrost-Phänomen* bezeichnet, die zugehörige Temperatur als *Leidenfrost-Temperatur* (benannt nach dem deutschen Mediziner J.G. Leidenfrost). Damit wird ein Zusammenhang zu den ursprünglichen Beobachtungen an Einzeltropfen hergestellt, die sich auf einer heißen Oberfläche bewegen, ohne diese zu benetzen. Ein Beispiel dafür sind „tanzende Tropfen" auf einer heißen Herdplatte. Als Leidenfrost-Temperatur wird dabei diejenige Temperatur bezeichnet, bei der die Verdampfungsdauer eines Einzeltropfens am größten ist. Für Wasser liegt diese Temperatur etwa 150°C bis 210°C über der Siedetemperatur, abhängig von der Oberfläche und der Art der Tropfenaufbringung.

- Neben der Bezeichnung „kritische Wärmestromdichte" sind auch die Begriffe „Durchbrennpunkt" (engl.: burnout) und „DNB" (von der engl. Bezeichnung departure from nucleate boiling) gebräuchlich.

- Die Verwendung der Begriffe im Zusammenhang mit dem Siedevorgang ist nicht immer einheitlich und klar definiert. So werden z.B. „Sieden" und „Verdampfen" weitgehend synonym verwendet (z.B. „Siedelinie" im Zustandsdiagramm, „Verdampfungsenthalpie" für Δh_v^*). Bezüglich der technischen Apparate, in denen ein Siedevorgang abläuft, ist die Bezeichnung noch uneinheitlicher: „Kessel" bei Wärmekraftanlagen; „Verdampfer" bei Wärmepumpen und Kältemaschinen. Im englischsprachigen Raum wird darüber hinaus nicht zwischen Verdampfung (nur Dampf) und Verdunstung (Dampf und andere Gase) unterschieden. Beides heißt „evaporation".

- Wenn in einer Flüssigkeit der Druck unter den Sättigungsdruck gemäß der Dampfdruckkurve $p_S^*(T_S^*)$ absinkt (z.B. lokal in einer beschleunigten Strömung), kommt es zu einer spontanen Dampfblasenbildung. Dieser Siedevorgang wird *Kavitation* genannt.

Weiterführende Literatur

Theofanus, T.G.; Yuen, W.W. (1998): *Fundamentals of Boiling and Multiphase Flow under Extreme Conditions*, Proc. of 11th IHTC, Vol. 1, 131–147

Sakurai, A. (1990): *Film Boiling Heat Transfer*, Proc. of 10th IHTC, Vol. 1, 157–186

Stephan, K. (1988): *Wärmeübergang beim Kondensieren und beim Sieden*, Springer-Verlag, Berlin, Heidelberg, New York

Katto, Y. (1986): *Critical Heat Flux in Boiling*, Proc. of 8th IHTC, Vol. 1, 171–180

van Stralen, S.; Cole, R. (1979): *Boiling Phenomena*, McGraw-Hill / Hemisphere, New York

Cole, R. (1974): *Boiling Nucleation*, Adv. in Heat Transfer 10, 85–166

Gottfried, B.S.; Lee, C.J.; Bell, K.J. (1966): *The Leidenfrost Phenomenon: Film Boiling of Liquid Droplets on a Flat Plate*, Int. J. Heat Mass Transfer 9, 1167–1187

Nukiyama, S. (1966): *The Maximum and the Minimum Values of Heat Transmitted from Metal to Boiling Water under Atmospheric Pressure*, Int. J. Heat Mass Transfer 9, 1419–1433

Solarstrahlung
(solar radiation)

BEDEUTUNG UND DEFINITION

Es handelt sich um die elektromagnetische (Wärme-)Strahlung, die von der Sonne ausgeht und u.a. auf die Erdatmosphäre und letztlich auf die Erdoberfläche trifft.

	Definition	

Unter der Solarstrahlung versteht man die von der Sonne emittierte Wärmestrahlung. Die Sonne ist ein nahezu kugelförmiger Körper (Durchmesser $D_S^* = 1{,}4 \cdot 10^9$ m) mit einer Temperatur (an der Oberfläche) von $T^* = 5762$ K. Aufgrund der großen Entfernung Sonne – Erde (mittlerer Abstand $L_{SE}^* = 1{,}5 \cdot 10^{11}$ m $\approx 108\, D_S^*$) kann das Sonnenlicht als parallel einfallende Strahlung angesehen werden.

Außerhalb der Erdatmosphäre gilt für die spezifische extraterrestrische Solareinstrahlung auf einer Fläche A^*:

$$F_S^* = S^* f \cos \vartheta; \qquad S^* = 1\,353\,\text{W/m}^2$$

F_S^*	spezifische Solareinstrahlung	W/m^2
S^*	Solarkonstante	W/m^2
f	Korrekturfaktor für die Exzentrizität des Erdorbits $(0{,}97 < f < 1{,}03)$	—
ϑ	Winkel zur Flächennormalen von A^*	rad

PHYSIKALISCHER HINTERGRUND

Die Sonne verhält sich bezüglich der Wärmestrahlung nahezu wie ein Schwarzer Körper (s. dazu das Stichwort STRAHLUNG SCHWARZER KÖRPER). Das nachfolgende Bild zeigt die spektrale spezifische Einstrahlung auf eine Fläche senkrecht zur Sonnenstrahlung ($\vartheta = 0$). Aufgrund der großen Entfernung Sonne – Erde liegt sie „nur" in der Größenordnung von 10^9 W/m^3 (während die spektrale spezifische *Ausstrahlung* der Sonne Werte bis zu $\dot{e}_{s\lambda}^* = 10^{14}$ W/m^3 erreicht).

Wegen der hohen Sonnentemperatur ist die Strahlung im Wellenlängenbereich $0{,}2 < \lambda^* < 3\,\mu$m konzentriert mit dem Maximalwert etwa bei $\lambda^* =$

$0,5\,\mu$m. Technische Oberflächen mit Temperaturen in der Nähe der Umgebungstemperatur ($\sim 300\,$K) erreichen dagegen die maximalen Werte für die Strahlungsemission bei deutlich größeren Wellenlängen von etwa $10\,\mu$m (s. dazu auch das Stichwort STRAHLUNG SCHWARZER KÖRPER).

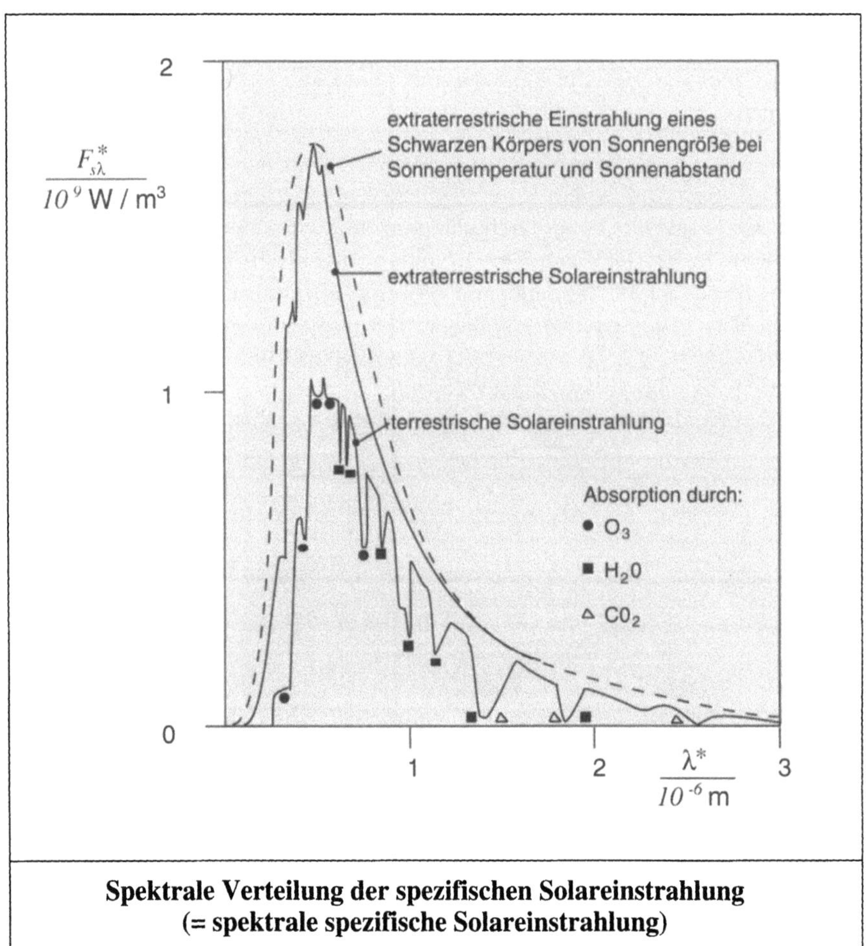

**Spektrale Verteilung der spezifischen Solareinstrahlung
(= spektrale spezifische Solareinstrahlung)**

Das Bild der spektralen Verteilung zeigt, daß die extraterrestrische Solareinstrahlung (außerhalb der Erdatmosphäre) qualitativ und quantitativ sehr nahe bei der von einem ideal Schwarzen Körper ausgesandten Strahlung liegt, daß aber die terrestrische Solareinstrahlung von dieser Verteilung deutlich abweicht. Dies ist die Folge von Absorptions- und Streuungsvorgängen (Reflexionen) innerhalb der Erdatmosphäre. Dabei kommt es sowohl zu Streuungsvorgängen an Gasmolekülen (Rayleigh-Streuung, ohne bevorzugte Richtung) als auch an Staub- und Aerosolteilchen (Mie-Streuung, mit Bevorzugung der

Einstrahlrichtung). Insgesamt ist die Solarstrahlung, die auf der Erdoberfläche ankommt, dann aus einem direkten (gerichteten) und einem indirekten (ungerichteten diffusen) Anteil zusammengesetzt. Der diffuse Anteil varriiert dabei je nach Atmosphärenzustand zwischen 10% und 100%.

Während die extraterrestrische Solareinstrahlung senkrecht zu einer Oberfläche $1\,353\,\text{W}/\text{m}^2$ beträgt (Solarkonstante, s. Def.), liegt der entsprechende Wert auf der Erdoberfläche deutlich niedriger. Unter typischen Bedingungen werden z.B. in Berlin Werte von etwa $600\,\text{W}/\text{m}^2$ erreicht.

ANWENDUNGEN UND BEISPIELE

1. Abschätzung benötigter Photovoltaik–Kollektorflächen zur Deckung des Strombedarfs der Weltbevölkerung

Die folgende Abschätzung kann ein Gefühl für Größenordnungen geben, vernachlässigt aber vollständig die Frage nach einer etwaigen Realisierungsmöglichkeit.

Weltstrombedarf:	$\approx 1{,}5 \cdot 10^{13}\,\text{kWh pro Jahr}$
	$\approx 1{,}7 \cdot 10^{9}\,\text{kW kontinuierlich}$
benötigte Kollektoroberfläche (Photovoltaik):	$\approx 57\,000\,\text{km}^2$

(Annahmen: Solarstrahlung $600\,\text{W}/\text{m}^2$; Wirkungsgrad 0,1; 50 % der Zeit aktiv)

Zum Vergleich: Die Fläche von Nordrhein–Westfalen beträgt $\approx 34\,000\,\text{km}^2$

2. Leistungsfähigkeit selektiver Oberflächen

Selektive Oberflächen zeichnen sich dadurch aus, daß ihre Absorptions- und Emissionsgrade von der Wellenlänge abhängig sind. Liegen z.B. hohe Absorptionsgrade bei kleinen Wellenlängen und niedrige Emissionsgrade bei großen Wellenlängen vor, so wird Solarstrahlung gut absorbiert, aber körpereigene Strahlung schwach emittiert. Der Gleichgewichtszustand ($\dot{Q}_{ab}^{*} = \dot{Q}_{em}^{*}$) stellt sich deshalb erst bei relativ hohen Körpertemperaturen T_{Gl}^{*} ein.

Unterstellt man, daß es sich um ein reines Strahlungsgleichgewicht handelt, daß also keine anderen Wärmeübertragungsmechanismen (wie z.B. ein konvektiver Wärmeübergang) beteiligt sind, so ist das Verhältnis des gerichteten Gesamtabsorptionsgrades $\alpha'(\vartheta, \varphi, T_A^{*})$ der Oberfläche A^* zum hemisphärischen Gesamtemissionsgrad $\epsilon(T_A^{*})$ der Oberfläche ein Maß für die Leistungsfähigkeit der selektiven Oberfläche (Zu α' und ϵ s. das Stichwort

STRAHLUNG REALER KÖRPER). Sie erreicht umso höhere Temperaturen, je größer das Verhältnis α'/ϵ ist. Bei senkrecht einfallender Solarstrahlung (α_n' als α' für $\vartheta = 0°$) gilt für die Gleichgewichtstemperatur T_{Gl}^* mit $\alpha_n' S^* = \epsilon\, \sigma^* T_{Gl}^{*4}$ und der Stefan-Boltzmann-Konstante $\sigma^* = 5{,}67 \cdot 10^{-8}\,\mathrm{W/m^2 K^4}$:

$$T_{Gl}^* = \left(\frac{\alpha_n'}{\epsilon}\, \frac{S^*}{\sigma^*} \right)^{1/4} \qquad (*)$$

Sehr niedrige erreichbare Zahlenwerte für α_n'/ϵ liegen etwa bei 0,2 bis 0,25. Ein Anwendungsbeispiel ist weiße Farbe auf einem metallischen Untergrund, z.B. bei Flüssiggas-Speicherbehältern. Aus Gl. (*) mit $\alpha_n'/\epsilon = 0{,}25$ ergibt sich $T_{Gl}^* = 278\,\mathrm{K} \approx 5°\mathrm{C}$. Sehr hohe erreichbare Zahlenwerte für α_n'/ϵ liegen bei etwa 10 bis 20. Ein Anwendungsbeispiel sind speziell beschichtete Oberflächen für thermische Solarkollektoren. Aus Gl. (*) mit $\alpha_n'/\epsilon = 15$ ergibt sich $T_{Gl}^* = 773\,\mathrm{K} \approx 500°\mathrm{C}$, wobei zu beachten ist, daß dies für alleinigen Strahlungsaustausch gilt.

BEACHTE

☐ Die größten Hindernisse für eine ernsthafte Nutzung der Solarenergie (photovoltaisch oder thermisch) bestehen in:

- der geringen Strahlungsintensität; dies erfordert große Kollektorflächen,

- der Variation über den Tag und über das Jahr; dies erfordert ggf. Kurzzeit- bzw. saisonale Speicher,

- der Unzuverlässigkeit aufgrund der Wetterabhängigkeit; dies erfordert ggf. Ersatzsysteme.

☐ Die Nutzung der Solarstrahlung in solarthermischen und photovoltaischen Anlagen ist ein Teil der Energiebereitstellung aus regenerativen Energiequellen. Zusätzlich werden in nennenswertem Umfang die Wasserkraft, die Windenergie, die Geothermie und die Biomasse genutzt.

Alle zusammen tragen in Deutschland derzeit (Stand 1998) mit etwa 2% zum Primärenergieverbrauch und mit rund 5% zur Stromerzeugung bei. Für das Jahr 2010 ist eine Verdoppelung dieser prozentualen Anteile angestrebt. Als langfristige Ziele für den Anteil erneuerbarer Energien am Primärenergieverbrauch in Deutschland fordert die Enquête-Kommission „Schutz der Erdatmosphäre" des Deutschen Bundestages 25% bis zum Jahr 2030 und 50% bis 2050. Dies erscheint erstrebenswert, die Machbarkeit hängt neben vielen technischen Fragen vor allem aber von den politischen Rahmenbedingungen ab.

Die Nutzung der Solarenergie innerhalb der regenerativen Energien ist derzeit noch gering, besitzt jedoch hohe Steigerungsraten. Die in Deutschland Ende 1997 installierte solarthermische Leistung betrug 700 MW, die entsprechende photovoltaische Leistung 30 MW. (Zum Vergleich: Windenergie ca. 2 400 MW; alle Daten aus Hirche, Merkel (1998)).

WEITERFÜHRENDE LITERATUR

Hirche, W.; Merkel, A. (1998): *Energie und Nachhaltigkeit — die politische Dimension*, Nachhaltigkeit und Energie, Forschungsverbund Sonnenenergie c/o DLR Köln

Masko, A.; Braun, P. (1997): *Thermische Solarenergienutzung an Gebäuden*, Springer-Verlag, Berlin, Heidelberg, New York

Khartchenko, N.V. (1995): *Thermische Solaranlagen*, Springer-Verlag, Berlin, Heidelberg, New York

Kaltschmitt, M.; Wiese, A. (1995): *Erneuerbare Energien*, Springer-Verlag, Berlin, Heidelberg, New York

Fisk, M.J.; Anderson, H.C. (1982): *Introduction to Solar Technology*, Addison-Wesley, Reading, Mass.

Anderson, E.E. (1982): *Solar Energy Fundamentals for Designers and Engineers*, Addison-Wesley, Reading, Mass.

Howell, J.R.; Bannerot, R.B., Vliet, G.C. (1982): *Solar Thermal Energy Systems, Analysis and Design*, Mc-Graw-Hill, New York

Duffie, J.A.; Beckmann, W.A. (1974): *Solar Energy Thermal Processes*, Wiley, New York

Soret-Effekt
(Soret effect)

Siehe dazu das Stichwort THERMODIFFUSION, besonders unter BEACHTE.

Speisewasservorwärmung
(feedwater heating)

Siehe dazu das Stichwort ZWISCHENÜBERHITZUNG.

Stanton-Zahl St
(Stanton number St)

Siehe dazu das Stichwort NUSSELT-ZAHL, besonders unter BEACHTE.

Stilles Sieden
(free convection boiling)

Siehe dazu das Stichwort SIEDEN.

Stoffwertverhältnis-Methode
(property ratio method)

BEDEUTUNG UND DEFINITION

Es handelt sich um eine spezielle Methode zur Erfassung des Einflusses variabler Stoffwerte auf Strömungs- und Wärmeübertragungsvorgänge. Variable Stoffwerte meint in diesem Zusammenhang die Temperaturabhängigkeit der an einem Problem beteiligten physikalischen Stoffwerte, wie z.B. Dichte und Viskosität. Solange ihr Einfluß nicht systematisch aus den Grundgleichungen abgeleitet wird, handelt es sich um eine rein empirische Methode. Eine Alternative zur Stoffwertverhältnis-Methode ist die REFERENZTEMPERATUR-METHODE.

Definition

Unter der Stoffwertverhältnis-Methode versteht man die nachträgliche Korrektur von Ergebnissen, die unter der Annahme konstanter Stoffwerte erhalten wurden, um damit den Einfluß variabler Stoffwerte zu erfassen. Dazu werden die Endergebnisse für konstante Stoffwerte (z.B. in Form des Widerstandsbeiwertes c_f oder der Nußelt-Zahl Nu) mit dem Faktor

$$ F_{SV\text{-}M} = \prod_i \left[\frac{\alpha_i^*(T_1^*)}{\alpha_i^*(T_2^*)} \right]^{m_{\alpha_i}} ; \quad \alpha_i^* = \varrho^*, \eta^*, \lambda^*, c_p^*, \ldots $$

multipliziert ($SV\text{-}M$ = Stoffwertverhältnis-Methode). Die Stoffwerte α_i^* werden dazu bei zwei verschiedenen, für das Problem charakteristischen Temperaturen ins Verhältnis gesetzt und sollen damit den individuellen Einfluß des jeweiligen Stoffwertes berücksichtigen. Wird nur der Einfluß eines Stoffwertes als maßgeblich angesehen, so reduziert sich der Korrekturfaktor auf die Form $[\alpha^*(T_1^*)/\alpha^*(T_2^*)]^m$, wobei z.B. bei Flüssigkeiten α^* häufig mit der Viskosität η^* identifiziert wird.

PHYSIKALISCHER HINTERGRUND

In vielen Strömungs- und Wärmeübertragungssituationen sind Effekte temperaturabhängiger Stoffwerte klein, weil entweder die Stoffwerte nur schwach von der Temperatur abhängen, oder weil in dem Problem nur geringe Temperaturunterschiede auftreten. Die Annahme konstanter Stoffwerte ist dann eine (häufig ausreichend genaue) erste Näherung. Ihre Zulässigkeit wird durch die jeweiligen Genauigkeitskriterien bestimmt und ist darüber hinaus jeweils im Einzelfall zu prüfen, weil dazu keine generellen Aussagen möglich sind. Für eine genauere Beschreibung der Physik sind jedoch Korrekturen erforderlich.

Die hier interessierende Stoffwertverhältnis-Methode geht in diesem Zusammenhang von der Vorstellung aus, daß der jeweilige Stoffwerteinfluß durch eine bestimmte Potenz von Stoffwertverhältnissen bei zwei verschiedenen Temperaturen erfaßt werden kann. Diese Temperaturen T_1^* und T_2^* können z.B. die Wandtemperatur T_W^* und die Temperatur T_∞^* des wandfernen Fluides sein. Dies stellt zunächst sicher, daß der Korrekturfaktor im isothermen Fall den Wert Eins annimmt. Darüber hinaus ermöglicht das Potenzprodukt aus mehreren verschiedenen Stoffwerten eine „individuelle" Korrektur bzgl. des jeweiligen Stoffwertes.

Solange aber die Auswahl der zu berücksichtigenden Stoffwerte willkürlich bleibt und die Exponenten m_{α_i} durch Anpassen an bekannte exakte Ergebnisse ermittelt und dann heuristisch auf andere Fälle übertragen werden, handelt es sich um eine nicht-rationale, rein empirische Methode zur Erfassung von Effekten variabler Stoffwerte. Es ist allerdings möglich, die Auswahl der Stoffwerte α_i^* und die zugehörigen Exponenten m_{α_i} systematisch aus den jeweiligen Grundgleichungen eines Problems abzuleiten und die Stoffwertverhältnis-Methode damit zu einer rationalen Theorie „aufzuwerten". Dies kann mit Hilfe einer asymptotischen Theorie zur Erfassung von Stoffwerteffekten geschehen, s. dazu auch das Stichwort VARIABLE STOFFWERTE. Im nachfolgenden Kapitel wird ein Beispiel für dieses Vorgehen gegeben.

ANWENDUNGEN UND BEISPIELE

Laminare Plattenströmung/systematische Bestimmung des Korrekturfaktors aus den Grundgleichungen

Der Einfluß variabler Stoffwerte auf den Strömungswiderstand (in Form des Widerstandsbeiwertes c_f) und den Wärmeübergang (in Form der Nußelt-Zahl Nu) kann z.B. für die laminare Plattengrenzschicht systematisch und allgemeingültig bestimmt werden. Dazu werden alle beteiligten Stoffwerte in einer Taylor-Reihe entwickelt und das ganze Problem als reguläres Störungsproblem mit dem Störparameter $\epsilon = (T_W^* - T_\infty^*)/T_\infty^*$ behandelt, s. dazu auch das Stichwort VARIABLE STOFFWERTE.

Die Taylor-Reihenentwicklung der Stoffwerte lautet :

$$\varrho = \frac{\varrho^*}{\varrho_\infty^*} = 1 + \epsilon K_\varrho \Theta + \ldots; \quad \eta = \frac{\eta^*}{\eta_\infty^*} = 1 + \epsilon K_\eta \Theta + \ldots;$$

$$\lambda = \frac{\lambda^*}{\lambda_\infty^*} = 1 + \epsilon K_\lambda \Theta + \ldots; \quad c_p = \frac{c_p^*}{c_{p\infty}^*} = 1 + \epsilon K_c \Theta + \ldots$$

mit :

$$\epsilon = \frac{T_W^* - T_\infty^*}{T_\infty^*}; \quad \Theta = \frac{T^* - T_\infty^*}{T_W^* - T_\infty^*}; \quad K_\alpha = \left(\frac{\partial \alpha^*}{\partial T^*}\frac{T^*}{\alpha^*}\right)_\infty; \quad \alpha^* = \varrho^*, \eta^*, \lambda^*, c_p^*, \mathrm{Pr}.$$

Die Ergebnisse $c_f = \ldots$ und $\mathrm{Nu} = \ldots$ folgen dann als Reihenentwicklungen in ϵ, die hier nur bis zum linearen Term interessieren, wenn daraus der Korrekturfaktor gewonnen werden soll.

Aus den asymptotischen Ergebnissen lassen sich sowohl die konkrete Form (Auswahl der beteiligten Stoffwerte) als auch die einzelnen Exponenten m_{α_i} unmittelbar ableiten. Für die laminare Plattengrenzschicht bei konstanter Wandtemperatur folgt aus einem einfachen Vergleich der asymptotischen Ergebnisse mit dem Ansatz der Stoffwertverhältnis-Methode ($\alpha_W^* = \alpha^*(T_W^*)$; $\alpha_\infty^* = \alpha^*(T_\infty^*)$) :

- für den Widerstandsbeiwert c_f:

$$F_{SV\text{-}M,c_f} = \left[\frac{\varrho_W^*}{\varrho_\infty^*}\right]^{m_\varrho} \left[\frac{\eta_W^*}{\eta_\infty^*}\right]^{m_\eta}$$

- für die Nußelt-Zahl Nu:

$$F_{SV\text{-}M,\mathrm{Nu}} = \left[\frac{\varrho_W^*}{\varrho_\infty^*}\right]^{\hat{m}_\varrho} \left[\frac{\eta_W^*}{\eta_\infty^*}\right]^{\hat{m}_\eta} \left[\frac{\lambda_W^*}{\lambda_\infty^*}\right]^{\hat{m}_\lambda} \left[\frac{c_{pW}^*}{c_{p\infty}^*}\right]^{\hat{m}_c} .$$

Dabei sind m_ϱ, m_η und $\hat{m}_\varrho$, $\hat{m}_\eta$, $\hat{m}_\lambda$, $\hat{m}_c$ von der Prandtl-Zahl abhängig. Die nachfolgende Tabelle gibt einige Zahlenbeispiele.

Pr	m_ϱ	m_η	$\hat{m}_\varrho$	$\hat{m}_\eta$	$\hat{m}_\lambda$	$\hat{m}_c$
$\to 0$	0,5000	0,5000	0,3183	0,0	0,3183	0,1817
0,7	0,2660	0,2660	0,2493	$-0,1477$	0,3970	0,1030
1,0	0,2411	0,2411	0,2411	$-0,1578$	0,3989	0,1011
7,0	0,1152	0,1152	0,2000	$-0,2035$	0,4035	0,0965
$\to \infty$	0,0	0,0	0,1616	$-0,2428$	0,4044	0,0956

Exponenten in den Korrekturfaktoren $F_{SV\text{-}M,c_f}$ und $F_{SV\text{-}M,\mathrm{Nu}}$ (laminare Plattengrenzschicht bei $T_W^* = \mathrm{const}$)

Aus den Ergebnissen folgt insbesondere:

- Die Korrekturfaktoren für den Widerstandsbeiwert und für die Nußelt-Zahl sind verschieden.

- Die Zahlenwerte der Exponenten spiegeln physikalische Besonderheiten von betrachteten Problemen wieder. So weist die Gleichheit der Exponenten m_ϱ und m_η darauf hin, daß beide Stoffwerte bei der laminaren Plattengrenzschicht in der Impulsgleichung nur in der festen Kombination $\varrho^* \eta^*$ auftreten, in der thermischen Energiegleichung aber nicht $\hat{m}_\varrho \neq \hat{m}_\eta$).

- Die Auswertung der Korrekturfaktoren kann für konkrete Stoffe, deren Stoffgesetze $\alpha_i^*(T^*)$ bekannt sind, auch in der Form $F_{SV-M,c_f} = (T_W^*/T_\infty^*)^m$ bzw. $F_{SV-M,\mathrm{Nu}} = (T_W^*/T_\infty^*)^{\hat{m}}$ erfolgen, wobei m und $\hat{m}$ dann stoffspezifische Exponenten sind.

Weitere Details sind zu finden in: Gersten, Herwig (1984).

Beachte

❏ Die asymptotische Theorie zur systematischen Erfassung von Stoffwerteffekten kann auch auf turbulente Strömungen angewandt werden und erlaubt damit z.B. auch für turbulente Grenzschichten die Bestimmung von Korrekturfaktoren F_{SV-M,c_f} und $F_{SV-M,\mathrm{Nu}}$ auf der Basis einer rationalen Theorie. Für die Plattenströmung gilt in diesem Zusammenhang mit derselben Definition von F_{SV-M,c_f} und $F_{SV-M,\mathrm{Nu}}$ wie im vorhergehenden Beispiel:

- Die Exponenten sind Funktionen der Reynolds-Zahl und der Prandtl-Zahl,

- Für Re $\to \infty$ gilt: $m_\varrho = \hat{m}_\varrho = 1/2, \quad m_\eta = \hat{m}_\eta = \hat{m}_\lambda = \hat{m}_c = 0.$

❏ Die systematische Ableitung der Korrekturfaktoren aus den jeweiligen Grundgleichungen mit Hilfe der asymptotischen Theorie zur Erfassung von Stoffwerteffekten zeigt, daß die Exponenten m_{α_i} nur lineare Stoffwerteffekte erfassen können, wenn in ihnen keine Abhängigkeiten von der Stärke der Wärmeübertragung (z.B. in Form einer Heiz- oder Kühlrate ϵ) zugelassen sind. Mit linearen Stoffwerteffekten ist hier eine lineare Abhängigkeit der beteiligten Stoffwerte von der Temperatur gemeint. Dies schließt insbesondere unterschiedliche Werte der Konstanten m_{α_i} für die analogen Fälle von „Heizen" und „Kühlen" aus, wie man dies gelegentlich in der Literatur findet (durch zwei Werte von m_{α_i} wird dann versucht, eine Funktion $m_{\alpha_i}(\epsilon)$ zu approximieren).

Weiterführende Literatur

Gersten, K.; Herwig, H. (1992): *Strömungsmechanik*, Vieweg-Verlag, Braunschweig (besonders Kap. 5.4: Methoden zur Erfassung des Einflusses variabler Stoffwerte)

Gersten, K.; Herwig, H. (1984): *Impuls- und Wärmeübertragung bei variablen Stoffwerten für die laminare Plattenströmung*, Wärme- und Stoffübertragung 18, 25–35

Strahlung Grauer Körper
(graybody approximation)

Bedeutung und Definition

Es handelt sich um eine (grobe) Näherung des Wärmestrahlungsverhaltens realer Körper, die auf den Gesetzmäßigkeiten des Strahlungsverhaltens des (idealisierten) Schwarzen Körpers aufbaut (siehe dazu auch die Stichwörter STRAHLUNG SCHWARZER KÖRPER und STRAHLUNG REALER KÖRPER).

Definition

Ein sog. Grauer Körper ist durch sein Strahlungsverhalten im Vergleich zu demjenigen des Schwarzen Körpers definiert. Er besitzt wie der Schwarze Körper die Eigenschaft, daß sein spektraler gerichteter Emissionsgrad

- richtungsunabhängig (diffus)

- wellenlängenunabhängig

ist. Die Strahldichte ist allerdings betragsmäßig geringer als beim Schwarzen Körper, so daß für den Emissionsgrad ϵ gilt:

$$\epsilon = \mathrm{const} < 1$$

Bezüglich des Absorptionsverhaltens gilt dann $\epsilon = \alpha < 1$ (als Folge des Kirchhoffschen Gesetzes), so daß der Graue Körper anders als der Schwarze Körper einen Reflexionsgrad $\varrho > 0$ besitzt.

Physikalischer Hintergrund

Die Modellvorstellung des Grauen Körpers ist aus dem Versuch heraus entstanden, die qualitativ relativ einfachen Gesetzmäßigkeiten des Schwarzen Körpers (keine Wellenlängen- bzw. Richtungsabhängigkeiten der Emissionsgrade) zu nutzen und trotzdem quantitativ näher am Strahlungsverhalten realer Körper zu liegen, als dies mit dem Modell des Schwarzen Körpers der Fall ist.

Das Bild auf der nächsten Seite veranschaulicht die zweifache Näherung (Richtungs- und Wellenlängenunabhängigkeit) im Modell des Grauen Körpers. Diese Modellvorstellung wird vorzugsweise bei der Berechnung des Strahlungsaustausches zwischen realen Körpern eingesetzt, s. dazu auch das Stichwort EINSTRAHLZAHL. Es handelt sich in vielen Fällen allerdings nur um eine sehr grobe Näherung des tatsächlichen Strahlungsverhaltens.

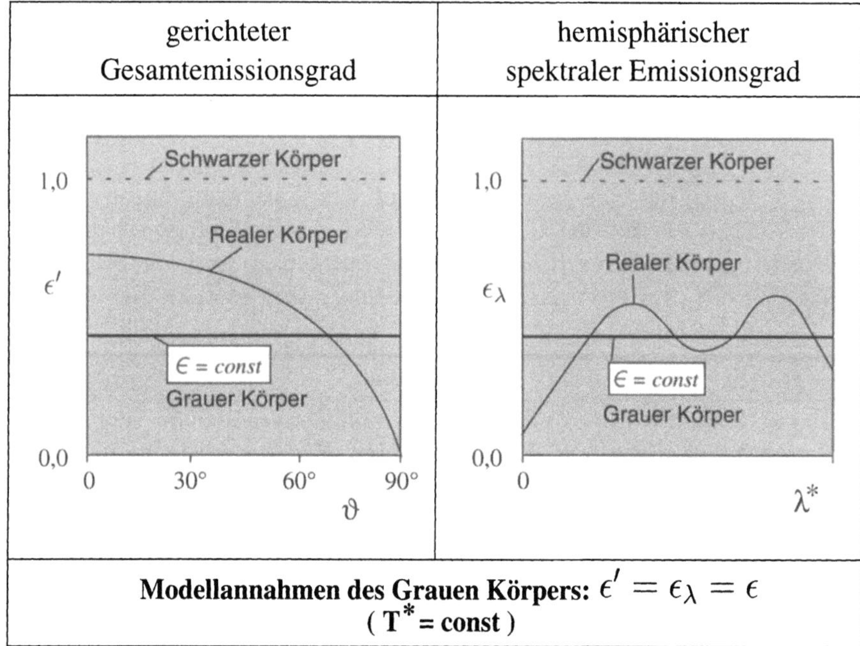

Modellannahmen des Grauen Körpers: $\epsilon' = \epsilon_\lambda = \epsilon$
$(T^* = const)$

ANWENDUNGEN UND BEISPIELE

Siehe dazu die Beispiele zum Stichwort EINSTRAHLZAHL.

BEACHTE

◘ Die Modellvorstellung des Grauen Körpers wird besonders in der englischsprachigen Literatur auch als *gray-Lambert body approximation* bezeichnet.

◘ Die Verwendung der Näherung des Grauen Körpers ist besonders dann gerechtfertigt, wenn annähernd konstante Werte für ϵ_λ (hemisphärischer spektraler Emissionsgrad) im Spektralbereich der einfallenden Strahlung und der Strahlungsemission vorliegen. Außerhalb dieser Spektralbereiche ist das Verhalten des Realen Körpers dann ohne Bedeutung.

◘ Viele Oberflächen können in bezug auf ihren Strahlungsaustausch mit der Sonne (s. dazu auch das Stichwort SOLARSTRAHLUNG) nicht als Graue Körper angesehen werden. Die Sonneneinstrahlung ist bei kleinen Wellenlängen konzentriert, die Oberflächenemission (aufgrund der sehr viel niedrigeren Temperatur) aber bei sehr viel größeren Wellenlängen. Da also sowohl kleine als auch große Wellenlängen im Strahlungsaustausch involviert sind, müßte die Oberfläche deshalb für die Approximation als Grauer Körper über einen großen Bereich des Spektrums annähernd konstante Strahlungseigenschaften (wie z.B. Absorptions- und Emissionskoeffizienten) besitzen. Das ist jedoch häufig nicht der Fall.

Weiterführende Literatur

Incropera, F.P.; DeWitt, D.P. (1996): *Fundamentals of Heat and Mass Transfer*, John Wiley & Sons, New York

Siegel, R.; Howell, J.R.; Lohrengel, J. (1988): *Wärmeübertragung durch Strahlung, Teil 1: Grundlagen und Materialeigenschaften*, Springer-Verlag, Berlin, Heidelberg, New York

White, F.M. (1988): *Heat and Mass Transfer*, Addison Wesley Publishing Company, Reading, Massachusetts

Strahlung realer Körper
(radiation of real surfaces)

BEDEUTUNG UND DEFINITION

Es handelt sich hierbei um die Wärmestrahlung, die zwischen real existierenden Körpern ausgetauscht wird. Gegenüber dem idealisierten Fall des sog. Schwarzen Körpers (s. dazu das Stichwort STRAHLUNG SCHWARZER KÖRPER) treten bei realen Körpern eine Reihe zusätzlicher Abhängigkeiten bei den einzelnen Aspekten des Strahlungsverhaltens auf, die (wo dies möglich ist) im Vergleich zum idealisierten Standard des Schwarzen Körpers formuliert werden.

Definition
Ein sog. realer Körper wird bzgl. seines Emissions- und Absorptionsverhaltens im Vergleich zum Schwarzen Körper beschrieben. Anders als beim Schwarzen und Grauen Körper handelt es sich nicht um Modellvorstellungen zur Beschreibung des Wärmestrahlungsverhaltens von Körpern im Strahlungsaustausch, sondern um experimentell ermittelte Daten für Körper mit spezifischen Oberflächen. Die Strahlungseigenschaften werden in Form von Koeffizienten dargestellt, die jeweils die Abweichungen vom Standardfall des Schwarzen Körpers unter gleichen Einsatzbedingungen beinhalten. Zusätzlich werden Reflexions- und Transmissionsgrade eingeführt.

PHYSIKALISCHER HINTERGRUND

Das Strahlungsverhalten ideal strahlender Körper läßt sich auf theoretischem Wege bestimmen. Den entscheidenden Durchbruch bei der Aufstellung einer Theorie der elektromagnetischen Strahlung erzielte dabei Max Planck anfangs des 20. Jahrhunderts durch das Einbeziehen quantentheoretischer Überlegungen. Damit gelang es, das Strahlungsverhalten des ideal strahlenden Körpers (Schwarzer Körper) bezüglich aller Aspekte theoretisch zu beschreiben.

Reale Körper zeigen jedoch (z.T. erhebliche) Abweichungen von diesem Verhalten, und zwar sowohl quantitativ (d.h., bezüglich der „Stärke" bestimmter Phänomene) als auch qualitativ (d.h., im Sinne von zusätzlichen Abhängigkeiten und Effekten, die im idealen Fall gar nicht vorhanden sind). Im wesentlichen treten folgende Abweichungen vom Strahlungsverhalten des Schwarzen Körpers auf:

1. Die spektrale Strahldichte ist bei allen Wellenlängen geringer als beim Schwarzen Körper.

2. Die spektrale Strahldichte ist richtungsabhängig.

3. An der Oberfläche wird ein Teil der einfallenden Strahlung reflektiert.

4. Ein Teil der einfallenden Strahlung kann durch den Körper hindurchtreten, was als *Transmission* bezeichnet wird. In diesem Zusammenhang spricht man von einer *opaken Oberfläche* (engl.: opaque surface), wenn keine Transmission stattfindet, sonst von transparenten oder semitransparenten Körpern.

Die Physik der Wärmestrahlung unter Berücksichtigung des Verhaltens realer Körper ist so komplex, daß man sich oftmals mit einer rein phänomenologischen Beschreibung durch Einführung entsprechender Koeffizienten bzw. Grade begnügt. Diese geben jedoch meist keinen Aufschluß über die physikalischen Ursachen des jeweils beschriebenen Verhaltens, wie man dies von einer Ableitung aus den Gesetzen der klassischen elektromagnetischen Theorie und/oder aus der Quantentheorie erwarten könnte.

Die Punkte 1. und 2. führen zur Einführung eines *Emissionsgrades* $\epsilon < 1$, der im allgemeinen Fall von der Temperatur T^* des strahlenden Körpers, der Strahlungswellenlänge λ^* sowie zwei Winkeln ϑ und φ (zur Festlegung einer Richtung) abhängt. Sein Zahlenwert gibt an, um welchen Faktor die Strahldichte des realen Körpers kleiner als diejenige des Schwarzen Körpers ist. Die Definition lautet also:

$$\epsilon'_\lambda(T^*, \lambda^*, \vartheta, \varphi) = \frac{i^{*'}_\lambda(T^*, \lambda^*, \vartheta, \varphi)}{i^{*'}_{s\lambda}(T^*, \lambda^*)} \,,$$

wobei $i^{*'}_\lambda$ und $i^{*'}_{s\lambda}$ die spektrale Strahldichte des realen bzw. des Schwarzen Körpers ist. Für den Schwarzen Körper gilt $\epsilon'_\lambda = 1$.

Da bei realen Körpern das Absorptionsverhalten im allgemeinen nicht gleich dem Emissionsverhalten ist, muß dieses durch einen eigenen *Absorptionsgrad* α charakterisiert werden. Er ist im allgemeinen Fall abhängig von der Temperatur T^* des absorbierenden Körpers, der Strahlungswellenlänge λ^* sowie zwei Winkeln ϑ und φ (zur Festlegung einer Richtung). Sein Zahlenwert gibt an, welcher Anteil der auf einen Körper einfallenden Strahlung (aus einer Richtung ϑ, φ) durch den Körper absorbiert wird. Er wird deshalb mit den entsprechenden Abhängigkeiten als $\alpha'_\lambda(T^*, \lambda^*, \vartheta, \varphi)$ definiert. Für den Schwarzen Körper gilt $\alpha'_\lambda = 1$.

Zur Charakterisierung der Reflexion führt man einen *Reflexionsgrad* ϱ ein, der im allgemeinen Fall von der Strahlungswellenlänge λ^*, zwei Winkeln ϑ und φ (zur Festlegung der Einfallsrichtung) sowie zwei Winkeln ϑ_r und φ_r (zur Festlegung der Reflektions- oder Beobachtungsrichtung) abhängt. Sein Zahlenwert gibt an, welchen Beitrag die unter ϑ, φ einfallende Strahlung zu der unter ϑ_r, φ_r reflektierten Strahlung liefert. Wegen der doppelten

Richtungsabhängigkeit heißt er *gerichtet-gerichteter spektraler Reflexionsgrad* und ist definiert als

$$\varrho_\lambda''(\lambda^*, \vartheta, \varphi, \vartheta_r, \varphi_r) = \frac{i_{\lambda r}^{*''}(\lambda^*, \vartheta, \varphi, \vartheta_r, \varphi_r)}{i_{\lambda e}^{*'}(\lambda^*, \vartheta, \varphi)} \cos\vartheta\, d\omega,$$

wobei $i_{\lambda r}^{*''}$ und $i_{\lambda e}^{*'}$ die spektrale Strahldichte in Reflexions- bzw. Einfallsrichtung ist (der Doppelstrich bei $i_{\lambda r}^{*''}$ deutet an, daß nur der reflektierte Anteil gemeint ist, der von der Einstrahlung unter ϑ, φ herrührt, nicht aber von allen Winkeln). Reflexionsgrade treten bei Schwarzen Körpern definitionsgemäß nicht auf.

Zur Charakterisierung der Transmission führt man einen *Transmissionsgrad* τ ein, der im allgemeinen Fall von der Strahlungswellenlänge λ^* abhängt. Sein Zahlenwert gibt an, welcher Anteil der an der Oberfläche eintretenden Strahlung durch den Körper hindurchtritt. Er ist z.B. für den technisch wichtigen Fall einer Glasplatte definiert als

$$\tau_\lambda = \frac{\tau_i(\lambda^*)\,[1 - \bar{\varrho}(\lambda^*)]^2}{1 - [\bar{\varrho}(\lambda^*)]^2\,[\tau_i(\lambda^*)]^2}$$

mit $\tau_i(\lambda^*) = \exp[-\kappa_\lambda^* d^*]$ als spektralem Reintransmissionsgrad (κ_λ^* = Absorptionskoeffizient, d^* = Schichtdicke) und $\bar{\varrho}(\lambda^*) = [(n-1)/(n+1)]^2$ als spektralem Fresnelschen Reflexionsgrad, der Vielfachreflexionen innerhalb der Grenzfläche berücksichtigt. Auch Transmissionsgrade treten bei Schwarzen Körpern definitionsgemäß nicht auf.

Die bisher eingeführten Koeffizienten (ϵ_λ', α_λ', ϱ_λ'' und τ_λ) berücksichtigen alle jeweils vorhandenen Anhängigkeiten (von T^*, λ^*, ϑ und φ) vollständig und sind so detailliert nur in Ausnahmefällen für reale Körper bekannt. Man führt deshalb integrale Werte der Koeffizienten ein, und zwar als:

- Gesamt~grad durch Integration über alle Wellenlängen λ^* (damit entfällt der Zusatz „spektral") und/oder

- hemisphärischer ~grad durch Integration über die Winkel ϑ, φ (damit entfällt der Zusatz „gerichtet").

Somit entsteht dann z.B. aus dem gerichteten spektralen Emissionsgrad $\epsilon_\lambda'(T^*, \lambda^*, \vartheta, \varphi)$ ein gerichteter Gesamtemissionsgrad $\epsilon'(T^*, \vartheta, \varphi)$, ein hemisphärischer spektraler Emissionsgrad $\epsilon_\lambda(T^*, \lambda^*)$ oder ein hemisphärischer Gesamtemissionsgrad $\epsilon(T^*)$.

Der Gesamtemissionsgrad $\epsilon(T^*)$ gibt definitionsgemäß an, um welchen Faktor die hemisphärische spezifische Emission des realen Körpers kleiner ist als diejenige eines Schwarzen Körpers bei derselben Temperatur T^*, d.h., es gilt:

$$\dot{e}^* = \epsilon \dot{e}_s^* = \epsilon\,\sigma^* T^{*4}$$

(zu $\dot{e}_s^*$ s. das Stichwort STRAHLUNG SCHWARZER KÖRPER)

Eine analoge Aussage gilt für die Absorption, dann mit dem Gesamtabsorptionsgrad $\alpha(T^*)$. Häufig werden in Energiebilanzen solche Globalwerte benötigt. Deren Bestimmung stellt oft ein großes Problem dar, da die Strahlungseigenschaften realer Materialien sehr stark von der Oberflächenstruktur beeinflußt sind und für verschiedene Materialien und/oder Oberflächenstrukturen sehr stark voneinander abweichen (wie einige Beispiele im nachfolgenden Abschnitt zeigen).

Eine wichtige Aussage zum Strahlungsverhalten realer Körper erhält man aus dem sog. *Kirchhoffschen Gesetz*, das einen Zusammenhang zwischen dem Emissions- und Absorptionsverhalten der Körper herstellt. Es besagt, daß für ein Flächenelement dA^* bezüglich seines Strahlungsverhaltens ohne Einschränkungen gilt:

$$\epsilon'_\lambda(T^*_A, \lambda^*, \vartheta, \varphi) = \alpha'_\lambda(T^*_A, \lambda^*, \vartheta, \varphi) \,, \qquad (*)$$

d.h., die gerichteten spektralen Emissions- und Absorptionsgrade sind gleich. Dies gilt, weil Emission und Absorption von Strahlung (Photonen) komplementäre inneratomare Vorgänge sind, die quasi nur ein verschiedenes Vorzeichen besitzen. Genaugenommen ist allerdings zu fordern, daß die Fläche dA^* im thermodynamischen Gleichgewicht mit der strahlungsrelevanten Umgebung steht, daß also kein Wärmeübergang vorliegt. Bei Nicht-Gleichgewichtssystemen bleibt $(*)$ aber eine sehr gute Näherung.

Da das Kirchhoffsche Gesetz auf der niedrigsten Integrationsebene in bezug auf die Definition von Emissions- und Absorptionsgraden gilt, müssen für analoge Aussagen auf höheren Integrationsebenen bestimmte Bedingungen an die einfallende Strahlung oder die Oberfläche gestellt werden. Da ϵ das Abstrahlverhalten im Vergleich zu dem des Schwarzen Körpers beschreibt und α die Absorption der einfallenden Strahlung bewertet, muß bezüglich derjenigen Aspekte, über die integriert werden soll, entweder die Oberfläche wie die eines Schwarzen Körpers wirken (und damit für $\epsilon'_\lambda = \alpha'_\lambda$ bestimmte Bedingungen setzen) oder die einfallende Strahlung wie die eines Schwarzen Strahlers geartet sein, damit das Kirchhoffsche Gesetz analog auch für Emissions- und Absorptionsgrade auf höheren Integrationsebenen gilt.

So gilt für die hemisphärisch spektralen Grade

$$\epsilon_\lambda(T^*, \lambda^*) = \alpha_\lambda(T^*, \lambda^*),$$

wenn entweder die einfallende Strahlung oder die Oberfläche diffus ist, d.h., keine Winkelabhängigkeit bzgl. der Ein- bzw. Abstrahlung vorliegt.

Für die hemisphärischen Gesamtgrade gilt

$$\epsilon(T^*) = \alpha(T^*),$$

wenn die einfallende Strahlung oder die Oberfläche schwarz oder grau ist, d.h., keine Winkelabhängigkeit vorliegt und die Spektral*verteilung* des Schwarzen Körpers gegeben ist.

ANWENDUNGEN UND BEISPIELE

1. Typische Zahlenwerte des gerichteten Gesamtemissionsgrades $\epsilon'(T^*, \vartheta, \varphi)$ verschiedener Materialien

Da das Strahlungsverhalten realer Körper sehr stark von den Material- und Oberflächeneigenschaften abhängt, gibt es dazu in der Literatur umfangreiche Datensammlungen. Das nachfolgende Bild zeigt den typischen Verlauf von $\epsilon'(T^*, \vartheta, \varphi)$ für metallische und nichtmetallische Oberflächen. Dabei wird unterstellt, daß ϵ' nur vom Polarwinkel ϑ (gemessen gegen die Flächennormale), nicht aber vom Azimutwinkel φ abhängt. Häufig wird nur der gerichtete Gesamtemissionsgrad in Normalenrichtung (also senkrecht zur Oberfläche) ϵ'_N gemessen.

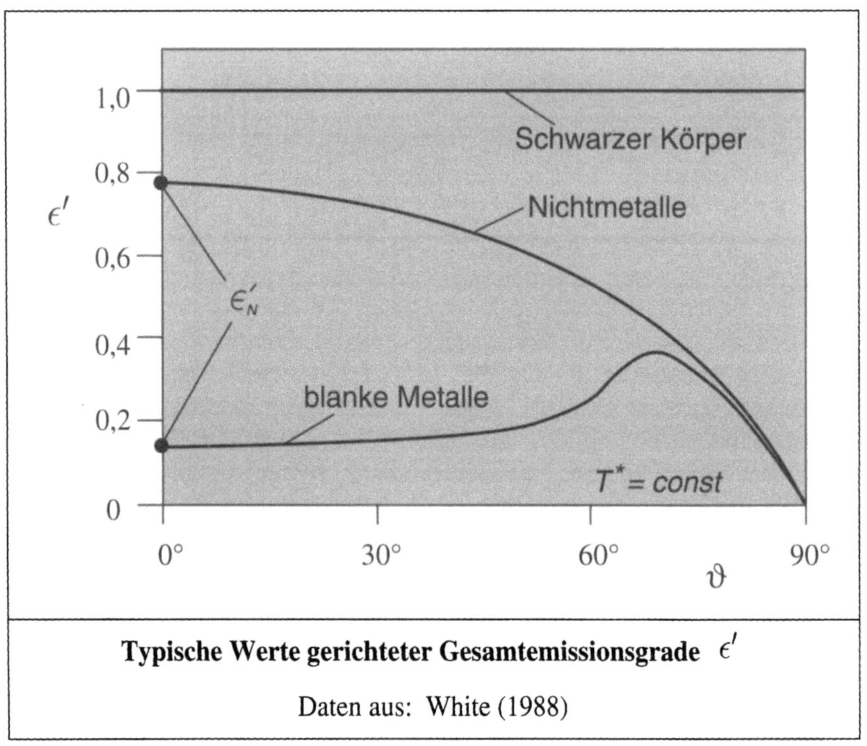

Typische Werte gerichteter Gesamtemissionsgrade ϵ'

Daten aus: White (1988)

Um von ϵ'_N auf den häufig interessierenden hemisphärischen Gesamtemissionsgrad zu schließen, kann auf die im Bild auf der nächsten Seite gezeigte semi-empirische Korrelation zwischen ϵ'_N und ϵ zurückgegriffen werden.

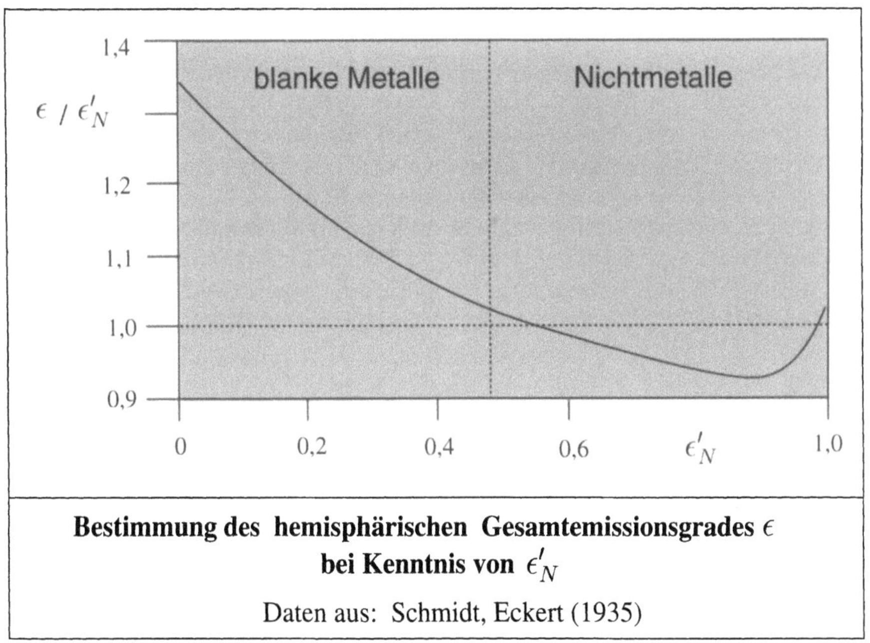

**Bestimmung des hemisphärischen Gesamtemissionsgrades ϵ
bei Kenntnis von ϵ'_N**

Daten aus: Schmidt, Eckert (1935)

*2. Einige Zahlenangaben zu flächennormaler und hemisphärischer Gesamt-
emission*

OBERFLÄCHE	TEMPERATUR/°C	ϵ'_N	ϵ
Aluminium, glänzend	20	0,04	0,05
Chrom, poliert	20	0,07	0,08
Stahl, poliert	100	0,2	0,23
Beton, rauh	20	0,94	0,9
Holz, rauh	20	0,9	0,86
Schnee	0	0,82	0,75

**Flächennormale (ϵ'_N) und hemisphärische (ϵ)
Gesamtemissionsgrade**

Beachte

❏ Die Oberflächenstruktur eines Körpers spielt eine entscheidende Rolle für das Strahlungsverhalten. Sind die Unebenheiten der Oberfläche (z.B. charakterisiert durch eine mittlere Rauheit R^*) deutlich kleiner als die Wellenlänge λ^* der Strahlung, so spricht man von einem *optisch ebenen Material*. Dabei ist aber zu beachten, daß ein für große Wellenlängen optisch ebenes Material für kurzwellige Strahlung durchaus rauh erscheinen kann.

Bei optischen Rauheiten $R^*/\lambda^* > 1$ kommt es zu Vielfachreflexionen zwischen den Rauheitselementen, wodurch die Absorption und demzufolge auch die Emission gegenüber der optisch glatten Wand erheblich gesteigert wird. So ist z.B. der gerichtete Gesamtabsorptionsgrad für einfallende Solarstrahlung bei einer hochpolierten Kupferoberfläche $\alpha'_N = 0{,}18$, bei einer stark oxidierten Oberfläche jedoch $\alpha'_N = 0{,}70$.

❏ Bezüglich der Wellenlängenabhängigkeit gibt es zwei grundsätzlich unterschiedliche Materialgruppen:

(a) Materialien bzw. Oberflächen, deren spektrale Emissiongrade mit steigender Wellenlänge abfallen; dazu gehören insbesondere Metalloberflächen.

(b) Materialien bzw. Oberflächen, deren spektrale Emissionsgrade mit der Wellenlänge ansteigen; dazu gehören insbesondere viele Nichtmetalle.

Da nun generell hohe spektrale Ausstrahlungen mit steigenden Temperaturen bei immer niedrigeren Wellenlängen konzentriert sind (z.B. liegt die maximale Ausstrahlung bei $\lambda^* = c_3^*/T^*$; Wiensches Verschiebungsgesetz), werden also bei einer Integration über alle Wellenlängen die niedrigeren Wellenlängen das Temperaturverhalten dominieren. Deshalb steigen die Gesamtemissionsgrade bei Materialien der Gruppe (a) mit der Temperatur an, fallen aber bei denjenigen der Gruppe (b) mit steigender Temperatur ab.

Weiterführende Literatur

Vortmeyer, D. (1994): *Strahlung technischer Oberflächen*, in: VDI-Wärmeatlas Ka1–Ka10, VDI-Verlag, Düsseldorf

Siegel, R.; Howell, J.R.; Lohrengel, J. (1988): *Wärmeübertragung durch Strahlung, Teil 3: Strahlungsübertragung in absorbierenden, emittierenden und streuenden Medien*, Springer-Verlag, Berlin, Heidelberg, New York

White, F.M. (1988): *Heat and Mass Transfer*, Addison Wesley Publ. Company, Reading, Massachusetts

Blanke, W. (Hrsg.) (1988): *Thermophysikalische Stoffgrößen*, Springer-Verlag, Berlin, Heidelberg, New York

Buckius, R.O. (1986): *Radiative Heat Transfer in Scattering Media: Real Property Contributions*, Proc. of 8th IHTC, Vol. 1, 141–150

Touloukian, Y.S.; DeWitt, D.P. (1970): *Thermal Radiation Properties*
Vol. 7: Metallic Elements and Alloys
Vol. 8: Nonmetallic Solids
Vol. 9: Coatings
in: *Thermophysical Properties of Matter*, (Touloukian, Y.S.; Ho, C.Y. (Eds.)), IFI/Plenum, New York

Schmidt, E., Eckert, E. (1935): *Über die Richtungsverteilung der Wärmestrahlung*, Forsch. Im Ingenieurwesen 6, 175–183

Strahlung Schwarzer Körper
(blackbody radiation)

Bedeutung und Definition

Es handelt sich um den theoretischen Grenzfall des Strahlungsverhaltens von Körpern, der zu Vergleichszwecken herangezogen werden kann, um damit das Strahlungsverhalten realer Körper zu charakterisieren. Das Strahlungsverhalten eines solchen Schwarzen Körpers kann analytisch beschrieben werden. Die vollständige Beschreibung gelang Max Planck im Jahre 1901 auf der Basis der Quantentheorie.

	Definition	

Ein sog. Schwarzer Körper ist durch sein Strahlungsverhalten als perfekter Emitter und Absorber von Wärmestrahlung definiert. Er emittiert bei jeder Temperatur die maximal mögliche Energie und absorbiert einfallende Wärmestrahlung vollständig. Diese Eigenschaften gelten insbesondere auch bezüglich aller Wellenlängen und unabhängig vom Raumwinkel.

Für die hemisphärische spektrale spezifische Ausstrahlung $\dot{e}_{s\lambda}^*$ eines Oberflächenelements dA^* des Schwarzen Körpers gilt (*Plancksches Gesetz*):

$$\dot{e}_{s\lambda}^* = \frac{d\dot{e}_s^*}{d\lambda^*} = \frac{c_1^*}{\lambda^{*5}[\exp(c_2^*/\lambda^* T^*) - 1]}\,,$$

wobei hemisphärisch bedeutet: in den Halbraum über dem Flächenelement, spektral: pro Wellenlängenbereich $d\lambda^*$, spezifisch: pro Flächenelement dA^*. Für die hemisphärische spezifische Ausstrahlung $\dot{e}_s^*$ von dA^* gilt damit (*Stephan-Boltzmann-Gesetz*):

$$\dot{e}_s^* = \int\limits_0^\infty \dot{e}_{s\lambda}^* \, d\lambda^* = \sigma^* T^{*4}$$

mit den Schwarzkörper-Konstanten:

$$c_1^* = 3{,}7415 \cdot 10^{-16}\,\mathrm{Wm^2} \quad ; \quad c_2^* = 1{,}4388 \cdot 10^{-2}\,\mathrm{mK}$$

und: $\sigma^* = 5{,}6696 \cdot 10^{-8}\,\mathrm{W/m^2 K^4}$ (Stefan-Boltzmann-Konstante)

$\dot{e}_{s\lambda}^*$	spektrale spezifische Ausstrahlung (Emission)	$\mathrm{W/m^3}$
$\dot{e}_s^*$	spezifische Ausstrahlung (Emission)	$\mathrm{W/m^2}$
λ^*	Wellenlänge	m
T^*	absolute Temperatur	K

Physikalischer Hintergrund

Die Modellvorstellung des Schwarzen Körpers als Vergleichsstandard für das Strahlungsverhalten realer Körper ist äußerst hilfreich und erlaubt es, reale Körper bezüglich ihres Strahlungsverhaltens ähnlich anschaulich zu interpretieren wie etwa reale thermodynamische Prozesse im Vergleich zu dem Modellfall einer reversiblen Prozeßführung. Beiden Grenzfällen ist gemeinsam, daß reale Körper bzw. Prozesse stets davon abweichen, in vielen Fällen aber eine möglichst gute Annäherung an den idealen Modellfall angestrebt wird.

Neben der Tatsache, daß ein Schwarzer Körper bei jeder Temperatur die maximal mögliche Energie emittiert, ist entscheidend, daß es keine bevorzugte Strahlungsrichtung gibt. Um diesen Aspekt präziser zu fassen, muß die sog. *spektrale Strahldichte* $l_{s\lambda}^{*'}$ (engl.: monochromatic intensity) eingeführt werden, die die Strahlung in eine bestimmte Richtung, jedoch stets senkrecht zu einer abstrahlenden Fläche beschreibt (dies kann die Projektion dA_p^* des Flächenelements dA^* senkrecht zur betrachteten Richtung sein). Diese Strahldichte ist bei Schwarzen Körpern richtungsunabhängig, ihre Einheit ist W/m^3sr mit sr als Raumwinkel (Steradian). Eine solche Strahlung nennt man *diffus*. Der Schwarze Körper besitzt in diesem Sinne eine diffus schwarze Oberfläche, s. dazu auch das 1. Beispiel unter Anwendungen und Beispiele.

Insgesamt ist die Strahlung vom Material des Schwarzen Körpers unabhängig, Oberflächeneigenschaften beeinflussen das Strahlungsverhalten nicht. Die in der Definition gegebene spektrale spezifische Ausstrahlung ist deshalb eine universelle Strahlungsfunktion $\dot{e}_{s\lambda}^*(\lambda^*, T^*)$, die im nachfolgenden Bild graphisch dargestellt ist. Nur in einer doppelt-logarithmischen Auftragung ist der gesamte Wellenlängenbereich der Wärmestrahlung übersichtlich darstellbar. Auf folgende Besonderheiten sollte hingewiesen werden:

- Die Funktion $\dot{e}_{s\lambda}^*(\lambda^*, T^*)$ ist bei jeder Wellenlänge $\lambda^* = $ const eine mit T^* monoton ansteigende Funktion, d.h., eine Kurve mit $T_2^* > T_1^*$ liegt stets oberhalb der Kurve für T_1^*. Als Folge davon ist auch $\dot{e}_s^* = \int \dot{e}_{s\lambda}^* \, d\lambda^*$ eine mit T^* monoton ansteigende Funktion ($\sim T^{*4}$, s. Definition).

- Die Maxima in der spektralen Ausstrahlung liegen (abhängig von der Temperatur) bei der Wellenlänge

$$\lambda^* = \frac{c_3^*}{T^*} \tag{$*$}$$

mit der Schwarzkörper-Konstanten $c_3^* = 2,8978 \cdot 10^{-3}\,\mathrm{mK}$, werden also für steigende Temperaturen zu kürzeren Wellenlängen hin verschoben. Dieser Zusammenhang heißt auch *Wiensches Verschiebungsgesetz*.

- Die Energieverteilung im Emissionsspektrum ist in der doppelt-logarithmischen Auftragung von $\dot{e}_{s\lambda}^*$ nicht erkennbar. Bei Wellenlängen bis zu

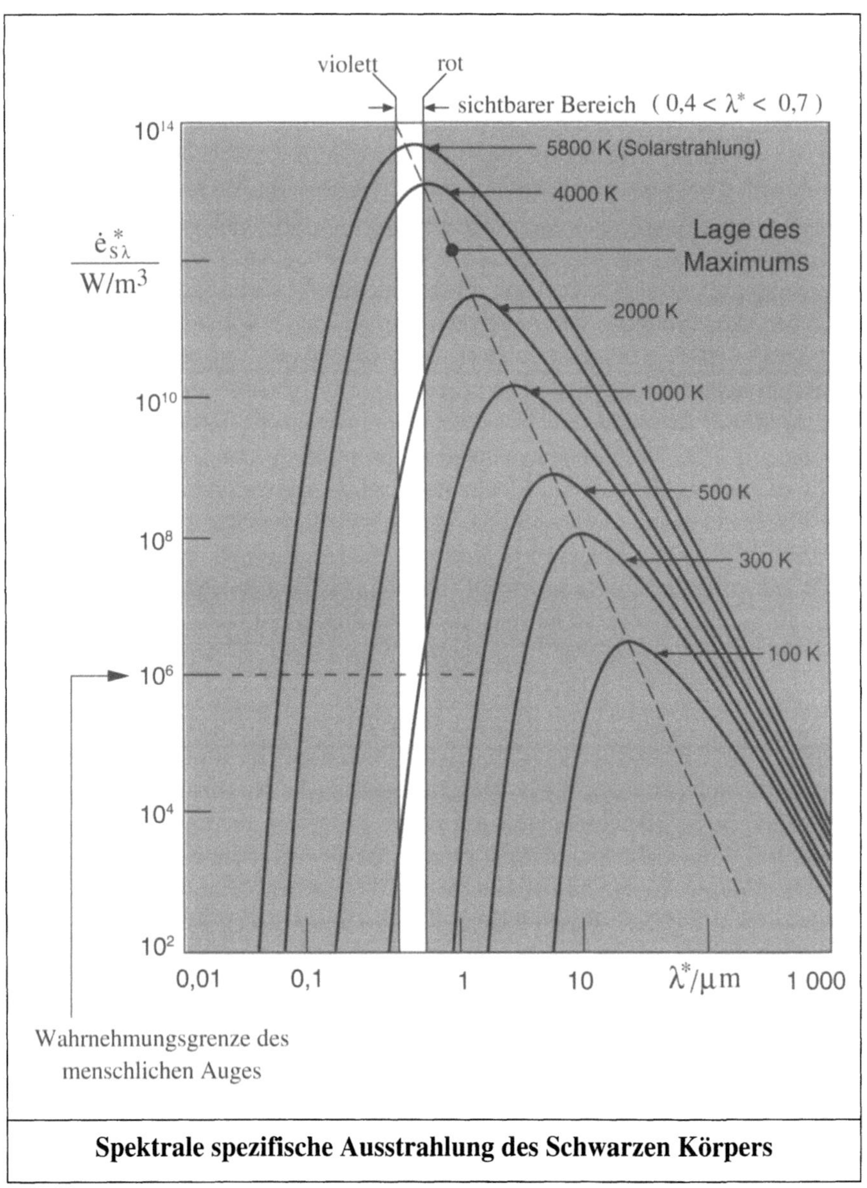

Spektrale spezifische Ausstrahlung des Schwarzen Körpers

derjenigen des Maximums in $\dot{e}^*_{s\lambda}$, also bis $\lambda^* = c^*_3/T^*$ gemäß Gl. (∗), sind nur etwa 25% der gesamten Strahlungsenergie enthalten. Der 50%-Wert liegt bei einer Wellenlänge

$$\lambda^* = \frac{c^*_4}{T^*}$$

mit der Schwarzkörper-Konstante $c^*_4 = 4{,}107 \cdot 10^{-3}\,\text{mK}$, also bei deutlich größeren Wellenlängen.

- Die Maximalwerte der spektralen spezifischen Ausstrahlung sind

$$(\dot{e}^*_{s\lambda})_{max} = 1{,}2865 \cdot 10^{-5}\, T^{*5}\, \frac{\mathrm{W}}{\mathrm{m}^3\mathrm{K}^5} \qquad (**)$$

und damit proportional zur fünften Potenz der Temperatur.

- Das menschliche Auge kann spektrale spezifische Ausstrahlungen oberhalb eines Grenzwertes von etwa $10^6\,\mathrm{W/m^3}$ wahrnehmen. Für $\lambda^* = 0{,}7\,\mu\mathrm{m}$ (rot) tritt dies bei Temperaturen $T^* > 950\,\mathrm{K}$ auf, bei $\lambda = 0{,}4\,\mu\mathrm{m}$ (violett) gehören dazu Temperaturen $T^* > 1500\,\mathrm{K}$. Deshalb wird ein kontinuierlich erwärmtes Metall bezüglich des ersten Farbeindrucks als „rotglühend" gesehen (selbst wenn es kein Schwarzer Körper ist).

ANWENDUNGEN UND BEISPIELE

1. Gerichtete spektrale spezifische Ausstrahlung $\dot{e}^{*\prime}_{s\lambda}$ (Lambertsches Kosinus-Gesetz)

Mit $\dot{e}^*_{s\lambda}$ war in der Definition die hemisphärische (spektrale spezifische) Ausstrahlung eingeführt worden. Dieses ist die Ausstrahlung eines Schwarzen Flächenelementes in den gesamten Halbraum, der über dieser Fläche liegt. Das nachfolgende Bild verdeutlicht, daß das Flächenelement dA^* des Schwarzen Körpers von einem Flächenelement dA^*_k auf der umschließenden Halbkugel jeweils nur in der Projektion dA^*_p „gesehen wird". Diese ist für einen Winkel $\vartheta = 0°$ die Fläche dA^* selbst, für $\vartheta \to 90°$ geht die Größe der Projektionsfläche jedoch gegen Null. Bei konstanter Strahldichte des Schwarzen Körpers (die bezogen auf die Projektionsfläche definiert ist) ist deshalb die Einstrahlung auf der Kugelfläche entsprechend abhängig vom Winkel ϑ.

Dies berücksichtigt man durch Einführung der gerichteten (spektralen spezifischen) Ausstrahlung $\dot{e}^{*\prime}_{s\lambda}$, für die unter Verwendung der spektralen Strahldichte $i^{*\prime}_{s\lambda}$ gilt:

$$\dot{e}^{*\prime}_{s\lambda}(\lambda^*, T^*, \vartheta) = i^{*\prime}_{s\lambda}(\lambda^*, T^*)\cos\vartheta$$

Dieser Zuammenhang wird auch als *Lambertsches Kosinus-Gesetz* bezeichnet. Die Integration der gerichteten Ausstrahlung über alle Raumwinkel ergibt dann wieder die hemisphärische Ausstrahlung, d.h., es gilt:

$$\dot{e}^*_{s\lambda} = \int\limits_{\varphi=0}^{2\pi} \int\limits_{\vartheta=0}^{\pi/2} \dot{e}^{*\prime}_{s\lambda}\, \sin\vartheta\, d\vartheta\, d\varphi = \pi i^{*\prime}_{s\lambda}$$

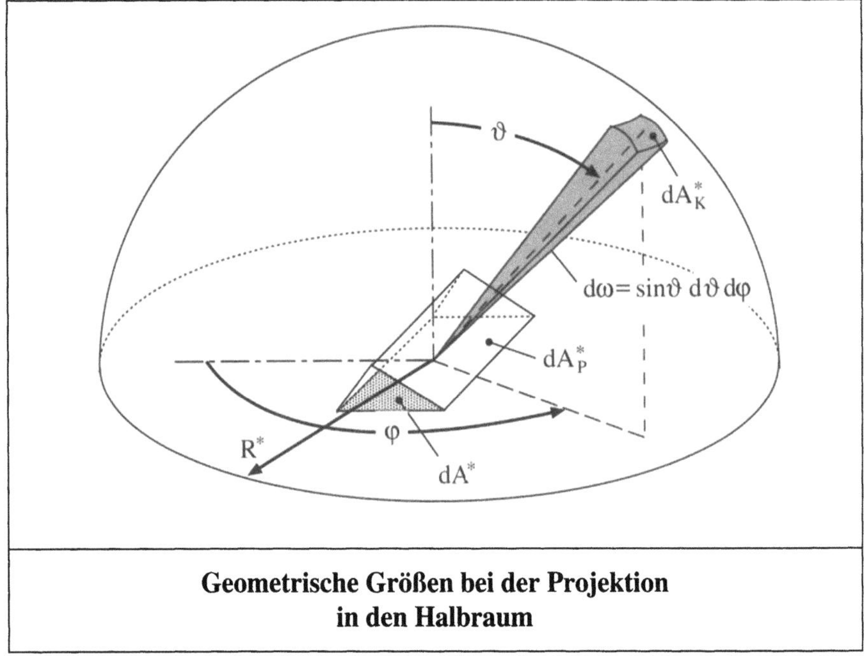

**Geometrische Größen bei der Projektion
in den Halbraum**

Die hemisphärische Ausstrahlung $\dot{e}_{s\lambda}^{*}$ ist also zahlenmäßig das π-fache der Strahldichte $\dot{i}_{s\lambda}^{*'}$.

2. *Experimentelle Realisierung der Schwarzkörper-Strahlung (Hohlraumstrahler)*

Da es in der Natur keine Schwarzen Körper gibt, versucht man durch die nachfolgend dargestellte Anordnung diesen möglichst nahezukommen. Dabei wird, wie in der Abbildung gezeigt, ein Hohlraum gebildet, der durch eine kleine Öffnung mit der Umgebung im Strahlungsaustausch steht. Mit Hilfe der Heizung und Isolierung können in dem Kupferhohlraum isotherme Bedingungen auf unterschiedlichen Temperaturniveaus hergestellt werden. Die durch die kleine Öffnung einfallende Strahlung wird mehrfach reflektiert und dabei jeweils teilweise absorbiert. Weil danach nur ein verschwindend geringer Anteil der Strahlung durch die Öffnung wieder austritt, liegt insgesamt eine (fast) vollständige Absorption vor, so daß die Öffnung die Eigenschaft eines Flächenelements des Schwarzen Körpers aufweist. Ist der Hohlraum isotherm und gut isoliert, so ist auch die austretende Strahlung in guter Näherung die eines Schwarzen Körpers.

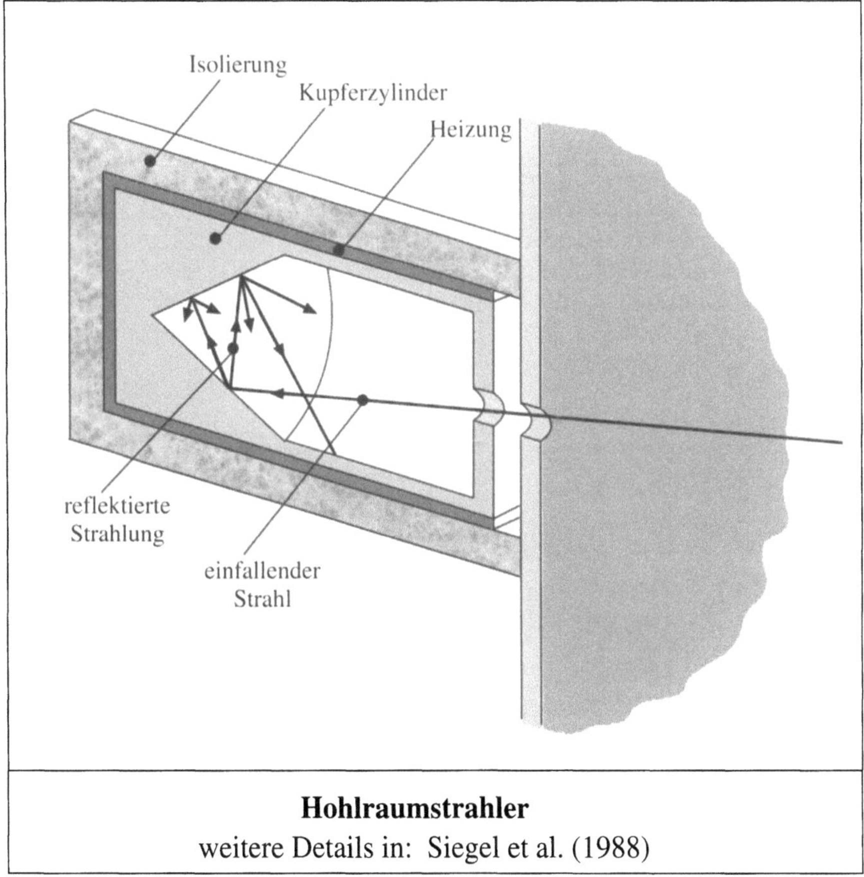

Hohlraumstrahler
weitere Details in: Siegel et al. (1988)

BEACHTE

☞ Der „Schwarze Körper" als Vergleichsstandard für das Strahlungsverhalten realer Körper verdankt seinen Namen der Tatsache, daß gute Absorber dem menschlichen Auge im sichtbaren Licht schwarz erscheinen. Das menschliche Auge ist jedoch nur im Strahlungsbereich des sichtbaren Lichtes in der Lage, die Absorptionsfähigkeit einer Oberfläche zu erkennen, nicht aber im gesamten Wellenlängenbereich der Wärmestrahlung.

So zeigt z.B. ein weißer Farbanstrich auf Ölbasis lediglich an, daß ein schlechtes Absorptionsverhalten im (kurzwelligen) Bereich des sichtbaren Lichtes vorliegt. Eine solche Oberfläche kann aber „trotzdem" ein sehr guter Absorber für die bei Raumtemperatur emittierte, langwellige Infrarotstrahlung sein.

▣ Wenn die Zeitkonstanten bei sehr schnell ablaufenden instationären Wärmeübertragungsprozessen durch Strahlung in der Größenordnung von typischen Zeiten für die Strahlungsemission liegen, ist der hier verwendete Temperaturbegriff nicht mehr adäquat. Es sind dann Sonderbetrachtungen erforderlich.

▣ Erfolgt die Abstrahlung des Schwarzen Körpers nicht ins Vakuum, sondern in ein strahlungsdurchlässiges Medium, so ist lediglich die dadurch veränderte Ausbreitungsgeschwindigkeit in Form von $c^* = c_0^*/n$ zu berücksichtigen, wobei c_0^* die Lichtgeschwindigkeit im Vakuum und n der sog. Brechungsindex ist. Die in der Definition gegebenen Beziehungen müssen zusätzlich den Einfluß von n berücksichtigen. So gilt dann z.B. für die spezifische Ausstrahlung $\dot{e}_s^*$:

$$\dot{e}_s^* = n^2 \sigma^* T^{*4}$$

Typische Zahlenwerte sind $n \approx 1$ für Luft und $n = 1{,}5$ für Glas.

WEITERFÜHRENDE LITERATUR

Modest, F.M. (1993): *Radiative Heat Transfer*, McGraw-Hill, New York

Brewster, M.Q. (1992): *Thermal Radiative Transfer and Properties*, John Wiley & Sons, New York

Siegel, R.; Howell, J.R.; Lohrengel, J. (1988): *Wärmeübertragung durch Strahlung, Teil 1: Grundlagen und Materialeigenschaften*, Springer-Verlag, Berlin, Heidelberg, New York

White, F.M. (1988): *Heat and Mass Transfer*, Addison-Wesley Publishing Company, Reading, Massachusetts

Strahlung von Gasen
(radiation by gases)

Es handelt sich um die Tatsache, daß bestimmte Gase Wärmestrahlung absor-
bieren und auch emittieren können. Nicht am Strahlungsaustausch beteiligt
sind, abgesehen von extrem hohen Temperaturen, bei denen es zur Ionisation
kommt, Gase mit symmetrischer zweiatomiger Molekülstruktur, wie H_2, N_2
und O_2 (nichtpolare Moleküle ohne freie Ladungen) sowie einatomige Gase
wie z.B. Ar und He.

Am Strahlungsaustausch beteiligt sind dagegen alle Gase oder Gaskompo-
nenten, die eine unsymmetrische Molekülstruktur aufweisen, wie H_2O, CO_2,
CO, SO_2 und NH_3 (polare Moleküle ohne freie Ladungen).

	Definition	

Unter der Strahlung von Gasen versteht man das Absorptions- und Emissionsverhalten von Gasen mit bestimmten Molekülstrukturen. Es handelt
sich um ein volumenmäßig verteiltes Phänomen (kein Oberflächeneffekt),
das auch mit Hilfe eines entsprechenden Transmissionsverhaltens beschrieben werden kann. Die Besonderheit der Strahlung von Gasen ist, daß
diese kein kontinuierliches Wellenlängenspektrum aufweist, sondern in bestimmten Wellenlängen-Banden konzentriert ist. Für die hemisphärisch
spektralen Emissions- und Absorptionsgrade gilt in guter Näherung:

$$\epsilon_\lambda = \alpha_\lambda = f(p_G^*, p^*, T_G^*, L_g^*, \text{Gaszusammensetzung})$$

$\epsilon_\lambda,\ \alpha_\lambda$	hemisphärisch spektrale Emissions- und Absorptionsgrade	—
p_G^*	Partialdruck des betrachteten Gases in einem Gasgemisch	Pa
p^*	Gesamtdruck des Gasgemisches	Pa
T_G^*	Gastemperatur	K
L_g^*	gleichwertige Schichtstärke (s. nachfolgende Erläuterung)	m

Die Besonderheit von Gasstrahlung ist eine diskontinuierliche, diskrete Verteilung der jeweiligen spektralen spezifischen Ausstrahlung. Deren charakteristische Verteilung auf bestimmte diskrete Wellenlängen-Banden kann z.B.

mit Hilfe des hemisphärisch spektralen Absorptionsgrades α_λ verdeutlicht werden, der im nachfolgenden Bild für die beiden Gase H_2O und CO_2 gezeigt ist (bzgl. der Definition s. auch die Stichwörter WÄRMESTRAHLUNG und STRAHLUNG REALER KÖRPER). Eine Integration von α_λ über alle

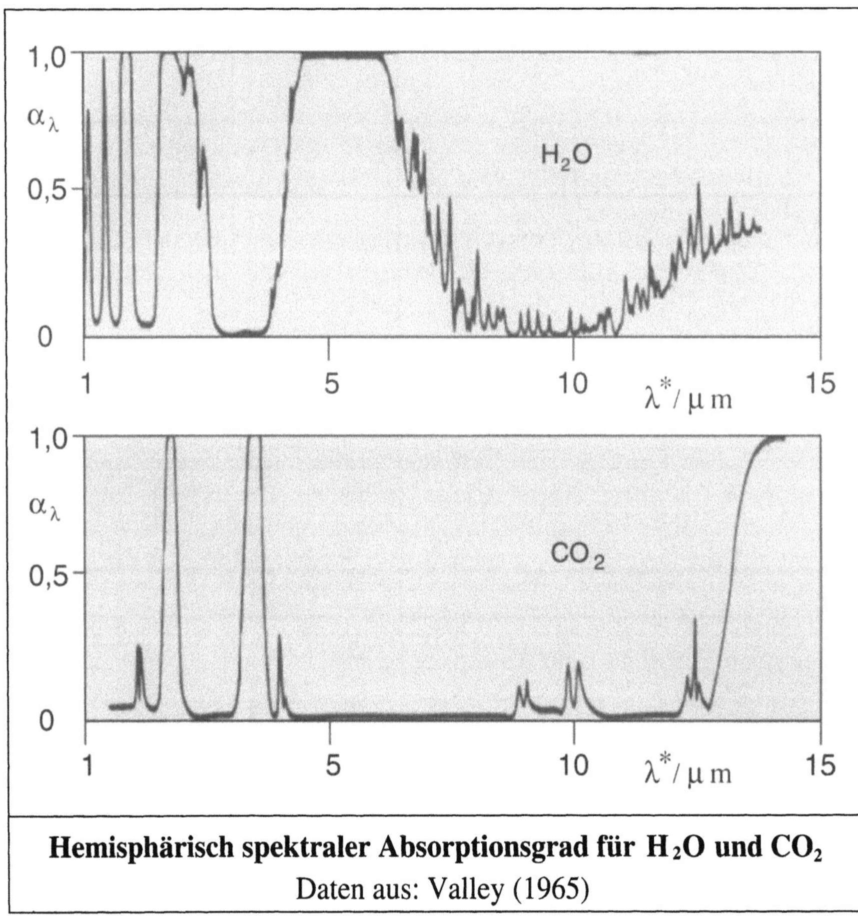

Hemisphärisch spektraler Absorptionsgrad für H_2O und CO_2
Daten aus: Valley (1965)

Wellenlängen ergibt dann den (hemisphärischen) Gesamtabsorptionsgrad α. Analoge Aussagen gelten für die Emissionsgrade ϵ_λ und ϵ. Unter der Annahme eines *diffusen Gases* (keine Richtungsabhängigkeit) gilt $\epsilon_\lambda = \alpha_\lambda$ (Kirchhoffsches Gesetz). Bei der Einführung des Transmissionsgrades τ_λ gilt $\tau_\lambda = 1 - \alpha_\lambda$; Reflexionen finden an Gasen nicht statt. Aufgrund dieser Zusammenhänge ist das Strahlungsverhalten von Gasen z.B. durch den Transmissionsgrad τ_λ im Rahmen der hier eingeführten Größen vollständig beschrieben. Für diesen gilt folgende einfache Überlegung:
Fällt Strahlung mit einer bestimmten Wellenlänge λ^* (monochromatische

Strahlung) und der Strahlungsdichte $\dot{f}_\lambda^*$ (in W/m^2) in ein homogenes Gas ein, so schwächt sich die Strahlungsdichte über einer Lauflänge dx^* um

$$d\dot{f}_\lambda^* = -\kappa_\lambda^* \dot{f}_\lambda^* dx^*$$

ab. Der exponentielle Verlauf von $\dot{f}_\lambda^*(x^*) = \dot{f}_{\lambda 0}^* \exp\left[-\bar{\kappa}_\lambda^* x^*\right]$ ist unmittelbar erkennbar, wobei κ_λ^* der sog. *Absorptionskoeffizient* mit $\bar{\kappa}_\lambda^*$ als Mittelwert über x^* und $\dot{f}_{\lambda 0}^*$ die Strahlungsdichte bei $x^* = 0$ sind. Daraus kann unmittelbar der Transmissionsgrad τ_λ einer Gasschicht der Dicke L^* gewonnen werden. Es gilt (als sog. *Beersches Gesetz*):

$$\tau_\lambda = \frac{\dot{f}_\lambda^*(L^*)}{\dot{f}_{\lambda 0}^*} = \exp\left[-\bar{\kappa}_\lambda^* L^*\right] = 1 - \alpha_\lambda = 1 - \epsilon_\lambda \qquad (*)$$

Statt den Gesamtabsorptions- und Gesamtemissionsgrad nun aus einer Integration über alle Wellenlängen zu gewinnen, was sehr aufwendig sein kann, da $\bar{\kappa}_\lambda^*$ zusätzlich zur Wellenlänge noch von einer Reihe anderer Parameter abhängt, werden häufig empirisch bestimmte und vertafelte Werte verwendet, die prinzipiell die in der Definition angegebenen Parameterabhängigkeiten berücksichtigen. Bei Gemischen ist zusätzlich der Konzentrationseinfluß von Bedeutung. Eine klassische Arbeit stammt von Hottel und Egbert (1942), die u.a. Gesamtabsorptionsgrade von H_2O und H_2O in Anwesenheit von CO_2 angeben. Ein entscheidender Aspekt dabei ist die Tatsache, daß die Form des am Strahlungsaustausch beteiligten Gasvolumens eine große Rolle spielt. Um dies näherungsweise berücksichtigen zu können, wird die sog. *gleichwertige Schichtstärke* L_g^* (engl.: mean beam length) eingeführt. Die tatsächliche Einstrahlung auf eine bestimmte Begrenzungsfläche des am Strahlungsaustausch beteiligten Volumens entspricht dabei derjenigen einer strahlenden Schicht der Dicke L_g^*. Werte für L_g^* sind in der Literatur vertafelt zu finden. Eine erste Näherung ergibt sich durch $L_g^* = 3{,}6\,V^*/A^*$, wobei V^* das Volumen und A^* die Oberfläche ist.

Anwendungen und Beispiele

Strahlungsaustausch zwischen einer Wand und dem angrenzenden Gas

Wenn ein strahlungsaktives Gas an eine Wand grenzt, kommt es zu einem Strahlungsaustausch zwischen dem Gas und der Wand. Das Gas emittiert Strahlung gemäß seinem Emissionsgrad ϵ_{Gas}, für dessen Bestimmung die gleichwertige Schichtsdicke L_g^* (in Richtung auf die Wand) maßgeblich ist. Der Wert kann entsprechenden Tabellen entnommen werden. Für die Strahlungswärmestromdichte $\dot{q}_{Gas}^*$ in Richtung Wand gilt deshalb $\dot{q}_{Gas}^* =$

$\epsilon_{Gas}\,\sigma^* T_{Gas}^{*4}$. Ist die Wand ein Schwarzer Körper, so absorbiert sie diese Strahlung vollständig, emittiert aber ihrerseits eine Wärmstromdichte $\dot{q}_W^* = \sigma^* T_W^{*4}$ senkrecht zur Wand. Davon wird ein Teil gemäß des Absorptionsgrades α_{Gas} des Gases von diesem absorbiert, so daß die Gesamt-Wärmestromdichte

$$\dot{q}_{Gas/W}^* = \sigma^* \left(\epsilon_{Gas}\, T_{Gas}^{*4} - \alpha_{Gas}\, T_W^{*4} \right)$$

vorliegt. Dabei sind ϵ_{Gas} und α_{Gas} nicht gleich groß, weil α_{Gas} zusätzlich noch von der Temperatur T_W^* der Wärmequelle abhängt, was in Korrekturbeziehungen berücksichtigt wird.

BEACHTE

❏ Die Verwendung eines Emissionsgrades ϵ_{Gas} wie im vorhergehenden Beispiel unterstellt letztlich, daß ein Gas näherungsweise wie ein Grauer Strahler (s. dazu das Stichwort STRAHLUNG GRAUER KÖRPER) approximiert werden kann. Dies ist aber ein problematisches Konzept, da es die diskrete Wellenlängenabhängigkeit der Gasstrahlung ignoriert. Die Konsequenzen daraus müssen im konkreten Einzelfall sehr sorgfältig bedacht werden.

WEITERFÜHRENDE LITERATUR

Vortmeyer, D. (1994): *Gasstrahlung; Strahlung von Gasgemischen*, in: VDI-Wärmeatlas, VDI-Verlag, Düsseldorf

Siegel, R.; Howell, J.R.; Lohrengel, J. (1988): *Wärmeübertragung durch Strahlung, Teil 3: Strahlungsübertragung in absorbierenden, emittierenden und streuenden Medien*, Springer-Verlag, Berlin, Heidelberg, New York

Buckius, R.O. (1986): *Radiative Heat Transfer in Scattering Media: Real Property Contributions*, Proc. of 8th IHTC, Vol. 1, 141–150

Edwards, D.K. (1976): *Molecular Gas Band Radiation*, Advances in Heat Transfer 12, 115–193

Cess, R.D.; Tiwari, S.N. (1972): *Infrared Radiative Energy Transfer in Gases*, Advances in Heat Transfer 8, 229–283

Tien, C.L. (1968): *Thermal Radiation Properties of Gases*, Advances in Heat Transfer 5, 253–324

Valley, S.L. (ed.) (1965): *Handbook of Geophysics and Space Environments*, McGraw Hill Book Comp., New York

Hottel, H.C.; Egbert, R.B. (1942): *Radiant Heat Transmission from Water Vapour*, AIChE Transactions 38, 531–568

Strömungssieden
(forced convection boiling)

Bedeutung und Definition

Es handelt sich um eine spezielle Variante des Siedevorganges, also des Überganges eines Stoffes aus seiner flüssigen Phase in die Gasphase (Dampf); siehe dazu auch das Stichwort Sieden.

	Definition	
Unter dem Begriff des Strömungssiedens versteht man die Verdampfung einer Flüssigkeit unter Zwangskonvektion, häufig in durchströmten Rohren. Dabei treten in Strömungsrichtung nacheinander verschiedene Siedephänomene auf. Der Dampfgehalt steigt bis zur vollständigen Verdampfung kontinuierlich an.		

Physikalischer Hintergrund

Strömungssieden ist eine technisch häufig realisierte Form des Siedevorganges, weil es den positiven Effekt, den die Konvektion auf den Wärmeübergang hat, mit der Möglichkeit verbindet, einen kontinuierlichen Siedevorgang z.B. als Teil eines Kreisprozesses zu verwirklichen. Ein typisches Beispiel ist die vollständige Verdampfung einer Flüssigkeit in einem senkrechten Rohr, das von außen mit einer (konstanten) Wärmestromdichte beaufschlagt wird. Die beiden Grenzzustände sind die unterkühlte Flüssigkeit stromaufwärts der Siede- (oder Verdampfungs-)Zone und der überhitzte Dampf stromabwärts. In diesen beiden Grenzzuständen liegt ein rein konvektiver Wärmeübergang (an die Flüssigkeit bzw. an den Dampf) vor. Dies ist in beiden Fällen derselbe physikalische Vorgang, außer daß bei einem stationären Betrieb die Reynolds-Zahl $Re = \varrho^* \bar{u}^* D^* / \eta^*$ im unterkühlten Dampf um den Faktor η_D^* / η_{Fl}^* kleiner ist (η_D^*, η_{Fl}^*: dynamische Viskosität von Dampf und Flüssigkeit). Bei Wasser z.B. ist η_D^* / η_{Fl}^* je nach konkreter Situation etwa 1/20 oder kleiner.

Zwischen den Grenzzuständen, also in dem Bereich, in dem die vollständige Verdampfung (vom Strömungsdampfgehalt $x = \dot{m}_D^* / (\dot{m}_D^* + \dot{m}_{Fl}^*) = 0$ auf den Wert $x = 1$) stattfindet, liegt ein komplizierter Verdampfungsprozeß vor, der in physikalisch unterschiedliche Stadien unterteilt werden kann. Das nachfolgende Bild zeigt den Verdampfungsvorgang am senkrechten beheizten Rohr. Dabei wird üblicherweise der sog. thermodynamische Dampfgehalt x_{th} eingeführt, der aus einer globalen Energiebilanz zwischen zwei Strömungsquerschnitten folgt. Dieser ist mit dem Strömungsdampfgehalt x identisch, wenn

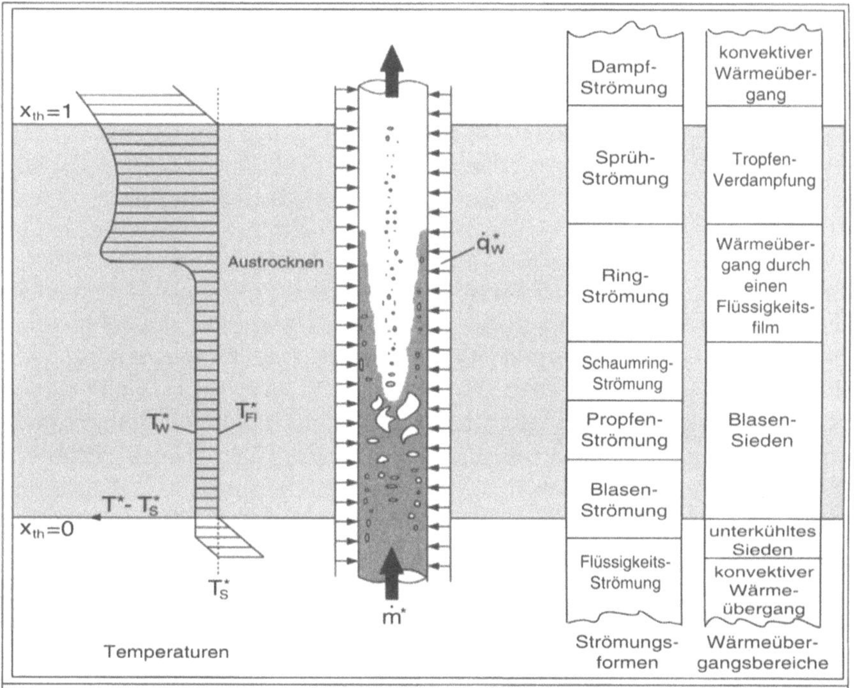

Strömung und Wärmeübergang am senkrechten beheizten Rohr (x_{th} =thermodyn. Dampfgehalt; T_S^*, T_W^*, T_{Fl}^* =Sättigungs-, Wand-, Fluidtemperatur)

Daten aus: Stephan (1988)

Dampf und Flüssigkeit im betrachteten Querschnitt dieselbe Temperatur besitzen. Im Eintrittsbereich ist die Flüssigkeit in der Rohrmitte jedoch noch unterkühlt, im Austrittsbereich der Dampf in Wandnähe schon überhitzt, so daß bei $x_{th} = 0$ schon Dampfblasen und bei $x_{th} = 1$ noch Flüssigkeitstropfen vorhanden sind.

Der prinzipielle Temperaturverlauf zeigt kleine treibende Temperaturdifferenzen ($T_W^* - T_{Fl}^*$) und damit einen guten Wärmeübergang, solange die Rohrwand benetzt ist. Am Ende des Ringströmungsbereiches ist der Flüssigkeitsfilm an der Wand verdampft und die Wärme muß durch den Dampf hindurch an die verbleibenden Phasengrenzen (Tropfen in der Strömung) gelangen. Wegen der deutlich niedrigeren Wärmeleitfähigkeit des Dampfes sind dafür höhere Temperaturgradienten erforderlich ($\vec{q}^* = -\lambda^* \mathrm{grad}\, T^*$), so daß es zu deutlich erhöhten Temperaturdifferenzen ($T_W^* - T_{Fl}^*$) kommt. Beispielsweise gilt für Wasser bzw. Wasserdampf bei $p^* = 1\,\mathrm{bar}$ und $T^* \approx 100°\mathrm{C}$:

$\lambda_{\mathrm{D}}^*/\lambda_{\mathrm{Fl}}^* = 0{,}036$, was den starken Anstieg der Wandtemperatur nach dem Austrocknen (engl.: dryout) wie eben beschrieben erklärt.

ANWENDUNGEN UND BEISPIELE

Kritische Siedezustände

Ähnlich wie beim BEHÄLTERSIEDEN kann es beim Strömungssieden zu sog. Siedekrisen kommen, also zu einer plötzlichen Verschlechterung des Wärmeüberganges. Dies bedeutet bei einem aufgeprägten Wärmestrom $\dot{q}_W^*$ (z.B. durch eine elektrische Heizung) ein deutliches Ansteigen der Wandtemperatur T_W^*, bei aufgeprägter Wandtemperatur T_W^* (z.B. durch ein anderes Fluid wie bei einem Wärmeübertrager) ein deutliches Absinken des Wärmestromes $\dot{q}_W^*$. Diese Situation ist besonders bei einem aufgeprägten Wärmestrom gefährlich, weil der Anstieg der Wandtemperatur zu nicht zulässigen thermischen Belastungen der Wand führen kann.

Insgesamt ist die Situation beim Strömungssieden verwickelter als beim Behältersieden, weil es jetzt als zusätzlichen Parameter den Strömungsdampfgehalt x gibt. Bei kleinen Werten von x (geringer Anteil von Dampf in der Flüssigkeit) sind die Verhältnisse ähnlich wie beim Behältersieden: es existiert bzgl. der Wärmestromdichte $\dot{q}_W^*$ ein (relatives) Maximum, bei dem Filmsieden einsetzt (Siedekrise 1. Art, s. dazu das Stichwort SIEDEN, dort unter ANWENDUNGEN UND BEISPIELE). Der Zahlenwert für den Maximalwert von $\dot{q}_{W,krit}^*$ ist jedoch aufgrund der überlagerten Strömung verschieden von demjenigen beim Behältersieden und darüber hinaus vom Dampfgehalt abhängig. Um die besondere Situation zu kennzeichnen, wird deshalb wie beim Behältersieden von der „kritischen Wärmestromdichte" gesprochen.

Bei größeren Werten des Dampfgehaltes bildet sich ein Flüssigkeitsfilm an der Wand aus, der im Moment seiner vollständigen Verdampfung (Austrocknen) zu einer deutlichen Verschlechterung des Wärmeüberganges und damit ebenfalls zu einer Siedekrise führt. Diese Form der Siedekrise wird gelegentlich als Siedekrise 2. Art bezeichnet. Auch hierfür existiert je nach Dampfgehalt ein bestimmter Wert der Wärmestromdichte, die ebenfalls „kritische Wärmestromdichte" $\dot{q}_{W,krit}^*$ genannt wird.

Das nachfolgende Bild zeigt den prinzipiellen Verlauf der kritischen Wärmestromdichte für beide Arten der Siedekrise.

Der flachere Verlauf der Kurve des Austrocknens bei größeren x–Werten kommt dadurch zustande, daß auf die Wand auftreffende Flüssigkeitstropfen wegen der geringen Wärmestromdichten $\dot{q}_W^*$ nur noch unvollständig verdampfen und damit eine sog. Sprühkühlung darstellen (engl.: deposition controlled burnout).

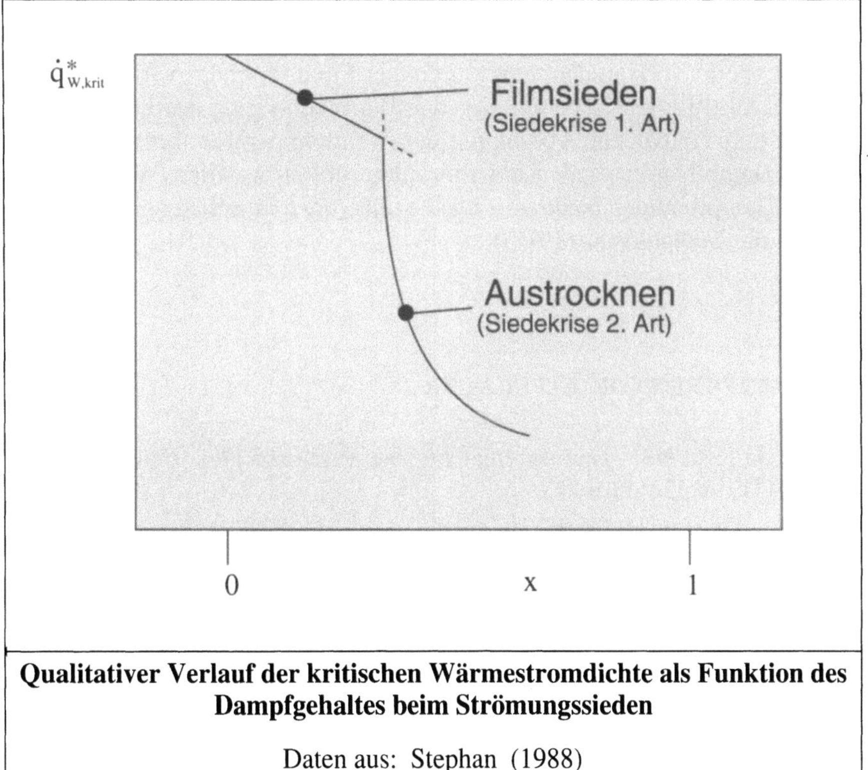

Qualitativer Verlauf der kritischen Wärmestromdichte als Funktion des Dampfgehaltes beim Strömungssieden

Daten aus: Stephan (1988)

BEACHTE

- Bei waagerechter Anordnung von Rohren, in denen ein Verdampfungsprozeß abläuft, kann die Wirkung der Schwerkraft zu einer erheblichen Ungleichverteilung des Wärmeüberganges über den Umfang führen. Insbesondere kann es im Bereich des Blasensiedens zu einer Ansammlung von Gas an der Oberseite des Rohres bis hin zur Ausbildung eines Dampffilmes kommen. Im anschließenden Bereich des Wand-Flüssigkeitsfilmes besteht die Gefahr einer Ansammlung der Flüssigkeit an der Unterseite und evtl. einer vollständigen Austrocknung der Oberseite. In beiden Bereichen ist damit der Wärmeübergang an der Rohroberseite deutlich schlechter als an der Rohrunterseite. Wie stark jedoch die Temperaturunterschiede über den Rohrumfang bei aufgeprägtem Wandwärmestrom sind, hängt wesentlich von der Wärmeleitfähigkeit des Wandmaterials ab.

- Die Physik des unterkühlten Siedens ist oft ein wichtiger selbstregulierender Prozeß bei Wandkühlungen durch Flüssigkeiten. Ein Beispiel hierfür ist die Zylinderkühlung bei Verbrennungsmotoren mit Hilfe eines Kühlwasserstromes. Dieser Kühlwasserstrom ist im Sinne eines Siedevorganges unterkühlt ($T^* < T_S^*$), es kann aber in Wandnähe an bestimmten „hot spots" vorkommen, daß wandnahes Fluid überhitzt wird. Dort setzt dann lokal Blasensieden ein, was den Wärmeübergang deutlich verbessert und unmittelbar zur Absenkung der Wandtemperatur (unter T_S^*) führt. Die Dampfblasen kondensieren im unterkühlten wandfernen Bereich und die Dampfbildung bleibt ein lokaler und/oder kurzfristiger Vorgang (s. Pflaum, Mollenhauer (1977)).

WEITERFÜHRENDE LITERATUR

Celata, G.P. (1998): *Critical Heat Flux in Subcooled Flow Boiling*, Proc. of 11th IHTC, Vol. 1, 261–277

Collier, J. G.; Thome, J. (1994): *Forced Convective Boiling and Condensation*, Oxford University Press, Oxford

Stephan, K. (1988): *Wärmeübergang beim Kondensieren und beim Sieden*, Springer-Verlag, Berlin, Heidelberg, New York

Whalley, P. B. (1987): *Boiling, Condensation and Gas-Liquid Flow*, Oxford University Press, Oxford

Pflaum, W.; Mollenhauer, K. (1977): *Wärmeübergang in der Verbrennungskraftmaschine*, Springer-Verlag, Wien, New-York

Sublimationsenthalpie
(latent heat of sublimation)

Siehe dazu das Stichwort LATENTE WÄRME.

Temperatur
(temperature)

Siehe dazu das Stichwort THERMODYNAMISCHE TEMPERATUR.

Temperaturleitfähigkeit a^*
(thermal diffusivity α^*)

BEDEUTUNG UND DEFINITION

Es handelt sich um eine Kombination von Stoffwerten, die in dieser Form in der WÄRMELEITUNGSGLEICHUNG auftritt und deshalb mit einem eigenen Symbol und Namen versehen worden ist.

	Definition	
$$a^* = \dfrac{\lambda^*}{\varrho^* \, c_p^*}$$		
a^*	Temperaturleitfähigkeit	$\mathrm{m^2/s}$
λ^*	Wärmeleitfähigkeit	$\mathrm{W/m\,K}$
ϱ^*	Dichte	$\mathrm{kg/m^3}$
c_p^*	spezifische isobare Wärmekapazität	$\mathrm{m^2/s^2\,K}$

PHYSIKALISCHER HINTERGRUND

In der Wärmeleitungsgleichung, die den Anlaß zur Einführung von a^* gegeben hat, werden zwei physikalische Effekte gemeinsam bilanziert, deren mathematische Beschreibung jeweils bestimmte Stoffwerte enthält:

- Die Wärmespeicherung im Material, verbunden mit der Stoffwertkombination $\varrho^* c_p^*$, die als volumetrische Wärmekapazität verstanden werden kann und ein Maß für die Fähigkeit des Materials darstellt, Energie in Form von innerer Energie und Volumenänderungsarbeit zu speichern (Maßeinheit von $\varrho^* c_p^*$: $\mathrm{J/m^3K}$).

- Die Wärmeleitung im Material, verbunden mit dem Stoffwert Wärmeleitfähigkeit λ^* (Maßeinheit von λ^*: $\mathrm{W/mK}$).

Die Kombination $a^* = \lambda^*/\varrho^* \, c_p^*$ kann deshalb als ein neuer Stoffwert angesehen werden, der das Verhältnis

$$\frac{\text{Wärmeleitfähigkeit}}{\text{Wärmespeicherungsfähigkeit}}$$

eines Materials beschreibt. Dementsprechend gilt für ein Material gekennzeichnet durch:

- kleine Temperaturleitfähigkeit a^*:
  Ein großer Anteil des jeweils lokal vorhandenen Wärmestromes wird gespeichert, nur ein geringer Anteil weitergeleitet. Temperatureffekte dringen „schwach" in den Körper ein.

- große Temperaturleitfähigkeit a^*:
  Ein kleiner Anteil des jeweils lokal vorhandenen Wärmestromes wird gespeichert, ein großer Anteil wird weitergeleitet. Temperatureffekte dringen „stark" in den Körper ein.

ANWENDUNGEN UND BEISPIELE

1. Typische Zahlenwerte für a^*; Stoffe nach ansteigenden Werten von a^* geordnet

Die nachfolgende Tabelle zeigt, daß keine direkte Korrelation zwischen der Temperaturleitfähigkeit und der Wärmeleitfähigkeit besteht, eine Ordnung von aufsteigenden Werten von a^* also von derjenigen nach aufsteigenden Werten von λ^* abweicht. Besonders markant ist in diesem Zusammenhang das Verhalten von Luft, als schlechtem „Wärme-" aber gutem „Temperaturleiter".

STOFF	TEMPERATUR-LEITFÄHIGKEIT $a^*/(10^{-6}\,\mathrm{m^2/s})$	WÄRMELEIT-FÄHIGKEIT $\lambda^*/(10^{-3}\,\mathrm{W/mK})$	WÄRMESPEI-CHERUNGS-FÄHIGKEIT $\varrho^* c_p^*/(10^3\,\mathrm{J/m^3 K})$
Wasser	0,15	608	4 164
Hartholz	0,18	160	904
Urethan-Schaum	0,36	26	73,2
Beton	0,69	1 400	2 024
Stahl (AISI 302)	3,91	15 100	3 866
Luft	22,1	26,1	1,18
Aluminium	97,1	237 000	2 440
Kupfer	116,6	401 000	3 440

Temperaturleitfähigkeit a^*

$T^* = 300\,\mathrm{K},\ p^* = 1\,\mathrm{bar}$

2. *Vergleich der Temperaturverläufe in Hartholz und Stahl 10 Sekunden nach
   Beginn der Wärmeübertragung in einem halbunendlichen ebenen Körper
   (Zahlenwerte für a^* und λ^* aus der vorhergehenden Tabelle)*

a) Konstante Wandwärmestromdichte $\dot{q}_W^* = 1\,000\,\mathrm{W/m^2}$

Das Temperaturprofil $T^*(x^*, t^*)$ lautet, s. das nachfolgende Bild für $T^*(x^*)$
nach $t^* = 10\,\mathrm{s}$:

$$T^*(x^*, t^*) - T_\infty^* = \frac{2\dot{q}_W^* \sqrt{a^* t^*/\pi}}{\lambda^*} \exp\left(\frac{-x^{*2}}{4a^* t^*}\right) - \frac{\dot{q}_W^* x^*}{\lambda^*} \operatorname{erfc}\left(\frac{x^*}{2\sqrt{a^* t^*}}\right)$$

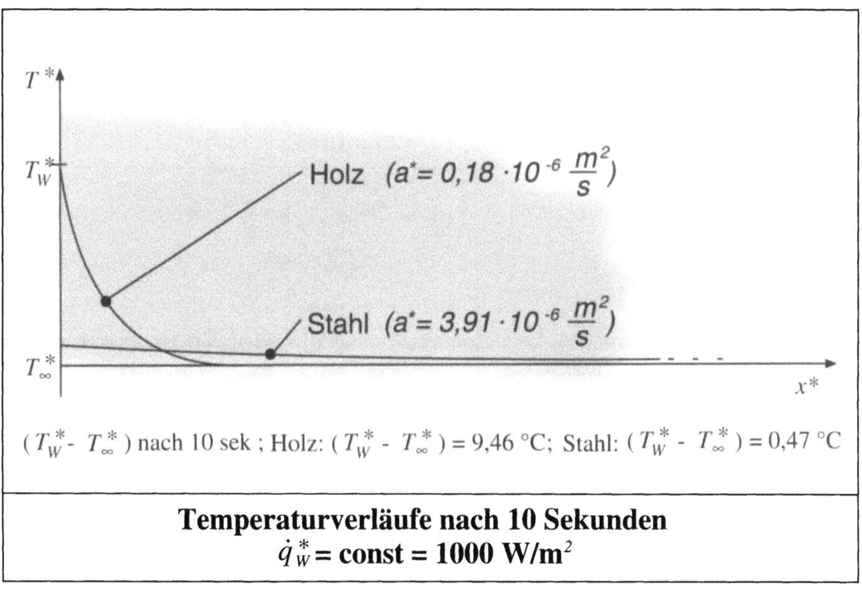

$(T_W^* - T_\infty^*)$ nach 10 sek ; Holz: $(T_W^* - T_\infty^*) = 9{,}46\,°\mathrm{C}$; Stahl: $(T_W^* - T_\infty^*) = 0{,}47\,°\mathrm{C}$

Temperaturverläufe nach 10 Sekunden
$$\dot{q}_W^* = \mathrm{const} = 1000\ \mathrm{W/m^2}$$

b) Konstante Wandtemperatur $T_W^* - T_\infty^* = 10\,°\mathrm{C}$

$$T^*(x^*, t^*) - T_\infty^* = (T_W^* - T_\infty^*) \operatorname{erfc}\left(\frac{x^*}{2\sqrt{a^* t^*}}\right) \quad ; \quad q_W^*(t^*) = \frac{\lambda^*(T_W^* - T_\infty^*)}{\sqrt{\pi a^* t^*}}$$

Für das Temperaturprofil $T^*(x^*)$ nach $10\,\mathrm{s}$ siehe das Bild auf der nächsten Seite. Bezüglich der Interpretation von a^* ist zu beachten, daß bei $T_W^* = \mathrm{const}$ die Wandwärmestromdichten $\dot{q}_W^*$ im gezeigten Beispiel verschieden sind. Die in a) und b) auftretende Funktion erfc ist die komplementäre Fehlerfunktion, siehe dazu das Stichwort WÄRMELEITUNG unter Anwendungen und Beispiele.

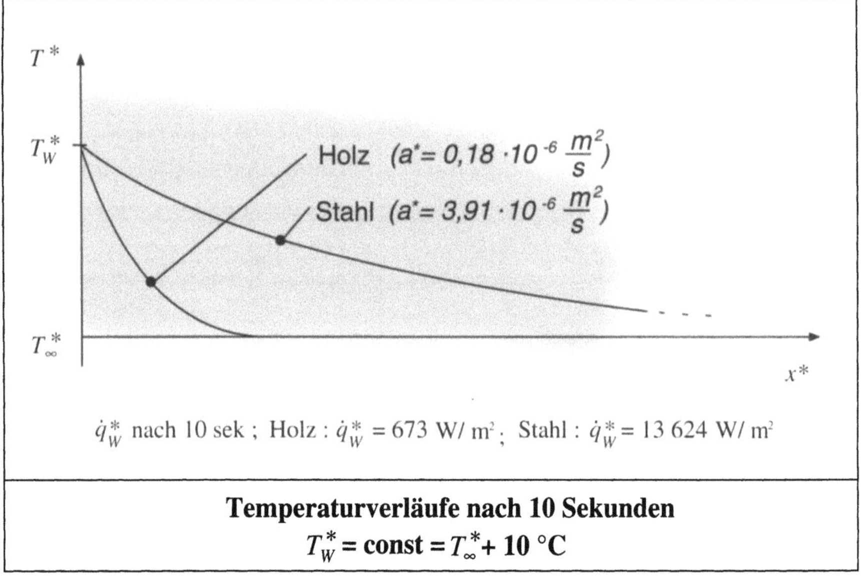

Temperaturverläufe nach 10 Sekunden
$$T_W^* = \text{const} = T_\infty^* + 10\ °C$$

BEACHTE

☞ Die Temperaturleitfähigkeit charakterisiert die Ausbreitungsgeschwindigkeit von Isothermenflächen in einem Medium. Der Name „Temperaturleitfähigkeit" ist jedoch durchaus problematisch, da er suggeriert, die Temperatur selbst würde strömen. Diese ist jedoch eine skalare Größe, die über ihren Gradientenvektor als „treibende Kraft" für den Wärmestrom als resultierendem „Fluß" verantwortlich ist.

☞ Bei turbulenter Wärmeübertragung wird analog zum Stoffwert a^* eine turbulente (oder scheinbare) Temperaturleitfähigkeit a_t^* eingeführt. Diese ist jedoch kein Stoffwert, sondern eine Strömungsgröße. Siehe dazu auch das Stichwort TURBULENTE PRANDTL-ZAHL.

WEITERFÜHRENDE LITERATUR

Grigull, U., Sandner, H. (1986): *Wärmeleitung*, Springer-Verlag, Berlin, Heidelberg, New York

Standard–Werke zur Wärmeübertragung, s. die Liste am Ende des Buches.

Temperaturmessung
(temperature measurement)

BEDEUTUNG UND DEFINITION

Es handelt sich um ein Konzept und die gerätetechnische Umsetzung, eine bestimmte thermometrische Eigenschaft auszunutzen, um daraus die Zustandsgröße Temperatur experimentell zu bestimmen. Wie unter dem Stichwort THERMODYNAMISCHE TEMPERATUR ausgeführt ist, kann es sich entweder um die direkte Messung der thermodynamischen Temperatur selbst handeln (z.B. mit dem idealen Gasthermometer), oder um die Messung einer sog. empirischen Temperatur, die über eine entsprechende Kalibrierung an die Skala der thermodynamischen Temperatur angepaßt ist.

	Definition	

Bei der Temperaturmessung handelt es sich um eine Methode zur Bestimmung der Zustandsgröße Temperatur eines zu untersuchenden thermodynamischen Systems. Man unterscheidet dabei grundsätzlich nach:

- Berührungsbehafteten Meßmethoden; diese basieren auf dem thermodynamischen Gleichgewicht zwischen dem Meßgerät (Thermometer) und dem thermodynamischen System. Über die thermometrische Eigenschaft des Thermometers kann dabei auf die (dem System und dem Thermometer gemeinsame) Temperatur geschlossen werden.

- Berührungsfreien Meßmethoden; diese basieren in der Regel auf den Strahlungseigenschaften des zu untersuchenden thermodynamischen Systems.

PHYSIKALISCHER HINTERGRUND

Die Basis für alle berührungsbehafteten Temperatur-Meßmethoden ist das thermodynamische Gleichgewicht zwischen dem Meßgerät bzw. Meßfühler (dem Thermometer) und dem thermodynamischen System. Als Thermometer ist dabei jedes Gerät geeignet, das „klein gegenüber dem thermodynamischen System" ist (d.h., dieses bei der Einstellung des thermodynamischen Gleichgewichtes vernachlässigbar gering beeinflußt) und eine sog. thermometrische Eigenschaft besitzt. Diese ist gekennzeichnet durch ihre

- hinreichend starke, kontinuierliche und monotone Temperaturabhängigkeit,

- strikte Reproduzierbarkeit,

- weitgehende Unabhängigkeit von anderen physikalischen Größen.

Häufig eingesetzte thermometrische Materialeigenschaften sind:

- die Volumenausdehnung von Flüssigkeiten oder Gasen als Funktion der Temperatur (Ausdehungsthermometer),

- die Temperaturabhängigkeit des elektrischen Widerstandes von Metallen oder Halbleitern (Widerstandsthermometer, s. das nachfolgende Beispiel),

- temperaturabhängige elektrische Spannungen in Metallpaarungen (THERMOELEMENT).

Darüber hinaus werden sehr viele andere spezielle Effekte als thermometrische Eigenschaften genutzt.

Berührungsfreie Temperaturmessungen nutzen in der Regel die Wärmestrahlungseigenschaften der Körper aus, deren Temperatur bestimmt werden soll. Es handelt sich dann um sog. optische Verfahren im Infrarotbereich der elektromagnetischen Strahlung, vorzugsweise im Wellenlängenbereich $0{,}1\,\mu\mathrm{m} < \lambda^* < 15\,\mu\mathrm{m}$, s. dazu auch das Stichwort WÄRMESTRAHLUNG. Die Basis für diese Art der Temperaturmessung ist die Temperaturabhängigkeit der Strahlungsintensität. Diese ist jedoch nur für den sog. Schwarzen Körper eindeutig und bekannt (s. dazu das Stichwort STRAHLUNG SCHWARZER KÖRPER), für alle anderen realen Körper müssen die Abweichungen von diesem idealen Modellverhalten durch Emissionsgrade mehr oder weniger genau bekannt sein. Die Einschränkung „mehr oder weniger" bezieht sich auf die Tatsache, daß das Emissionsverhalten realer Körper nicht einheitlich von demjenigen des Schwarzen Körpers abweicht, sondern diese Abweichungen wellenlängen- und richtungsabhängig sind, s. dazu das Stichwort STRAHLUNG REALER KÖRPER. Häufig kann dies jedoch nicht im Detail berücksichtigt werden und man begnügt sich mit der Einführung eines einzigen Faktors zur Beschreibung dieser Abweichungen, dem sog. Emissionsgrad ϵ, der stets kleiner als Eins ist, s. dazu auch das Stichwort STRAHLUNG GRAUER KÖRPER.

Da das Intensitätsmaximum bei einer Wellenlänge $\lambda^* = (2\,897{,}8/T^*)\,\mu\mathrm{m}$ liegt (Wiensches Verschiebungsgesetz, s. STRAHLUNG SCHWARZER KÖRPER), arbeiten Hochtemperatur-Infrarotmeßgeräte für Temperaturen $T^* = (1\,000 - 3\,000)\,\mathrm{K}$ vorzugsweise bei Wellenlängen $\lambda^* \approx 1\,\mu\mathrm{m}$, Meßgeräte für Temperaturen $T^* = (300 - 500)\,\mathrm{K}$ bei $\lambda^* \approx 10\,\mu\mathrm{m}$. Zusätzlich ist jedoch zu beachten, in welchem Wellenlängenbereich die jeweilige Körperoberfläche einen besonders hohen Emissionsgrad ϵ aufweist.

Ein Infrarot-Thermographiesystem besteht aus einem Optikteil, einem Infrarot-Detektor und einem Signalverarbeitungssystem einschl. einer Ausgabeeinheit. Infrarot-Detektoren sind in der Regel Quanten- oder thermische Detektoren, wobei Quantendetektoren im Betrieb gekühlt werden müssen, um das Störsignal hinreichend zu unterdrücken. Generell gilt für alle Quantendetektoren, daß sie bei umso tieferen Temperaturen betrieben werden müssen, je langwelliger ihre Empfindlichkeit ist. Eine typische Betriebstemperatur liegt bei $\approx -196^\circ\mathrm{C}$, der Siedetemperatur von Stickstoff bei $p^* = 1\,\mathrm{bar}$.

Der Vorteil der Infrarot-Thermographie besteht darin, daß damit Oberflächen-temperaturen nicht nur als punktuelle Einzelwerte, sondern als flächenmä-ßige Verteilung bestimmt werden können. Diese sog. Pixelbilder (typische Auflösung: 320×240 Pixel) entstehen durch ein „Scanning-Verfahren" aus einem Einzeldetektor oder als "Focal-Plane-Array" (FPA) mit einer Detek-toranzahl, die der Pixel-Zahl entspricht. Nachteilig wirken sich der hohe Aufwand sowie die Beschränkungen durch alle die Wärmestrahlung beeinflus-senden Effekte (z.B. Messung durch Fenster oder in strahlungsabsorbierender Umgebung) sowie die hohe Empfindlichkeit gegenüber der Umgebungsstrah-lung aus.

Als entscheidende Kriterien für die Auswahl eines Temperatur-Meßsystems können gelten:

- der Meßbereich in °C,

- die Auflösung und Genauigkeit,

- die Ansprechzeit (Zeitkonstante), evtl. die räumliche Auflösung,

- der Aufwand (Kosten).

ANWENDUNGEN UND BEISPIELE

1. Das Widerstandsthermometer Pt 100

Die Temperaturmessung mit elektrischen Widerstandsthermometern basiert auf der Temperaturabhängigkeit des elektrischen Widerstandes von Metal-len und Halbleitern (sog. Thermistoren) als thermometrischer Eigenschaft. Bei den Metallen erweist sich dabei Platin als besonders geeignet, weil es einen nahezu linearen Zusammenhang zwischen dem elektrischen Widerstand und der Temperatur aufweist und sich darüber hinaus als sehr langzeitstabil und in den verschiedensten Medien einsetzbar erweist. Deshalb hat sich das Platin-Widerstandsthermometer in der Praxis durchgesetzt. Der sog. Pt 100-Meßfühler gilt als genormter Standard-Fühler. Er weist bei 0°C einen elek-trischen Widerstand von 100 Ω auf. Für ihn gilt unabhängig von der Größe und der Bauart im Temperaturbereich $0°C < T^* < 850°C$ die Widerstands-Temperaturbeziehung (R^* in Ω, T^* in °C; $\{R^*\}$, $\{T^*\}$ als Zahlenwerte von R^* und T^*)

$$\{R^*\} = 100\,(1 + 3{,}908 \cdot 10^{-3}\,\{T^*\} + 0{,}580\,195 \cdot 10^{-6}\,\{T^*\}^2)$$

Hier, wie bei Widerstandsthermometern generell, ist zu beachten, daß zur Widerstandsmessung ein Meßstrom durch den Meßfühler erforderlich ist, der zu einer meßwertverfälschenden Temperaturerhöhung führt und deshalb sehr klein gehalten werden muß. Pt 100 Widerstandsthermometer gibt es in sehr unterschiedlichen Bauformen, wobei üblicherweise ein dünner gewickelter Platindraht in einem Schutzrohr angebracht ist. Die Durchmesser dieser Schutzrohre liegen im mm-Bereich, können aber in speziellen Fällen auch Werte von unter einem mm erreichen.

Speziell für Temperaturmessungen an überströmten Oberflächen gibt es flache Pt 100 - Oberflächen-Temperatursensoren, die aus einem in eine elastische Folie eingeschweißten Platin-Meßwiderstand bestehen und direkt auf die zu vermessende Oberfläche appliziert werden.

2. Temperaturmessung mit Thermoelementen

Siehe dazu das spezielle Stichwort THERMOELEMENT.

BEACHTE

☛ Bei der Bestimmung der Oberflächentemperatur angeströmter Objekte ist zu beachten, daß die Wandtemperatur in der Regel von der Temperatur der ungestörten Strömung abweicht. Dies gilt insbesondere auch an der Oberfläche eines Meßfühlers, der in eine Strömung eingebracht wird. Zu Temperaturerhöhungen ΔT^* kommt es dabei durch zwei Effekte:

- durch einen adiabaten (und reversiblen) Aufstau der Strömung. Wird die Strömung von der Geschwindigkeit U_∞^* bis auf den Wert Null aufgestaut (Staupunkt), so gilt für die damit verbundene Temperaturerhöhung

$$\Delta T_{ad}^* = \frac{U_\infty^{*2}}{2c_p^*}$$

Für ideale Gase kann dafür auch $Ma^2 \frac{\kappa-1}{2} T^*$ geschrieben werden, mit Ma als Mach-Zahl und dem Isentropenexponenten $\kappa = c_p^*/c_v^*$.

- durch Dissipationseffekte in der Grenzschicht, die sich am Temperaturfühler ausbildet. Wird die Wand als adiabat unterstellt, so führt dies zu einer Temperaturerhöhung, die in der Größenordnung von ΔT_{ad}^* liegt und deshalb als

$$\Delta T_r^* = r \frac{U_\infty^{*2}}{2c_p^*}$$

formuliert wird. Der sog. RÜCKGEWINNFAKTOR r ist von der konkret vorliegenden Strömung und von der Prandtl-Zahl abhängig. Er liegt häufig in der Nähe von Eins.

Zum Beispiel gilt für Luft mit $c_p^* = 1\,014\,\mathrm{J/kg\,K}$ für $U_\infty^* = 20\,\mathrm{m/s}$: $\Delta T_{ad}^* \approx 0{,}2°\mathrm{C}$; für $U_\infty^* = 100\,\mathrm{m/s}$ aber bereits $\Delta T_{ad}^* \approx 5°\mathrm{C}$.

❏ Bei Temperaturmessungen in turbulenten Strömungen ist zu beachten, daß die Temperatur eine zeitlich und räumlich schwankende turbulente Größe ist. Mit der üblichen Mittelwertbildung gilt deshalb $T^*(\vec{x^*}, t^*) = \overline{T}^*(\vec{x^*}) + T^{*\prime}(\vec{x^*}, t^*)$, d.h., die Aufspaltung in einen zeitlichen Mittelwert $\overline{T}^*$ und eine Schwankungsgröße $T^{*\prime}$. Wenn bei Temperaturmessungen die Schwankungsgröße $T^{*\prime}$ bestimmt werden soll, so kommen dafür nur Meßfühler mit Ansprechzeiten im ms–Bereich (Millisekunden) in Frage, die damit dann Temperaturschwankungen bis in den kHz–Bereich aufnehmen können. Diese Anforderungen werden von Hitzdrähten erfüllt, die wie Widerstandsthermometer arbeiten, wegen ihrer extrem kleinen Abmessungen (Länge im mm–Bereich, Durchmesser im μm–Bereich) aber die erforderlichen extrem kurzen Ansprechzeiten besitzen.

Die Schwankungstemperatur $T^{*\prime}$ muß z.B. bei der Bestimmung der turbulenten Wärmestromdichte $\vec{q_t^*} = (\varrho^* c_p^* \overline{u^{*\prime} T^{*\prime}}, \varrho^* c_p^* \overline{v^{*\prime} T^{*\prime}}, \varrho^* c_p^* \overline{w^{*\prime} T^{*\prime}})$ gemessen werden, s. dazu auch das Stichwort THERMISCHE ENERGIEGLEICHUNG, dort unter PHYSIKALISCHER HINTERGRUND.

WEITERFÜHRENDE LITERATUR

Schöne, A. (1997): *Meßtechnik*, Springer-Verlag, Berlin, Heidelberg, New York

Nitsche, W. (1994): *Strömungsmeßtechnik*, Springer-Verlag, Berlin, Heidelberg, New York, dort speziell Kap. 5: Temperaturmessung

Valvano, J.W. (1992): *Temperature Measurements*, Adv. in Heat Transfer 22, 359–436

Hauf, W.; Grigull, W.; Mayinger, F. (1991): *Optische Meßverfahren in der Wärme- und Stoffübertragung*, Springer-Verlag, Berlin, Heidelberg, New York

Jones, E.P. (1985): *Instrumentation Technology, Vol. 2 — Measurement of Temperature and Chemical Composition*, Butterworth and Co. Ltd, London

Eder, F.X. (1981): *Arbeitsmethoden der Thermodynamik*, Band I — Temperaturmessung, Springer-Verlag, Berlin, Heidelberg, New York

Thermische Einlauflänge L_{th}^*
(thermal entry length L_{th}^*)

BEDEUTUNG UND DEFINITION

Es handelt sich dabei um die Länge des Eintrittsbereiches in einer Rohr- oder
Kanalströmung (allgemeiner: Innenströmung mit konstantem Querschnitt),
in dem sich das Temperaturprofil von seiner ursprünglichen Form (meist einem
in Querrichtung homogenen Profil) zu einem sog. ausgebildeten Profil
mit bestimmten stromabwärts unveränderlichen Eigenschaften umbildet. Da
dieser Prozeß asymptotisch verläuft, also nicht an einer bestimmten diskreten
Stelle abgeschlossen ist, muß die Definition einer thermischen Einlauflänge
mit einem Kriterium bzgl. des Erreichens des ausgebildeten Zustandes verknüpft sein.

<table>
<tr><td></td><td>Definition</td><td></td></tr>
</table>

Die thermische Einlauflänge einer Innenströmung ist der Abstand vom
Eintrittsquerschnitt bis zu derjenigen stromabwärts gelegenen Stelle, an
der die Nußelt-Zahl erstmals weniger als ein vorzugebender Prozentsatz
(häufig: 2%) von dem Wert abweicht, der weiter stromabwärts als Nußelt-
Zahl der voll ausgebildeten Wärmeübergangssituation (asymptotisch) erreicht wird.

PHYSIKALISCHER HINTERGRUND

Da in der Definition der thermischen Einlauflänge von einer Situation ausgegangen wird, bei der sich sowohl das Geschwindigkeits- als auch das Temperaturprofil in Strömungsrichtung verändern, ist damit eine reale Einlaufströmung gemeint. Der Fall einer zunächst isothermen Strömung mit einem
ausgebildeten Geschwindigkeitsprofil, der von einer bestimmten Stelle an eine veränderte thermische Randbedingung aufgeprägt wird, führt ebenfalls
auf ein sich stromabwärts entwickelndes Temperaturprofil. Diese Situation wird „thermische Einlaufströmung" genannt und ist unter dem Stichwort
GRAETZ-PROBLEM behandelt. Im folgenden wird also stets von einer „echten" Einlaufströmung ausgegangen.

Die nachfolgende Skizze zeigt die prinzipielle Entwicklung des Temperaturprofiles, wobei die Strömung zunächst nur durch den Pfeil angedeutet ist.

Die Nußelt-Zahlen $\mathrm{Nu} = \dot{q}_W^* D^* / \lambda^* \Delta T^*$ sind im Eintrittsbereich stets größer als im ausgebildeten Zustand, weil bei Vorgabe von $\dot{q}_W^*$ die Temperaturdifferenzen stets kleiner bzw. bei Vorgabe von ΔT^* die Wärmestromdichten

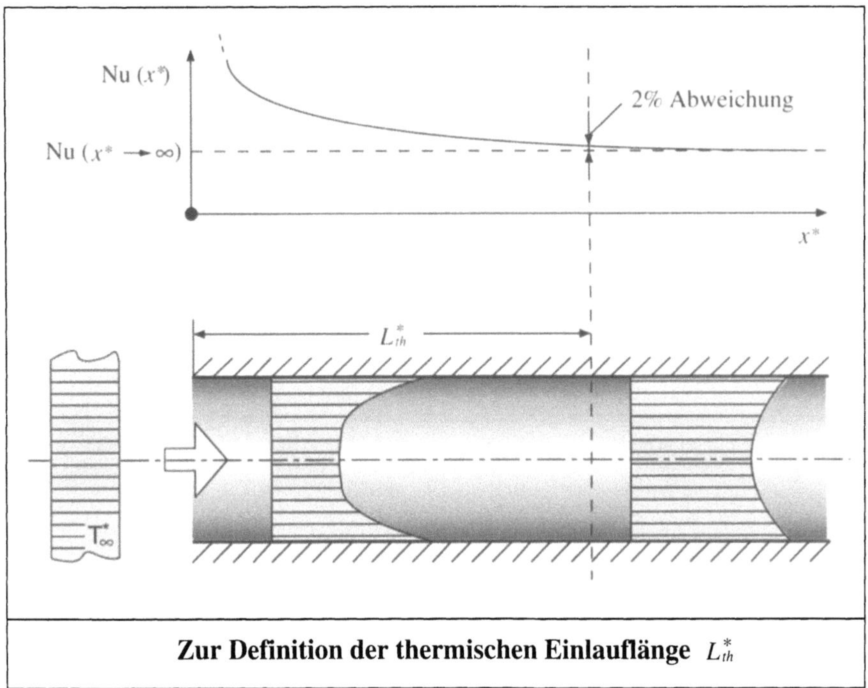

Zur Definition der thermischen Einlauflänge L_{th}^*

$\dot{q}_W^*$ stets größer sind. In diesem Eintrittsbereich hat die Strömung einen entscheidenden Einfluß auf die Entwicklung des Temperaturfeldes, da es sich um ein konvektives Wärmeübertragungsproblem handelt. Bezüglich der thermischen Einlauflänge spielen deshalb sowohl die Reynolds- und Prandtl-Zahlen eine Rolle als auch die Frage, ob es sich um eine laminare oder eine turbulente Strömung handelt. Eine eingehende Analyse ergibt dabei folgendes:

Bei turbulenten Einlaufströmungen kommt es wegen des hohen Impuls- und Wärmetransportes quer zur Hauptströmungsrichtung zu einem schnellen und intensiven Umbildungsprozeß der Geschwindigkeits- und Temperaturprofile, so daß der ausgebildete Zustand für fast alle Reynolds- und Prandtl-Zahlen sowie alle thermischen Randbedingungen im Bereich von 20 – 40 Durchmessern erreicht wird. Aufgrund des weitgehend universellen Verhaltens von wandgebundenen turbulenten Strömungen gilt diese Angabe für verschiedene Querschnittsformen (dann mit dem hydraulischen Durchmesser) gleichermaßen.

Bei laminaren Einlaufströmungen liegt kein solches einheitliches Verhalten vor. Vielmehr ist die thermische Einlauflänge stark von den Kennzahlen Re und Pr abhängig. Außerdem ist sie sensibel gegenüber den thermischen Randbedingungen und Querschnittsgeometrien.

Während bei kleinen Reynolds-Zahlen (Grenzfall: Re = 0: schleichende Strömung) die ausgebildeten Zustände innerhalb weniger Durchmesser erreicht sind, liegen bei großen Reynolds-Zahlen (nach oben begrenzt durch die kritische Reynolds-Zahl des laminar/turbulenten Umschlages) erhebliche Einlauflängen vor. Aufgrund des asymptotischen Charakters der Strömung für Re $\to \infty$ nehmen die Beziehungen für laminare Einlauflängen stets die Form

$$L_{th}^* = CD^*\mathrm{Re}_D\mathrm{Pr} \tag{$*$}$$

an, wobei die Konstante C, z.B. für die Rohrströmung, die in der nachfolgenden Tabelle angegebenen Zahlenwerte annimmt.

THERM. RANDBEDINGUNG	$\mathrm{Pr} = 0,7$	$\mathrm{Pr} \to \infty$
$T_W^* = \mathrm{const}$	0,037	0,033
$\dot{q}_W^* = \mathrm{const}$	0,053	0,043

C in Gl. ($*$) für die laminare Rohrströmung
Daten aus: Merker (1987)

Andere Querschnitte können durch die Verwendung des hydraulischen Durchmessers anstelle von D^* mit Gl. ($*$) näherungsweise erfaßt werden. Für diesen gilt $D_h^* = 4\,A^*/U^*$ mit A^* als durchströmtem Querschnitt und U^* als benetztem Umfang.

Bei der scheinbar schwachen Prandtl-Zahl–Abhängigkeit (s. Tabelle für C) ist zu berücksichtigen, daß Pr explizit als Faktor in Gl. ($*$) vorkommt und somit L_{th}^* insgesamt stark von der Prandtl–Zahl abhängt.

ANWENDUNGEN UND BEISPIELE

1. Einfluß von Reynolds- und Prandtl-Zahlen auf die thermischen Einlauflängen einer turbulenten Rohrströmung

Das Bild auf der nächsten Seite zeigt, daß für turbulente Strömungen der ausgebildete Zustand für einen sehr großen Bereich der Parameter Pr und Re im Sinne des 2%–Kriteriums im Bereich zwischen 20 und 40 Durchmessern erreicht wird.

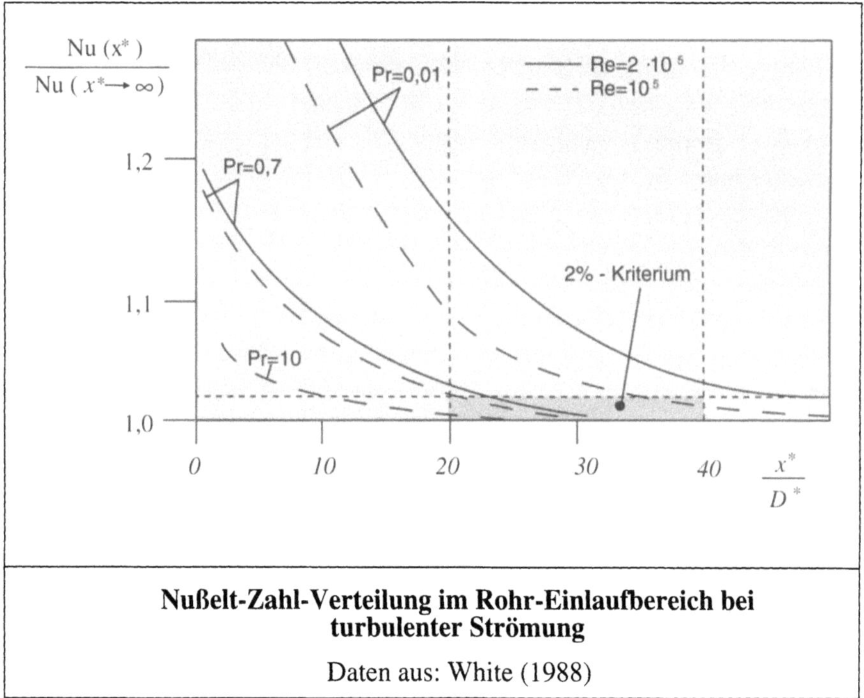

Nußelt-Zahl-Verteilung im Rohr-Einlaufbereich bei turbulenter Strömung

Daten aus: White (1988)

BEACHTE

☛ Für Öle sind thermische Einlauflängen bei laminarer Strömung wegen der hohen Prandtl-Zahlen so groß, daß ausgebildete Strömungszustände in technischen Anwendungen selten vorkommen. Zum Beispiel werden ausgebildete Zustände bei der Rohrströmung mit $Re = 2\,000$ und $Pr = 400$ erst nach etwa 30 000 Durchmessern erreicht!

☛ Die Tatsache, daß es im Eintrittsbereich auch zu einer Umbildung des Geschwindigkeitsprofiles kommt, wirkt sich durchweg positiv auf den Wärmeübergang aus. So sind die Nußelt-Zahlen in diesen Fällen stets größer als bei der vergleichbaren reinen thermischen Einlaufströmung, bei der nur das Temperaturprofil umgebildet wird, das (ausgebildete) Geschwindigkeitsprofil aber unverändert bleibt. Die Erklärung dafür ist, daß Geschwindigkeitsprofile, die sich umbilden, zunächst stets höhere Geschwindigkeiten in Wandnähe aufweisen als dies im ausgebildeten Zustand der Fall ist. Damit liegen dann stärkere Konvektionseffekte in Wandnähe vor.

Weiterführende Literatur

White, F. M. (1988): *Heat and Mass Transfer*, Addison-Wesley, Reading, Massachusetts

Merker, G. P. (1987): *Konvektive Wärmeübertragung*, Springer-Verlag, Berlin, Heidelberg, New York

Shah, R. K.; London, A. L. (1978): *Laminar Flow Forced Convection in Ducts*, in Advances in Heat Transfer, Supplement 1, Academic Press, New York

Thermische Energiegleichung
(thermal energy equation)

BEDEUTUNG UND DEFINITION

Es handelt sich um eine partielle Differentialgleichung, mit der die thermische Energie in einem infinitesimalen Kontrollvolumen bilanziert wird. Diese Bilanz entsteht auf folgendem „Umweg":

Zunächst wird eine Bilanz bezüglich der Gesamtenergie formuliert (1. Hauptsatz der Thermodynamik). Diese stellt die Summe aus mechanischer und thermischer Energie dar. Davon wird die Bilanzgleichung für die mechanische Energie subtrahiert. Diese wiederum entsteht durch Skalarmultiplikation der (vektoriellen) Impulsgleichung mit dem Geschwindigkeitsvektor. Die dann verbleibende thermische Energiegleichung kann gleichwertig in verschiedenen Variablen formuliert werden. Neben der inneren Energie e^* und der Enthalpie h^* wird häufig eine Formulierung in der Temperatur T^* gewählt, da diese unmittelbar zur Bestimmung des Temperaturfeldes genutzt werden kann. Mit dem FOURIERSCHEN WÄRMELEITUNGSGESETZ als KONSTITUTIVER GLEICHUNG lautet sie wie folgt.

	Definition	
	vektoriell: $$\varrho^* c_p^* \frac{DT^*}{Dt^*} = \mathrm{div}\,(\lambda^* \mathrm{grad}\, T^*) + \beta^* T^* \frac{Dp^*}{Dt^*} + \eta^* \Phi^*$$ kartesisch: $$\varrho^* c_p^* \frac{DT^*}{Dt^*} = \frac{\partial}{\partial x^*}\left(\lambda^* \frac{\partial T^*}{\partial x^*}\right) + \frac{\partial}{\partial y^*}\left(\lambda^* \frac{\partial T^*}{\partial y^*}\right) +$$ $$\frac{\partial}{\partial z^*}\left(\lambda^* \frac{\partial T^*}{\partial z^*}\right) + \beta^* T^* \frac{Dp^*}{Dt^*} + \eta^* \Phi^*$$	
T^*	Temperatur	K
$\dfrac{DT^*}{Dt^*}$	$$= \frac{\partial T^*}{\partial t^*} + \vec{v}^* \mathrm{grad}\, T^*$$ $$= \frac{\partial T^*}{\partial t^*} + u^* \frac{\partial T^*}{\partial x^*} + v^* \frac{\partial T^*}{\partial y^*} + w^* \frac{\partial T^*}{\partial z^*}$$	$\dfrac{\mathrm{K}}{\mathrm{s}}$
ϱ^*	Dichte	$\mathrm{kg/m^3}$
c_p^*	spezifische isobare Wärmekapazität	$\mathrm{m^2/s^2\,K}$

λ^*	Wärmeleitfähigkeit	W/m K
β^*	$$= -\frac{1}{\varrho^*}\left(\frac{\partial \varrho^*}{\partial T^*}\right)_p,$$ isobarer thermischer Ausdehnungskoeffizient	$\dfrac{1}{\mathrm{K}}$
p^*	Druck	N/m^2
$\dfrac{Dp^*}{Dt^*}$	$$= \frac{\partial p^*}{\partial t^*} + \vec{v}^*\,\mathrm{grad}\,p^*$$ $$= \frac{\partial p^*}{\partial t^*} + u^*\frac{\partial p^*}{\partial x^*} + v^*\frac{\partial p^*}{\partial y^*} + w^*\frac{\partial p^*}{\partial z^*}$$	$\dfrac{\mathrm{W}}{\mathrm{m}^3}$
η^*	dynamische Viskosität	kg/m s
Φ^*	$$\begin{aligned} = \ & 2\left[\left(\frac{\partial u^*}{\partial x^*}\right)^2 + \left(\frac{\partial v^*}{\partial y^*}\right)^2 + \left(\frac{\partial w^*}{\partial z^*}\right)^2 \right.\\ & + \left(\frac{\partial v^*}{\partial x^*} + \frac{\partial u^*}{\partial y^*}\right)^2 + \left(\frac{\partial w^*}{\partial y^*} + \frac{\partial v^*}{\partial z^*}\right)^2 \\ & + \left(\frac{\partial u^*}{\partial z^*} + \frac{\partial w^*}{\partial x^*}\right)^2 \\ & \left. - \frac{2}{3}\left(\frac{\partial u^*}{\partial x^*} + \frac{\partial v^*}{\partial y^*} + \frac{\partial w^*}{\partial z^*}\right)^2\right] \end{aligned}$$ Dissipationsfunktion, kartesisch	$\dfrac{1}{\mathrm{s}^2}$

Physikalischer Hintergrund

Die mit der thermischen Energiegleichung beschriebene physikalische Situation läßt sich anschaulich deuten, wenn die Energiegleichung als erweiterte Wärmeleitungsgleichung interpretiert wird. Gegenüber den beiden Effekten bei reiner Wärmeleitung

1. Energiespeicherung $\left[\varrho^* c_p^* \dfrac{\partial T^*}{\partial t^*}\right]$

2. ein-, ausströmende Wärme $[\mathrm{div}\,(\lambda^*\mathrm{grad}\,T^*)]$

treten bei einer Durchströmung des Kontrollvolumens, über das bilanziert wird, drei weitere Effekte hinzu:

3. konvektiver Energietransport $[\varrho^* c_p^* \vec{v}^* \operatorname{grad} T^*]$

4. Volumenänderungs- und Verschiebearbeit aufgrund von thermischen Effekten $[\beta^* T^* Dp^*/Dt^*]$

5. Dissipation mechanischer Energie $[\eta^* \Phi^*]$.

Bei konstanter Dichte ($\beta^* = 0$) entfallen die Volumenänderungs- und Verschiebearbeit. Auch für $\beta^* \neq 0$ sind diese wie auch die Dissipationseffekte häufig vernachlässigbar klein.

Diese Beschreibung ergibt jedoch nur für laminare Strömungen ein vollständiges Bild der physikalischen Situation. Die thermische Energiegleichung in der zuvor aufgestellten Form gilt zwar auch für turbulente Strömungen, dann jedoch nur für die Momentangröße der (turbulent) schwankenden Temperatur.

Häufig möchte man eine Aussage über den zeitlichen Mittelwert $\overline{T^*}$ der Temperatur treffen und unterwirft deshalb die thermische Energiegleichung einer entsprechenden Mittelungsprozedur. In kartesischen Koordinaten lautet sie dann (konstante Stoffwerte, d.h., auch $\beta^* = 0$):

$$\varrho^* c_p^* \frac{D\overline{T^*}}{Dt^*} = \frac{\partial}{\partial x^*}\left(\lambda^* \frac{\partial \overline{T}^*}{\partial x^*} - \varrho^* c_p^* \overline{u^{*\prime} T^{*\prime}}\right)$$

$$+ \frac{\partial}{\partial y^*}\left(\lambda^* \frac{\partial \overline{T^*}}{\partial y^*} - \varrho^* c_p^* \overline{v^{*\prime} T^{*\prime}}\right)$$

$$+ \frac{\partial}{\partial z^*}\left(\lambda^* \frac{\partial \overline{T^*}}{\partial z^*} - \varrho^* c_p^* \overline{w^{*\prime} T^{*\prime}}\right) + \eta^* \overline{\Phi^*} + \varrho^* \epsilon^*$$

Neben der Tatsache, daß die Temperatur $\overline{T^*}$ den zeitlichen Mittelwert darstellt, treten zwei Effekte als Folge der Mittelungsprozedur zutage:

- Als weiterer Transportmechanismus tritt ein Wärmestrom aufgrund der turbulenten Schwankungsbewegung hinzu (zweite Terme in den Klammern).

- Der Dissipationsmechanismus besteht aus zwei Teilen, der direkten Dissipation $\eta^* \overline{\Phi^*}$ als Folge von Geschwindigkeitsgradienten der mittleren Geschwindigkeit und der turbulenten Dissipation $\varrho^* \epsilon^*$ als Folge von Geschwindigkeitsgradienten der Schwankungsgeschwindigkeiten.

In der turbulenten Energiegleichung in zeitgemittelter Form treten jetzt zusätzliche unbekannte Größen auf. Dies sind die drei Wärmeströme aufgrund der Schwankungsbewegungen $(-\varrho^* c_p^* \overline{u^{*\prime} T^{*\prime}}, \ldots)$ und die turbulente Dissipation ϵ^*. Um das Gleichungssystem aus Impuls- und Energiegleichung lösen zu können, müssen diese neu hinzugetretenen Größen über eine sog. Turbulenz-modellierung erfaßt werden, d.h., durch zusätzliche Gleichungen beschrieben werden.

ANWENDUNGEN UND BEISPIELE

Schichtenstruktur des turbulenten Temperatur- und Geschwindigkeitsfeldes in Wandnähe, abhängig von der Prandtl-Zahl

Das Geschwindigkeitsprofil in Wandnähe weist eine Zweischichtenstruktur auf: die Wandschicht, charakterisiert durch den Einfluß der molekularen Viskosität ν^*, und die Außenschicht ohne Einfluß von ν^*. Wird diesem ein Temperaturprofil überlagert, so ergibt sich dieselbe Zweischichtenstruktur nur für Prandtl-Zahlen der Größenordnung Eins, geschrieben als $\mathrm{Pr} = \nu^*/a^* = \mathcal{O}(1)$. Für extreme Prandtl-Zahlen ergibt sich zusätzlich eine dritte Schicht, die durch den Einfluß der Temperaturleitfähigkeit a^* charakterisiert ist. Bei

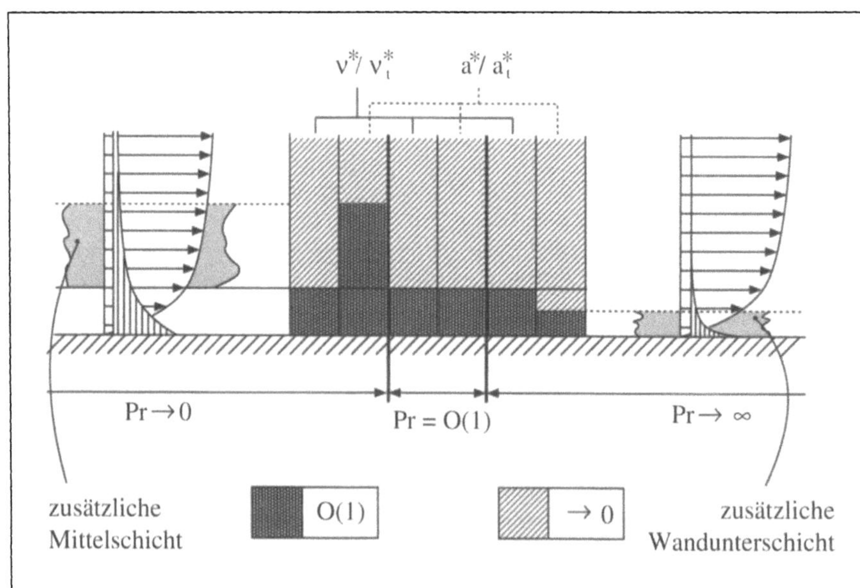

Schichtenstruktur turbulenter Geschwindigkeits- und Temperaturprofile

a^*_t : scheinbare (turbulente) Temperaturleitfähigkeit

ν^*_t : scheinbare (turbulente) Viskosität

$Pr \to 0$ liegt diese außerhalb der Wandschicht und wird als *Mittelschicht* bezeichnet; bei $Pr \to \infty$ liegt sie innerhalb der Wandschicht des Geschwindigkeitsprofiles, wie in der Skizze verdeutlicht, und heißt *Wandunterschicht*. Jede Schicht wird durch eine entsprechend vereinfachte Form der Energiegleichung (einschl. der zugehörigen Turbulenzmodellierung) beschrieben. Zwischen den Schichten gelten entsprechende Übergangsbedingungen.

BEACHTE

◪ Nach der Entdimensionierung mit einer Bezugstemperatur T_B^*, Bezugslänge L_B^* und Bezugsgeschwindigkeit U_B^* nimmt die thermische Energiegleichung für konstante Stoffwerte folgende Form an:

$$\frac{D\vartheta}{Dt} = \frac{\partial \vartheta}{\partial t} + \vec{v}\,\mathrm{grad}\,\vartheta = \frac{1}{\mathrm{Pe}}\mathrm{div}\,(\mathrm{grad}\,\vartheta) + \frac{\mathrm{Ec}}{\mathrm{Re}}\Phi$$

Dabei ist $\vartheta = (T^* - T_B^*)/\Delta T^*$ mit ΔT^* als charakteristischer Temperaturdifferenz. Als dimensionslose Kennzahlen treten auf:

- $\mathrm{Pe} = \mathrm{Re}\,\mathrm{Pr} = \varrho^* U_B^* L_B^* c_p^*/\lambda^*$ (PECLET-ZAHL);
- $\mathrm{Re} = U_B^* L_B^*/\nu^*$ (REYNOLDS-ZAHL);
- $\mathrm{Ec} = U_B^{*^2}/c_p^*\Delta T^*$ (ECKERT-ZAHL).

WEITERFÜHRENDE LITERATUR

Gersten, K.; Herwig, H. (1992): *Strömungsmechanik*, Vieweg-Verlag, Braunschweig

Whitaker, S. (1977): *Fundamental Principles of Heat Transfer*, Pergamon Press, New York

Bird, R.B.; Stewart, W.E.; Lightfood, E.N. (1960): *Transport Phenomena*, John Wiley & Sons, New York

Thermische Isolation
(thermal insulation)

Bedeutung und Definition

Es handelt sich um Maßnahmen, die den Wärmestrom über eine Systemgrenze reduzieren sollen, mit denen also versucht wird, mit technischen Mitteln in einer realen Situation so gut wie möglich den idealisierten Grenzfall einer adiabaten Systemgrenze ($\dot{q}_S^* = 0$ an der Systemgrenze) zu erreichen.

Definition

Unter thermischer Isolation einer Systemgrenze versteht man alle Maßnahmen zur Reduktion von $\dot{q}_S^*$. Dabei ist $\dot{q}_S^*$ die (lokale) Wärmestromdichte an der Systemgrenze und entsteht i.a. durch reine Wärmeleitung zur Umgebung, durch konvektiven Wärmeübergang und/oder durch einen Strahlungsaustausch mit der Umgebung.

Materialien, die durch einen speziellen mikroskopisch inhomogenen Aufbau (Poren bzw. Matrixstruktur) in ihrem lokalen Wärmeübertragungsverhalten durch Wärmeleitung, konvektiven Wärmeübergang und Strahlungswärmeaustausch bestimmt sind, können in ihrem (makroskopischen) Gesamtverhalten durch eine sog. *effektive Wärmeleitfähigkeit* λ_{eff}^* charakterisiert werden. Materialien, deren effektive Wärmeleitfähigkeit kleiner als die Wärmeleitfähigkeit λ^* von Luft ist, werden als *Superisolatoren* bezeichnet.

Physikalischer Hintergrund

Zur Beurteilung von Möglichkeiten zur thermischen Isolation sind die drei prinzipiellen Wärmeübertragungsmechanismen Leitung, konvektiver Wärmeübergang und Strahlung maßgeblich. Zur Reduktion von $\dot{q}_S^*$ ergeben sich damit unmittelbar folgende Einzelmaßnahmen:

- Reduktion der Wärmeleitfähigkeit außerhalb der Systemgrenze durch Einsatz von Materialien mit niedrigen λ^*-Werten. Der Idealfall ist in diesem Sinne eine vollständige Evakuierung, da dann keine Wärmeleitung mehr stattfinden kann.

- Vermeidung von Konvektionsvorgängen an der Systemgrenze, da durch Konvektion der Wärmeübergang stets erhöht wird. Feste Isoliermaterialien unterbinden in diesem Sinne Konvektionsvorgänge zwar im Bereich ihrer Anwendung, verlagern aber die Kontaktfläche zum umgebenden Fluid lediglich nach außen, wo dann wiederum unerwünschte Erhöhungen von Wärmeübergängen auftreten können (s. dazu das Beispiel im nachfolgenden Kapitel).

- Reduktion des Strahlungsaustausches mit der Umgebung durch entsprechende Oberflächen mit geringen Emissionsgraden ϵ, s. dazu das Stichwort STRAHLUNG REALER KÖRPER bzw. Installation eines zusätzlichen Strahlungsschutzes.

Diese Einzelmaßnahmen werden in speziell entwickelten Isolationsmaterialien kombiniert und ermöglichen damit einen sehr effektiven Schutz gegen „Wärmeverluste". Es gelingt auf diese Weise, effektive Wärmeleitfähigkeiten zu erreichen, die deutlich unter dem Wert von Luft, also $\lambda^* = 0{,}026\,\text{W/mK}$ (für $p^* = 1\,\text{bar}$, $T^* = 293\,\text{K}$) liegen. Dabei ist zu beachten, daß ruhende Luft bereits eine im Vergleich zu anderen Materialien gute thermische Isolationswirkung aufweist. Als Fluid unterliegt sie jedoch auch bei Unterbindung aller erzwungenen Konvektionsströmungen dem Mechanismus der natürlichen Konvektion, also einer Strömung, die durch Temperaturunterschiede (und die damit verbundenen Dichteunterschiede) induziert wird und den Wärmeübergang deutlich erhöht.

Zahlenwerte der effektiven Wärmeleitfähigkeit λ^*_{eff} hochwertiger thermischer Isolationsmaterialien liegen bei Tieftemperaturanwendungen (Kryotechnik, evakuiert) in der Größe von $10^{-3}\,\text{W/mK}$ und bei mittleren und hohen Temperaturen unter Umgebungsdruck in der Größe von $5 \cdot 10^{-3}\,\text{W/mK}$ (obiger Zahlenwert für Luft: $\lambda^* = 26 \cdot 10^{-3}\,\text{W/mK}$).

ANWENDUNGEN UND BEISPIELE

Kritischer Radius bei der thermischen Isolation von horizontal verlaufenden Rohrleitungen

Eine Rohrleitung, deren Außenwandtemperatur T^*_W oberhalb der Umgebungstemperatur T^*_{Umg} liegt, induziert durch den Temperaturunterschied $\Delta T^* = T^*_W - T^*_{Umg}$ eine natürliche Konvektionsströmung um die (horizontal verlaufende) Rohrleitung. Als Folge davon ergibt sich ein Wärmeübergang zur Umgebung, der mit einem mittleren (d.h., über den Umfang gemittelten) WÄRMEÜBERGANGSKOEFFIZIENTEN $\overline{\alpha}^*$ beschrieben werden kann. Aus $\dot{q}^*_W = \overline{\alpha}^* \Delta T^*$ (mit $\dot{q}^*_W$ als Wandwärmestromdichte, d.h., Wärmestrom pro Fläche) ergibt sich für $\dot{Q}^*_W = \dot{q}^*_W 2\pi R^*$, also den Wärmestrom pro Rohrlänge:

$$\dot{Q}^*_W = \overline{\alpha}^* 2\pi R^* (T^*_W - T^*_{Umg}) \qquad (*)$$

Wird nun eine thermische Isolierung der Wandstärke $R^*_{ISO} - R^*$ aufgebracht,

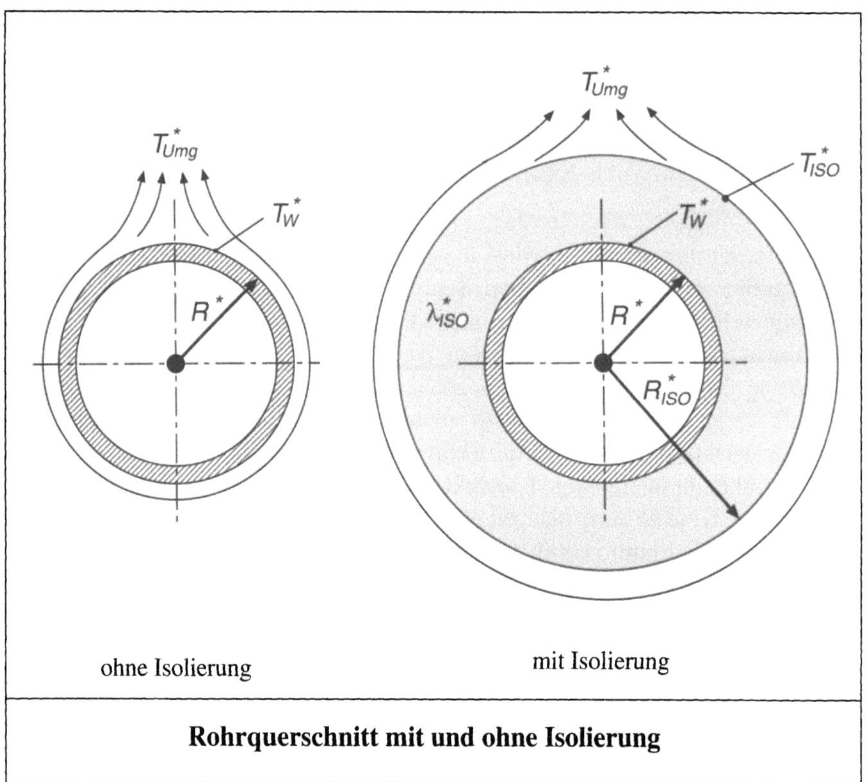

Rohrquerschnitt mit und ohne Isolierung

so verlagert sich die natürliche Konvektionsströmung wie im Bild angedeutet nach außen und für den Wärmestrom pro Rohrlänge gilt jetzt:

$$\dot{Q}^*_{ISO} = \overline{\alpha}^* 2\pi R^*_{ISO}(T^*_{ISO} - T^*_{Umg}) \qquad (\ast\ast)$$

Da der Radius gegenüber dem Fall ohne Isolierung größer geworden ist, die charakteristische Temperaturdifferenz ΔT^* aber kleiner (in der Isolierung erfolgt ein Temperaturabfall von T^*_W auf T^*_{ISO}), ist nicht auf Anhieb zu entscheiden, ob $\dot{Q}^*_{ISO}$ kleiner, gleich oder größer als $\dot{Q}^*_W$ ist! Es können also Fälle auftreten, bei denen durch eine angebrachte Isolierung der Wärmeübergang gegenüber dem ursprünglichen Fall ohne Isolierung verbessert wird. Es läßt sich zeigen, daß dies immer dann gilt, wenn der Radius kleiner als ein sog. „kritischer Radius" $R^*_{ISO,K}$ ist.

Mit den Beziehungen für den WÄRMEDURCHGANGSKOEFFIZIENTEN (s. besonders das 2. Beispiel zu diesem Stichwort) gilt für $\dot{Q}^*_{ISO}$ jetzt mit der bekannten Temperaturdifferenz $T^*_W - T^*_{Umg}$:

$$\dot{Q}^*_{ISO} = 2\pi \frac{T^*_W - T^*_{Umg}}{\dfrac{1}{R^*_{ISO}\overline{\alpha}^*} + \dfrac{\ln\left(R^*_{ISO}/R^*\right)}{\lambda^*_{ISO}}} \qquad (***)$$

Analysiert man diese Beziehung im Sinne der Funktion $\dot{Q}^*_{ISO} = \dot{Q}^*_{ISO}(R^*_{ISO})$, also bzgl. der Frage, wie sich $\dot{Q}^*_{ISO}$ mit Veränderung von R^*_{ISO} verhält, so ergibt sich folgendes:
Die Funktion $\dot{Q}^*_{ISO} = \dot{Q}^*_{ISO}(R^*_{ISO})$ besitzt ein Maximum (!) beim sog. kritischen Radius $R^*_{ISO,K} = \lambda^*_{ISO}/\overline{\alpha}^*$. Zum Beispiel ist dieser Wert für $\overline{\alpha}^* = 5\,\text{W/m}^2\text{K}$ und $\lambda^*_{ISO} = 0{,}05\,\text{W/mK}$ dann $R^*_{ISO} = 0{,}01\,\text{m} = 1\,\text{cm}$. Für Rohre mit $R^* < R^*_{ISO,K}$ führt eine thermische Isolierung für wachsendes R^*_{ISO} also zunächst zu einer Erhöhung des Wärmestromes; erst bei Überschreiten von $R^*_{ISO,K}$ führt eine weitere Verstärkung der Isolation dann wieder zu einer Reduktion und erreicht erst bei $R^*_{ISO,M} > R^*_{ISO,K}$ wieder den Wert $\dot{Q}^*_W$, der ohne Isolation galt. Nur für $R^* > R^*_{ISO,M}$ wird $\dot{Q}^*_{ISO} < \dot{Q}^*_W$ erreicht!
Aus diesen Überlegungen folgt, daß nur für Rohre mit $R^* > R^*_{ISO,K}$ stets eine Verminderung des Wärmestromes auftritt, wenn eine thermische Isolierung vorgesehen wird. Konkrete Zahlenwerte zeigen jedoch, daß der kritische Radius häufig klein ist (im mm– bis cm–Bereich), so daß eine unerwünschte Verbesserung des Wärmeüberganges an die Umgebung nur bei kleinen Rohrradien auftreten kann.

BEACHTE

▢ Die Existenz eines kritischen Radius bei der Isolierung von zylindrischen Körpern (s. das Beispiel unter ANWENDUNGEN UND BEISPIELE) wirkt sich bei isolierten elektrischen Leitern in der Regel positiv aus. Die elektrische Isolierung ist gleichzeitig auch eine thermische Isolierung. Wegen der kleinen Leitungsquerschnitte gilt häufig $R^* < R^*_{ISO,K}$, so daß die Isolierung zu einem besseren Wärmeübergang führt. Dies wiederum senkt die Drahttemperatur unter den Wert ohne Isolierung. Da der elektrische Widerstand R^*_{el} von Metallen mit sinkender Temperatur ebenfalls sinkt, steigt bei gleicher Spannung U^*_{el} die elektrische Stromstärke $I^*_{el} = U^*_{el}/R^*_{el}$.

▢ Da im realen Fall die adiabate Randbedingung $\dot{q}^*_S = 0$ im allgemeinen nur mehr oder weniger gut durch einen Wert $\dot{q}^*_S \neq 0$ angenähert werden kann, damit physikalisch aber die Situation eines WÄRMEDURCHGANGES durch ein System (mit $\dot{q}^*_S$ an der Systemgrenze) vorliegt, hat auch der Wärmetransport *im* System einen Einfluß auf $\dot{q}^*_S$. Dieser sollte, soweit entsprechende Maßnahmen im System möglich sind, so gering wie möglich gehalten werden, d.h., der WÄRMEÜBERGANGSKOEFFIZIENT α_i an der Systeminnenseite sollte möglichst klein sein.

Weiterführende Literatur

Reiss, H. (1994): *Superisolation*, VDI-Wärmeatlas, Kf 1–19, VDI-Verlag, Düsseldorf

Reiss, H. (1992): *Wärmeströme in thermischen Isolierungen*, Phys. Bl. 48, 617–622

Mallory, J. F. (1969): *Thermal Insulation*, Reinhold Book Corp., New York

Thermischer Ausdehnungskoeffizient β^*
(thermal expansion coefficient β^*)

BEDEUTUNG UND DEFINITION

Es handelt sich um einen Stoffwert, der die Abhängigkeit der Dichte von der Temperatur charakterisiert. Die genaue Bezeichnung müßte lauten „linearer isobarer thermischer Volumenausdehnungskoeffizient", da in der Definition die Konstanz des Druckes gefordert wird und mit β^* nur ein linearer Ausdehnungskoeffizient erfaßt wird.

	Definition	
$$\beta^* = -\frac{1}{\varrho^*}\left(\frac{\partial \varrho^*}{\partial T^*}\right)_p$$		
β^*	thermischer Ausdehnungskoeffizient	1/K
ϱ^*	Dichte	kg/m^3
T^*	Temperatur	K
p^*	Druck	N/m^2

PHYSIKALISCHER HINTERGRUND

Entwickelt man die zunächst allgemeine Dichtefunktion $\varrho^* = \varrho^*(T^*, p^*)$ im Bezugszustand (T_B^*, p_B^*) in eine Taylor-Reihe nach der Temperatur, so ergibt sich für einen festen Druck $p_B^* = \text{const}$

$$\varrho^* = \varrho_B^* + \left(\frac{\partial \varrho^*}{\partial T^*}\right)_B (T^* - T_B^*) + \mathcal{O}\big((T^* - T_B^*)^2\big)$$

bzw. nach einer einfachen Umformung

$$\begin{aligned}
\frac{\varrho^*}{\varrho_B^*} &= 1 + \left(\frac{1}{\varrho^*}\frac{\partial \varrho^*}{\partial T^*}\right)_B (T^* - T_B^*) + \mathcal{O}\big((T^* - T_B^*)^2\big) \\
&= 1 - \beta_B^*(T^* - T_B^*) + \mathcal{O}\big((T^* - T_B^*)^2\big)
\end{aligned}$$

In diesem Sinne stellt $\beta_B^* = \beta^*(T_B^*, p_B^*)$ also die negative relative Dichteänderung (mit p_B^* als Parameter) im Grenzfall $(T^* - T_B^*) \to 0$ dar. Wegen $v^* = 1/\varrho^*$ entspricht eine Verkleinerung der Dichte ϱ^* einer Vergrößerung des spezifischen Volumens v^*. Positive Werte von β_B^* entsprechen damit einer Volumenvergrößerung (Ausdehnung) mit steigender Temperatur. Mit Ausnahme von Wasser bei Temperaturen unterhalb der Temperatur maximaler Dichte (Wasseranomalie, für $p^* = 1\,\text{bar}$ bei Temperaturen $< 3{,}98°C$) zeigen alle Stoffe stets positive Werte von β^*, weshalb das Minuszeichen in der Definition eingeführt worden ist. Die Definition von β^* zeigt, daß β^* selbst natürlich ebenfalls temperaturabhängig ist (und deshalb präzise als $\beta_B^* = \beta^*(T_B^*, p_B^*)$ geschrieben wird). Der physikalische Mechanismus für die Temperaturabhängigkeit der Dichte ist bei Gasen die verstärkte Molekülbewegung mit steigender Temperatur und führt mit einfachen gaskinetischen Überlegungen zu der Abhängigkeit $\beta^* \sim 1/T^*$ für ein ideales Gas. Für Flüssigkeiten und Festkörper ist der Gleichgewichtsabstand der Teilchen voneinander bzw. im Gitterverband maßgeblich dafür, daß eine bestimmte Dichte (im Gegensatz zum Gas) existiert, die nur noch geringfügig von anderen Parametern wie z.B. der Temperatur und dem Druck abhängt. Diese insgesamt nur geringe Neigung zur Volumenvergrößerung mit steigender Temperatur ist bei Flüssigkeiten im allgemeinen stärker als bei Festkörpern (s. dazu die nachfolgenden Beispiele).

ANWENDUNGEN UND BEISPIELE

Einige Zahlenbeispiele für den thermischen Ausdehnungskoeffizienten β_B^*

	0°C	30°C	60°C	90°C
GASE				
ideale Gase	$3{,}66 \cdot 10^{-3}$	$3{,}30 \cdot 10^{-3}$	$3{,}00 \cdot 10^{-3}$	$2{,}75 \cdot 10^{-3}$
FLÜSSIGKEITEN				
Wasser	$-0{,}37 \cdot 10^{-4}$	$1{,}8 \cdot 10^{-4}$	$3{,}1 \cdot 10^{-4}$	$4{,}0 \cdot 10^{-4}$
leichtes Öl	$3{,}6 \cdot 10^{-4}$	$3{,}8 \cdot 10^{-4}$	$4{,}0 \cdot 10^{-4}$	$4{,}2 \cdot 10^{-4}$
FESTSTOFFE				
Kupfer	$5{,}04 \cdot 10^{-5}$	$5{,}04 \cdot 10^{-5}$	$5{,}04 \cdot 10^{-5}$	$5{,}04 \cdot 10^{-5}$
Eisen	$3{,}6 \cdot 10^{-5}$	$3{,}6 \cdot 10^{-5}$	$3{,}6 \cdot 10^{-5}$	$3{,}6 \cdot 10^{-5}$

thermische Ausdehnungskoeffizienten $\beta_B^*/(1/\text{K})$

Die vorhergehende Tabelle zeigt typische Werte für Gase, Flüssigkeiten und Feststoffe. Für Gase mit der thermischen Zustandsgleichung $p^*/\varrho^* = R^*T^*$ (ideale Gase) gilt aufgrund dieses Zusammenhanges einheitlich $\beta^* = 1/T^*$.

BEACHTE

◗ Bei auftriebsbeeinflußten Strömungen, bei denen also die Temperaturabhängigkeit der Dichte einen modifizierenden Einfluß hat (gemischte Konvektion) oder der eigentliche Antrieb für die Strömung ist (natürliche Konvektion), wird die Dichte häufig als $\varrho^* = \varrho_B^*[1 - \beta_B^*(T^* - T_B^*)]$ approximiert (s. dazu das Stichwort BOUSSINESQ-APPROXIMATION). Wenn weitergehende Einflüsse von T^* auf ϱ^* berücksichtigt werden sollen, also weitere Terme der Taylor-Reihenentwicklung von $\varrho^*(T^*)$ berücksichtigt werden, muß man konsequenterweise auch die Temperaturabhängigkeit aller anderen an einem Problem beteiligten Stoffwerte hinzunehmen. Diese sind im Rahmen der Boussinesq-Approximation zunächst vernachlässigt worden.

◗ Für Festkörper findet man häufig den *linearen Ausdehnungskoeffizienten* α^*, definiert als $l^* = l_B^*[1+\alpha^*(T^* - T_B^*)]$ vertafelt. Da sich das Volumen wie l^{*3} verhält, gilt damit $V^* = V_B^*[1 + \alpha^*(T^* - T_B^*)]^3$, was für $(T^* - T_B^*) \to 0$ zu $V^* = V_B^*[1 + 3\alpha^*(T^* - T_B^*) + \mathcal{O}((T^* - T_B^*)^2)]$ entwickelt werden kann. Ein Vergleich mit der Definition von β^* ergibt dann unmittelbar $\beta^* = 3\alpha^*$.

WEITERFÜHRENDE LITERATUR

Vogel, H. (1999): *Gerthsen Physik*, Springer-Verlag, Berlin, Heidelberg, New York

Standard–Werke zur Thermodynamik, s. die Liste am Ende des Buches

Thermischer Kontaktwiderstand R_K^*
(thermal contact resistance R_c^*)

Bedeutung und Definition

Es handelt sich um einen Wärmewiderstand, der an der Kontaktfläche zwischen zwei festen Materialien auftritt, wenn über diese Kontaktfläche hinweg eine Wärmeübertragung stattfindet.

	Definition	
$$R_K^* = \dfrac{\Delta T^*}{\dot{Q}_K^*} = \dfrac{\Delta T^*}{\dot{q}_K^* A^*} = \dfrac{1}{\alpha_K^* A^*}$$		
R_K^*	thermischer Kontaktwiderstand	K/W
ΔT^*	$= T_1^* - T_2^*$; $T_1^*, T_2^* \, \hat{=}$ Temperaturen beider Kontaktflächen	K
$\dot{Q}_K^*$	Wärmestrom senkrecht zur Kontaktfläche	W
A^*	beaufschlagte (Gesamt-)Fläche	m^2
α_K^*	Kontaktkoeffizient	W/m^{2}K

Physikalischer Hintergrund

Da Materialoberflächen in der Regel technisch bearbeitet sind, weisen sie Oberflächenstrukturen auf, die nicht einer ideal glatten Wand entsprechen, sondern meist unregelmäßig geformt sind. Typische Abmessungen der als Oberflächenrauheit charakterisierbaren Unebenheiten liegen im μm–Bereich (tausendstel Millimeter). Werden zwei solche Flächen in Kontakt gebracht, so entsteht ein unmittelbarer Kontakt der zwei Materialien M_1 und M_2 nur auf einem Teil der Gesamtoberfläche A^*, der als A_K^* bezeichnet werden soll. Im Bereich der restlichen Fläche $(A^* - A_K^*)$ sind beide Materialien durch (in der Regel mit Luft gefüllte) Hohlräume getrennt.

Da die Wärmeleitfähigkeit der festen Materialien erheblich größer ist als diejenige von Luft, konzentrieren sich die Wärmeströme auf den Flächenteil A_K^*. Vernachlässigt man in erster Näherung die Wärmeleitung durch die gut isolierten Hohlräume, so muß in einer stationären Situation der ankommende Wärmestrom $\dot{Q}_\infty^*$, der eine Wärmestromdichte $\dot{q}_\infty^* = \dot{Q}_\infty^*/A^*$ besitzt, durch die reduzierte Fläche A_K^* fließen, was dort zu einer erhöhten Wärmestromdichte $\dot{q}_K^* = \dot{Q}_\infty^*/A_K^*$ führt, wie dies in der Skizze angedeutet ist. Das

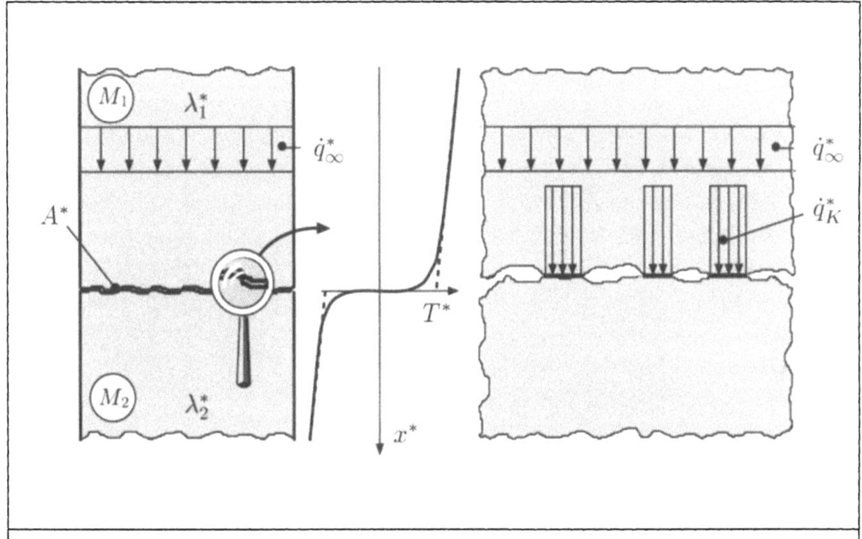

Wärmestromdichten- und Temperaturverlauf in der Nähe der Kontaktfläche zweier Materialien M_1 und M_2

wiederum bedeutet aufgrund des FOURIERSCHEN WÄRMELEITUNGSGESETZES $\dot{q}^* = -\lambda^* \partial T^*/\partial x^*$ unmittelbar einen erhöhten Temperaturgradienten in x^*-Richtung. Damit ergibt sich in der Nähe der Kontaktfläche ein Temperaturverlauf wie in der Skizze gezeigt, der dann als Verlauf einer gemittelten Temperatur interpretiert werden kann. Extrapoliert man die Temperaturverläufe zu beiden Seiten der Kontaktfläche, so ergibt sich ein Temperatursprung $\Delta T^* = T_1^* - T_2^*$, der in der Definition des Kontaktwiderstandes verwendet wird.

Diese Überlegungen zur Physik des Kontaktwiderstandes führen unmittelbar auf zwei Maßnahmen zur Reduzierung von R_K^*:

- Eine Erhöhung des Anpreßdruckes zwischen beiden Materialien führt aufgrund der plastischen Verformung von Rauheitselementen zu einer Vergrößerung des Flächenanteiles A_K^* und damit zu einer Verminderung von ΔT^*, d.h., bei festem $\dot{Q}_\infty^*$ zu einer Reduktion von R_K^*.

- Füllt man die Hohlräume mit einer Flüssigkeit, deren Wärmeleitfähigkeit deutlich über derjenigen von Luft liegt, so trägt der Hohlraum-Flächenanteil $(A^* - A_K^*)$ deutlich zum Wärmeübergang bei, reduziert damit die lokalen Wärmestromdichten und führt ebenfalls zu einer Verminderung von ΔT^*. Für diese Zwecke werden häufig Fette oder Öle eingesetzt, z.B. Silikonöl (engl.: thermal grease). Zum gleichen Zweck können auch weiche Metalle in Form sehr dünner Folien verwendet werden, die unter einem entsprechend hohen Anpreßdruck die effektive Kontaktfläche deutlich erhöhen.

Zahlenwerte für den thermischen Kontaktwiderstand werden fast ausschließlich empirisch ermittelt. Selbst theoretische Modellansätze können aufgrund der geometrischen Verhältnisse in der Kontaktzone nur halbempirischen Charakter haben. Die Vielzahl von möglichen Materialpaarungen und verschiedenen Oberflächenstrukturen lassen entweder nur sehr grobe Angaben für eine größere Anzahl von Fällen zu oder aber genauere Werte für exakt definierte Situationen. Angaben zu R_K^* sind meistens in Form von $1/\alpha_K^* = R_K^* A^*$ zu finden.

ANWENDUNGEN UND BEISPIELE

1. Zahlenbeispiele für die Wirkung von Zwischenmaterialien auf den thermischen Kontaktwiderstand bei Aluminium-Kontaktflächen

Die nachfolgende Tabelle zeigt einige Beispiele für Aluminium mit einer charakteristischen Oberflächenrauheit von $10\,\mu$m und einem Anpreßdruck von 10^5 N/m^2.

	ZWISCHENMATERIAL				
	Luft	Helium	Wasserstoff	Silikonöl	Glyzerin
$\dfrac{R_K^* A^*}{10^{-4}\,\text{m}^2\text{K/W}}$	2,75	1,05	0,72	0,53	0,27

Einfluß des Zwischenmaterials auf den thermischen Kontaktwiderstand bei Aluminium

Daten aus: Fried (1969)

2. Zahlenbeispiele für den thermischen Kontaktwiderstand zwischen zwei Körpern gleichen Materials; Einfluß des Anpreßdruckes p_K^*

Die nachfolgende Tabelle zeigt als „von-bis"-Angaben typische Zahlenwerte für R_K^* sowie für den jeweiligen Mittelwert die äquivalente Wandstärke

$s_{\ddot{a}}^*$ gleichen Materials, d.h., die Wandstärke, die aufgrund reiner eindimensionaler Wärmeleitung zu demselben thermischen Widerstand führen würde (ermittelt aus $R_K^* = R_{th,L}^* = s_{\ddot{a}}^*/\lambda^* A^*$).

| MATERIAL | $\dfrac{\lambda^*}{\text{W/mK}}$ | $p_K^* = 10^5\,\text{N/m}^2$ | | $p_K^* = 10^7\,\text{N/m}^2$ | |
		$\dfrac{R_K^* A^*}{10^{-4}\,\text{m}^2\text{K/W}}$	$\dfrac{s_{\ddot{a}}^*}{\text{mm}}$	$\dfrac{R_K^* A^*}{10^{-4}\,\text{m}^2\text{K/W}}$	$\dfrac{s_{\ddot{a}}^*}{\text{mm}}$
Edelstahl	15	$6 \div 25$	30	$0{,}7 \div 4$	4
Kupfer	400	$1 \div 10$	220	$0{,}1 \div 0{,}5$	12
Magnesium	160	$1{,}5 \div 3{,}5$	40	$0{,}2 \div 0{,}4$	5
Aluminium	240	$1{,}5 \div 5{,}0$	80	$0{,}2 \div 0{,}4$	7

thermischer Kontaktwiderstand R_K^*

Daten aus: Incropera, DeWitt (1996)

Beachte

- Um den Einfluß von Zwischenmaterialien besser beurteilen zu können, werden bei systematischen Untersuchungen sinnvollerweise auch die Kontaktwiderstände unter Vakuum-Bedingungen bestimmt.

- Zwischenmaterialien werden bei entsprechenden Anwendungsfällen auch gezielt eingesetzt, um den thermischen Kontaktwiderstand zu erhöhen, wenn ein thermischer Isolationseffekt erreicht werden soll. Hochwirksam in diesem Sinne sind keramische Laminate, die z.B. den thermischen Kontaktwiderstand einer Aluminiumverbindung um den Faktor 100 oder mehr heraufsetzen können.

Weiterführende Literatur

Incropera, F.P.; DeWitt, D.P. (1996): *Fundamentals of Heat and Mass Transfer*, John-Wiley & Sons, New York

Madhusudana, C.V. (1996): *Thermal Contact Conductance*, Springer-Verlag, Berlin, Heidelberg, New York

Sridhar, M.R.; Yovanovich, M.M. (1993): *Critical Review of Elastic and Plastic Contact Conductance Models and Comparison with Experiment*, AIAA Paper 93-2776

Fletcher, L.S. (1988): *Recent Developments in Contact Conductance Heat Transfer*, J. Heat Transfer 110, 1059–1070

Kreith, F.; Boehm, R.F. (1988): *Direct Contact Heat Transfer*, Hemisphere Publ. Corp., Washington, New York, London

Venart, J.E.S. (1986): *Recent Developments in Thermal Contact, Gap and Joint Conductance Theories and Experiments*, Proc. of 8th IHTC, Vol. 1, 35–46

Fried, E. (1969): *Thermal Conduction Contribution to Heat Transfer at Contacts*, in: „Thermal Conductivity" (R. P. Tye, ed.) Vol. 2, Academic Press, New York

Thermodiffusion
(thermal diffusion)

BEDEUTUNG UND DEFINITION

Es handelt sich um einen sog. Kopplungs- oder Kreuzeffekt in einem Mehr-komponentensystem. Dieser Effekt besteht im vorliegenden Fall aus Diffusi-onsströmen der Komponenten eines Gemisches aufgrund eines Temperatur-gradienten.

	Definition	

Unter Thermodiffusion versteht man denjenigen Anteil der (Massen-) Dif-fusion in Mehrkomponentensystemen, der durch einen Temperaturgradien-ten hervorgerufen wird. Er kann zusätzlich zu anderen Diffusionseffekten auftreten oder vollständig die Diffusion bestimmen. Für ein binäres Ge-misch mit den Komponenten A und B gilt für die Diffusionsstromdichte der Komponente A:

$$\vec{j}_A^* = -\varrho^* D_{AB}^* \left(\operatorname{grad} c_A + \bar{\alpha} \frac{c_A(1 - c_A)}{T^*} \operatorname{grad} T^* \right)$$

mit $\bar{\alpha}$ als Thermodiffusionskoeffizienten. Die Thermodiffusion ist dabei durch den zweiten Term beschrieben. Der erste Term stellt die Ficksche Diffusion dar.

$\vec{j}_A^*$	Diffusionsstromdichtevektor der Komponente A	$\mathrm{kg/m^2 s}$
ϱ^*	Dichte des Gemisches	$\mathrm{kg/m^3}$
D_{AB}^*	Diffusionskoeffizient	$\mathrm{m^2/s}$
c_A	Massenkonzentration der Komponente A	–
$\bar{\alpha}$	Thermodiffusionskoeffizient	–
T^*	Temperatur	K

PHYSIKALISCHER HINTERGRUND

Eine systematische Herleitung, ausgehend von der Gibbsschen Fundamen-talgleichung und den Bilanzgleichungen für den Impuls, die Gesamt- und Komponentenmasse sowie für die innere Energie und die Entropie, führt auf die vollständigen Abhängigkeiten der Ströme (z.B. Wärmeströme, Diffusionsströme) von den sog. „treibenden Kräften" (z.B. Temperaturgradient, Druckgradient).

Dabei läßt sich an der Entropieproduktionsrate in der Bilanz für die Entropie ablesen, welche Prozesse irreversibel verlaufen. Für ein fluides Mehrkomponentensystem sind dies

- Wärmeleitung ($\rightarrow$ Wärmestrom),

- Wirkung viskoser Kräfte ($\rightarrow$ Impulsstrom),

- Diffusion ($\rightarrow$ Partialmassenstrom),

- chemische Reaktionen ($\rightarrow$ Reaktionsstrom).

Alle vier Effekte lassen sich einheitlich als Produkte von (verallgemeinerten) Kräften X_A^* und (verallgemeinerten) Strömen J_A^* darstellen. Für die Entropieproduktionsrate σ^* gilt in diesem Sinne

$$\sigma^* = \sum_A J_A^* X_A^* \, . \tag{$*$}$$

Zwischen den Kräften X_A^* und den Strömen J_A^* können in der Nähe des thermodynamischen Gleichgewichtes lineare Beziehungen (erster Term einer Potenzreihenentwicklung) der Form

$$J_A^* = \sum_B L_{AB}^* X_B^* \tag{$**$}$$

angesetzt werden, wobei L_{AB}^* phänomenologische Koeffizienten der linearen sog. KONSTITUTIVEN GLEICHUNGEN ($**$) sind. Da sie Entwicklungskoeffizienten in dem funktionalen Zusammenhang $J_A^*(X_B^*)$ sind und die J_A^* von den Zustandsvariablen des Problems abhängen (z.B. vom Druck und der Temperatur), sind die L_{AB}^* ebenfalls davon abhängig und können als phänomenologische Koeffizienten aufgefaßt werden, die die jeweiligen irreversiblen Prozesse charakterisieren.

Der Ansatz ($**$) zeigt durch die Summenbildung ($\sum_B$), daß ein bestimmter Strom J_A^* nicht nur durch die zugehörige Kraft X_A^*, sondern im allgemeinen auch durch alle anderen Kräfte X_B^* ($A \neq B$) zustande kommt. Die in einem fluiden Mehrkomponentensystem allgemein vorkommenden (verallgemeinerten Kräfte) entstehen nun aufgrund von:

- Kraftfeldern (z.B. elektrisch, magnetisch),

- Gesamtdruckgradienten,

- Partialdruckgradienten,

- Temperaturgradienten,

- chemischen Affinitäten.

Damit entstehen neben den unmittelbaren Kombinationen (J_A^*, X_A^*) zunächst formal eine große Anzahl von sog. Kreuzeffekten (J_A^*, X_B^*) mit $B \neq A$ und damit sehr viele Koeffizienten L_{AB}^*.

Tatsächlich zeigt sich aber, daß nur Kombinationen (J_A^*, X_B^*) miteinander verknüpft werden müssen, die auf gleicher Vektor-Stufe stehen, d.h., skalare Ströme hängen nur von skalaren Kräften (verallgemeinerten Kräften), vektorielle Ströme nur von vektoriellen Kräften und tensorielle Ströme nur von tensoriellen Kräften ab (Curiesches Prinzip, das allerdings nur die konsequente Anwendung der Regeln der Tensoranalysis darstellt, s. Truesdell (1969)). Dies reduziert die Zahl phänomenologischer Koeffizienten erheblich. Darüber hinaus gelten für L_{AB}^* gewisse Symmetriebedingungen, die als „Onsager-Casimirsche Reziprozitätsbeziehungen" bezeichnet werden.

Aufgrund dieser „Nebenbedingungen" gilt z.B. für die Wärmestrom- und die Diffusionsstromdichtevektoren:

$$
\begin{aligned}
\vec{q}^* &= -\lambda^* \operatorname{grad} T^* + \hat{c}^* \bar{\alpha} \operatorname{grad} c_A \\
\vec{j}_A^* &= -\varrho^* D_{AB}^* \left(\operatorname{grad} c_A + \bar{\alpha} \frac{c_A(1 - c_A)}{T^*} \operatorname{grad} T^* \right)
\end{aligned}
\qquad (***)
$$

In der Beziehung für $\vec{j}_A^*$ ist der zweite Term der Thermodiffusionseffekt (s. Definition). Analog tritt in der Beziehung für die Wärmestromdichte ein sog. Diffusionsthermoeffekt auf, dessen Koeffizient hier nicht im einzelnen aufgeführt ist, sondern als $\hat{c}^* \bar{\alpha}$ geschrieben wurde, um deutlich zu machen, daß der Koeffizient als Folge der Onsagerschen Reziprozitätsbeziehung auch wieder die Größe $\bar{\alpha}$ enthält. Dieser hier nicht näher behandelte Diffusionsthermoeffekt wird auch „Dufour-Effekt" genannt und beschreibt einen (zusätzlichen) Wärmestrom aufgrund eines Konzentrationsgradienten.

In den Beziehungen $(***)$ für $\vec{q}^*$ und $\vec{j}_A^*$ sind die Effekte des Gesamtdruckgradienten und diejenigen aufgrund von Kraftfeldern vernachlässigt worden, die in einem vollständigen Ansatz für $\vec{q}^*$ und $\vec{j}_A^*$ zusätzlich berücksichtigt werden müßten.

Für praktische Anwendungen können die Kopplungs- oder Kreuzeffekte sehr häufig vernachlässigt werden, da sie, von Ausnahmen abgesehen, klein gegenüber den Haupteffekten (z.B. der Fourierschen Wärmeleitung bei $\vec{q}^*$ oder der Fickschen Diffusion bei $\vec{j}_A^*$) sind.

ANWENDUNGEN UND BEISPIELE

Eindimensionale Thermodiffusion

Ein homogenes Gemisch aus zwei Komponenten liege in einem Behälter zunächst bei konstanter Temperatur im ruhenden Zustand vor. Zum Zeitpunkt $t^* = 0$ werden die gegenüberliegenden Wände auf unterschiedliche

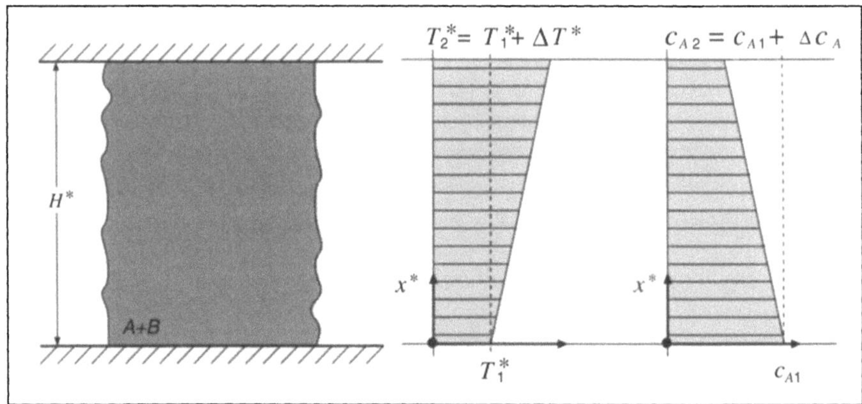

Temperatur- und Konzentrationsverteilungen bei der eindimensionalen Thermodiffusion für $t^* \to \infty$

Temperaturen gebracht. Die thermischen Verhältnisse seien dabei so gestaltet, daß für große Zeiten ($t^* \to \infty$) ein lineares Temperaturprofil entsteht. Dazu muß ein konstanter Wärmestrom durch das Gemisch aufrechterhalten werden.

Die Lösung der Differentialgleichungen für das Temperaturfeld (Wärmeleitungsgleichung) und Konzentrationsfeld (partielle Kontinuitätsgleichung) ergibt dann für große Zeiten t^* ein ebenfalls lineares Konzentrationsfeld $c_A(x^*)$, s. Kluge, Neugebauer (1994). Mit der Temperaturverteilung $T^*(x^*) = T_1^* + (x^*/H^*)\Delta T^*$ gilt für c_A:

$$c_A = c_{A1} - \frac{\bar{\alpha}}{T_m^*}\Delta T^* \frac{x^*}{H^*}$$

mit $\bar{\alpha}/T_m^*$ als sog. *Soret-Koeffizienten* und T_m^* als der mittleren Temperatur $(T_1^* + T_2^*)/2$. Die Änderung in c_A zwischen beiden Wänden ist somit

$$\Delta c_A = -(\bar{\alpha}/T_m^*)\Delta T^*.$$

Für Gase und Flüssigkeiten liegt der Soret-Koeffizient $\bar{\alpha}/T_m^*$ in der Größenordnung von 10^{-3} bis $10^{-5}\,\mathrm{K}^{-1}$, so daß Δc_A selbst bei größeren Temperaturdifferenzen gering bleibt (Beachte: es gilt $c_A + c_B = 1$, so daß c_A selbst ein Wert zwischen 0 und 1 ist).

Diese Überlegungen unterstellen ein ruhendes Fluid, was bei größeren Temperaturdifferenzen nicht mehr zutreffen wird, wenn nicht für eine stabile Schichtung gesorgt werden kann. Auf dem Thermodiffusionseffekt beruht z.B. das Verfahren zur Isotopentrennung in einem Trennrohr. Dabei spielt dann allerdings die Konvektion eine bedeutende Rolle.

BEACHTE

- Der Thermodiffusionseffekt in flüssigen Mehrkomponentensystemen wird auch „Soret-Effekt" genannt, s. das vorherige Beispiel. Die Kombination $\bar{\alpha}/T^*$ heißt in diesem Zusammenhang Soret-Koeffizient. Manchmal wird die Thermodiffusion insgesamt als Soret-Effekt bezeichnet.

- Die Bezeichnungen im Zusammenhang mit der Thermodiffusion sind nicht immer einheitlich. So wird bisweilen die Kombination $-\bar{\alpha}D^*_{AB}/T^*$ als Thermodiffusionskoeffizient bezeichnet, in anderen Fällen wird dieser Name für $\bar{\alpha}D^*_{AB}c_A(1-c_A)$ verwendet. Die Größe $\bar{\alpha}$ wiederum heißt gelegentlich thermische Diffusionskonstante.

WEITERFÜHRENDE LITERATUR

Kluge, G.; Neugebauer, G. (1994): *Grundlagen der Thermodynamik*, Spektrum Akademischer Verlag, Heidelberg

Mersmann, A. (1986): *Stoffübertragung*, Springer-Verlag, Berlin

Truesdell, C. (1969): *Rational Thermodynamics*, McGraw-Hill, New York

Bird, R.B.; Stewart, W.E.; Lightfood, E.N. (1960): *Transport Phenomena*, John Wiley & Sons, New York

Thermodynamische Mitteltemperatur
(thermodynamic mean temperature)

BEDEUTUNG UND DEFINITION

Es handelt sich um eine Mitteltemperatur, die im Zusammenhang mit technischen Wärmeübertragungen (z.B. bei thermodynamischen Kreisprozessen) definiert wird und angibt, welche mittlere Temperatur zu einer Wärmeaufnahme oder Wärmeabgabe bei nicht konstanter Temperatur in dem dafür vorgesehenen Bauteil gehört.

Definition
Die thermodynamische Mitteltemperatur T_m^* für die Übertragung des Wärmestromes $\dot{Q}_{12}^* = \int_1^2 d\dot{Q}^*$ in einem Prozeß, bei dem Temperaturen T^* aus $T_1^* \leq T^* \leq T_2^*$ vorkommen, ist $$T_m^* = \frac{\dot{Q}_{12}^*}{\dot{S}_{Q12}^*} = \frac{\dot{Q}_{12}^*}{\int_1^2 \frac{d\dot{Q}^*}{T^*}}.$$ Man spricht in diesem Zusammenhang von einer Wärmeübertragung bei gleitender Temperatur.

T^*	thermodynamische Temperatur	K
$\dot{Q}_{12}^*$	zwischen 1 und 2 übertragener Wärmestrom	W
$\dot{S}_{Q12}^*$	Entropiestrom, Transport mit $\dot{Q}_{12}^*$	W/K

PHYSIKALISCHER HINTERGRUND

Der entscheidende Gesichtspunkt für die Definition der thermodynamischen Mitteltemperatur ist der „Entropiegehalt" des übertragenen Wärmestromes $\dot{Q}_{12}^*$. Dabei ist T_m^* gerade so zu wählen, daß der mit $\dot{Q}_{12}^*$ übertragene Entropiestrom einer gedachten (äquivalenten) Wärmeübertragung bei konstanter Temperatur T_m^* dem tatsächlichen Entropiestrom bei der Wärmeübertragung mit gleitender Temperatur (zwischen T_1^* und T_2^*) entspricht. Diese Definition führt man ein, um z.B. bei Kreisprozessen weiterhin den Carnot-Faktor verwenden zu können.

Mit dieser Definition von T_m^* und dem Carnot–Faktor als Funktion von

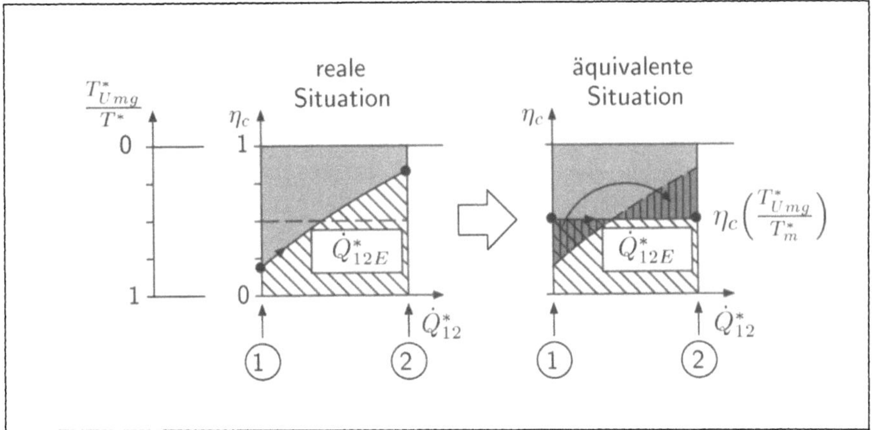

Exergiestrom $\dot{Q}^*_{12E}$ zum Wärmestrom $\dot{Q}^*_{12}$
beachte: $\dot{Q}^*_{12} - \dot{Q}^*_{12E}$ entspricht dem Anergiestrom
(hellgraue Fläche)

T^*_{Umg}/T^*, geschrieben als $\eta_c(T^*_{Umg}/T^*) = 1 - (T^*_{Umg}/T^*)$, gilt für den Exergieanteil des Wärmestromes

$$\dot{Q}^*_{12E} = \int\limits_1^2 \eta_C\,(T^*_{Umg}/T^*)\,d\dot{Q}^* = \eta_C\,(T^*_{Umg}/T^*_m)\,\dot{Q}^*_{12}$$

Die Skizze erläutert diesen Zusammenhang.

Dabei soll zwischen den Querschnitten (1) und (2) der Wärmestrom $\dot{Q}^*_{12}$ übertragen werden. In diesem Zusammenhang spielt es dabei zunächst keine Rolle, wie dieser Wärmestrom übertragen wird (z.B. ob gleichmäßig über der Koordinate zwischen (1) und (2) oder mit welcher thermischen Randbedingung). Einzig entscheidend ist, welche Temperaturverteilung das Fluid zwischen 1 und 2 bei diesem Prozeß annimmt. Dies wiederum ist einerseits von der Zustandsgleichung des Fluides abhängig und zum anderen davon, ob die Strömung zwischen (1) und (2) reversibel oder irreversibel verläuft.

Bei der Ermittlung von T^*_m wird man versuchen, die Definitionsgleichung für T^*_m so auszuwerten, daß möglichst nur Größen in den Querschnitten (1) und (2) auftreten. Aus den allgemeinen Bilanzen für stationäre Strömungen (Energie-, Entropiebilanz) folgt unter Vernachlässigung von Änderungen der kinetischen und potentiellen Energie und bei konstanten Strömungsquerschnitten

$$T_m^* = \frac{q_{12}^*}{s_2^* - s_1^* - s_{irr}^*} \quad ; \quad s_{irr}^* = -\int\limits_1^2 \frac{v^*}{T^*}\,dp^* \qquad (*)$$

mit q_{12}^*, s^*, v^* und p^* als spezifischer zwischen (1) und (2) übertragener Wärme, der Entropie, dem spezifischen Volumen und dem Druck. Zur Auswertung des Dissipationsintegrals s_{irr}^* müßte der Verlauf von v^*/T^* zwischen (1) und (2) bekannt sein. Eine häufig verwendete Näherung unterstellt eine reibungsfreie Strömung ($s_{irr}^* = 0$), so daß dann gilt

$$T_m^* = \frac{q_{12}^*}{s_2^* - s_1^*} \, . \qquad (**)$$

Unter Vernachlässigung der kinetischen und potentiellen Energie kann für die spezifische übertragene Wärme $q_{12}^* = h_2^* - h_1^*$ geschrieben werden. Aus den Zuständen T_2^*, T_1^* und $p_2^* = p_1^*$ (bei konstantem Strömungsquerschnitt und $s_{irr}^* = 0$) kann T_m^* unter Zuhilfenahme der jeweiligen Zustandsgleichungen ermittelt werden.

ANWENDUNGEN UND BEISPIELE

1. Ermittlung von T_m^* für ein ideales Gas

Das ideale Gas als Modellgas, dem sich reale Gase in ihrem Verhalten für $p^* \to 0$ beliebig annähern, ist durch besonders einfache Zustandsgleichungen ausgezeichnet. Für die spezifische Enthalpie und Entropie gilt:

$$h^*(T^*) \;=\; h^*(T_0^*) + \int\limits_{T_0^*}^{T^*} c_p^{o*}(T^*)\,dT^* \,;$$

$$s^*(T^*,p^*) \;=\; s^*(T_0^*,p_0^*) + \int\limits_{T_0^*}^{T^*} \frac{c_p^{o*}(T^*)}{T^*}\,dT^* - R^* \ln\frac{p^*}{p_0^*} \qquad (***)$$

wobei $c_p^{o*}(T^*)$ die spezifische isobare Wärmekapazität des idealen Gases und R^* die spezielle Gaskonstante ist.

Die Auswertung der Beziehung $(**)$ mit Druckänderungen ausschließlich durch Dissipationseffekte ergibt für einen konstanten Wert von $c_p^{o*}(T^*)$:

$$T_m^* = \frac{T_2^* - T_1^*}{\ln\left(T_2^*/T_1^*\right)}$$

Dieselbe Beziehung folgt für ein ideales Gas konstanter spezifischer Wärmekapazität auch aus der Auswertung der allgemeineren Beziehung (*), die nicht $s^*_{irr} = 0$ und damit $p^*_2 = p^*_1$ unterstellt, da für ein ideales Gas wegen $p^* v^* = R^* T^*$ (thermische Zustandsgleichung) gilt:

$$s^*_{irr} = - \int_1^2 \frac{v^*}{T^*} dp^* = -R^* \int_1^2 \frac{dp^*}{p^*} = -R^* \ln \frac{p^*_2}{p^*_1}$$

Dies kompensiert gerade den Druckterm in $s^*(T^*, p^*)$ nach Gleichung (***), so daß für ein ideales Gas mit $c^{o*}_p = $ const ganz allgemein, also auch für reibungsbehaftete Strömungen, gilt: $T^*_m = (T^*_2 - T^*_1)/\ln(T^*_2/T^*_1)$.

2. Vergleich zwischen thermodynamischer und arithmetischer Mitteltemperatur für ideale Gase

Im folgenden Diagramm sind die arithmetische Mitteltemperatur $T^*_{mAR} = \frac{1}{2}(T^*_2 + T^*_1)$ und die thermodynamische (logarithmische) Mitteltemperatur für ideale Gase $T^*_{mLN} = (T^*_2 - T^*_1)/\ln(T^*_2/T^*_1)$ im Vergleich zueinander aufgetragen, dargestellt als $T^*_{mAR} = T^*_1 + \frac{1}{2}\Delta T^*$ und $T^*_{mLN} = \Delta T^*/\ln\left(1 + \frac{\Delta T^*}{T^*_1}\right)$ mit $\Delta T^* = (T^*_2 - T^*_1)$.

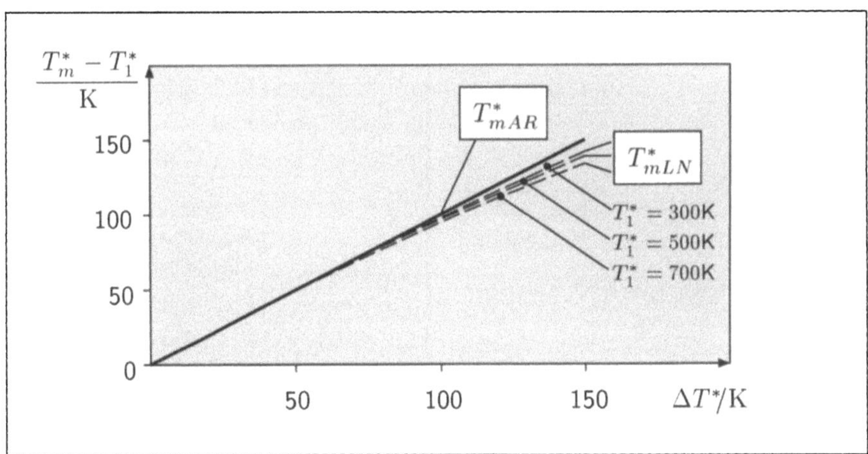

Vergleich zwischen thermodynamischer (LN) und arithmetischer (AR) Mitteltemperatur

Die thermodynamische Mitteltemperatur T^*_{mLN} ist stets kleiner als die arithmetische Mitteltemperatur T^*_{mAR}, wobei die Unterschiede erst bei größerem

ΔT^* ins Gewicht fallen.

Eine Reihenentwicklung ergibt $T^*_{mLN} = T^*_{mAR} - \Delta T^{*2}/(12\,T^*_1)$ für den Grenzfall $\Delta T^*/T^*_1 \to 0$. Eingesetzt bei $\Delta T^* = 100\,\mathrm{K}$ und $T^*_1 = 500\,\mathrm{K}$ folgt daraus z.B. $T^*_{mLN} = 548{,}33\,\mathrm{K}$ statt des exakten Wertes von $548{,}48\,\mathrm{K}$.

BEACHTE

- Im Zusammenhang mit der Formulierung von Wärmeübergangsbeziehungen durch mittlere Wärmeübergangskoeffizienten (oder Nußelt-Zahlen) tritt in einigen Fällen eine Temperaturdifferenz auf, die ebenfalls mit dem Logarithmus gebildet wird:
  $\Delta_{lm}T^* = (\Delta T^*_2 - \Delta T^*_1)/\ln(\Delta T^*_2/\Delta T^*_1)$. Diese Form tritt auf, weil für bestimmte thermische Randbedingungen (z.B. $T^*_W = \mathrm{const}$ bei der Rohrströmung) ein exponentieller Temperaturverlauf vorliegt, wohingegen die Beziehung $T^*_m = (T^*_2 - T^*_1)/\ln(T^*_2/T^*_1)$ als thermodynamische Mitteltemperatur eine Folge der speziellen Form der Zustandsgleichungen für ein ideales Gas sind. Die Ursachen für eine logarithmische Temperatur(differenz) sind also durchaus verschieden.

- Die thermodynamische Mitteltemperatur ist für ein ideales Gas häufig nur wenig unterschiedlich zu der entsprechenden arithmetischen Mitteltemperatur (s. die Beispiele im vorherigen Abschnitt). Tritt jedoch ein Phasenwechsel des Fluides zwischen T^*_1 und T^*_2 auf (z.B. im Naßdampfgebiet), so können die Werte erheblich voneinander abweichen. Häufig werden gezielt Maßnahmen ergriffen (z.B. Druckerhöhung), um dann die thermodynamische Mitteltemperatur bei festen Werten von T^*_1 und T^*_2 zu erhöhen.

WEITERFÜHRENDE LITERATUR

Baehr, H. D. (1996): *Thermodynamik*, Springer-Verlag, Berlin

Thermodynamischer Kreisprozeß
(thermodynamic cycle)

BEDEUTUNG UND DEFINITION

Es handelt sich dabei um eine Folge spezieller thermodynamischer Zustandsänderungen (Prozesse), die in verschiedenen technischen Realisierungen zu sehr unterschiedlichen Zwecken eingesetzt wird. Die prinzipiellen Eigenschaften eines solchen Kreisprozesses, abgeleitet aus dem 1. und 2. Hauptsatz der Thermodynamik, gelten allgemein und übergreifend.

	Definition	

Unter einem thermodynamischen Kreisprozeß versteht man einen Prozeß, bei dem

- sich ein System nach einer Folge von instationären Zustandsänderungen wieder im Ausgangszustand befindet, also bezüglich aller Zustandsgrößen wieder den ursprünglichen Zustand erreicht hat, oder

- ein umlaufendes Fluid in einer stationär arbeitenden Anlage nach einem Umlauf wieder seinen Ausgangszustand erreicht hat.

Diese Prozesse werden in Zustandsdiagrammen als geschlossener Kurvenzug abgebildet. Für alle Zustandsgrößen Z_i^* gilt (definitionsgemäß) $\oint dZ_i^* = 0$.

PHYSIKALISCHER HINTERGRUND

Die Definition des Kreisprozesses schreibt in keiner Weise vor, welche Art von Zustandsänderungen während des Kreisprozesses erfolgen müssen. Im Hinblick auf die technische Realisierung hat sich aber eine bestimmte Form von Kreisprozessen als geradezu prototypisch herausgestellt. Diese besteht aus vier einzelnen Zustandsänderungen, die jeweils durch ihre besondere Form der Wechselwirkung mit der Umgebung gekennzeichnet sind. Dabei wird dem System zum einen Arbeit zugeführt bzw. entzogen (entropieloser Energietransport) und zum anderen Wärme zugeführt bzw. entzogen (entropiebehafteter Energietransport). Die nachfolgende Skizze zeigt die prinzipielle Anordnung.

Nach diesem grundsätzlichen Schema arbeiten eine Reihe sehr verschiedener Anlagen mit sehr unterschiedlichen Zwecken, wie z.B. Wärmekraftanlagen (s. WÄRMEKRAFTPROZESSE), WÄRMEPUMPEN und KÄLTEMASCHINEN.

Wesentliche Aussagen zum Gesamtprozeß folgen aus den beiden Hauptsätzen der Thermodynamik. Der erste Hauptsatz (Energiebilanz) ergibt für den gezeigten Kreisprozeß $P_{ij}^* + \dot{Q}_{jk}^* + P_{kl}^* + \dot{Q}_{li}^* = 0$.

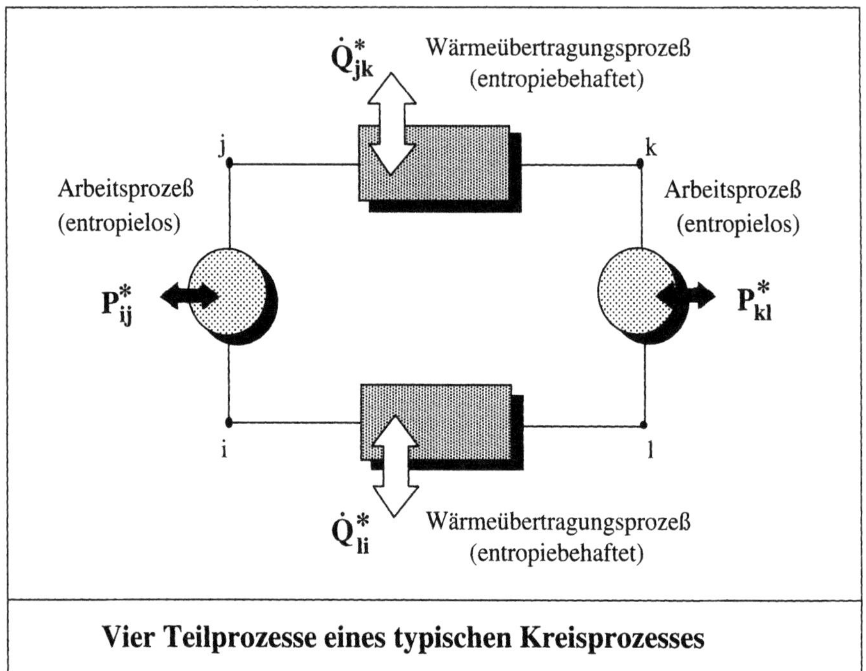

Je nach Anwendung ist eine der vier Größen die „Zielgröße", die dann (unter Beachtung des Vorzeichens) gleich der Summe aus den drei anderen Größen ist.

Der zweite Hauptsatz (Entropiebilanz) ergibt für den gezeigten typischen Kreisprozeß wesentliche Einschränkungen der nach dem ersten Hauptsatz möglichen Zustandsänderungen. Dafür ist entscheidend, daß mit den Wärmeübertragungs–Teilprozessen stets ein Entropietransport in das System oder aus diesem heraus erfolgt, während die Arbeits–Teilprozesse einen entropielosen Energietransport über die Systemgrenze darstellen. Es muß deshalb stets ein Wärmestrom aus dem System fließen, der die an anderer Stelle mit einem dort einfließenden Wärmestrom eingebrachte (und die zusätzlich im System erzeugte) Entropie an die Umgebung abführt.

ANWENDUNGEN UND BEISPIELE

Technische Realisierung von Kreisprozessen

Die drei nachfolgenden Beispiele zeigen Konkretisierungen des zuvor gezeigten allgemeinen Schemas eines typischen Kreisprozesses. Die Zielgröße ist

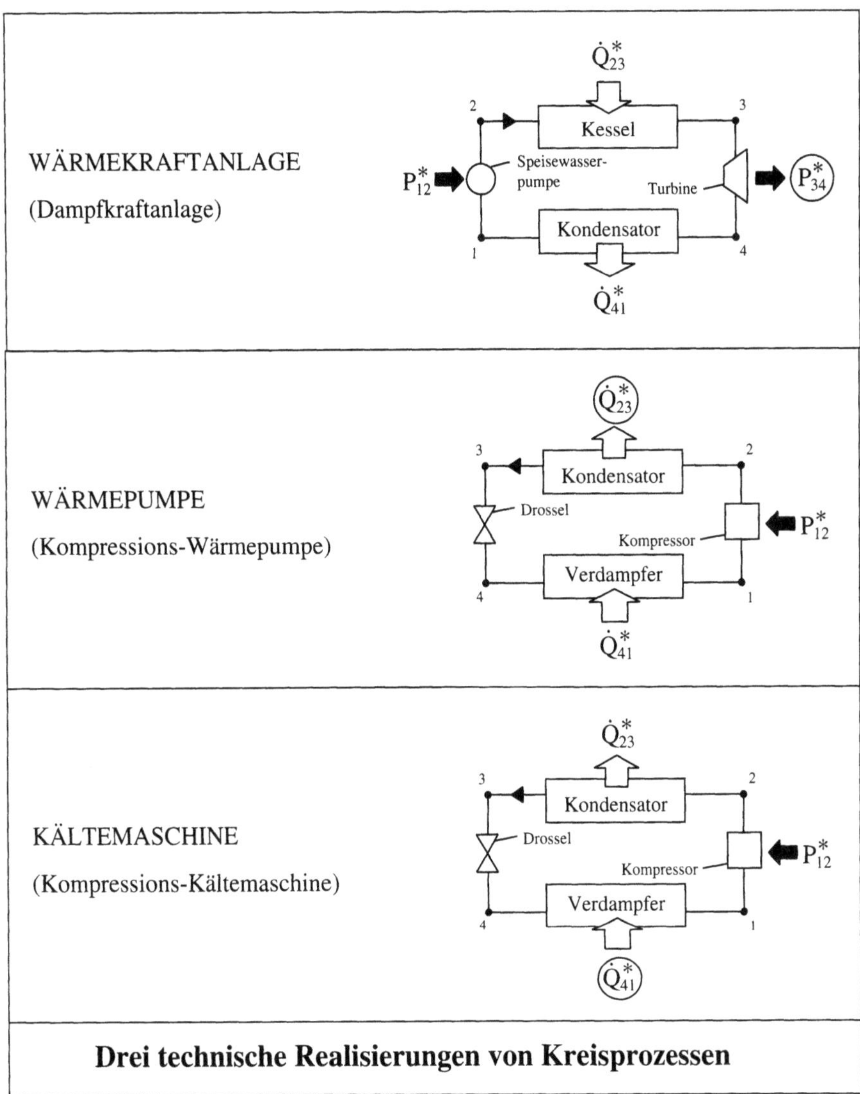

jeweils mit einem Kreis gekennzeichnet. Die Pfeile an den einzelnen Anlagenkomponenten geben die Richtung der Energieströme an.

Bei der Wärmepumpe und Kältemaschine verzichtet man meist zwischen den Querschnitten 3 und 4 auf die prinzipiell mögliche Arbeitsentnahme und beschränkt sich auf den gewünschten Effekt der Druckabsenkung in einer Drossel. Details zu den jeweiligen Anlagen sind unter den Stichwörtern WÄRMEKRAFTPROZESSE, WÄRMEPUMPE und KÄLTEMASCHINE zu finden.

Beachte

❑ Man unterscheidet nach „rechtsläufigen" und „linksläufigen" Kreisprozessen. Dies bezieht sich auf die Darstellung in den Zustandsdiagrammen, in denen die (geschlossenen) Zustandsänderungs–Kurven rechtsdrehend bzw. linksdrehend durchlaufen werden. Dabei ist ein rechtsläufiger Kreisprozeß erforderlich, um Arbeit aus Wärme zu gewinnen (Wärmekraftmaschine). Dagegen wird ein linksläufiger Kreisprozeß benötigt, um einen Wärmestrom auf ein höheres Temperaturniveau anzuheben (Wärmepumpe, Kältemaschine).

❑ Auch bei zyklischen Prozessen, bei denen das Arbeitsmedium nach einem Zyklus ersetzt wird (wie beim Otto– oder Dieselprozeß), spricht man von Kreisprozessen. Es ist dann sinnvoll, von einer „geschlossenen oder zumindest geschlossen denkbaren Folge von Zustandsänderungen" zu sprechen.

Weiterführende Literatur

Baehr, H. D. (1996): *Thermodynamik*, Springer-Verlag, Berlin, Heidelberg, New York

Hahne, E. (1993): *Technische Thermodynamik*, Addison-Wesley, Bonn

Hewitt, G.F.; Shires, G.L.; Bott, T.R. (1994): *Process Heat Transfer*, CRC Press, Boca Raton, New York

Thermodynamische Temperatur T^*
(thermodynamic temperature T^*)

Bedeutung und Definition

Es handelt sich um eine intensive Zustandsgröße eines Systems, mit der ein Zustand des thermodynamischen Gleichgewichtes zweier Systeme charakterisiert werden kann. Der im Alltag gebräuchliche Temperaturbegiff ist unmittelbar mit einem Thermometer und dessen sog. *thermometrischer Eigenschaft* (Volumenausdehnung, Widerstandsänderung,...) verbunden und stellt somit einen von mehreren sog. *empirischen Temperaturbegriffen* dar. Zwar sind diese verschiedenen empirischen Temperaturen bezüglich ihrer Skalen so aneinander angepaßt, daß sie wie „eine Temperatur" wirken, sie stellen aber alle keine Größen dar, die unabhängig von der betrachteten Situation aus allgemeinen thermodynamischen Eigenschaften abgeleitet sind.

Diese Universalität gilt ausschließlich für die sog. *thermodynamische Temperatur*, die deshalb im wissenschaftlichen Bereich verwendet wird.

	Definition	

Jedes System besitzt eine intensive Zustandsgröße T^*, genannt thermodynamische Temperatur. Diese ist:

$$T^* = 273{,}16 \lim_{p^* \to 0} \left(p^*/p^*_{Tp}\right) \mathrm{K}$$

$$= 273{,}16 \left(\dot{Q}^*/\dot{Q}^*_{Tp}\right)_{rev.\,KP} \mathrm{K}$$

Die Einheit von T^* ist 1 Kelvin. Der Nullpunkt $T^* = 0\,\mathrm{K}$ liegt am sog. absoluten Nullpunkt mit der Folge, daß stets $T^* \geq 0$ gilt.

T^*	thermodynamische Temperatur	K
p^*	Druck in einem Konstant-Volumen-Gas–Thermometer im thermischen Gleichgewicht mit dem System (s. nachfolgende Erläuterung)	Pa
p^*_{Tp}	Druck in einem Konstant-Volumen-Gas-Thermometer im thermischen Gleichgewicht mit einem System am Tripelpunkt von Wasser (s. nachfolgende Erläuterung)	Pa
$\dot{Q}^*$	Wärmestrom an einen reversiblen Kreisprozeß (rev. KP), der das System mit der Temperatur T^* als ein Wärmereservoir nutzt (s. nachfolgende Erläuterung)	W
$\dot{Q}^*_{Tp}$	Wärmestrom an einen reversiblen Kreisprozeß (rev. KP), der ein System mit der Temperatur $T^*_{T_P}$ am Tripelpunkt von Wasser als ein zweites Reservoir nutzt (s. nachfolgende Erläuterung)	W

Physikalischer Hintergrund

Die thermodynamische Temperatur ist gegenüber allen sog. empirischen Temperaturen dadurch ausgezeichnet, daß für ihre Definition allgemeingültige physikalische Zusammenhänge verwendet werden, die sich in entsprechenden Gesetzmäßigkeiten niederschlagen. „Allgemeingültig" bezieht sich dabei auf die Unabhängigkeit von bestimmten ausgesuchten Stoffen oder spezifischen Prozeßbedingungen.

Der erste Teil der Definition ($273{,}16 \lim_{p^* \to 0} \left(p^*/p^*_{Tp}\right)$) verwendet die Eigenschaften des idealen Gases. Dieses idealisierte Modellgas besitzt eine sog. thermometrische Eigenschaft. Das bedeutet: Bringt man es nacheinander in thermisches Gleichgewicht mit zwei Systemen, die untereinander *nicht* im thermischen Gleichgewicht stehen, so ist das Produkt $p^* V_m^*$ verschieden und kann genutzt werden, die jeweiligen Systeme im Sinne einer „Temperatur" zu kennzeichnen. Daß hiermit eine universelle Eigenschaft zur Temperaturdefinition genutzt wird, ist daran erkennbar, daß *alle* gasförmig vorliegenden Stoffe sich einheitlich für $p^* \to 0$ beliebig genau wie dieses idealisierte Modellgas verhalten. Daraus folgt auch direkt eine Meßvorschrift für die thermodynamische Temperatur in Form des sog. idealen Gasthermometers (s. dazu Anwendungen und Beispiele).

Der Zahlenwert 273,16 in der Definition von T^* für den Tripelpunkt von Wasser ist Folge einer Vereinbarung bezüglich der willkürlich festlegbaren Temperaturskala. Er wurde so gewählt, daß wie auch bei der (empirischen) Celsius–Temperatur der Abstand zwischen dem Siedepunkt und dem Erstarrungspunkt von Wasser bei 101 325 Pa den Betrag 100 K besitzt und somit für die Temperatureinheit gilt: $1\,\mathrm{K}{=}1\,^\circ\mathrm{C}$. Neueste Messungen haben allerdings ergeben, daß der Siedepunkt nur 99,975 K über der Eispunkttemperatur liegt, was jedoch keinerlei Konsequenzen für die Verwendung der Celsius-Skala für die thermodynamische Temperatur hat, solange $1\,\mathrm{K} = 1\,^\circ\mathrm{C}$ gesetzt wird.

Der zweite Teil der Temperaturdefinition ($273{,}16\,(\dot{Q}^*/\dot{Q}^*_{Tp})_{rev.\ KP}$) ist als weitgehend gleichwertige Definition hinzugenommen worden. Dies führt nicht auf eine unmittelbar anwendbare Meßvorschrift, hat aber einen noch universelleren Charakter als die Nutzung der Eigenschaften des idealen Gases. Unabhängig von der Stoffart (Gase oder Flüssigkeiten) kann damit die thermometrische Eigenschaft eines reversiblen Kreisprozesses, der zwischen zwei Systemen abläuft, die nicht im thermodynamischen Gleichgewicht sind, genutzt werden, um ein System im Sinne einer Temperaturdefinition zu charakterisieren. Damit werden wesentliche Aussagen des zweiten Hauptsatzes genutzt, der für diesen Fall mit $d\dot{S}^* = d\dot{Q}^*/T^*$ und $\oint d\dot{S}^* = 0$ den Zusammenhang zwischen der thermodynamischen Temperatur T^* und den Wärmeströmen $\int d\dot{Q}^*$ an den Grenzen zu den beiden Systemen herstellt. Wiederum ist mit der Konstanten 273,16 und der Festlegung eines Systems auf den Tripelpunkt von Wasser der Zusammenhang zur Celsius–Skala hergestellt, s. dazu auch die letzte Anmerkung unter Beachte.

ANWENDUNGEN UND BEISPIELE

1. Das ideale Gasthermometer

Da sich alle realen Gase im Grenzfall kleiner Drücke ($p^* \to 0$) wie das ideale (Modell-)Gas verhalten, kann diese universelle Eigenschaft unmittelbar genutzt werden, um damit die thermodynamische Temperatur eines Systems zu bestimmen. Dazu wird eine kleine Menge eines realen Gases in einem Gasthermometergefäß ins thermische Gleichgewicht mit dem System gebracht. Sorgt man dafür, daß das Gasvolumen dieser Anordnung stets konstant bleibt, so kann aus einer Druckmessung unter Systembedingungen und einer entsprechenden Realisierung beim Zustand des Tripel-Punktes von Wasser das Verhältnis p^*/p^*_{Tp} gefunden werden, das unmittelbar in die Definition der thermodynamischen Temperatur eingeht. Die endgültig geforderte Größe $\lim\limits_{p^* \to 0} (p^*/p^*_{Tp})$ wird dabei wie folgt in zwei Schritten bestimmt:

- Wiederholung der Messung mit abnehmender Menge der Gase im Gasthermometergefäß. Damit nimmt der Druck stets ab. Der Bezugsdruck p^*_{Tp} wird jeweils entsprechend gemessen.

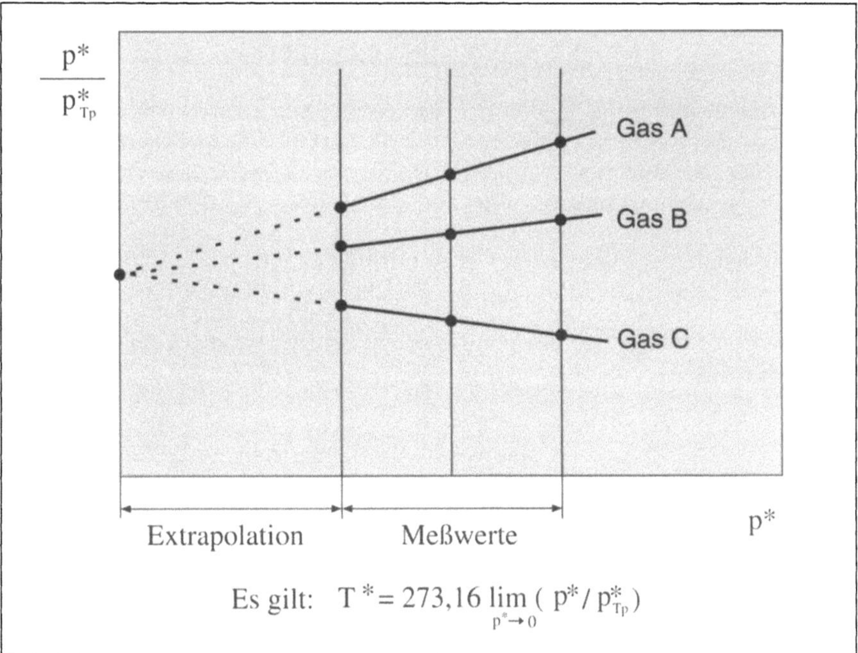

**Extrapolation von Meßwerten für verschiedene Gase (z.B. He, Ar, N₂)
auf den Grenzwert p* ⟶ 0 .**

- Extrapolation der Meßergebnisse bei endlichen Drücken p^* auf den Grenzwert $p^* \to 0$.

Die Skizze auf der vorherigen Seite verdeutlicht diesen Vorgang. Der Meßbereich des idealen Gasthermometers ist in beiden Richtungen beschränkt. Nach unten ergibt sich eine Begrenzung durch Kondensationserscheinungen. Die niedrigsten meßbaren Temperaturen liegen etwa bei 1 K mit Helium als verwendetem Gas. Nach oben besteht eine Beschränkung durch Dissoziationserscheinungen. Oberhalb von etwa 1400 K werden deshalb Strahlungsmessungen zur Bestimmung der thermodynamischen Temperatur eingesetzt.

2. Verschiedene Temperaturskalen

Die Willkür, die in der Festlegung einer Temperatur*skala* liegt, wird auch daran deutlich, daß neben der Kelvin–Skala eine zweite Skala für die thermodynamische Temperatur (besonders in den USA) gebräuchlich ist. Diese kann sich naturgemäß nur um einen festen Faktor von der Kelvin-Temperatur–Skala unterscheiden, da ihr Nullpunkt derselbe sein muß. Die Temperatureinheit lautet Grad Rankine (°R). Es gilt

$$1\,\mathrm{K} = \frac{9}{5}\,°\mathrm{R} \quad \to \quad \{T^*\}_K = \frac{5}{9}\{T^*\}_R$$

mit der Schreibweise $\{T^*\}_i$ für den Zahlenwert der Temperatur in der Temperatureinheit i. Die Skalen der thermodynamischen Temperatur sind an die schon früher existierenden Temperaturskalen der empirischen Temperaturen angepaßt worden, so daß z.B. gilt:

Celsius-Skala:	$\{T^*\}_C = \{T^*\}_K - 273{,}15$
Fahrenheit-Skala:	$\{T^*\}_F = \{T^*\}_R - 459{,}67$

Für die Umrechnung der Temperaturskalen Fahrenheit und Celsius untereinander gilt damit:

$$\{T^*\}_F = \frac{9}{5}\{T^*\}_C + 32$$

Die exakten, nicht gerundeten Zahlenwerte für die Umrechnungen sind:

$$
\begin{aligned}
273{,}15 \cdot (9/5) &= 491{,}67 \\
491{,}67 - 32 &= 459{,}67 \\
0{,}01 \cdot (9/5) &= 0{,}018
\end{aligned}
$$

Die nachfolgende Skizze verdeutlicht die jeweils zugehörigen Zahlenwerte der verschiedenen Skalen für die thermodynamische Temperatur.

	$\{T^*\}_i$	K	°R	°C	°F
Siedepunkt (Wasser)		373,15	671,67	100,0	212,0
Tripel-Punkt (Wasser)		273,16	491,69	0,01	32,018
Eispunkt (Wasser)		273,15	491,67	0,0	32,0
absoluter Nullpunkt		0,0	0,0	- 273,15	- 459,67

Vergleich verschiedener Temperaturskalen; alle Zahlenwerte sind exakt, d.h. nicht gerundet; Siedepunkt und Eispunkt bei $p^* = 1{,}01325$ bar

BEACHTE

- Die Temperaturdefinition baut entscheidend auf dem sog. thermischen Gleichgewicht auf. Dieses stellt sich zwischen zwei Systemen ein, die in thermischen Kontakt gebracht werden. Die Basis für Temperaturmessungen mit einem Thermometer stellt der sog. Nullte Hauptsatz der Thermodynamik dar. Er besagt: Zwei Systeme im thermischen Gleichgewicht mit einem dritten (dem Thermometer) stehen auch untereinander im thermischen Gleichgewicht.

- Unsere Alltagserfahrung suggeriert fälschlicherweise ein Gefühl für Temperaturen, da wir Gegenstände bei Berührung als „heiß" oder „kalt" empfinden. Tatsächlich reagieren die Thermorezeptoren in der Haut aber auf Wärmeströme. Die Empfindung „heiß" z.B. entspricht damit einem Wärmestrom in die Hand, und entsprechend die Empfindung „kalt" einem Wärmestrom von der Hand in die berührte Oberfläche. Die Temperatur an der Kontaktfläche zwischen Haut und Gegenstand weist keinen Sprung zwischen beiden Seiten auf, wohl aber existiert in der Regel ein Temperaturgradient, der zu den beschriebenen Wärmeströmen führt.

☐ Für die *thermodynamische Celsius-Temperatur* gilt $t^* = T^* - 273{,}15\,\mathrm{K}$. Da $1\,\mathrm{K} = 1°\mathrm{C}$ gilt, wird t^* in °C angegeben. Eine formale Unterscheidung zwischen der thermodynamischen Temperatur und der thermodynamischen Celsius-Temperatur (Verwendung unterschiedlicher Symbole T^* und t^*) wird in diesem Buch nicht getroffen. Diese erfolgt durch die Verwendung von K bzw. °C .

☐ Der in der Definition von T^* verwendete Faktor 273,16 entstammt der Festlegung der Temperatur des Tripelpunktes von Wasser zu exakt $T^*_{Tp} = 273{,}16\,\mathrm{K}$.

Die in der Einführung der thermodynamischen Celsius-Temperatur subtrahierte Temperatur $T^*_0 = 273{,}15\,\mathrm{K}$ entspricht fast genau derjenigen Temperatur, bei der luftgesättigtes Wasser unter einem Druck von $1{,}013\,25$ bar erstarrt (Eispunkt). Dieser Wert liegt nach neuesten Messungen nicht 10, sondern $9{,}8\,\mathrm{mK}$ unter der Temperatur $T^*_{Tp} = 273{,}16\,\mathrm{K}$. International ist und bleibt jedoch $T^*_0 = 273{,}15\,\mathrm{K}$ als exakter Wert vereinbart, unabhängig davon, ob diese Temperatur genau den Eispunkt von Wasser beschreibt oder nicht.

WEITERFÜHRENDE LITERATUR

Blanke, W. (1989): *Eine neue Temperaturskala — Die Internationale Temperaturskala von 1990 (IST-90)*, PTB.-Mitt. 99, 409–418

Standard–Werke zur Thermodynamik, s. die Liste am Ende des Buches

Thermoelement
(thermocouple)

BEDEUTUNG UND DEFINITION

Es handelt sich um eine spezielle Anordnung zur Temperaturmessung, die auf der Wirkung bestimmter thermoelektrischer Effekte in Metallen beruht. Diese kommen zustande, weil es eine Wechselwirkung zwischen elektrischen Feldern (charakterisiert durch das elektrische Potential) und thermischen Feldern (charakterisiert durch die Temperatur) gibt, bei der eine Reihe sog. Kreuzeffekte auftreten. Zum Beispiel fließt in einem geschlossenen Stromkreis aus verschiedenen Metallen ein elektrischer Strom, wenn die beiden Kontaktstellen unterschiedliche Temperaturen aufweisen. Wird dieser Stromkreis an einer der beiden Kontaktstellen unterbrochen, so liegt dort dann eine Spannung an (*Seebeck-Effekt*), die zur Temperaturmessung genutzt werden kann.

Definition
Unter einem Thermoelement versteht man eine Meßanordnung, deren prinzipieller Aufbau in dem nachfolgenden Bild skizziert ist. Zwei Metalldrähte aus unterschiedlichem Material A und B sind an der Meßstelle elektrisch leitend miteinander in Kontakt. Die anderen beiden Enden werden durch ein drittes Metall C mit einem Spannungsmesser (Voltmeter) verbunden, wobei die Kontaktstellen A/C und B/C z.B. in einem Thermostaten auf der konstanten Referenztemperatur T_0 gehalten werden.

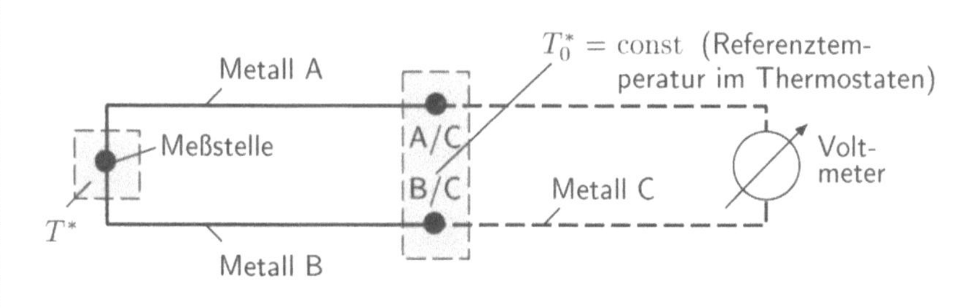

PHYSIKALISCHER HINTERGRUND

Betrachtet man ein Metall als ein binäres „Gemisch" von Elektronen (Komponente 1) und Ionen (Komponente 2) und berücksichtigt die physikalischen Besonderheiten dieses „Gemisches" (z.B. ruhende Ionen in einem festen Gitterverband, verschwindend geringe Masse der Elektronen), so verbleiben, ausgehend von einer allgemeinen Betrachtung über Gemische, zwei irreversible Prozesse, die thermoelektrische Vorgänge charakterisieren:

- die Leitung des elektrischen Stromes als Diffusion der Elektronen im Ionengitter,

- die Wärmeleitung.

Sowohl die Diffusion als auch die Wärmeleitung gehören zu den Effekten, die sich systematisch einheitlich als Produkte von (verallgemeinerten) Kräften X_A^* und (verallgemeinerten) Strömen J_A^* darstellen lassen. Zwischen den Kräften X_A^* und den Strömen J_A^* gelten in der Nähe des thermodynamischen Gleichgewichtes lineare Beziehungen (erster Term einer Potenzreihenentwicklung) der Form

$$J_A^* = \sum_B L_{AB}^* X_B^*, \qquad (*)$$

wobei L_{AB}^* phänomenologische Koeffizienten sind. Der Ansatz $(*)$ zeigt durch die Summenbildung, daß ein bestimmter Strom J_A^* nicht nur durch die zugehörige Kraft X_A^*, sondern im allgemeinen auch durch alle anderen Kräfte X_B^* $(B \neq A)$ zustande kommt. Die im hier interessierenden Fall auftretenden (verallgemeinerten) Kräfte sind

- elektrische Feldkräfte,

- Temperaturgradienten.

Die beiden Ströme (Diffusion, Wärmeleitung) werden also im hier interessierenden speziellen Fall durch zwei Kräfte (elektrische Feldkräfte, Temperaturgradienten) beeinflußt. Sie lauten:

$$\vec{i}^* \;=\; \frac{\epsilon^*}{\varrho_e^*}\operatorname{grad} T^* + \frac{1}{\varrho_e^*}\vec{E}^* \qquad (**)$$

$$\vec{q}^* \;=\; -\lambda^*\operatorname{grad} T^* + \pi^*\vec{i}^*, \qquad (***)$$

wobei $\vec{i}^*$ der elektrische Stromdichtevektor (in A/m^2), $\vec{E}^*$ der elektrische Feldstärkevektor (in V/m), T^* die Temperatur (in K) und $\vec{q}^*$ der Wärmestromdichtevektor (in W/m^2) sind.

Als phänomenologische Koeffizienten treten auf:

- der spezifische elektrische Widerstand ϱ_e^* in Ωm,

- die Wärmeleitfähigkeit λ^* in W/mK,

- der Thermokraft-Koeffizient ϵ^* in V/K,

- der Peltier-Koeffizient π^* in V.

In der Thermoelemente–Anordnung (s. Skizze in der Definition) fließt kein Strom, so daß aus Gl. $(**)$ mit $\vec{i}^* = \vec{0}$ für den Leiterzug aus den Metallen

A und B zwischen den Kontaktstellen A/C und B/C gilt, wenn man berücksichtigt, daß ϵ^* noch von der Temperatur abhängt:

$$\vec{E^*} = \epsilon^*(T^*)\,\mathrm{grad}\,T^*.$$

Mit der elektrischen Spannung $U^* = \int \vec{E^*}\,d\vec{r}$ ergibt sich damit für die Spannungsdifferenz $\hat{U}^* = U^*_{\mathrm{A/C}} - U^*_{\mathrm{B/C}}$ zwischen den Kontaktstellen A/C und B/C:

$$\hat{U}^* = \int_{\mathrm{A/C}}^{\mathrm{B/C}} \epsilon^*(T^*)\,\mathrm{grad}\,T^*\,d\vec{r} = \int_{T^*_{\mathrm{A/C}}}^{T^*_{\mathrm{B/C}}} \epsilon^*(T^*)\,dT^*$$

$$= \int_{T^*_{\mathrm{A/C}}}^{T^*} \epsilon^*_{\mathrm{A}}(T^*)\,dT^* + \int_{T^*}^{T^*_{\mathrm{B/C}}} \epsilon^*_{\mathrm{B}}(T^*)\,dT^*$$

bzw. mit $T^*_{\mathrm{A/C}} = T^*_{\mathrm{B/C}} = T^*_0$:

$$\hat{U}^* = \int_{T^*_0}^{T^*} (\epsilon_{\mathrm{A}}(T^*) - \epsilon_{\mathrm{B}}(T^*))\,dT^*$$

Die Spannungsdifferenz $\hat{U}^*$ wird als Thermospannung bezeichnet, ihr Auftreten als *Seebeck-Effekt*. Für ein bestimmtes Thermoelement hängt sie nur von den beiden Temperaturen T^* und T^*_0 ab und kann deshalb unmittelbar zur Temperaturbestimmung herangezogen werden. Mit $T^*_0 = \mathrm{const}$ folgt für die Thermospannung:

$$\frac{d\hat{U}^*}{dT^*} = \epsilon^*_{\mathrm{A}}(T^*) - \epsilon^*_{\mathrm{B}}(T) \ .$$

Die Größe $d\hat{U}^*/dT^*$ heißt Thermokraft, die Koeffizienten ϵ^* deshalb Thermokraft-Koeffizienten (bisweilen auch Seebeck-Koeffizienten). Ihre Zahlenwerte sind für unterschiedliche Metalle verschieden, die jeweilige Abhängigkeit von der Temperatur jedoch schwach, so daß sie in erster Näherung als Konstanten angesehen werden können. Eine genauere Beschreibung berücksichtigt den linearen Term in einer Reihenentwicklung des allgemeinen Zusammenhanges $\epsilon^*(T^*)$. Mit $\epsilon^* = \mathrm{const}$ gilt für die Thermospannung der lineare Zusammenhang

$$\hat{U}^* = (\epsilon^*_{\mathrm{A}} - \epsilon^*_{\mathrm{B}})(T^* - T^*_0) \ .$$

Die Thermokraft-Koeffizienten sind in sog. thermoelektrischen Spannungsreihen vertafelt (s. nachfolgendes Kapitel). Die Differenzen $\Delta\epsilon^*$ liegen in der Größenordnung von $10^{-5}\,\mathrm{V/K}$, so daß Temperaturdifferenzen von $100\,\mathrm{K}$ auf Thermospannungen im mV–Bereich führen. Zur genauen Messung von $\hat{U}^*$ müssen Voltmeter eingesetzt werden, die im $\mu\mathrm{V}$ (d.h., $10^{-6}\,\mathrm{V}$)- Bereich messen können.

ANWENDUNGEN UND BEISPIELE

1. Die thermoelektrische Spannungsreihe

Da nur Differenzen der Thermokraft-Koeffizienten benötigt werden und da $\epsilon_A^* - \epsilon_B^* = (\epsilon_A^* - \epsilon_C^*) + (\epsilon_C^* - \epsilon_B^*)$ gilt, kann der Koeffizient für ein bestimmtes Metall willkürlich zu Null gesetzt werden. Alle anderen Werte gelten dann als Differenz zu diesem Wert. Die nachfolgende Tabelle zeigt einige Zahlenwerte, wobei der Thermokraft-Koeffizient für Pb willkürlich gleich Null gesetzt wurde.

Sb	Fe	Zn	Cu	Ag	Pb	Al	Pt	Ni	Bi
35	16	3	2,8	2,7	—	−0,5	−3,1	−19	−70

Thermokraft-Koeffizient $\epsilon^* - \epsilon_{Pb}^*$ in μV/K bei 0°C

Daten aus: Gerthsen (1997)

2. Grundwertetabelle nach DIN 43 710

Für besonders geeignete Materialpaarungen werden die auftretenden Thermospannungen (abhängig von der Temperatur der Meßlötstelle bei konstanter Temperatur der Vergleichslötstelle) von Normenorganisationen in sog. Grundwertetabellen festgehalten. Die nachfolgende Tabelle zeigt einige Werte nach der Norm DIN 43 710.

MATERIALPAARUNG	0°C	50°C	100°C	200°C
Kupfer-Konstantan (Cu-CuNi)	0	2,05 (±0,13)	4,25 (±0,14)	9,20 (±0,16)
Nickelchrom-Nickel (NiCr-Ni)	0	2,022 (±0,12)	4,095 (±0,12)	8,137 (±0,13)
Platinrhodium-Platin (PtRh10-Pt)	0	0,299 (±0,018)	0,645 (±0,022)	1,440 (±0,025)

Grundwerte und zulässige Abweichungen in mV

Daten aus DIN 43 710

Die Zahlenwerte lassen den leicht nichtlinearen Verlauf der Thermospannung mit der Temperatur erkennen. So wäre z.B. in der ersten Zeile bei einem linearen Verlauf der Zahlenwert für $200\,°C$ anstelle von $9{,}20\,\mathrm{mV}$ nur $8{,}20\,\mathrm{mV}$.

Die in den Normen unterschiedlicher Normenorganisationen vertafelten Thermospannungen weichen durchaus voneinander ab, da die Spezifikationen der verwendeten Materialien nicht immer gleich sind.

Die zulässigen Abweichungen $((\pm\ldots)$ in der Tabelle) sind zum Teil erheblich. Höhere Genauigkeitsanforderungen lassen sich entsprechend durch engere Toleranzen bei der Herstellung realisieren.

BEACHTE

- Wenn der Stromkreis zwischen den verschiedenen Metallen A und B geschlossen wird, fließt ein Strom, solange die Verbindungsstellen auf unterschiedlichen Temperaturen gehalten werden. Dabei wird an einer Verbindungsstelle ein Wärmestrom aufgenommen und an der anderen abgegeben. Dieser Effekt, ein Wärmestrom aufgrund eines elektrischen Stromes, heißt *Peltier-Effekt*. Der zugehörige Koeffizient π^*_{AB} stellt das Verhältnis aus dem Wärmestrom $\dot{Q}^*$ und dem zugehörigen elektrischen Strom I^* dar. Dieser Effekt kann z.B. für die thermoelektrische Kühlung verwendet werden.

- Die sog. *Kreuz-* oder auch *Kopplungseffekte* bei dem Ansatz für die (verallgemeinerten) Ströme J^*_{A} sind insofern voneinander abhängig, als ihre phänomenologischen Koeffizienten L^*_{AB} in dem allgemeinen Ansatz $J^*_{\mathrm{A}} = \sum_{\mathrm{B}} L^*_{\mathrm{AB}} X^*_{\mathrm{B}}$ gewissen Symmetriebedingungen unterliegen (Onsager-Casimiersche Reziprozitätsbedingungen). Im hier vorliegenden Fall äußert sich dies in der Beziehung $\pi^* = -T^*\epsilon^*$ zwischen dem Peltier-Koeffizienten π^* und dem Thermokraft-Koeffizienten ϵ^*. Damit hängt die Gesamtheit der thermoelektrischen Erscheinungen nur von drei phänomenologischen Koeffizienten (z.B. ϱ^*_e, λ^* und ϵ^*) ab. Die Beziehung $\pi^* = -T^*\epsilon^*$ wird auch *Kelvin-Beziehung* genannt.

- Die Kreuz- oder Kopplungseffekte äußern sich als zusätzliche Terme in den (verallgemeinerten) Strömen. Da diese Ströme Eingang in die WÄRMELEITUNGSGLEICHUNG finden und dort sog. Quellterme darstellen, treten im Zusammenhang mit diesen Kopplungseffekten zusätzliche Terme in der Wärmeleitungsgleichung auf.

  Der Term $\epsilon^*/\varrho^*_e\,\mathrm{grad}\,T^*$ in ($**$) führt zu einer sog. *Thomson-Wärme*, der Term $\pi^*\vec{i}^*$ in ($***$) zum sog. *Peltier-Effekt*. Beide Terme ergeben zusätzliche Quellterme in der Wärmeleitungsgleichung, die aber nur in besonderen Situationen von Bedeutung sind und meist vernachlässigt werden können.

Weiterführende Literatur

Schöne, A (1997): *Meßtechnik*, Springer-Verlag, Berlin, Heidelberg, New York

Gerthsen, C. (1997): *Gerthsen Physik*, Springer-Verlag, Berlin, Heidelberg, New-York

Rowe, D.M. (Ed.) (1995): *Thermoelectric Handbook*, CRC Press, Boca Raton, Florida

Jones, E.P. (1985): *Instrumentation Technology, Vol. 2: Measurement of Temperature and Chemical Composition*, Butterworth and Co. Ltd, London

Thermosyphon
(thermosyphon)

Siehe dazu das Stichwort WÄRMEROHR, besonders unter PHYSIKALISCHER HINTERGRUND.

Transpirationskühlung
(transpiration cooling)

Bedeutung und Definition

Es handelt sich um eine spezielle Methode zur Kühlung von Oberflächen (engl.: heat protection), bei der ein Kühlfluid durch eine poröse Wandstruktur an die Oberfläche gelangt. Es besteht physikalisch eine enge Verwandtschaft zur sog. FILMKÜHLUNG. Im Unterschied zu dieser Form der Oberflächenkühlung ist die Temperatur des Kühlfluides an der Oberfläche bei der Transpirationskühlung aber stets gleich der Wandoberflächentemperatur T_W^*.

Definition

Unter Transpirationskühlung versteht man das Einbringen eines Kühlfluides durch ein poröses Wandmaterial. Dieses Fluid kann gleich demjenigen der Wandüberströmung sein, so daß der zusätzliche Effekt auf die Strömung lediglich in einer wandnormalen Geschwindigkeitskomponente besteht, oder es handelt sich um ein von der Überströmung abweichendes Fluid, so daß dem Wärmeübergang an der Wand eine gleichzeitig auftretende Stoffdiffusion überlagert ist. Wenn das Kühlfluid in flüssiger Form an eine gasüberströmte Oberfläche gelangt, so wird der Phasenwechsel des Fluides an der Oberfläche als entscheidender Effekt mit genutzt. Präzisierend spricht man dann von einer *Verdunstungskühlung*.

Physikalischer Hintergrund

Wenn technische Oberflächen gekühlt werden sollen und wenn die Konstruktion und das Material eine Wandausführung als poröse Struktur zulassen, ist die Transpirationskühlung eine wirksame Maßnahme. Die physikalische Wirkung der Transpirationskühlung beruht auf zwei Effekten:

- Der Kontakt des Kühlfluides mit der porösen Matrix des Wandmaterials ist aufgrund der geringen Porenbahndurchmesser so intensiv, daß das Kühlfluid auf dem Weg zur Wandoberfläche dieselbe Temperatur wie die Wand (also T_W^*) annimmt. Damit liegt ein Wärmeübergang vom Wandmaterial an das Fluid vor, bei dem sich die Wand gegenüber dem Fall ohne Transpirationskühlung abkühlt.

- Durch die wandnormale Geschwindigkeitskomponente wird die Grenzschicht der Wandüberströmung beeinflußt (Grenzschicht mit Ausblasen). Durch die unmittelbare Beeinflussung der viskosen Unterschicht tritt eine wesentliche Verminderung des Wärmeüberganges und damit eine Herabsetzung der Wandtemperatur auf.

ANWENDUNGEN UND BEISPIELE

Der Einfluß von Ausblasen (Transpirationskühlung) und Absaugen auf den Wärmeübergang bei turbulenten Wandgrenzschichten

Das nachfolgende Bild zeigt den Wärmeübergang in Form der Stanton-Zahl St für sehr verschiedene turbulente Grenzschichtströmungen (mit positivem, keinem und negativem Druckgradienten in der Außenströmung) sowohl für positive Werte des Ausblasparameters (Ausblasen, Transpirationskühlung) als auch für negative Werte (Absaugen). Zur Stanton-Zahl s. das Stichwort NUSSELT-ZAHL, dort unter BEACHTE.

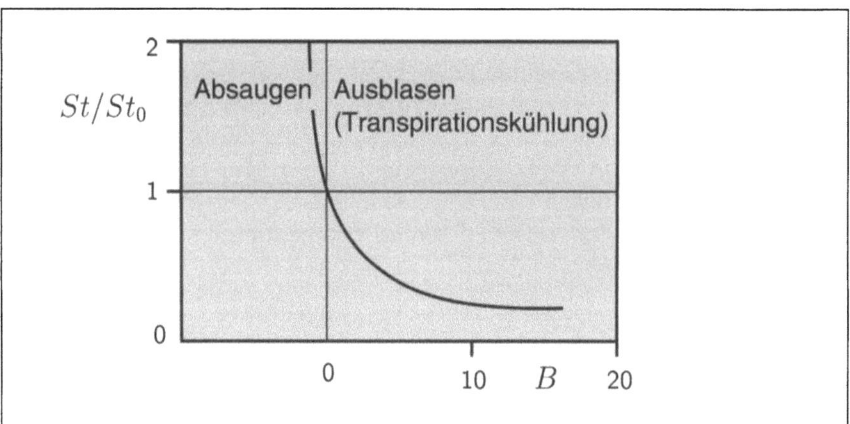

Reduktion des Wärmeüberganges durch Transpirationskühlung; St_0: Stanton-Zahl der undurchlässigen Wand; für B s. Gl ($*$)

Daten aus: Kays, Moffat (1975)

Entsprechende Meßdaten werden sehr gut durch die Näherungsbeziehung

$$\frac{\text{St}}{\text{St}_0}\bigg|_{\delta_2^*} = \left[\frac{\ln\left(1+B\right)}{B}\right]^{1,25}\left(1+B\right)^{0,25}\;;\quad B = \frac{(\varrho^* u^*)_W / (\varrho^* u^*)_A}{\text{St}} \tag{$*$}$$

wiedergegeben, die im Bild gezeigt ist (s. dazu Kays, Crawford (1993)). Dabei sind die Stanton-Zahlen St und St_0 bei demselben Wert von $Re_{\delta_2^*}$ (Reynolds-Zahl, gebildet mit der Impulsverlustdichte δ_2^*) zu nehmen. Die Größe B ist der Ausblasparameter (> 0 für die Transpirationskühlung) als Verhältnis der Stromdichten $\varrho^* u^*$ an der Wand (Index W) und in der Außenströmung (Index A), wobei u^* die Geschwindigkeit in der jeweiligen Hauptströmungsrichtung ist.

BEACHTE

� Die Transpirationskühlung wird gelegentlich auch als *Schwitzkühlung* bezeichnet.

� Bei laminaren Grenzschichten kann für hohe Werte des Ausblasparameters (für sog. *massives Ausblasen*) eine asymptotische Theorie ($v_W \to \infty$, $v_W = v_W^*/U_\infty^*$ = bezogene Ausblasgeschwindigkeit) formuliert werden. In diesem Grenzfall bildet sich eine reibungsbehaftete Schicht nur um die von der Wand abgehobenen Trennstromlinien aus, die das eingeblasene Fluid von der Außenströmung trennt. In dieser Schicht erfolgt auch der Übergang von der Temperatur T_W^*, die in der gesamten Grenzschicht herrscht, in die Außentemperatur T_∞^*. Für $v_W \to \infty$ strebt dabei die Wandwärmestromdichte exponentiell gegen Null. Für Einzelheiten s. Gersten, Gross (1974).

� Gelangt das Kühlfluid als Flüssigkeit an die Wandoberfläche, um dort zu verdampfen oder zu verdunsten, spricht man von Verdunstungskühlung (engl.: evaporation cooling). Unter diesem Begriff werden zwei verschiedene technische Anwendungen zusammengefaßt:

- die Kühlung der Wand im Sinne der Transpirationskühlung, unterstützt durch den zusätzlichen Effekt des Phasenüberganges,

- die Kühlung der Außenströmung; dazu wird auf der Oberfläche für einen geschlossenen Wasserfilm gesorgt (häufig als Rieselfilm anstelle eines Aufbaus durch eine poröse Wand hindurch), der von der kühlenden Luft überströmt wird, s. dazu z.B. Baehr, Stephan (1994). In Kombination mit der sorptiven Trocknung wird dieser Effekt für spezielle Entwicklungen der Klimatechnik genutzt, die sog. DEC-Anlagen (engl.: Desiccative and Evaporative Cooling, deutsch: Trocknungs- und Verdunstungskühlung), s. dazu Heinrich, Franzke (1997).

Weiterführende Literatur

Heinrich, G.; Franzke, U. (Hrsg.) (1997): *Sorptionsgestützte Klimatisierung, Entfeuchtung und DEC in der Klima-Kälte-Technik*, C.F. Müller Verlag, Heidelberg

Metzger, D.E.; Kim, Y.W.; Yu, Y. (1993): *Turbine Cooling: An Overview and Some Focus Topics*, Proc. 8th Int. Symp. Transport Phenomena in Thermal Engineering, Seoul

Kays, W.M.; Crawford, M.E. (1993): *Convective Heat and Mass Transfer*, McGraw-Hill Inc., New York

Kays, W.M.; Moffat, R.J. (1975): *Studies in Convection*, Vol. 1, 213–319, Academic Press, London

Gersten, K.; Gross, J.F. (1974): *The Flow Over a Porous Body: A Singular Perturbation Problem With Two Parameters*, l' Aerotecnica Missili e Spazio 4, 238–250

Treibhauseffekt
(green house effect)

Bedeutung und Definition

Es handelt sich im ursprünglichen Sinne des Wortes um das thermische Verhalten eines im wesentlichen aus Glaswänden bestehenden umbauten Raumes zur gärtnerischen Nutzung (Treibhaus). In einem erweiterten und übertragenen Sinne wird das thermische Verhalten der Erde bezüglich bestimmter Aspekte ebenfalls durch den Begriff des Treibhauseffektes charakterisiert, da ähnliche physikalische Vorgänge vorliegen.

Definition

Unter dem Treibhauseffekt versteht man die Wirkung der Sonneneinstrahlung auf einen Körper, wenn dieser von einer selektiv durchlässigen Schicht umgeben ist, die kurzwellige Strahlung bevorzugt durchläßt. Im Falle des Gartentreibhauses ist der Körper das Treibhausinnere, die selektiv durchlässige Schicht das Glas, im Falle der Erde ist der Körper die Erdkugel selbst, die selektiv durchlässige Schicht die sie umgebende Erdatmosphäre.

Physikalischer Hintergrund

Für den Treibhauseffekt entscheidend ist die Tatsache, daß die Solarstrahlung (ausgehend von der Sonne bei ca. 5800 K) den Maximalwert der spektralen spezifischen Einstrahlung auf der Erde bei einer Wellenlänge von etwa $\lambda^* = 0{,}5\,\mu\text{m}$ erreicht, während der Maximalwert der spektralen spezifischen Ausstrahlung eines Körpers der Temperatur 300 K bei einer sehr viel größeren Wellenlänge von fast $10\,\mu\text{m}$ liegt. In beiden Fällen konzentriert sich die Energie der Strahlung in einem Wellenlängenbereich um das jeweilige Maximum. So liegt z.B. 50% der Strahlungsenergie der Solarstrahlung im Wellenlängenbereich $0{,}34\,\mu\text{m} < \lambda^* < 1{,}7\,\mu\text{m}$ um das Maximum der Solarstrahlung herum; der entsprechende Wellenlängenbereich für die Körperstrahlung mit dem Maximum bei $10\,\mu\text{m}$ ist $6{,}7\,\mu\text{m} < \lambda^* < 16{,}7\,\mu\text{m}$. Diese beiden Wellenlängenbereiche sind deutlich voneinander getrennt, so daß selektiv (d.h., wellenlängenabhängig) wirkende, semitransparente Zwischenmedien einen entscheidenden Einfluß auf die Wärmebilanz besitzen. Tatsächlich ist das Strahlungsverhalten z.B. von Glas hoch selektiv. So zeigt etwa der spektrale Transmissionsgrad τ_λ qualitativ den im folgenden Bild gezeigten Verlauf.

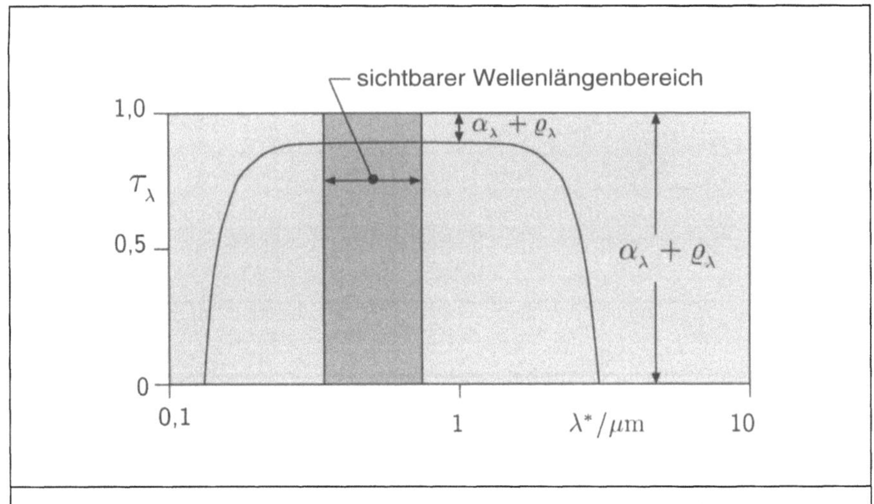

qualitativer Verlauf des spektralen Transmissions-grades τ_λ von Glas

Da für ein semitransparentes Material $\tau_\lambda + \alpha_\lambda + \varrho_\lambda = 1$ gilt, verbleibt also im kurzwelligen Bereich der Solarstrahlung für $\alpha_\lambda + \varrho_\lambda$ (Summe aus spektralem Absorptions- und Reflexionsgrad, s. dazu auch das Stichwort WÄRME-STRAHLUNG) ein Anteil von etwa 10%, im langwelligen Bereich jedoch der volle Anteil von 100%. Die Solarstrahlung tritt also fast ungehindert durch das Glas hindurch und wird dann von dem Körper weitgehend absorbiert (bis auf den reflektierten Anteil). Die langwellige, vom Körper emittierte Strahlung wird aber vom Glas zu fast 100% absorbiert bzw. reflektiert. Die reflektierte Strahlung verbleibt unmittelbar im Raum, die vom Glas absorbierte Strahlung wird dem Raum z.T. durch die Strahlung des warmen Glases (sog. Gegenstrahlung) sowie durch Leitung und konvektiven Wärmeübergang zugeführt. Insgesamt treten deshalb im Raum (Treibhaus) relativ hohe Temperaturen auf.

Die allgemein befürchtete langfristige Erwärmung der Erde hat ähnliche Ursachen wie die Temperaturerhöhung des Treibhausinneren gegenüber der Umgebung. Verantwortlich dafür könnte eine Änderung der Zusammensetzung der Erdatmosphäre als Folge menschlichen Handelns sein. Eine Erhöhung der Konzentration besonders von mehratomigen Gasen wie H_2O, O_3 und CO_2, die wichtige Absorber im langwelligen Infrarotbereich sind, kann zu einem immer stärker selektiv wirkenden Strahlungsverhalten der Atmosphäre gegenüber der einfallenden Sonnenstrahlung und der rückgestrahlten Erdstrahlung führen. Wie beim Gartentreibhauseffekt liegen die Temperaturen der beteiligten Körper bei ca. 5800 K (Sonne) bzw. 300 K (Erde). Es liegt also kurzwellige Ein- und langwellige Rückstrahlung vor. Im Fall der befürchteten Erderwärmung ist aber zu berücksichtigen, daß die beobachteten und in Modellrechnungen prognostizierten Temperaturerhöhungen in der Größenordnung von wenigen °C liegen. Dies kann zwar große Auswirkungen haben, stellt aber andererseits enorme Anforderungen an die Genauigkeit, mit der die komplexen physikalischen Vorgänge verstanden sein müssen bzw. an die Vollständigkeit entsprechender Modellvorstellungen, die der Vorhersage dienen sollen. Es verwundert deshalb nicht, wenn die Diskussionen um den globalen Treibhauseffekt oder die Auswirkung eines erhöhten CO_2–Ausstoßes durchaus kontrovers geführt werden.

ANWENDUNGEN UND BEISPIELE

Wirkung der Erdatmosphäre

Um die Wirkung der Erdatmosphäre auf den Wärmehaushalt der Erde abzuschätzen, soll ermittelt werden, welche globale Mitteltemperatur T_m^* sich einstellen würde, wenn die Erde keine Atmosphäre besäße. Dazu werden folgende (realistische) Annahmen getroffen:

- Der mittlere Reflexionsgrad des sonnenbeschienenen Teiles der Erdoberfläche ist $\bar{\varrho} = 0{,}3$, d.h., die Erde absorbiert 70% der einfallenden Sonnenstrahlung (besitzt also einen mittleren Absorptionsgrad $\bar{\alpha} = 0{,}7$).

- Ohne Erdatmosphäre gelangt die Solareinstrahlung $S^* = 1\,353\,\mathrm{W/m^2}$ auf die Erdoberfläche (Solarkonstante, s. SOLARSTRAHLUNG).

- Die Erde emittiert mit einem mittleren Emissionsgrad von alternativ:

  a) $\bar{\epsilon} = 1$, d.h., sie strahlt wie ein schwarzer Körper. Damit wird $\bar{\alpha} \neq \bar{\epsilon}$ unterstellt, s. dazu auch das Stichwort STRAHLUNG SCHWARZER KÖRPER

  b) $\bar{\epsilon} = \bar{\alpha} = 0{,}7$, d.h., es wird angenommen, daß sich die Erde (ohne Atmosphäre) wie ein Grauer Körper verhält, s. dazu auch das Stichwort STRAHLUNG GRAUER KÖRPER

Aus der Gleichheit von ein- und ausgestrahlter Wärmestrahlung ergibt sich die globale Mitteltemperatur T_m^* als Gleichgewichtstemperatur zu ($R^* = $ Erdradius, $\pi R^{*\,2}$ als Projektionsfläche, $4\pi R^{*\,2}$ als Oberfläche):

$$\bar{\alpha}S^*\pi R^{*2} = \bar{\epsilon}\sigma^* T_m^{*4} 4\pi R^{*2} \quad \longrightarrow \quad T_m^* = \left[\frac{\bar{\alpha}S^*}{\bar{\epsilon}4\sigma^*}\right]^{\frac{1}{4}}$$

Daraus folgt für

a) $\bar{\alpha} = 0{,}7; \quad \bar{\epsilon} = 1: \quad T_m^* = 254{,}2\,\mathrm{K} \approx -19°\mathrm{C}$
b) $\bar{\alpha} = \bar{\epsilon} = 0{,}7: \qquad T_m^* = \quad 278\,\mathrm{K} \approx \quad 4{,}8°\mathrm{C}$

Die beiden Modellannahmen a) und b) sind in gewisser Weise willkürlich, da der Fall „Erde ohne Atmosphäre" ein gedachtes Modell ist. Üblicherweise wird in diesem Zusammenhang von der Annahme a) ausgegangen. Die tatsächlich beobachtete globale Mitteltemperatur liegt bei $T^*_{m,real} = 288\,\mathrm{K} \approx 15°\mathrm{C}$. Die Differenz zwischen $T^*_{m,real}$ und T^*_m ist im wesentlichen auf die Wirkung der Erdatmosphäre zurückzuführen. Mit der Erdatmosphäre liegt dann ein hochkomplexes physikalisches System vor, dessen Wärmebilanz durch selektive Transmission, Streuung, selektive Absorption, atmosphärische Gegenstrahlung sowie die Wirkung zusätzlicher Wärmeübertragungsmechanismen (vor allem konvektiver Wärmeübergang sowie Kondensations- und Verdunstungsvorgänge) bestimmt wird.

BEACHTE

❏ Wenn wesentliche Aspekte des Wärmehaushaltes der Erde mit dem Begriff des Treibhauseffektes beschrieben werden, so ist zu beachten, daß dieser ein integraler Bestandteil der physikalischen Vorgänge ist, seit sich die Erdatmosphäre gebildet hat. Wenn es durch menschliches Handeln (sog. *anthropogene Eingriffe*) zu Auswirkungen auf den Wärmehaushalt der Erde kommt, so ist dies also nicht etwa die Auslösung des Treibhauseffektes, sondern allenfalls seine Beeinflussung. Die vermutlich entscheidenden Eingriffe in diesem Sinne sind:

- der Abbau des stratosphärischen Ozons (O_3) durch die katalytische Einwirkung von Stickoxiden (NO_x) sowie durch die Beeinflussung durch Chloroxid–Radikale (als Folge der Freisetzung von Fluorchlorkohlenwasserstoffen (FCKW)), s. dazu das Stichwort KÄLTEMITTEL.

- die Anreicherung von Kohlendioxid (CO_2, Verbrennung fossiler Brennstoffe) und Methan (CH_4, Reisproduktion und Viehhaltung).

❏ In den Globalbilanzen bezüglich der Erde werden die Ein- und Ausstrahlungen oft als Mittelwert über die gesamte Erdoberfläche dargestellt. Für die solare Einstrahlung mit der Solarkonstanten $S^* = 1\,353\,\mathrm{W/m^2}$, die auf die Querschnittsfläche πR^{*2} wirkt, ergibt sich dann nach der Umrechnung auf die Oberfläche $4\pi R^{*2}$ eine Einstrahlung von $1\,353/4 = 338{,}25\,\mathrm{W/m^2}$.

WEITERFÜHRENDE LITERATUR

Roedel, W. (1994): *Physik unserer Umwelt — Die Atmosphäre*, Springer-Verlag, Berlin, Heidelberg, New York

Jischa, M.F. (1993): *Herausforderung Zukunft*, Spektrum Akademischer Verlag GmbH, Heidelberg

Warnecke, G.; Huch, M.; Germann, K. (Hrsg.) (1991): *Tatort Erde — Menschliche Eingriffe in Naturraum und Klima*, Springer-Verlag, Berlin, Heidelberg, New York

Deutscher Bundestag (Hrsg.) (1990): *Schutz der Erdatmosphäre*, Economica-Verlag, Bonn

Schönwiese, C.-D.; Diekmann, B. (1988): *Der Treibhauseffekt / Der Mensch ändert das Klima*, Deutsche Verlagsanstalt, Stuttgart

Tropfenkondensation
(dropwise condensation)

Bedeutung und Definition

Es handelt sich um eine spezielle Art der Kondensation, also des Überganges eines Stoffes aus der Gasphase (Dampf) in die flüssige Phase.

	Definition	
Unter dem Begriff Tropfenkondensation versteht man den Kondensationsvorgang an gekühlten Wänden, bei dem das Kondensat einzelne, unzusammenhängende Tropfen auf der Wand bildet. Diese Tropfen wachsen durch weitere Kondensationsvorgänge an ihrer Oberfläche oder durch Koaleszens mit anderen Tropfen bis zu einer Größe, von der an sie unter der Wirkung der Schwerkraft abfließen oder durch die strömende Gasphase über Scherkräfte am Außenrand der Tropfen vom Ort ihrer Entstehung wegtransportiert werden.		

Physikalischer Hintergrund

Wird eine den Dampfraum begrenzende Wand unter die aktuelle Sättigungstemperatur T_S^* des Dampfes abgekühlt, tritt Kondensatbildung an dieser Wand auf. Dabei kommt es zur Ausbildung diskreter Tropfen auf der Wand, wenn der sog. Randwinkel als der geometrische Winkel zwischen der Wand und der Tropfenoberfläche an der Berührungslinie zwischen Wand und Tropfen positive Werte annimmt. Dieser Winkel ist abhängig von den Grenzflächenspannungen zwischen Wand, Flüssigkeit und Dampf und wird entscheidend von den Benetzungseigenschaften der Wand bestimmt.

Bezüglich des Wärmeüberganges ist die Tropfenkondensation der Filmkondensation eindeutig überlegen. Je nach konkreter Anordnung können 10 bis 20-fach höhere Wärmeübergangskoeffizienten als bei der vergleichbaren Filmkondensation auftreten. Entscheidend dafür ist der Wegfall des hohen Wärmewiderstandes, den ein geschlossener Kondensatfilm darstellt. Tropfenbildung tritt an den üblicherweise verwendeten Heizflächen jedoch nicht auf, solange nicht z.B. adsorbierte Fremdstoffe für endliche Randwinkel sorgen. Diese können als Impfstoffe (sog. Promotoren) dem Dampf bzw. Kondensat zugesetzt werden (häufig organische Stoffzusätze) oder z.B. durch Elektrolyse aufgetragene Edelmetallplattierungen auf der Wand sein. Neueste Entwicklungen verwenden auch ionendotierte Metalloberflächen. Die Tropfenbildung setzt nach einer gängigen Vorstellung an Keimstellen, Vertiefungen der Kondensationsfläche oder an Flüssigkeitsresten ein. Die Wachstumsgeschwindigkeit wird durch die Wärmeleitungsvorgänge im Inneren des Tropfens und durch den Wärmewiderstand am Tropfenrand (Phasengrenze) bestimmt. Die Tropfengrößen variieren dabei über eine Längenskala von bis zu 6 Zehnerpotenzen.

ANWENDUNGEN UND BEISPIELE

Einfluß der Unterkühlung $\Delta T^* = T_S^* - T_W^*$ *auf den Wärmeübergang*

In der Formulierung mit Hilfe des Wärmeübergangskoeffizienten α^* gilt für den Wärmeübergang $\dot{q}_W^* = \alpha^* \Delta T^*$, wobei $\Delta T^* = T_S^* - T_W^*$ die Wandunterkühlung ist. Danach steigt der Wandwärmestrom mit steigendem ΔT^* an. Dieser Anstieg ist aber keineswegs linear, da α^* bezüglich ΔT^* keine Konstante ist, wie nachfolgende Skizze zeigt.

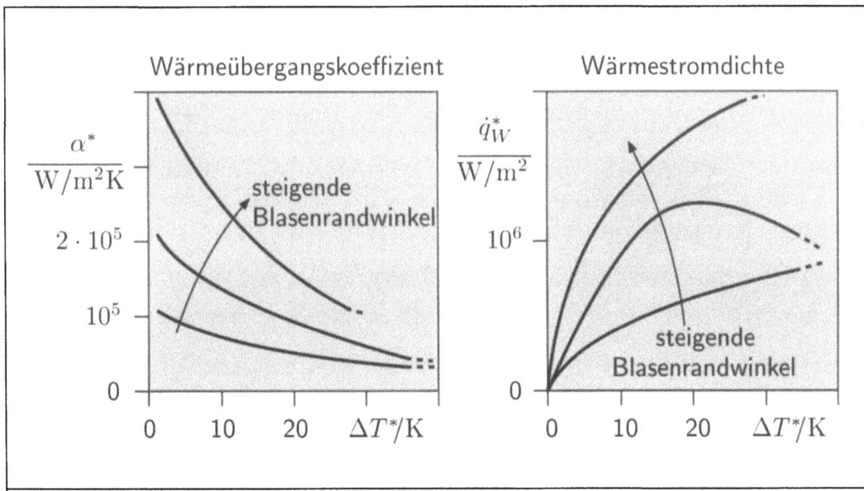

Charakteristische Verläufe für α^* und $\dot{q}_W^*$
(Zahlenwerte geben typische Größenordnungen für Wasser
bei 1 bar Kondensationsdruck an)

Die charakteristische Abnahme der Wärmeübergangskoeffizienten mit steigender Unterkühlung ergibt sich aus der zunehmenden Kondensatbeladung der Oberfläche. Tendenziell nähert man sich damit der Physik der Filmkühlung an, die insgesamt erheblich niedrigere Werte der Wärmeübergangs-koeffizienten aufweist. Es ist allerdings zu beachten, daß die Vorgänge sehr komplex sind und von vielen Parametern beeinflußt werden. Es gibt eine Reihe von Untersuchungen, die den generell beschriebenen Trend nicht zeigen, sondern (meist über kleine ΔT^*-Bereiche) sogar eine gegenläufige Tendenz im α^*-ΔT^*-Verhalten gefunden haben.

BEACHTE

☞ Die Zunahme des Wärmeüberganges der Tropfenkondensation gegenüber der entsprechenden Filmkondensation ist bei Gemischen mischbarer Flüssigkeiten nicht so ausgeprägt wie bei der Kondensation reiner Stoffe. Wesentlich dürfte dies durch einen zusätzlichen Wärmewiderstand, bedingt durch den Stofftransport in der Gemisch-Dampf-Phase, verursacht sein.

WEITERFÜHRENDE LITERATUR

Koch, G.; Kraft, K.; Leipertz, A. (1998): *Parameter Study on the Performance of Dropwise Condensation*, Rev. Gén. Therm. 37, 539–548

Koch, G.; Zhang, D.C.; Leipertz, A.; Grischke, M.; Trojan, K.; Dimigen, H. (1998): *Study on Plasma Enhanced CVD Coated Material to Promote Dropwise Condensation of Steam*, Int. J. Heat Mass Transfer 41, 1899–1906

Koch, G.; Zhang, D.C.; Leipertz, A. (1997): *Condensation of Steam on the Surface of Hard Coated Copper Discs*, Heat and Mass Transfer 32, 149–156

Stephan, K. (1988): *Wärmeübergang beim Kondensieren und beim Sieden*, Springer-Verlag, Berlin, Heidelberg, New York

Straub, J.; Waas, P. (1988): *Tropfenkondensation*, VDI Wärmeatlas, Jc1–Jc2, VDI-Verlag, Düsseldorf

Turbulente Prandtl-Zahl Pr_t
(turbulent Prandtl number Pr_t)

BEDEUTUNG UND DEFINITION

Es handelt sich um eine Strömungsgröße (keine Stoffgröße), die in Analogie zur molekularen Prandtl-Zahl (einer Stoffgröße) eingeführt worden ist. Sie ist keine dimensionslose Kennzahl im Sinne der Dimensionsanalysis.

	Definition	
$$\mathrm{Pr}_t = \dfrac{\nu_t^*}{a_t^*}$$		
Pr_t	turbulente Prandtl-Zahl	$-$
ν_t^*	kinematische Wirbelviskosität	$\mathrm{m^2/s}$
a_t^*	turbulente Temperaturleitfähigkeit	$\mathrm{m^2/s}$

PHYSIKALISCHER HINTERGRUND

Den frühen Versuchen, turbulente Strömungen wie modifizierte laminare Strömungen zu behandeln, entstammen die Größen ν_t^* und a_t^* als Elemente einer Turbulenzmodellierung. Diese ist erforderlich, weil die Grundgleichungen nach einer Zeitmittelung (die vorgenommen wird, um Gleichungen für die zeitgemittelten Größen zu gewinnen) zusätzliche Terme enthalten, die neue Unbekannte darstellen. Um das Gleichungssystem zu schließen (Anzahl der Unbekannten = Anzahl der Gleichungen) müssen die neuen unbekannten Größen mit Hilfe einer Turbulenzmodellierung durch die vor der Zeitmittelung vorhandenen Größen ausgedrückt werden. In der Impulsgleichung bedeutet dies:

$$\text{neu}: \quad \text{turbulente Spannungen } \tau_{t_{ij}}^*$$

$$\text{Ansatz}: \quad \tau_{t_{ij}}^* = \varrho^* \nu_t^* \left[\left(\frac{\partial \bar{u}_i^*}{\partial x_j^*} + \frac{\partial \bar{u}_j^*}{\partial x_i^*} \right) - \frac{2}{3}\delta_{ij} \frac{\partial \bar{u}_k^*}{\partial x_k^*} \right] - \frac{2}{3}\varrho^* k^* \delta_{ij}$$

$$\text{analog zu}: \quad \tau_{ij}^* = \varrho^* \nu^* \left[\left(\frac{\partial u_i^*}{\partial x_j^*} + \frac{\partial u_j^*}{\partial x_i^*} \right) - \frac{2}{3}\delta_{ij} \frac{\partial u_k^*}{\partial x_k^*} \right]$$

Entsprechend ergibt sich nach der zeitlichen Mittelung bezüglich der thermischen Energiegleichung folgende Situation:

$$\text{neu}: \quad \text{turbulente Wärmeströme } \dot{q}^*_{t_i}$$
$$\text{Ansatz}: \quad \dot{q}^*_{t_i} = -\varrho^* c^*_p a^*_t \partial \bar{T}^*/\partial x^*_i$$
$$\text{analog zu}: \quad \dot{q}^*_i = -\varrho^* c^*_p a^* \partial T^*/\partial x^*_i$$

Die Ansätze für $\tau^*_{t_{ij}}$ und $q^*_{t_i}$ stellen allerdings erst dann eine Turbulenzmodellierung dar, wenn ν^*_t und a^*_t bekannt sind. Genaugenommen ist zunächst die Notwendigkeit zur Turbulenzmodellierung in die Größen ν^*_t und a^*_t verlagert worden, über die a priori nichts bekannt ist, und die durch die gewählten Ansätze zu den entscheidenden Informationsträgern bezüglich der physikalischen Wirkung der Turbulenz auf die jeweils betrachtete Strömung geworden sind. Damit wird deutlich:

- ν^*_t und a^*_t können keinen grundsätzlich universellen Charakter besitzen, sondern sind strömungsspezifisch. Nur in dem Maße, in dem alle turbulenten Strömungen gemeinsame Eigenschaften besitzen, können ν^*_t und a^*_t universelle Größen sein. In der Tat ist dies in Wandnähe der Fall, weil Strömungen dort einen universellen Charakter haben.

- ν^*_t und a^*_t sind Ausdruck von Turbulenzeigenschaften und nicht von Materialeigenschaften. Sie sind deshalb Strömungsgrößen und keine Stoffgrößen.

- Ihr Verhältnis, die turbulente Prandtl-Zahl, ist deshalb eine Größe, die unmittelbar durch die Turbulenzmodellierung festgelegt wird bzw. umgekehrt durch eine bestimmte Festlegung eine Turbulenzmodellierung darstellt.

Da Turbulenz ein *Strömungs*phänomen ist, wirkt die Strömung aktiv in das Temperaturfeld hinein und zwingt dieses quasi passiv durch entsprechende turbulente Wärmeströme zu „reagieren". Deshalb ist a^*_t weitgehend durch ν^*_t „getriggert", so daß $\mathrm{Pr}_t = \nu^*_t/a^*_t$ nahezu konstant ist.

In der Tat ist $\mathrm{Pr}_t = \text{const}$ eine sehr oft verwendete Turbulenzmodellierung. Für turbulente Grenzschichten z.B. wird häufig $\mathrm{Pr}_t = 0{,}87$ gesetzt, ein Zahlenwert, der aus asymptotischen Überlegungen folgt (Anpassung der viskosen Unterschicht und der Außenschicht). Dies gilt allerdings nur für molekulare Prandtlzahlen $\mathrm{Pr} > 0{,}5$ (s. dazu die Anmerkung unter BEACHTE).

ANWENDUNGEN UND BEISPIELE

Turbulente Prandtl-Zahlen für verschiedene Strömungen

Das Konzept der konstanten turbulenten Prandtl-Zahl ist für eine Reihe von Strömungen erfolgreich einsetzbar, wenn auch mit jeweils leicht unterschiedlichen Zahlenwerten für Pr_t. In der Literatur findet man:

- allgemeine Grenzschichten (Pr > 0,5): $\quad$ $\mathrm{Pr}_t = 0{,}87$

- ebener Nachlauf am Kreiszylinder: $\quad$ $\mathrm{Pr}_t = 0{,}5$
  (quer angeströmt)

- ebener Freistrahl: $\quad$ $\mathrm{Pr}_t = 0{,}5$

- rotationssymmetrischer Freistrahl: $\quad$ $\mathrm{Pr}_t = 0{,}7$

- rotationssymmetrischer Nachlauf am Kreiszylinder: $\mathrm{Pr}_t = 0{,}86$
  (längs angeströmt)

- Rohrströmung: Es ergeben sich leichte Abweichungen vom konstanten Wert, mit einer Verteilung, die ausgehend von der Rohrmitte ($\mathrm{Pr}_t = 0{,}67$) bis zur Wand ($\mathrm{Pr}_t = 0{,}92$) ansteigt.

BEACHTE

◪ Für Pr $\rightarrow$ 0 (molekulare Prandtl-Zahl) entsteht außerhalb der Wandschicht, also in dem Bereich, der eine Turbulenzmodellierung erfordert (da er keiner universellen Verteilung gehorcht), eine zusätzliche Schicht durch das Temperaturprofil. In dieser zusätzlichen Schicht ist die molekulare Temperaturleitfähigkeit a^* von Bedeutung und verhindert damit den einfachen Zusammenhang $\mathrm{Pr}_t = $ const. Dieser gilt nur für Pr > 0,5 (s. dazu auch das Beispiel zum Stichwort THERMISCHE ENERGIEGLEICHUNG).

WEITERFÜHRENDE LITERATUR

Gersten, K.; Herwig, H. (1992): *Strömungsmechanik*, Vieweg-Verlag, Braunschweig

Prandtl, L; Oswatitsch, K.; Wieghardt, K. (1990): *Führer durch die Strömungslehre*, Vieweg-Verlag, Braunschweig

Rotta, J. C. (1964): *Temperaturverteilungen in der turbulenten Grenzschicht an der ebenen Platte*, Int. J. Heat Mass Transfer 7, 215–228

Variable Stoffwerte
(variable properties)

Bedeutung und Definition

Es handelt sich um die Temperatur- und Druckabhängigkeit physikalischer Stoffwerte wie z.B. der Dichte oder der Viskosität. Bei der Berechnung von Impuls-, Wärme- und Stoffübertragungsproblemen werden diese Stoffwerte häufig als konstant angenommen, obwohl sie in der Realität eine mehr oder weniger starke Abhängigkeit von der Temperatur und dem Druck aufweisen.

	Definition	

Unter dem Begriff „Einfluß variabler Stoffwerte" versteht man diejenigen Änderungen in den interessierenden Endergebnissen bei der Berechnung von Impuls-, Wärme- und Stoffübertragungsproblemen, die bei einer Berechnung unter Berücksichtigung variabler Stoffwerte gegenüber derjenigen bei Annahme konstanter Stoffwerte auftreten. Es handelt sich also ausschließlich um einen Aspekt der Modellierung physikalischer Vorgänge (mit analytischen und/oder numerischen Methoden), da das Konstrukt „konstante Stoffwerte" in der Realität nicht existiert.

Physikalischer Hintergrund

Der Ausgangspunkt für die nachfolgenden Überlegungen ist die Tatsache, daß alle physikalischen Stoffwerte grundsätzlich temperatur- und druckabhängig sind. Diese Abhängigkeiten sind in vielen Fällen jedoch so schwach, daß ihre Einflüsse auf die interessierenden Endergebnisse klein und deshalb oftmals in erster Näherung vernachlässigbar sind. Dies kann zwei Ursachen haben:

- Die Stoffwerte selbst sind nur schwach von der Temperatur und/oder dem Druck abhänig.

- Die in dem betrachteten Problem vorkommenden Temperatur- und/oder Druckunterschiede sind nur gering. Extremfälle in diesem Sinne sind isotherme und/oder isobare Strömungen bzw. Zustandsänderungen.

Will man den Einfluß variabler Stoffwerte jedoch berücksichtigen, so ist dies auf grundsätzlich zwei Wegen möglich:

1. Die $(T,^* p^*)$-Stoffwertabhängigkeiten werden von vornherein für den konkreten Fall berücksichtigt. Die so erhaltenen Ergebnisse gelten dann jedoch nur für den jeweils betrachteten Stoff und die speziell gewählten

Randbedingungen (z.B. Wärmeübertragung in Luft bei konstanter Wandtemperatur und einem bestimmten Druck).

2. Die Effekte der $(T,^* p^*)$-Stoffwertabhängigkeiten werden nachträglich in den (allgemeinen) Ergebnissen, die unter der Annahme konstanter Stoffwerte erzielt wurden, berücksichtigt. Dies kann auf empirischem Wege geschehen, s. dazu die Stichwörter REFERENZTEMPERATUR-METHODE und STOFFWERTVERHÄLTNIS-METHODE, oder mit Hilfe asymptotischer Betrachtungen auf rational-analytischem Wege, s. dazu den nachfolgenden Abschnitt ANWENDUNGEN UND BEISPIELE.

Im Zusammenhang mit Wärmeübertragungsproblemen steht die Temperaturabhängigkeit der Stoffwerte im Vordergrund. Die Druckabhängigkeit bleibt häufig vollständig unberücksichtigt. Dies ist gerechtfertigt, da die Stoffwerte mit Ausnahme der Dichte von Gasen generell eine nur sehr schwache Abhängigkeit vom Druck aufweisen. Die starke Druckabhängigkeit der Dichte bei Gasen führt zu deren Berücksichtigung im Rahmen der Theorie kompressibler Strömungen.

ANWENDUNGEN UND BEISPIELE

1. Systematische Bestimmung der Effekte temperaturabhängiger Stoffwerte aus den jeweiligen Grundgleichungen

Eine asymptotische Theorie temperaturabhängiger Stoffwerte kann das vollständige Ergebnis unter Berücksichtigung aller Effekte temperaturabhängiger Stoffwerte als eine asymptotische Reihe (Entwicklung nach einem Wärmeübertragungs–Störparameter) darstellen, deren führender Term das Ergebnis für konstante Stoffwerte ist. Der Einfluß temperaturabhängiger Stoffwerte wird somit durch die nachfolgenden Terme systematisch und bis zu einer jeweils festzulegenden Genauigkeit erfaßt. Darüber hinaus gelingt es, diese Entwicklung so allgemein zu formulieren, daß die asymptotischen Endergebnisse für alle (kleinen) Heizraten und alle (Newtonschen) Fluide gelten und nur noch für den jeweiligen konkreten Fall zahlenmäßig spezifiziert werden müssen.

So gilt bei Einführung des Störparameters $\epsilon = \Delta T^*/T_B^*$ ($\Delta T^* = $ charakteristische Temperaturdifferenz des Problems; $T_B^* = $ Bezugstemperatur) z.B. für den Wärmeübergang in Form der Nußelt-Zahl:

$$\text{Nu} \quad = \quad \underbrace{\text{Nu}_{cp}}_{\substack{\text{konstante} \\ \text{Stoffwerte}}} \quad + \quad \underbrace{\epsilon N_1 + \epsilon^2 N_2 + \dots}_{\substack{\text{Korrektur aufgrund von} \\ \text{Effekten variabler Stoffwerte}}} \qquad (*)$$

Der Index cp steht für „constant properties" (konstante Stoffwerte).

Zu den Ergebnissen in Form von Gl. ($*$) gelangt man für ein bestimmtes Problem, dessen Grundgleichungen und Randbedingungen bekannt sind, auf folgendem Wege, aufgeteilt in 4 Schritte S1–S4:

S1. Formulierung der vollständigen Grundgleichungen und Randbedingungen in dimensionsloser Form.

S2. Entwicklung aller vorkommenden Stoffwerte in Taylor-Reihen bzgl. der Temperatur. Diese lauten in dimensionsloser Form für die allgemeine Größe $\alpha = \varrho, \eta, \lambda, c_p, \ldots$

$$\alpha = \frac{\alpha^*}{\alpha_B^*} = 1 + \epsilon\, K_{\alpha 1}\Theta + \frac{1}{2}\epsilon^2 K_{\alpha 2}\Theta^2 + \ldots, \quad \epsilon = \frac{\Delta T^*}{T_B^*}$$

$$\Theta = \frac{T^* - T_B^*}{\Delta T^*} \quad ; \quad K_{\alpha 1} = \left(\frac{\partial \alpha^*}{\partial T^*}\frac{T^*}{\alpha^*}\right)_B \quad ; \quad K_{\alpha 2} = \left(\frac{\partial^2 \alpha^*}{\partial T^{*2}}\frac{T^{*2}}{\alpha^*}\right)_B$$

Anschließend Entwicklung aller abhängigen Variablen des Problems in der Form

$$A = A_{cp} + \epsilon \sum_{\alpha} K_{\alpha 1} A_{\alpha} + \epsilon^2 \ldots, \quad A = u, v, p, T, \ldots$$

wobei A_{α} problemspezifische Einflußfunktionen sind, die aber unabhängig von ϵ und $K_{\alpha 1}$ für das jeweilige Problem generell gelten.

S3. Einsetzen der Entwicklungen für α und A in die Grundgleichungen und Herleitung von Gleichungssystemen der Ordnung $\mathcal{O}(1), \mathcal{O}(\epsilon), \ldots$, die aufgrund der Ansätze jeweils wiederum frei von $\epsilon, K_{\alpha 1}, K_{\alpha 2}, \ldots$ sind. Anschließend (meist numerische) Lösung der Gleichungen und daraus Bestimmung der Einflußfunktionen A_{α} der Ordnung $\mathcal{O}(\epsilon)$ sowie der höheren Ordnungen $\mathcal{O}(\epsilon^2), \ldots$.

S4. Aufstellen der Endbeziehungen wie für die Nußelt-Zahl in Gleichung ($*$) gezeigt. Aufgrund der asymptotischen Entwicklungen sind die Einflußfunktionen $N_1, N_2, \ldots$ in ($*$) frei von ϵ und einfache Kombinationen der Stoffwerte $K_{\alpha 1}, K_{\alpha 2}, \ldots$ sowie deren Einflußfunktionen A_{α} aus Schritt S3, d.h., gültig für alle ϵ (Wärmeübertragungsraten) und alle Newtonschen Fluide, die sich nur durch verschiedene Zahlenwerte für $K_{\alpha 1}, K_{\alpha 2}, \ldots$ voneinander unterscheiden.

Auf diese Weise gelingt es, allgemeingültige rationale Beziehungen für die jeweiligen Probleme zu formulieren. Diese Vorgehensweise ist auf laminare und turbulente Strömungen gleichermaßen anwendbar, wobei im Falle turbulenter Strömungen die generelle Problematik der Turbulenzmodellierung auch hierbei zutage tritt.

Die asymptotischen Ergebnisse können auch dazu dienen, die zunächst rein empirischen Korrekturmethoden (REFERENZTEMPERATUR-METHODE, STOFFWERTVERHÄLTNIS-METHODE) auf eine rationale Basis zu stellen.

2. Bestimmung des Einflusses variabler Stoffwerte für die laminare Plattengrenzschicht bei $T_W^* = const$

Die im vorigen Beispiel beschriebene asymptotische Methode führt für die laminare Plattengrenzschicht zu folgenden allgemeingültigen asymptotischen Endergebnissen:

- Für die Wandschubspannung $\tau_W^*(x^*)$ als $\quad c_f = \dfrac{2\tau_W^*(x^*)}{\varrho_\infty^* U_\infty^{*2}}$:

$$c_f \sqrt{\mathrm{Re}_x} = \left[c_f \sqrt{\mathrm{Re}_x} \right]_{cp} + \epsilon C_1 + \epsilon^2 C_2 \ldots \qquad (**)$$

- Für die Wandwärmestromdichte $\dot{q}_W^*(x^*)$ als $\quad \mathrm{Nu} = \dfrac{\dot{q}_w^*(x^*)\, x^*}{\lambda_\infty^*(T_W^* - T_\infty^*)}$:

$$\frac{\mathrm{Nu}}{\sqrt{\mathrm{Re}_x}} = \left[\frac{\mathrm{Nu}}{\sqrt{\mathrm{Re}_x}} \right]_{cp} + \epsilon N_1 + \epsilon^2 N_2 + \ldots \qquad (***)$$

Dabei sind C_1, C_2, N_1 und N_2 Kombinationen aus den Einflußfunktionen A_α (die als Funktionen der Prandtl-Zahl einmal zu bestimmen sind) und den Stoffwerten $K_{\alpha 1}, K_{\alpha 2}, \ldots$, die bekannt sind, sobald man sich für ein Newtonsches Fluid entschieden hat, für das die Ergebnisse ausgewertet werden sollen.

Das Bild zeigt die Ergebnisse $(**)$ und $(***)$ ausgewertet für Wasser bei einer Bezugstemperatur $T_\infty^* = 278\,\mathrm{K}$. Bereits der erste Korrekturterm (ϵC_1 bzw. ϵN_1; Theorie 1. Ordnung) erfaßt die wesentlichen Effekte.

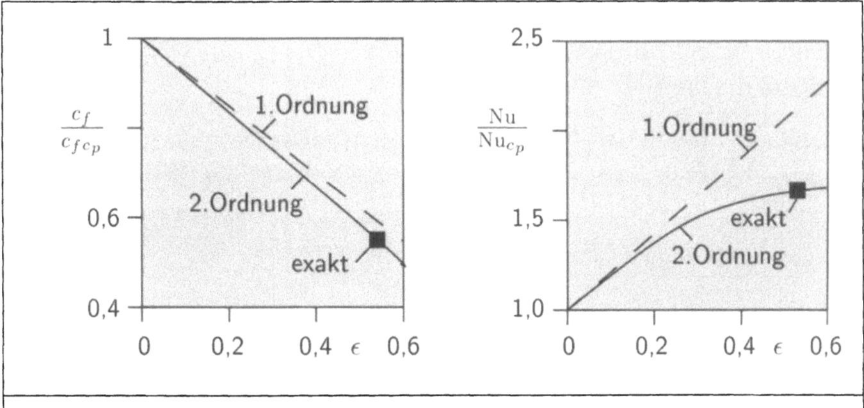

Reibungsbeiwert und Nußelt-Zahl für die Plattengrenzschicht: Einfluß variabler Stoffwerte bei Wasser

Mit zwei Korrekturtermen ($\epsilon C_1 + \epsilon^2 C_2$ bzw. $\epsilon N_1 + \epsilon^2 N_2$; Theorie 2. Ordnung) liegen die Ergebnisse selbst für große Werte von ϵ (d.h., große Temperaturdifferenzen $T_W^* - T_\infty^*$) sehr nahe an den Lösungen, die von vornherein die vollständigen Stoffwertabhängigkeiten berücksichtigen wie das Beispiel ($\blacksquare =$ exakte Lösung) in den Diagrammen zeigt.

Weitere Einzelheiten können der Originalarbeit Gersten, Herwig (1984) entnommen werden.

BEACHTE

❐ Im Zusammenhang mit natürlichen Konvektionsströmungen ist eine Näherung im üblichen Sinne der Annahme konstanter Stoffwerte irreführend. Die Strömung kommt überhaupt nur zustande, weil die Dichte variabel ist. „Konstante Stoffwerte" meint dann: Konstante Werte der physikalischen Stoffwerte mit Ausnahme der Dichte und für diese eine Temperaturabhängigkeit nur in dem Maße, wie sie zur Erzeugung von Auftriebseffekten erforderlich ist. (s. dazu auch das Stichwort BOUSSINESQ-APPROXIMATION).

WEITERFÜHRENDE LITERATUR

Gersten, K.; Herwig, H. (1992): *Strömungsmechanik*, Vieweg-Verlag, Braunschweig

Herwig, H. (1985): *Asymptotische Theorie zur Erfassung des Einflusses variabler Stoffwerte auf Impuls- und Wärmeübertragung*, VDI-Fortschritt-Berichte, Reihe 7, Nr. 93

Gersten, K.; Herwig, H. (1984): *Impuls- und Wärmeübertragung bei variablen Stoffwerten für die laminare Plattenströmung*, Wärme- und Stoffübertragung 18, 25–35

Verbesserung des Wärmeüberganges
(heat transfer enhancement)

Bedeutung und Definition

Es handelt sich um einen Oberbegriff für alle Maßnahmen zur Erhöhung des
Wärmeüberganges bei konvektiver Wärmeübertragung, die über die einfache
Erhöhung der Geschwindigkeit bzw. des Massenstromes hinausgehen. Da sich
die Verbesserungen nicht auf einen einheitlichen und verbindlich gültigen
Ausgangsfall beziehen, ist in einer konkreten Situation für die Beurteilung
einer Maßnahme der Bezugsfall wichtig.

	Definition	
Unter der Verbesserung des Wärmeüberganges versteht man alle Maßnahmen, die sich in der Wärmeübergangsbeziehung $\dot{Q}_W^* = A^* \alpha^* \Delta T^*$ in Form einer Vergrößerung des Wärmeübergangskoeffizienten α^* auswirken und zu einem der nachfolgend aufgeführten Effekte führen.		

EFFEKT DER MASSNAHME (ZIELGRÖSSE)	$\dot{Q}_W^* =$	$A^* \;\cdot$	$\alpha^* \;\cdot$	ΔT^*
Erhöhung des Wärmestromes $\dot{Q}_W^*$	$\uparrow$	const	$\uparrow$	const
Verkleinerung der Fläche A^*	const	$\downarrow$	$\uparrow$	const
Verkleinerung von ΔT^*	const	const	$\uparrow$	$\downarrow$

$\dot{Q}_W^*$	Wärmestrom an der Wand	W
A^*	Übertragungsfläche	m^2
α^*	Wärmeübergangskoeffizient	W/m^{2}K
ΔT^*	(treibende) Temperaturdifferenz	K

Physikalischer Hintergrund

Immer dann, wenn die Wärmeübertragung eine gezielt eingesetzte Maßnahme
in einem technischen Prozeß ist, wird man bemüht sein, diese zu verbessern.
Die in der Definition genannten Zielgrößen einer Verbesserungsmaßnahme
werden je nach konkreter Problemstellung einzeln oder in Kombination op-
timiert, um die Wärmeübertragungskomponenten kompakter und/oder effi-
zienter auszuführen und betreiben zu können.

Die Komplexität der physikalischen Vorgänge und die Vielzahl sehr verschiedener Bauformen von Wärmeübertragungs-Komponenten hat zu einer

MASSNAHMEN	TYPISCHE BEISPIELE
PASSIVE MASSNAHMEN (OHNE ZUSATZENERGIE)	
Oberflächenbehandlung	Oberflächenbeschichtung; Ionendotierung bei Kondensation
Oberflächenrauheit	Sandrauheiten an Wänden zur Beeinflussung der viskosen Unterschicht turbulenter Strömungen
Oberflächenvergrößerung	Berippung von Übertragungsflächen
Oberflächenapplizierte Störelemente	Oberflächen-Winglets zur Wirbelerzeugung
Drallerzeuger	Rohreinsätze zur Drallerzeugung
Kanalwicklung	Spiralwicklung von Rohren zur Erzeugung von Sekundärströmungen
Oberflächenspannungsbeeinflussung	Kapillareffekte in oberflächennahen Mikrostrukturen bei der Kondensation (z.B. im Wärmerohr)
Fluidzusätze	Alkohol-Zusatz in Wasser zur Erhöhung der kritischen Wärmestromdichte bei der Verdampfung
AKTIVE MASSNAHMEN (MIT ZUSATZENERGIE)	
Mechanisch bewegte Bauteile in Oberflächennähe	Rührkessel in verfahrenstechnischen Anwendungen
Oberflächenvibration	Transversal vibrierende Platte
Fluidvibration	Ultraschallbeschleunigte Schmelzvorgänge
Elektrohydrodynamik	Erzeugung von Sekundärströmungen in elektrischen Feldern
Ausblasen und Absaugen	Dampfentfernung durch Absaugen beim Filmsieden
Prallstrahleinsatz	Kühlung heißer Oberflächen mit Wasserstrahlen

Maßnahmen zur Verbesserung des Wärmeüberganges
Einteilung nach Bergeles et al. (1996)

fast unüberschaubaren Vielzahl von Einzelstudien auf diesem Gebiet geführt. Von Bergeles (1995) stammt eine Literaturübersicht unter dem Titel "Bibliography on Enhancement of Convective Heat and Mass Transfer", die nahezu 6 000 (!) Arbeiten umfaßt. In diesem Zusammenhang hat sich eine Klassifizierung der Maßnahmen als sinnvoll erwiesen, die in der Tabelle auf der vorherigen Seite in leicht modifizierter Form übernommen worden ist.

Die aufgelisteten Einzelmaßnahmen können oftmals sinnvoll kombiniert werden, um eine weitere Steigerung des Wärmeüberganges zu erreichen.

Bei allen Maßnahmen ist aber zu bedenken, daß die Steigerung des Wärmeüberganges nur *ein* Aspekt des Gesamtproblems ist. Fast immer muß man diesen gewünschten Effekt mit einem höheren Druckverlust oder allgemein mit einer erhöhten Antriebsleistung für den Prozeß „bezahlen". Wünschenswert sind deshalb Maßnahmen mit möglichst hoher Steigerung der Wärmeübertragung aber geringer zusätzlich erforderlicher Antriebsleistung. In diesem Zusammenhang kommt den Bewertungskriterien für den Gesamtprozeß, die diese beiden Teilaspekte in Relation stellen, große Bedeutung zu. Oftmals erfolgt die Bewertung von Maßnahmen zur Verbesserung des Wärmeüberganges jedoch sehr unkritisch oder mit wenig aussagekräftigen Bewertungskriterien.

Ein aus physikalischer Sicht sehr aussagekräftiges Kriterium ist die Veränderung der ENTROPIEPRODUKTION in einem Prozeß aufgrund von Maßnahmen zur Wärmeübergangssteigerung. Dabei werden beide Teilaspekte (Wärmeübergang und Antriebsleistung) auf die einheitliche Größe Entropieproduktion zurückgeführt und damit prinzipiell vergleichbar, s. dazu auch Bejan (1996).

ANWENDUNGEN UND BEISPIELE

Einfluß der Lage von Wirbelgeneratoren auf der Wärmeübertragungs-Oberfläche

In einem ebenen Kanal sind auf der unteren, wärmeübertragenden Wand Wirbelgeneratoren in Form von Rechteckflügeln angebracht, wie dies in dem nachfolgenden Bild skizziert ist. Der Geometrieausschnitt zeigt dabei genau ein Element einer in Längs- und Seitenrichtung periodischen Fortsetzung dieser Anordnung. Die obere Wand ist glatt (keine Turbulenzgeneratoren) und trägt als adiabate Wand nicht zur Wärmeübertragung bei.

Der im folgenden untersuchte Parameter ist der Winkel β. Als Vergleichsfall dient dabei die Anordnung mit $\beta = 0°$, also eine Anordnung der Flügel in Haupströmungsrichtung, d.h., mit minimaler Beeinflussung der Strömung. Für wachsende Winkel β wird jeweils der zeit- und oberflächengemittelte Wert für die Nußelt-Zahl Nu und den Reibungsbeiwert c_f (dimensionslose

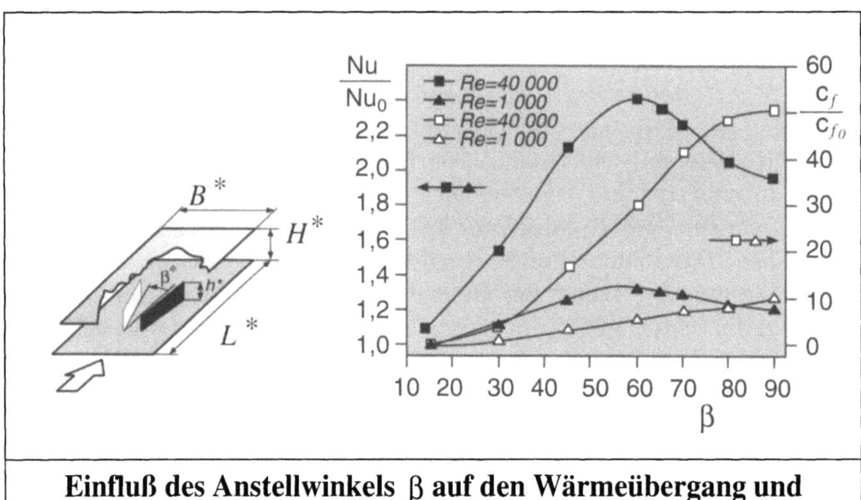

Einfluß des Anstellwinkels β auf den Wärmeübergang und den Reibungsbeiwert

Daten aus: Fiebig (1998)

Wandschubspannung), dargestellt als Nu/Nu_0 und c_f/c_{f0}, bestimmt. Die Werte Nu_0 und c_{f0} beziehen sich auf die Anordnung mit $\beta = 0°$. Folgende Trends sind deutlich erkennbar:

- wie generell bei konvektiven Wärmeübergängen nehmen die Nußelt-Zahl wie auch der Reibungsbeiwert mit der Reynolds-Zahl zu. Offensichtlich gilt dies nicht nur für die Absolutwerte, sondern auch für die Steigerungs- raten durch Wirbelerzeuger, d.h., für die bezogenen Werte.

- mit wachsendem Winkel β nimmt der Wärmeübergang deutlich zu. Die Maxima der Nu/Nu_0-Kurven in der Nähe von $\beta = 60°$ sind offensichtlich auf den Wechsel von einer Längswirbel-dominierten Strömung (erzeugt bei kleinen Winkeln β) zu einer Querwirbel-dominierten Strömung (erzeugt bei großen Winkeln β) zurückzuführen.

- mit wachsendem Winkel β nimmt der Reibungswiderstand deutlich zu. Ein Maximum, wie bei der Nußelt-Zahl, tritt erwartungsgemäß nicht auf.

BEACHTE

▸ Bei Wärmekraftanlagen ist die Verbesserung des Wärmeüberganges im Sinne einer verminderten Entropieproduktionsrate unmittelbar mit den

Überlegungen zur Wirkungsgradsteigerung verbunden, da Entropieproduktion direkt als verlorene Arbeitsfähigkeit interpretiert werden kann. Siehe dazu auch das Stichwort ENTROPIEPRODUKTION, dort unter der Rubrik BEACHTE.

☞ Neben dem Begriff "enhancement of heat transfer" ist im englischsprachigen Raum auch die Bezeichnung "heat transfer augmentation" verbreitet.

WEITERFÜHRENDE LITERATUR

Seyed-Yagoobi, J.; Bryan, J.E. (1999): *Enhancement of Heat Transfer and Mass Transport in Single-Phase and Two-Phase Flows with Electrohydrodynamics*, Adv. in Heat Transfer 33, 95–186

Fiebig, M. (1998): *Vortices & Heat Transfer*, DFG Research Group — Topics & Insights, in: Notes on Numerical Fluid Mechanics 63, Vieweg-Verlag, Braunschweig

Bergles, A.E.; Jensen, M.K.; Shome, B. (1996): *The Literature on Enhancement of Convective Heat and Mass Transfer*, Enhancement Heat Transfer 4, 1–6

Bejan, A. (1996): *Entropy Generation Minimization*, CRC Press, Boca Raton, New York

Bergles, A.E.; Jensen, M.K.; Shome, B. (1995): *Bibliography on Enhancement of Convective Heat and Mass Transfer*, Heat Transfer Laboratory Report HTL-23, Rensselaer Polytecnic Institute

Bergles, A.E. (1995): *Heat Transfer Enhancement — The Encouragement and Accomodation of High Heat Fluxes*, Journal of Heat Transfer 119, 8–19

Verdampfer
(heat exchanger with vapor generation)

Bedeutung und Definition

Es handelt sich um wärmetechnische Apparatekomponenten, Apparate oder Anlagen, in denen eine Phasenumwandlung von der flüssigen in die Gasphase erfolgt. Die Einsatzgebiete reichen von unterschiedlichen verfahrenstechnischen Anwendungen (wie z.B. der Destillation und Rektifikation) über den Einsatz in Kältemaschinen und Wärmepumpen bis zur Dampferzeugung als Prozeßwärme oder als Teil des Wärmekraftprozesses auf der Basis einer Dampfkraftanlage. Verdampfer stellen eine besondere Klasse von WÄRMEÜBERTRAGERN dar.

	Definition	

Unter einem Verdampfer (als Oberbegriff) versteht man eine Apparatekomponente, einen Apparat oder eine Anlage zur teilweisen oder vollständigen Verdampfung eines Reinstoffes, einer Gemischkomponente oder eines Gemisches. Das Ziel ist entweder die stoffliche Trennung, besonders bei Gemischen (verfahrenstechnische Prozesse), oder die Übertragung großer Wärmemengen auf ein Arbeitsfluid (Wärmeträger). Dies trifft z.B. bei Dampfkraftprozessen oder bei der Bereitstellung von Prozeßwärme auf.

Als grundsätzliche Ausführungsformen ist zwischen Verdampfern mit integrierter Feuerung (befeuerte Dampferzeuger, Kessel; engl.: boiler) und solchen ohne Feuerung, die dann indirekt beheizt werden (engl.: evaporator, vaporizer), zu unterscheiden.

Physikalischer Hintergrund

Verdampfungsvorgänge sind ein integraler Bestandteil vieler verfahrens- und energietechnischer Prozesse, wie z.B. der Destillation (partielles Verdampfen eines homogenen Flüssigkeitsgemisches mit anschließender Kondensation zur Anreicherung einer oder mehrerer Stoffkomponenten) und des Wärmekraft-, Wärmepumpen- oder Kältemaschinen–Kreisprozesses.

Das physikalische Prinzip besteht einheitlich darin, durch eine gezielte Wärmezufuhr genügend Energie bereitzustellen, um die Verdampfungsenthalpie für den Phasenwechsel flüssig $\rightarrow$ gasförmig aufzubringen. Der Phasenwechsel kann dabei entweder unmittelbar an der Übertragungsfläche erfolgen, wie beim Blasensieden und Filmsieden, oder an der Oberfläche einer beheizten Flüssigkeit wie beim sog. stillen Sieden (s. zu diesen speziellen

Siedeformen das Stichwort SIEDEN). Zusätzlich zur Verdampfungsenthalpie muß auch noch die Energie zur Erwärmung des Fluides auf Verdampfungstemperatur und ggf. die für eine Überhitzung des Dampfes benötigte Energie zugeführt werden.

Bei vielen (unbefeuerten) Verdampfern wird kondensierender Dampf (oft Wasserdampf) zur Wärmezufuhr verwendet. Die Regelung der Verdampferleistung (Verdampfungsmassenstrom) kann dann sehr einfach über den Druck des zur Heizung eingesetzten kondensierenden Dampfes erfolgen. Mit diesem Druck steuert man die Kondensationstemperatur (Zusammenhang über die Dampfdruckkurve) des Dampfes und damit die treibende Temperaturdifferenz für den Wärmeübergang.

Befeuerte Verdampfer, die als Dampferzeuger der Bereitstellung von Prozeßdampf oder in Dampfkraftanlagen der Einbringung der thermischen Energie in den Wärmekraftprozeß einer Dampfkraftanlage dienen, arbeiten häufig mit Wasser als Arbeitsfluid. Die zwei grundsätzlich verschiedenen Anordnungen zur Verdampfung sind nun:

- Flammrohr-Rauchrohrkessel:
  In einem zusätzlich eingebrachten Flammrohr findet eine Verbrennung statt, die heißen Rauchgase werden anschließend durch die Rohre geführt, die Verdampfung findet in einem Wasserreservoir statt, das die Rohre umgibt. Diese Ausführung ist bis zu Drücken von 32 bar möglich.

- Wasserrohrkessel:
  Das zu verdampfende Wasser wird in den Rohren geführt. Die Rohre werden von außen befeuert, wobei der Wärmeübergang konvektiv, aber zu einem erheblichen Teil auch durch Strahlung erfolgt. Je nach Ausführungsform sind hierbei Drücke bis in die Nähe des kritischen Druckes (220,64 bar für Wasser) möglich. Diese hohen Drücke werden im Dampfkraftprozeß benötigt. Bei der Erzeugung reiner Prozeßwärme hingegen richtet sich der Druck nach der nötigen Prozeßtemperatur.

ANWENDUNGEN UND BEISPIELE

Ausführungsformen von befeuerten Rohrbündel–Verdampfern (engl.: fire-tube boilers, water-tube boilers)

Die sog. Rohrbündel- (oder auch Rohrkessel-) Verdampfer sind eine häufig verwendete Bauart zur Dampferzeugung in industriellen oder energietechnischen Anwendungsfällen. Die im vorigen Abschnitt eingeführte Unterscheidung nach *Rauchrohr-* und *Wasserrohrkesseln* beschreibt die grundsätzlich unterschiedlichen Ausführungsformen. Darüber hinaus ist besonders bei Wasserrohrkesseln (meist in vertikaler Anordnung) danach zu unterscheiden, ob eine *Umlauf-* oder eine *Durchlaufanordnung* realisiert ist. In der Umlaufanordnung verdampft nur ein Teil des zugeführten Wassers (Speisewasser), so daß das Dampf-Wasser–Gemisch getrennt werden muß, bevor das Wasser wieder in den Verdampfungsprozeß zurückgeführt wird. Bei der Durchlaufanordnung entfällt dies, weil das Speisewasser vollständig verdampft wird. Eine weitere Unterscheidung ergibt sich aus der Durchströmung der (Siede-)Rohre. Diese kann im *Naturumlauf* unter Ausnutzung des Dichteunterschiedes zwischen dem Wasser in den beheizten und den unbeheizten Rohren erfolgen oder aber im *Zwangsdurchlauf* unter Einsatz einer Umwälzpumpe.

BEACHTE

☞ Die Nomenklatur im Zusammenhang mit Verdampfern ist sehr uneinheitlich und besonders im englischen Sprachraum deshalb oftmals verwirrend. Dies besonders, weil dort die Begriffe zur Prozeßbeschreibung, nämlich *vaporization, evaporation* und *vapor generation* synonym verwendet werden, während die Begriffe zur Kennzeichnung spezieller Wärmeübertrager, *vaporizer, evaporator* und *vapor generator* jeweils spezifischen Anwendungen vorbehalten sind. Auch im deutschen Sprachraum werden die Bezeichnungen *Verdampfer, Dampferzeuger* und *Kessel* nicht immer ganz einheitlich verwendet.

WEITERFÜHRENDE LITERATUR

Hewitt, G. F.; Shires, G. L.; Bott, T. R. (1994): *Process Heat Transfer*, CRC Press, Boca Raton, New York

Wagner, W. (1993): *Wärmeaustauscher*, Vogel Buchverlag, Würzburg

Kakac, S. (1991), (ed.): *Boilers, Evaporators and Condensers*, John Wiley & Sons, Inc., New York

Verdunstungskühlung
(evaporative cooling)

Siehe dazu das Stichwort TRANSPIRATIONSKÜHLUNG, besonders unter BEACHTE.

Wärme
(heat)

BEDEUTUNG UND DEFINITION

Es handelt sich um eine Form des Energietransportes über eine Systemgrenze, in diesem Sinne also um eine Energie. Für die korrekte Verwendung dieses Begriffes ist der Transportcharakter von entscheidender Bedeutung.

	Definition	
Unter der Wärme Q^* versteht man diejenige Energieform, die aufgrund von Temperaturunterschieden über eine Systemgrenze fließt. Sie stellt als Wärmestrom $\dot{Q}^*$ einen Energiestrom dar, der stets mit einem Entropiestrom verbunden ist. Dabei gilt: $$d\dot{Q}^* = T^* \, d\dot{S}^*$$		

Q^*	Wärme	J
$\dot{Q}^*$	Wärmestrom	$\mathrm{J/s} = \mathrm{W}$
T^*	thermodynamische Temperatur	K
$\dot{S}^*$	Entropiestrom	W/K

PHYSIKALISCHER HINTERGRUND

Für das physikalische Verständnis und zur Vermeidung einer irreführenden oder falschen Benutzung des Begriffes Wärme sind zwei Aspekte von entscheidender Bedeutung:

- Wärme ist eine Energie*form*, aber kein Energie*anteil.*

- Wärme kann ausschließlich im Zusammenhang mit Prozessen (Zustandsänderungen) eine Rolle spielen, sie dient aber nicht zur physikalischen Beschreibung eines Zustandes.

Beide Aspekte charakterisieren Wärme als eine Prozeßgröße, durch die Zustände verändert werden. Die Energie eines thermodynamischen Systems ist in diesem Sinne eine Zustandsgröße, die aus verschiedenen Anteilen zusammengesetzt sein kann, wie z.B. der inneren Energie, kinetischen Energie, potentiellen Energie. Die Energie kann verändert werden (Zustandsänderung = Prozeß), indem Wärme oder Arbeit zu- oder abgeführt wird. Der entscheidende Unterschied zwischen den Prozeßgrößen Wärme und Arbeit (und damit der Grund, diese überhaupt zu unterscheiden) ist, daß mit einem Wärmestrom stets ein Entropiestrom verbunden ist, Arbeit dagegen eine entropielose Form des Energietransportes über eine Systemgrenze darstellt. Wärme ist also in diesem Sinne ein Transportmechanismus für Entropie. Die nachfolgende Skizze soll diesen Sachverhalt noch einmal verdeutlichen.

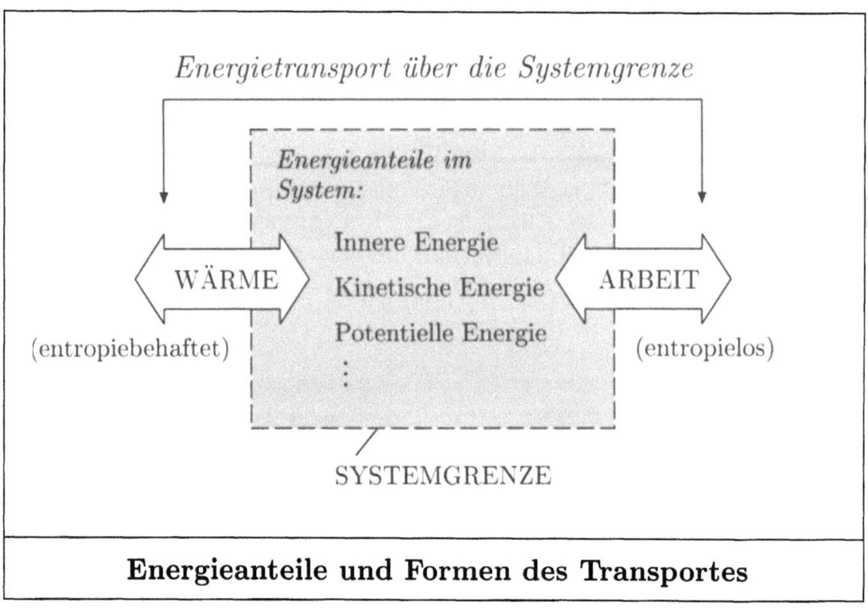

Energieanteile und Formen des Transportes

ANWENDUNGEN UND BEISPIELE

s. Beispiele zu fast allen Stichwörtern in diesem Buch

BEACHTE

❏ Der Begriff „Wärmestrom" (Leistung) wird dem Transportcharakter von Wärme unmittelbar gerecht. Der bisweilen verwendete Begriff „Wärmemenge" (Energie) ist jedoch nur im Kontext einer Wärmeübertragung sinnvoll, also etwa als „Wärmemenge, die bei einem bestimmten Prozeß zugeführt wurde". Falsch wäre hingegen die Aussage „ein System enthält die Wärmemenge ...".

⌐ Der klaren Definition von Wärme als Transportgröße wird leider auch im technischen Sprachgebrauch nicht immer hinreichend Rechnung getragen. So suggeriert der Begriff „Wärmeübertrager", daß mit diesem Apparat eine Größe übertragen wird, die in dieser Form zuvor auf der einen und anschließend auf der anderen Seite vorhanden ist. Sprachlich korrekt wäre in diesem Sinne die Bezeichnung „Entropieübertrager", die sich jedoch kaum einbürgern dürfte (!). Immerhin hat sich der Begriff „Wärmeübertrager" schon gegen den früher gebräuchlichen Begriff „Wärmeaustauscher" durchgesetzt.

WEITERFÜHRENDE LITERATUR

Falk, G.; Ruppel, W. (1976): *Energie und Entropie,* speziell §6: *Die Energieform Wärme,* Springer-Verlag, Berlin, Heidelberg, New York

Standard-Werke zur Thermodynamik, s. die Liste am Ende des Buches

Wärmeausdehnungskoeffizient
(thermal expansion coefficient)

Siehe dazu das Stichwort THERMISCHER AUSDEHNUNGSKOEFFIZIENT.

Wärmedurchgangskoeffizient k^*
(overall heat transfer coefficient U^*)

BEDEUTUNG UND DEFINITION

Es handelt sich um einen empirischen Ansatz zur Beschreibung des Wärmedurchganges durch ein- oder mehrschichtige Wände unter Berücksichtigung der Wärmewiderstände in den Wandgrenzschichten. Dabei wird unterstellt, daß die Wärmestromdichte durch die Wand direkt proportional zur Temperaturdifferenz zwischen den Fluiden zu beiden Seiten der Wand (in hinreichendem Abstand zu ihnen) ist.

	Definition	
$$\dot{Q}_W^* = k_i^* A_i^* \Delta T^* \quad \rightarrow \quad k_i^* = \dfrac{\dot{Q}_W^*}{A_i^* \Delta T^*}$$		
$\dot{Q}_W^*$	Wärmestrom durch die Wand	W
A_i^*	beaufschlagte Fläche	m^2
ΔT^*	Differenz der Temperaturen beiderseits der Wand in genügendem Abstand	K
k_i^*	Wärmedurchgangskoeffizient, gebildet mit A_i^*	W/m^{2}K

PHYSIKALISCHER HINTERGRUND

Der Wärmedurchgangskoeffizient k^* ist ein ähnlich empirischer und globaler Ansatz zur Beschreibung des Wärmedurchganges durch eine Wand, wie der WÄRMEÜBERGANGSKOEFFIZIENT α^* für den Teilaspekt des Wärmeüberganges im Bereich des wandnahen Fluides. Tatsächlich gehen die α^*–Werte auf beiden Seiten unmittelbar in die Bestimmung von k^* ein.

Interpretiert man die physikalische Wirkung der wandnahen Fluidschichten und festen Wände auf den Wärmeübergang bzw. Wärmedurchgang als WÄRMEWIDERSTÄNDE $R_{th,j}^*$, so ist der Wärmedurchgang durch den Wärmedurchgangswiderstand $R_{th,D}^*$ charakterisiert, der eine Hintereinanderschaltung der Einzelwiderstände $R_{th,j}^*$ darstellt. Mit der Definition des Wärmewiderstandes als Quotient $\Delta T^*/\dot{Q}_W^*$ (s. das Stichwort WÄRMEWIDERSTAND) gilt also:

$$R_{th,D}^* = \sum_j R_{th,j}^* = \frac{\Delta T^*}{\dot{Q}_W^*} = \frac{1}{k_i^* A_i^*}$$

Dies ergibt, aufgelöst nach dem Wärmedurchgangskoeffizienten:

$$k_i^* = \frac{1}{A_i^* \sum_j R_{th,j}^*}$$

Diese Beziehung muß jeweils für konkrete Wandkonfigurationen ausgewertet werden. Treten dabei, wie z.B. beim Hohl-Kreiszylinder unterschiedliche Flächen A_i^* auf ($A_1^* =$ Innenfläche, $A_2^* =$ Außenfläche), so ist A_i^* willkürlich wählbar, muß aber dann konsequent beibehalten werden. Der Index i bei k_i^* weist auf diesen Aspekt hin.

Anwendungen und Beispiele

1. Wärmedurchgang durch eine ebene, doppelschichtige Wand

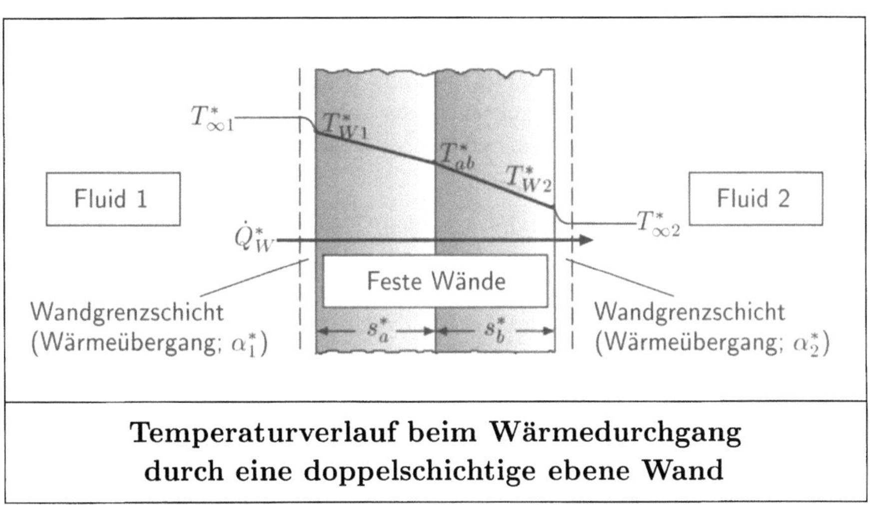

Temperaturverlauf beim Wärmedurchgang durch eine doppelschichtige ebene Wand

Eine Auswertung der Beziehung für k_i^* ergibt in diesem Fall:

$$k^* = \frac{1}{A^* \underbrace{\left(\dfrac{1}{\alpha_1^* A^*} + \dfrac{s_a^*}{\lambda_a^* A^*} + \dfrac{s_b^*}{\lambda_b^* A^*} + \dfrac{1}{\alpha_2^* A^*} \right)}_{\sum_j R_{th,j}^*}} = \frac{1}{\dfrac{1}{\alpha_1^*} + \dfrac{s_a^*}{\lambda_a^*} + \dfrac{s_b^*}{\lambda_b^*} + \dfrac{1}{\alpha_2^*}}$$

Da die beaufschlagte Fläche an ebenen Wänden in Richtung des Wärmestromes unverändert A^* bleibt, kann diese formal aus der Beziehung für k_i^* herausgekürzt werden, so daß dann nur k^* geschrieben wird.

2. *Wärmedurchgang durch eine zylindrische, einschichtige Wand, Innenradius r_1^*, Außenradius r_2^*, Zylinderlänge L^*, Wärmeleitfähigkeit der Wand λ_W^**

Wählt man die Fläche $A_1^* = 2\pi r_1^* L^*$ als Bezugsfläche, so ergibt die Auswertung der Beziehung für k_i^* in diesem Fall:

$$k_1^* = \frac{1}{A_1^* \left(\dfrac{1}{\alpha_1^* A_1^*} + \dfrac{\ln(r_2^*/r_1^*)}{\lambda_W^* 2\pi L^*} + \dfrac{1}{\alpha_2^* A_2^*} \right)} = \frac{1}{\dfrac{1}{\alpha_1^*} + \dfrac{r_1^*}{\lambda_W^*} \ln \dfrac{r_2^*}{r_1^*} + \dfrac{r_1^*}{r_2^*} \dfrac{1}{\alpha_2^*}}$$

Gleichwertig könnte k_2^* mit A_2^* als Bezugsfläche gebildet werden. Aussagen über k^*-Werte bei nicht ebenen Flächen erfordern also stets Angaben zur Bezugsfläche.

BEACHTE

❏ Die kritischen Anmerkungen, die zum WÄRMEÜBERGANGSKOEFFIZIENTEN α^* angebracht sind, gelten selbstverständlich im gleichen Maße auch für den Wärmedurchgangskoeffizienten k^*, da α^* unmittelbar in den Koeffizienten k^* eingeht.

❏ Es ist stets zu beachten, daß mit dem Koeffizienten k^* eine vollständig stationäre Situation vorausgesetzt wird. Häufig findet man Anwendungen von k^*, bei denen dies durchaus nicht sichergestellt ist bzw. nicht hinreichend geprüft wurde. So ist der Koeffizient k^* z.B. in der Gebäudetechnik (Wärmedämmung) sehr populär. Dort treten aber z.B. durch den Temperaturtagesgang an vielen Stellen instationäre Wärmeleitungssituationen auf, die deutlich von denen des stationären Grenzfalles abweichen.

WEITERFÜHRENDE LITERATUR

Incropera, F.P.; DeWitt, D. (1996): *Fundamentals of Heat and Mass Transfer*, John Wiley & Sons, New York

Roetzel, W.; Spang, B. (1994): *Wärmedurchgang,* in: VDI-Wärmeatlas, Cb1–Cb7, Springer-Verlag, Düsseldorf

Wärmekapazität
(heat capacity)

Es handelt sich um eine extensive Zustandsgröße, die in ihrer spezifischen, d.h. massenbezogenen Form, angibt, wie groß die Energiespeicherfähigkeit eines Fluides oder eines Festkörpers pro Masseneinheit ist. Im allgemeinen Fall kann die Energie dabei in Form einer erhöhten inneren Energie oder in Form einer am System verrichteten Volumenänderungsarbeit gespeichert werden. Ob beide Formen maßgeblich sind, hängt von der Fähigkeit des Systems ab, mit der Umgebung Volumenänderungsarbeit auszutauschen. Grundsätzlich sind dazu nur Systeme in der Lage, deren spezifisches Volumen veränderlich ist, d.h., für die Stoffe im System muß gelten $v^* \neq$ const. Für einen Reinstoff bedeutet dies $v^* = v^*(T^*, p^*) \neq$ const.

	Definition	

Unter der spezifischen Wärmekapazität eines allgemeinen Stoffes versteht man

- $$c_v^* = \left(\frac{\partial u^*}{\partial T^*}\right)_v = \left(\frac{\partial \hat{Q}_r^*}{\partial T^*}\right)_v \quad \text{als } \textit{isochore spez. Wärmekapazität}$$

  im Sinne eines Verhältnisses aus (reversibel) zugeführter Wärme und bewirkter Temperaturerhöhung bei konstantem Volumen während der Prozeßführung, sowie

- $$c_p^* = \left(\frac{\partial h^*}{\partial T^*}\right)_p = \left(\frac{\partial \hat{Q}_r^*}{\partial T^*}\right)_p \quad \text{als } \textit{isobare spez. Wärmekapazität}$$

  im Sinne eines Verhältnisses aus (reversibel) zugeführter Wärme und bewirkter Temperaturerhöhung bei konstantem Druck während der Prozeßführung.

Der allgemeine Zusammenhang zwischen beiden spez. Wärmekapazitäten ist

$$c_p^* = c_v^* + \left\{ \left(\frac{\partial u^*}{\partial v^*}\right)_T + p^* \right\} \left(\frac{\partial v^*}{\partial T^*}\right)_p \qquad (*)$$

c_v^*	isochore spezifische Wärmekapazität	J/kgK

c_p^*	isobare spezifische Wärmekapazität	J/kgK
$\hat{Q}_r^*$	spezifische reversibel übertragene Wärme	$\text{J/kg} = \text{m}^2/\text{s}^2$
u^*	spezifische innere Energie	m^2/s^2
h^*	spezifische Enthalpie; $h^* = u^* + p^* v^*$	m^2/s^2
T^*	(thermodynamische) Temperatur	K
v^*	spezifisches Volumen	m^3/kg
p^*	Druck	N/m^2

PHYSIKALISCHER HINTERGRUND

Der physikalische Hintergrund für die eingeführten Definitionen von c_v^* und c_p^* ist die Tatsache, daß sich die Temperaturableitungen von $\hat{Q}_r^*$ für die beiden speziellen Prozeßführungsbedingungen $v^* = \text{const}$ und $p^* = \text{const}$ als Zustandsgrößen herausstellen, was man folgendermaßen zeigen kann: Für einen reinen Stoff lautet der 1. Hauptsatz der Thermodynamik für geschlossene Systeme in differentieller Form

$$du^* = d\hat{Q}^* - p^* dv^* + dj^* \qquad (**)$$

oder für offene Systeme, umgeschrieben mit $h^* = u^* + p^* v^*$,

$$dh^* = d\hat{Q}^* - v^* dp^* + dj^*. \qquad (***)$$

Dabei ist dj^* die spezifische im Prozeß dissipierte Energie. Beide Formen des Hauptsatzes formulieren das Energieerhaltungsprinzip, nach dem die Energie (du^* bzw. dh^*) nur verändert werden kann, wenn Wärme ($d\hat{Q}^*$) oder Arbeit ($-pdv^*$ bzw. $v^* dp^*$ und dj^*) über die Systemgrenze fließen.

Unterstellt man reversible Zustandsänderungen, d.h., $dj^* = 0$, so kann man die Definitionen von $c_v^* = (\partial u^*/\partial T^*)_v$ und $c_p^* = (\partial h^*/\partial T^*)_p$ auf die Ableitungen von $\hat{Q}^*$ ausdehnen, was in der Definition durch ein r für reversibel an $(\partial \hat{Q}_r^*/\partial T^*)_v$ bzw. $(\partial \hat{Q}_r^*/\partial T^*)_p$ gekennzeichnet ist. Damit kommt man zu einer anschaulichen Deutung als Verhältnis aus zugeführter Wärme und bewirkter Temperaturerhöhung (c_v^* entsteht aus $(**)$ mit $dj^* = 0$ und $dv^* = 0$; c_p^* entsteht aus $(***)$ mit $dj^* = 0$ und $dp^* = 0$). Tatsächlich hat man früher die Wärmekapazitäten („umgekehrt") über die Wirkung der Wärmezufuhr eingeführt.

Unter Verwendung von $u^* = u^*(T^*, v^*)$, d.h., $du^* = c_v^* dT^* + (\partial u^*/\partial v^*)_T dv^*$ läßt sich der Zusammenhang $(*)$ zwischen c_p^* und c_v^* einfach herleiten.

Der allgemeine Zusammenhang (∗) vereinfacht sich für bestimmte Sonderfälle wie folgt:

- Für ideale Gase gilt: $c_p^* = c_v^* + R^*$

  Dabei ist R^* die spezielle Gaskonstante. In (∗) gilt $(\partial u^*/\partial v^*)_T = 0$, weil $u^* = u^*(T^*)$ gilt und $(\partial v^*/\partial T^*)_p = R^*/p^*$, da $p^*v^* = R^*T^*$.

- Für inkompressible Stoffe gilt: $c_p^* = c_v^* = c^*$.

  Dies folgt aus Gl. (∗) wegen $(\partial v^*/\partial T^*)_p = 0$, da $v^* =$ const. Dies ist eine gute Näherung für Flüssigkeiten und Festkörper, für die man dann nicht mehr nach c_p^* und c_v^* unterscheidet, sondern eine einheitliche spezifische Wärmekapazität c^* einführt.

Unterschiedliche Werte für c_p^* und c_v^* entstehen immer dann, wenn bei dem Prozeß der Wärmeübertragung unter der Randbedingung $p^* =$ const gegenüber demjenigen bei $v^* =$ const (also konstantem Volumen) Volumenänderungsarbeit verrichtet werden muß.

Die konkreten Zahlenwerte für c_p^* und c_v^* können relativ leicht experimentell bestimmt werden, sind aber auch aus molekularkinetischen Überlegungen ableitbar. Dazu bestimmt man die gesamte in einem aus N Teilchen bestehenden System gespeicherte innere Energie. Jedes einzelne Teilchen kann Energie in Form von Translationsenergie, Rotationsenergie und Schwingungsenergie speichern. Welche dieser Formen „aktiviert" wird, hängt vom molekularen Aufbau bzw. der möglichen Einbindung in einen Molekül-Gitterverband ab und wird durch sog. *Freiheitsgrade* beschrieben. So gibt es prinzipiell drei Freiheitsgrade der Translation (in die drei Raumrichtungen), drei der Rotation und drei der Schwingungen. Welche dieser Freiheitsgrade zur Energiespeicherung genutzt werden können, folgt aus dem Aufbau der Moleküle bzw. möglichen Restriktionen in einem Gitterverband. So hat ein zweiatomiges Gasmolekül $f = 5$ Freiheitsgrade, drei der Translation, aber nur zwei der Rotation, da eine Rotation um die Verbindungsachse beider Atome nicht zur Energiespeicherung beiträgt. Gewinkelte Moleküle wie H_2O und mehratomige Gasmoleküle haben grundsätzlich $f = 6$ Freiheitsgrade. Teilchen in einem Kristallgitter haben i.a. ebenfalls $f = 6$ Freiheitsgrade, drei einer kinetischen und drei einer potentiellen Schwingungsenergie.

Mit jedem Freiheitsgrad kann ein Molekül entsprechend dem Äquipartitionstheorem nun die Energie $k^*T^*/2$ speichern, wobei T^* die thermodynamische Temperatur und k^* die Boltzmann-Konstante $k^* = 1{,}381 \cdot 10^{-23}$ J/K ist. Daraus folgt unmittelbar $\partial \hat{Q}_r^* = (fk^*/2m_M^*)\partial T^*$, wobei $\partial \hat{Q}_r^*$ die spezifische, auf die Masse $m^* = Nm_M^*$ bezogene, übertragene Wärme darstellt. Somit gilt nach der Definition der spezifischen Wärmekapazität

$$c_v^* = \left(\frac{\partial \hat{Q}_r^*}{\partial T^*}\right)_v = \frac{fk^*}{2m_M^*} = \frac{fk^*N_A}{2M^*}.$$

Dabei ist N die Anzahl der Teilchen, die Masse eines Moleküls ist $m_M^* =$

M^*/N_A^* mit M^* als Molmasse und N_A^* als Avogadro-Konstante ($N_A^* = 6,022 \cdot 10^{23}/\text{mol}$).

Führt man statt der spezifischen Größen $\hat{Q}_r^*$, u^* und h^* die entsprechenden molaren Größen $\hat{Q}_{rm}^* = \hat{Q}_r^* M^*$, $u_m^* = u^* M^*$ und $h_m^* = h^* M^*$ ein, die dann also auf die Teilchenzahl statt auf die Masse bezogen sind, so erhält man für die molare Wärmekapazität

$$c_{vm}^* = \left(\frac{\partial \hat{Q}_{rm}^*}{\partial T^*}\right)_v = \frac{f}{2} k^* N_A$$

eine Größe, die nur noch vom Freiheitsgrad f abhängt.

Nach diesen Überlegungen sind die Wärmekapazitäten für einen bestimmten Stoff jeweils Konstanten. Messungen zeigen jedoch z.T. erhebliche Abweichungen, insbesondere auch häufig eine starke Temperaturabhängigkeit der Wärmekapazität. Diese sind dann auf Abweichungen von der bisher entwickelten Modellvorstellung zurückzuführen. Insbesondere zeigen sich Abweichungen von der Annahme, daß alle prinzipiell möglichen Freiheitsgrade auch stets vollständig angeregt und damit aktiviert sind.

Einige konkrete Zahlenwerte werden im nachfolgenden Abschnitt gegeben.

GASE ; EXPERIMENTELLE WERTE BEI 0°C					
		SPEZ. WÄRMEKAPAZITÄT $c_v^*/(\text{J/kgK})$		MOLARE WÄRMEKAPAZITÄT $c_{vm}^*/(\text{J/molK})$	
STOFF	f	EXP.	THEORIE	EXP.	THEORIE
He	3	3 151	3 116	12,6	12,47
O₂	5	656	650	21,0	20,79
N₂	5	740	742	20,7	20,79
H₂	5	10 078	10 310	20,2	20,79
Luft	-	715	-	20,7	-
FESTSTOFFE ; EXPERIMENTELLE WERTE BEI 20°C					
Be	6	1 756	2 768	15,9	24,95
Fe	6	460	467	25,5	24,95
Pb	6	130	120	26,8	24,95

Vergleich theoretisch und experimentell bestimmter Wärmekapazitäten

Anwendungen und Beispiele

1. Wärmekapazitäten ausgesuchter Stoffe

In der vorhergehenden Tabelle sind gemessene Werte für einige ausgesuchte Stoffe den durch theoretische Überlegungen abgeleiteten Werten gegenübergestellt.

2. Temperaturabhängigkeit der Wärmekapazität

Während die Modellvorstellung der pro Freiheitsgrad gleichmäßig angeregten Energieniveaus (proportional zu T^*) auf eine konstante temperaturunabhängige Wärmekapazität führt, zeigen in der Realität alle Stoffe eine mehr oder weniger starke Temperaturabhängigkeit der Wärmekapazität. Diese ist besonders für Festkörper (System mit schwingungsfähigen Gitterteilchen) bei niedrigen Temperaturen ausgeprägt. Die zu beobachtende spezifische Wärme bleibt umso mehr hinter dem prognostizierten Wert zurück, je leichter das Gitterteilchen und je fester das Gitter ist, weil damit seine Schwingungsfrequenz ansteigt. Quantenmechanische Überlegungen können daraus ableiten, daß sich die spez. Wärmekapazität für $T^* \to 0$ proportional zu T^{*3} verhält, s. dazu auch Vogel (1999).

Beachte

- Die Bezeichnung „Wärmekapazität" ist irreführend, weil sie suggeriert, daß Wärme als solche gespeichert werden könnte und nicht nur eine bestimmte Form des Energietransportes über eine Systemgrenze darstellt (s. dazu auch das Stichwort Wärme). Der Begriff stammt aus Zeiten, als man der Wärme noch einen stofflichen Charakter zuschrieb und ist bis heute beibehalten worden.

- Spezifische Wärmekapazitäten können für beliebige polytrope Zustandsänderungen von Gasen (Zustandsänderungen mit $p^* v^{*n} = \text{const}$) definiert werden und nicht nur für die speziellen Fälle $v^* = \text{const}$ ($n \to \infty$) und $p^* = \text{const}$ ($n = 0$). Diese Werte sind dann aber keine Zustandsgrößen (wie bei $n = 0$ und $n \to \infty$), sondern abhängig von der Art der Zustandsänderung.

- Der technisch wichtige Stoff Wasser zeigt ein besonderes Verhalten. Dem gewinkelten H_2O–Molekül können in der flüssigen Phase so viele Freiheitsgrade zugeschrieben werden, daß man die drei Atome fast als unabhängige Einheiten mit je sechs Freiheitsgraden auffassen kann. Mit einer mittleren

Molmasse von $(16 + 2)/3 = 6$ erhält man rein rechnerisch einen Wert von $c^* = 4\,150\,\mathrm{J/kgK}$, der sehr gut mit dem gemessenen Wert von $4\,185\,\mathrm{J/kgK}$ übereinstimmt. Wegen der hohen Zahl von Freiheitsgraden und zusätzlich einer niedrigen Molmasse hat Wasser eine höhere spez. Wärmekapazität als fast alle anderen Stoffe und ist u.a. deshalb technisch von großer Bedeutung.

WEITERFÜHRENDE LITERATUR

Vogel, H. (1999): *Gerthsen Physik*, Springer-Verlag, Berlin, Heidelberg, New York

Lieberam, A. (1994): *Kalorische und kritische Daten*, VDI-Wärmeatlas, Dc1 – Dc59, VDI-Verlag, Düsseldorf

Knacke, O.; Kubaschewski, O.; Hesselmann, K. (1991): *Thermochemical Properties of Inorganic Substances*, 2nd Ed., Verlag Stahleisen, Düsseldorf

Chase, M. W.; Davies, C. A.; Downey, J. R.; Frurip, D. J.; McDonald, R. A.; Syverud, A. N. (1985): *JANAF Thermochemical Tables*, 3rd Ed., J. Phys. Chem. Ref. Data 14, Suppl. 1

Wärmekraftprozesse
(heat engine processes)

Bedeutung und Definition

Es handelt sich um den Oberbegriff für alle thermodynamischen Prozesse, die der Gewinnung mechanischer Arbeit aus thermischer Energie dienen. Wichtige und typische Prozesse sind der Dampfkraft- und der Gasturbinenprozeß, die technisch in entsprechenden Dampfkraft- bzw. Gasturbinenanlagen verwirklicht werden.

Definition	
Unter dem Begriff der Wärmekraftprozesse versteht man diejenigen THERMODYNAMISCHEN KREISPROZESSE, die als stationäre Prozesse Energie in Form von Wärme aufnehmen und, soweit dies nach dem 2. Hauptsatz der Thermodynamik möglich ist, als mechanische Arbeit abgeben.	

Physikalischer Hintergrund

Eine wesentliche Aufgabe der Energietechnik ist die Bereitstellung mechanischer Energie, die z.B. in Kraftwerken dazu genutzt werden kann, um elektrische Generatoren zur Stromerzeugung zu betreiben. Diese mechanische Energie ist aus thermodynamischer Sicht reine EXERGIE („wertvollste Energieform", uneingeschränkt in jede andere Energieform umwandelbar). Sie kann im Wärmekraftprozeß mit Hilfe technischer Maßnahmen durch Umwandlung von thermisch zugeführter Energie gewonnen werden. Da die thermisch zugeführte Energie nur zum Teil aus Exergie (und zum Rest aus Anergie) besteht, eine Umwandlung von Anergie in Exergie aber nicht möglich ist (2. Hauptsatz), kann maximal der Exergieanteil der thermisch zugeführten Energie im Wärmekraftprozeß als mechanische Energie zur weiteren Verwendung bereitgestellt werden.

In der technischen Umsetzung ist man deshalb bemüht:

1. den Prozeß so zu führen, daß der Exergieanteil $\dot{Q}_E^*$ der thermisch zugeführten Energie $\dot{Q}^*$ möglichst groß ist. Dieser ist unmittelbar durch den sog. Carnot-Faktor gegeben:

$$\dot{Q}_E^* = \eta_C \, \dot{Q}^*; \qquad \eta_C = 1 - \frac{T_{Umg}^*}{T_m^*};$$

Dabei ist T_{Umg}^* die thermodynamische Temperatur der Umgebung und T_m^* die THERMODYNAMISCHE MITTELTEMPERATUR an der Stelle der Wärmeaufnahme.

Man wird also versuchen, ein möglichst hohes Temperaturniveau T_m^* für die Wärmezufuhr zu realisieren.

2. den Prozeß so zu führen, daß bei der Umwandlung von thermischer in mechanische und dann elektrische Energie $\dot{Q}_{El}^*$ möglichst geringe Verluste auftreten. Diese Verluste sind gleichbedeutend mit einer Umwandlung von Exergie in Anergie mit der Folge, daß der effektiv nutzbare Energieanteil $\dot{Q}_{El}^*$ kleiner als $\dot{Q}_E^*$ ist. Dies kann durch einen sog. Gütegrad ξ (auch: exergetischer Wirkungsgrad) als $\dot{Q}_{El}^* = \xi\,\dot{Q}_E^* = \xi\,\eta_C\,\dot{Q}^*$ ausgedrückt werden.

Insgesamt wird der elektrisch nutzbare Anteil $\dot{Q}_{El}^*$ der thermisch zugeführten Energie $\dot{Q}^*$ also durch das begrenzte Temperaturniveau der Wärmezufuhr und durch nicht vermeidbare Verluste im technischen Prozeß erheblich beschränkt. Modernste Wärmekraftanlagen erreichen heute etwa folgende Gesamtwirkungsgrade η (Nutzleistung des Kraftwerkes/zugeführte Brennstoffleistung):

Kohlekraftwerke: $\eta \approx 0{,}45$
Kombinierte Gas- und Dampfturbinenkraftwerke (GuD): $\eta \approx 0{,}6$

Höhere Wirkungsgrade sind nur bei gleichzeitiger Nutzung der Abwärme (z.B. zu Heizzwecken) möglich, die dann teilweise zum Nutzen gezählt wird. Man spricht in diesem Zusammenhang von sog. *Gesamtwirkungsgraden*, die in modernen Anlagen (Blockheizkraftwerke zur sog. Kraft-Wärme–Kopplung) Werte von bis zu 0,95 erreichen können.

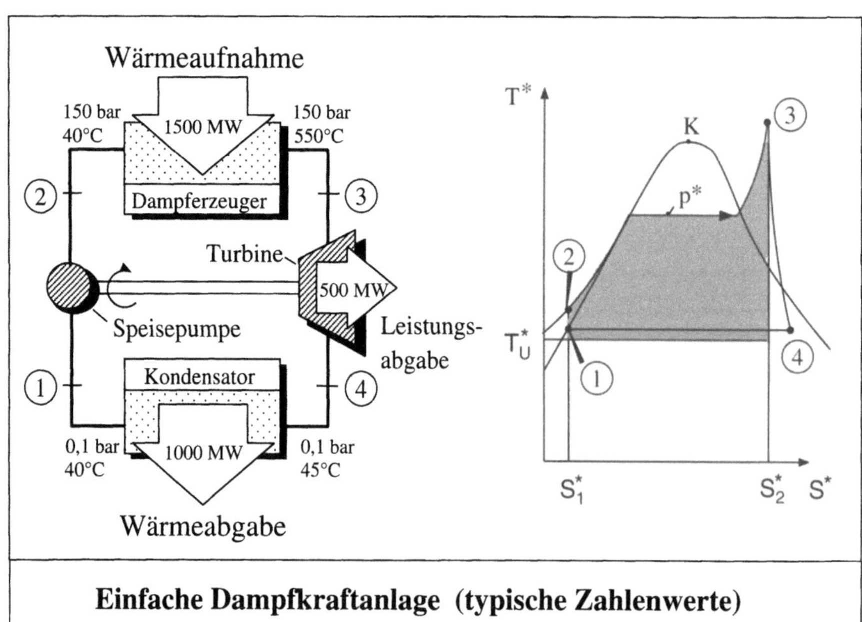

Einfache Dampfkraftanlage (typische Zahlenwerte)

Anwendungen und Beispiele

1. Einfache Dampfkraftanlage (Arbeitsmedium: Wasser bzw. Wasserdampf)

Im Dampferzeuger (Kessel) erfolgt die Erwärmung und Verdampfung des Wassers sowie die Überhitzung des Wasserdampfes, s. dazu das Bild auf der vorherigen Seite. Über die Turbine soll anschließend ein möglichst großer Teil der Exergie der Wärme (graue Fläche im T^*-s^*-Diagramm) genutzt werden. Ihr Anergieanteil sowie alle zusätzlich erzeugten Anergien müssen im Kondensator über die Abwärme an die Umgebung abgeleitet werden.

2. Geschlossene Gasturbinenanlage (Arbeitsmedium: Luft)

In einem Wärmeübertrager erfolgt die Wärmeaufnahme z.B. über einen Verbrennungsvorgang, s. dazu das nachfolgende Bild. Über die Turbine soll deren Exergieanteil (graue Fläche im T^*-s^*-Diagramm) möglichst gut genutzt werden. Ihr Anergieanteil sowie alle zusätzlich erzeugten Anergien müssen in einem zweiten Wärmeübertrager über die Abwärme an die Umgebung abgeleitet werden.

Zu den grundsätzlichen Unterschieden im Gasturbinen- bzw. Dampfkraftprozeß und warum der Dampfkraftprozeß trotz eines deutlich höheren technischen Aufwandes Vorteile bietet, s. die folgende erste Anmerkung unter Beachte.

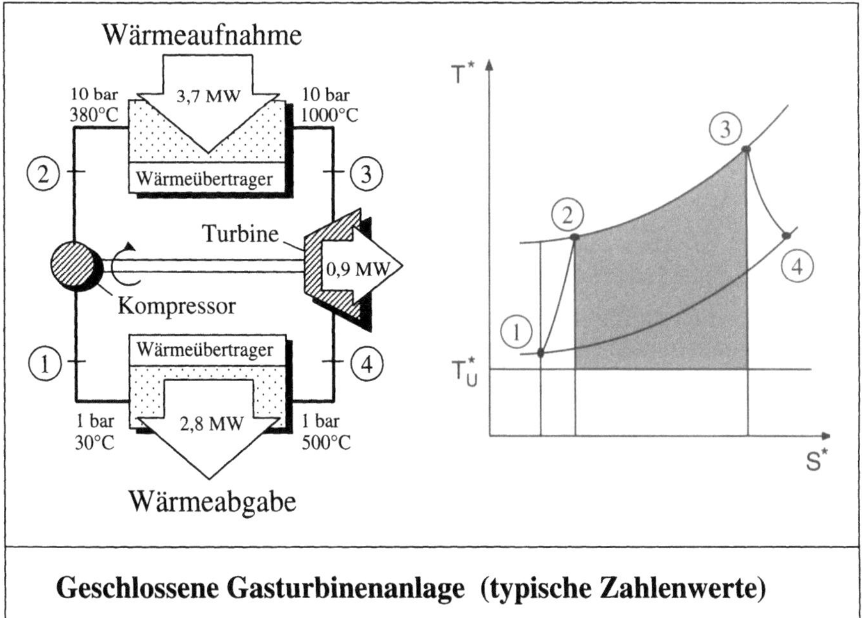

Geschlossene Gasturbinenanlage (typische Zahlenwerte)

Beachte

❑ Dampfkraftanlagen sind aufgrund des Phasenwechsels (im Kessel: Verdampfung, im Kondensator: Kondensation) technisch erheblich aufwendiger als Gasturbinenanlagen. Dies erscheint auf den ersten Blick als unnötiger Aufwand, da die Verdampfungsenthalpie, die im Kessel aufgebracht wird, nicht etwa in der Turbine genutzt wird, sondern im Kondensator als ungenutzte Energie an die Umgebung abgegeben wird.

Der entscheidende Vorteil liegt darin, daß in der Speisewasserpumpe die Druckerhöhung im Wasser erfolgt, während bei der Gasturbine die Druckerhöhung (Kompressor) im Gas realisiert werden muß. Da die Leistung zur Druckerhöhung $\dot{m}^* \int_1^2 v^* \, dp^*$ ist, kommt dem spezifischen Volumen v^* des Fluides eine entscheidende Bedeutung zu. Dieses ist bei Wasser um bis zu 1 600 mal kleiner als bei Gasen (je nach Druck). Deshalb benötigt die Speisewasserpumpe nur einen sehr geringen Anteil der Turbinenleistung (wenige Prozent), der Kompressor einer Gasturbinenanlage jedoch bis zu 50% der Turbinenleistung!

Weitere entscheidende Vorteile sind die sehr viel höheren Druckverhältnisse bei der Dampfkraftanlage, sowie die Möglichkeit, den Wärmeübergang (durch Verdampfung und Kondensation) bei nahezu konstanter Temperatur realisieren zu können. Dies bringt den Kreisprozeß aus thermodynamischer Sicht näher an den (optimalen) Carnotprozeß heran.

❑ Die prinzipiell unerwünscht hohe Wärmeabgabe an die Umgebung im Zusammenhang mit Wärmekraftanlagen (s. die vorausgegangenen Beispiele) ist aufgrund des zweiten Hauptsatzes der Thermodynamik nicht vermeidbar. Die in den Wärmekraftanlagen realisierten thermodynamischen Prozesse sind Kreisprozesse, bei denen alle Zustandsgrößen des Arbeitsmediums nach einem Umlauf definitionsgemäß wieder ihre ursprünglichen Werte annehmen. Dies gilt insbesondere auch für die Entropie S^*, die aufgrund des Zusammenhanges $d\dot{S}^* = d\dot{Q}^*/T^*$ bei der Wärmeaufnahme ($\int d\dot{Q}^*/T^* > 0$) erhöht wird. Da die Leistungsabgabe über die Turbine in Form mechanischer Leistung entropiefrei erfolgt, muß die zugeführte sowie die durch eine grundsätzlich irreversible Prozeßführung zusätzlich erzeugte Entropie mit dem Abwärmestrom $\int d\dot{Q}^*/T^* < 0$ wieder abgeführt werden. Dabei wird die entscheidende Rolle der thermodynamischen Temperatur bei der Wärmeaufnahme und -abgabe deutlich: nur weil die Wärmeaufnahme auf einem höheren Temperaturniveau erfolgt als die Wärmeabgabe, ist wegen $d\dot{S}^* = d\dot{Q}^*/T^*$ ein Wärmestrom $\dot{Q}^*_{Abgabe} < \dot{Q}^*_{Aufnahme}$ in der Lage den mit $\dot{Q}^*_{Aufnahme}$ eingebrachten Entropiestrom (und zusätzlich den erzeugten Entropiestrom) wieder abzuführen. Die Differenz zwischen $\dot{Q}^*_{Aufnahme}$ und $\dot{Q}^*_{Abgabe}$ kann dann als mechanische Leistung genutzt werden.

☞ Bei Aussagen über Wirkungsgrade von Energieumwandlungsprozessen ist auf deren genaue Definition zu achten. Diese weichen häufig voneinander ab. Auch bei einheitlicher Verständigung, z.B. auf den Quotienten „Nutzen zu Aufwand", ist insbesondere bei komplizierten Anlagen nicht von vornherein eindeutig geklärt, was „Nutzen" und was „Aufwand" ist.

WEITERFÜHRENDE LITERATUR

Baehr, H. D. (1996): *Thermodynamik*, Springer-Verlag, Berlin, Heidelberg, New York

Hahne, E. (1993): *Technische Thermodynamik*, Addison-Wesley, Bonn

Wärmeleitfähigkeit λ^*
(thermal conductivity λ^*)

BEDEUTUNG UND DEFINITION

Es handelt sich im Sinne eines Proportionalitätsfaktors im FOURIERSCHEN WÄRMELEITUNGSGESETZ um einen empirischen Transportkoeffizienten für den Energietransport durch Wärmeleitung. Die Wärmeleitfähigkeit ist ein Stoffwert, der im allgemeinen vom Druck und von der Temperatur abhängt.

	Definition	
$$\dot{q}^* = -\lambda^* \dfrac{dT^*}{dx^*} \quad \rightarrow \quad \lambda^* = \dfrac{-\dot{q}^*}{dT^*/dx^*}$$		
$\dot{q}^*$	Wärmestromdichte	W/m^2
dT^*/dx^*	Temperaturgradient in x^*-Richtung	K/m
λ^*	Wärmeleitfähigkeit	W/mK

PHYSIKALISCHER HINTERGRUND

Wärmeleitung als Energietransport infolge molekularer Wechselwirkung tritt immer dann auf, wenn bezüglich der Temperatur kein thermodynamisches Gleichgewicht vorliegt, d.h., wenn Temperaturgradienten vorhanden sind. Der Zusammenhang zwischen diesen Temperaturgradienten und dem daraus resultierenden makroskopischen Wärmestrom muß durch eine sog. KONSTITUTIVE GLEICHUNG hergestellt werden, die in aller Regel empirisch bestimmt wird.

Ein einfacher, aber sehr erfolgreicher Ansatz ist das lineare Fouriersche Wärmeleitungsgesetz, in dem die Wärmeleitfähigkeit als Proportionalitätskonstante auftritt. Diese beschreibt als Stoffwert die Intensität des Wärmestromes (molekularer Energietransport), der durch einen bestimmten Temperaturgradienten hervorgerufen wird. Je intensiver die molekulare Wechelwirkung eines Stoffes ist, umso höher ist der dadurch bewirkte Energietransport und umso größer ist damit die Wärmeleitfähigkeit.

Aufgrund der Physik der molekularen Wechselwirkung sind deshalb die Wärmeleitfähigkeiten von Flüssigkeiten deutlich größer als die von Gasen und diejenigen von metallischen Feststoffen wiederum deutlich größer als diejenigen von Flüssigkeiten.

ANWENDUNGEN UND BEISPIELE

1. Größenordnung von Wärmeleitfähigkeiten verschiedener Stoffe bei Umgebungsbedingungen

Die nachfolgende Tabelle zeigt, daß die Wärmeleitfähigkeiten verschiedener Stoffe um fast fünf Zehnerpotenzen variieren.

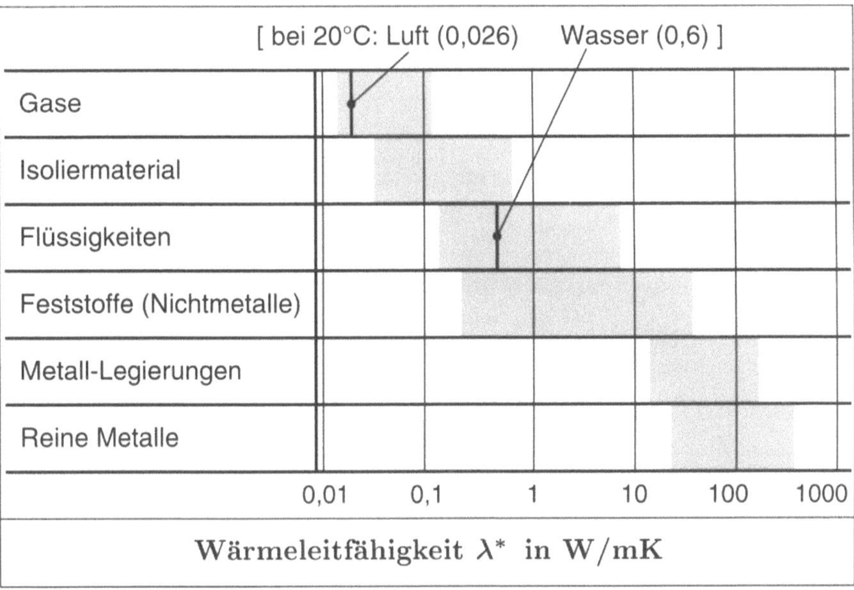

2. Temperatur- und Druckabhängigkeiten der Wärmeleitfähigkeit typischer Stoffe

- Temperaturabhängigkeit: Diese ist häufig gering (Ausnahme u.a.: Metalle bei sehr niedrigen Temperaturen, s. unter BEACHTE); es existiert kein einheitlicher Trend innerhalb verschiedener Stoffe, wie das Bild auf der nachfolgenden Seite zeigt.

- Druckabhängigkeit: Diese ist extrem gering.
  Am Beispiel der Taylor-Reihenentwicklung der Wärmeleitfähigkeit von Luft und Wasser nach der Temperatur und dem Druck erkennt man, daß die Druckabhängigkeit (Koeffizient $K_{\lambda p}$) vernachlässigbar klein gegenüber der bereits als schwach beschriebenen Temperaturabhängigkeit (Koeffizient $K_{\lambda T}$) ist. Es gilt:

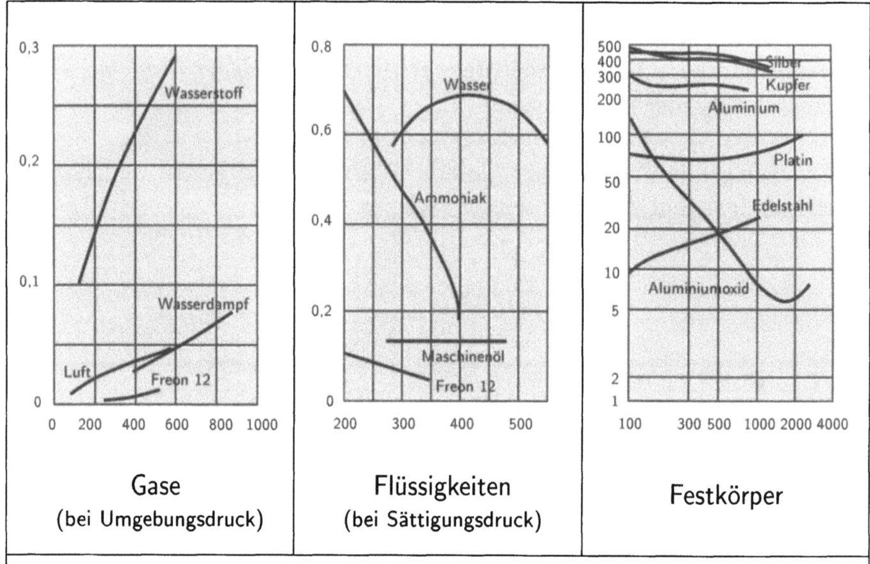

Temperaturabhängigkeit der Wärmeleitfähigkeit λ^*
in W/mK

$$\frac{\lambda^*}{\lambda_R^*} = 1 + K_{\lambda T}\frac{T^* - T_R^*}{T_R^*} + K_{\lambda p}\frac{p^* - p_R^*}{p_R^*} + \cdots$$

	$K_{\lambda T}$	$K_{\lambda p}$
LUFT	0,891	0,002
WASSER	0,823	0,00008

($p_R^* = 1\,\mathrm{bar}$; $T_R^* = 293\,\mathrm{K}$)

BEACHTE

☞ Die Temperaturabhängigkeit $\lambda^*(T^*)$ ist häufig so gering, daß sie in guter Näherung vernachlässigt werden kann. Eine Ausnahme davon bilden Metalle bei sehr niedrigen Temperaturen. Für Störstellen-freie Metalle gilt nach der Elektronentheorie in der Nähe des absoluten Nullpunktes $\lambda^* \sim T^{*\,-2}$, so daß z.B. Kupfer, Aluminium oder Silber bei Niedertemperaturanwendungen häufig Werte für λ^* erreichen, die 50 bis 100 mal über denjenigen bei Zimmertemperatur liegen.

☞ Nur für isotrope Materialien (richtungsunabhängige Stoffeigenschaften) sind der Wärmestrom und der Temperaturgradient gleichgerichtete Vektoren und λ^* ist eine skalare Größe. In typisch anisotropen Materialien wie Kristallen, aber auch bei natürlich oder künstlich geschichteten Stoffen wie Holz, Laminaten u.ä. ist λ^* im allgemeinen ein Tensor (zweiter

Stufe). In einer einfachen Erweiterung des Fourierschen Ansatzes wird dann angenommen, daß jede Komponente des Vektors $\vec{q}^*$ eine Linearkombination aller Komponenten des Temperaturgradientenfeldes grad T^* ist, also z.B. für $\dot{q}_x^*$ gilt:

$$\dot{q}_x^* = \lambda_{11}^* \frac{\partial T^*}{\partial x^*} + \lambda_{12}^* \frac{\partial T^*}{\partial y^*} + \lambda_{13}^* \frac{\partial T^*}{\partial z^*}.$$

Die Komponenten λ_{ij}^* des Wärmeleitfähigkeitstensors weisen dabei bestimmte Symmetrien auf. Im Grenzfall des isotropen Materials gilt in der aufgeführten Komponentengleichung $\lambda_{11}^* = \lambda^*$, $\lambda_{12}^* = \lambda_{13}^* = 0$.

Weiterführende Literatur

Millat, J.; Dymond, J.H.; Nieto de Castro, C.A. (1996) (Eds.): *Transport Properties of Fluids: Their Correlation, Prediction and Estimation*, Cambridge University Press, New York

Touloukian, Y.S. et al. (1970):*Thermophysical Properties of Matter, Thermal Conductivity*
  Vol. 1:   Metallic Elements and Alloys
  Vol. 2:   Nonmetallic Solids
  Vol. 3:   Nonmetallic Liquids and Gases
IFI/Plenum Data Corporation, New York

Wärmeleitung
(heat conduction)

Bedeutung und Definition

Es handelt sich um einen Energietransport-Prozeß, der durch atomare und/
oder molekulare Aktivität in Gasen, Flüssigkeiten oder Festkörpern hervorgerufen wird und in Richtung auf einen lokalen Gleichgewichtszustand hin
abläuft.

Makroskopisch äußert sich die Wärmeleitung als ein Wärmestrom, der in
Richtung abnehmender Temperatur fließt.

	Definition	
Unter Wärmeleitung versteht man denjenigen Energietransport, der durch interatomare oder intermolekulare Wechselwirkungen zustande kommt und in Richtung negativer Temperaturgradienten (abnehmender Temperatur) erfolgt.		

Physikalischer Hintergrund

Generell kann die Wärmeleitung mikroskopisch als eine Energieübertragung
von Teilchen höherer zu solchen niedrigerer Energie beschrieben werden.

Bei Gasen treten die intermolekularen Interaktionen in Form von Stößen
auf, bei denen Translationsenergie bzw. intramolekular gespeicherte Rota-
tions- oder Vibrationsenergie zwischen den Molekülen ausgetauscht wird.
Höhere Temperaturen sind dabei das makroskopische Äquivalent höherer
molekularer Energieniveaus, so daß bei Stößen Energie von energiereicheren
zu energieärmeren Molekülen übertragen wird (also in Richtung negativer
Temperaturgradienten). Dabei kommt es (makroskopisch) zu einem Temperaturausgleich, wenn die Temperaturgradienten nicht an den Rändern des
betrachteten Systems durch zu- bzw. abfließende Wärmeströme aufrecht erhalten werden.

Bei Flüssigkeiten treten die intermolekularen Wechselwirkungen wegen der
deutlich höheren Dichte häufiger und stärker auf.

Bei Festkörpern, deren Moleküle weitgehend in einem Gitterverband fixiert
sind, besteht die molekulare Interaktion aus Gitterschwingungen und dem
Transport frei beweglicher Elektronen. Bei nichtmetallischen Festkörpern
überwiegt der Transport durch Gitterschwingungen, bei metallischen derje-
nige durch den Fluß freier Elektronen. Der funktionale Zusammenhang zwischen dem örtlichen Temperaturgradienten und dem daraus resultierenden

Wärmestrom stellt eine in der Regel nur empirisch zu ermittelnde sog. konstitutive Gleichung dar, in die über entsprechende Konstanten die konkreten Stoffeigenschaften bezüglich der Wärmeleitung eingehen.

Eine für viele Anwendungen ausreichend genaue Beschreibung dieses Zusammenhanges ist durch das FOURIERSCHE WÄRMELEITUNGSGESETZ gegeben. Im eindimensionalen Fall stellt es den einfachen linearen Zusamenhang

$$\dot{q}^* = -\lambda^* \, dT^*/dx^*$$

dar, wobei T^* die in x^* veränderliche Temperatur ist und $\dot{q}^*$ die Wärmestromdichte in x^*-Richtung. Der Proportionalitätsfaktor λ^* ist ein charakteristischer Stoffwert des betrachteten Materials, die sog. WÄRMELEITFÄHIGKEIT.

ANWENDUNGEN UND BEISPIELE

1. *Stationäre Wärmeleitung durch eine Wand konstanter Wärmeleitfähigkeit mit vorgegebenen Wandtemperaturen T^*_{W1} und T^*_{W2}, Wandstärke jeweils $s^* = x^*_2 - x^*_1 = r^*_2 - r^*_1$*

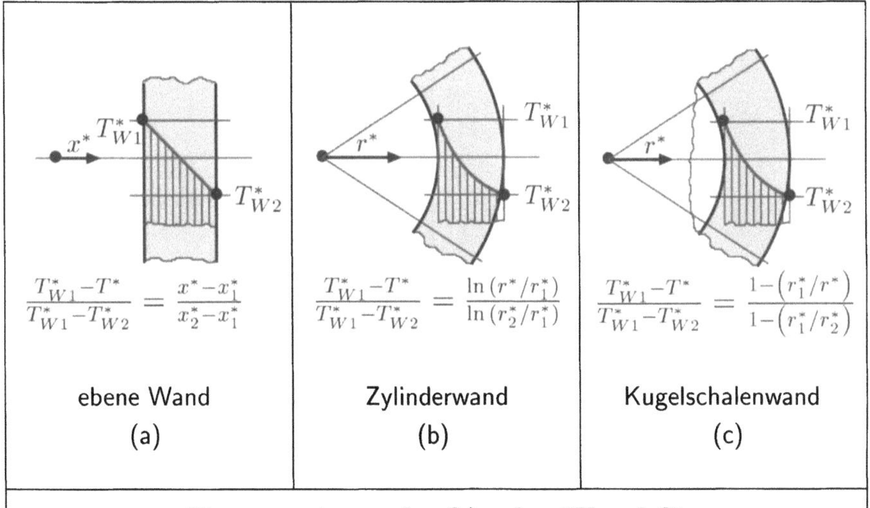

Die qualitativ unterschiedlichen Temperaturverläufe ergeben sich aus der Bedingung, daß der auf der linken Seite pro Flächenelement dA^* eintretende

Wärmestrom $\dot{Q}^*$ unverändert durch die Wand hindurchgeleitet werden muß. Auf diesem Weg durch die Wand bleibt die beteiligte Übertragungsfläche im ebenen Fall konstant, bei der Zylinderwand wächst sie jedoch proportional zu r^* und bei der Kugelschalenwand proportional zu r^{*2}. Damit nimmt die Wärmestromdichte $\dot{q}^* = \dot{Q}^*/A^*$ bei der Zylinder- und Kugelschalenwand entsprechend ab, womit aus der Wärmeleitungsgleichung die Temperaturverläufe durch Integration gewonnen werden können.

2. *Instationäre Wärmeleitung in eine Wand unendlicher Dicke und konstanter Wärmeleitfähigkeit mit einem vorgegebenen Sprung der Temperatur von T^*_∞ auf T^*_W an der Kontaktfläche zum Zeitpunkt $t^* = 0$ (ebene Wand)*

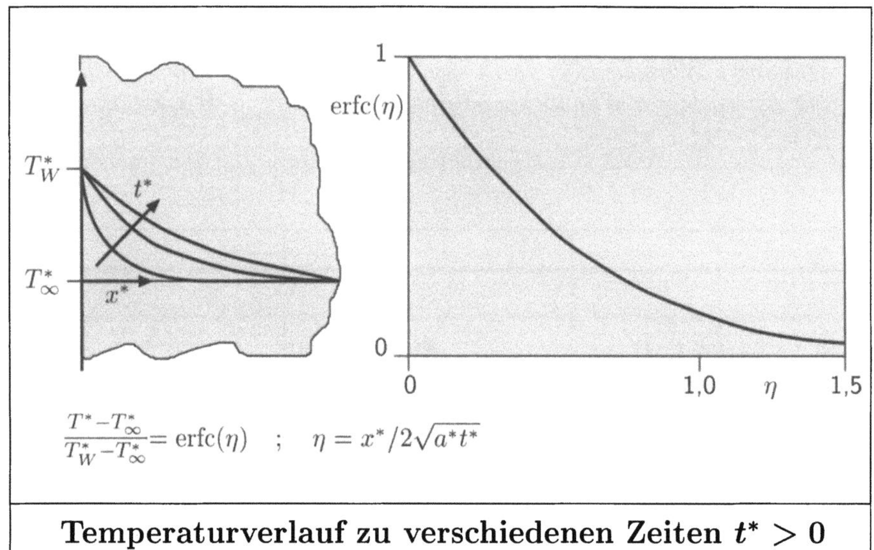

Temperaturverlauf zu verschiedenen Zeiten $t^* > 0$

An den Temperaturverteilungen ist zu erkennen, wie die Temperaturerhöhungen mit wachsender Zeit in die Wand eindringen.

Für den ebenen Fall ist leicht erkennbar, daß es für große Zeiten t^* keinen stationären Grenzfall geben kann, bei dem ein endlicher Wärmestrom $\dot{Q}^*$ über ein Flächenelement dA^* eintreten würde. Der dann vorliegende lineare Temperaturverlauf (s. Beispiel 1) hat für $x^* \to \infty$ den Grenzfall $\dot{Q}^* \to 0$ zur Folge.

Dies gilt ebenso für den Zylinder, nicht aber für die Kugel. Im Fall der unendlich ausgedehnten Kugelschale existiert ein stationärer Grenzfall mit einem endlichen Wärmestrom $\dot{Q}^*$ über ein Flächenelement dA^*, wie man an der Temperaturverteilung in der Kugelschale leicht erkennen kann (vorheriges Beispiel für $r_2^* \to \infty$).

BEACHTE

◩ Die Physik der Wärmeleitung ist sehr anschaulich, wenn die betrachtete Substanz in Ruhe ist. Aber auch in Strömungen tritt dieser Effekt auf, wenn Temperaturgradienten vorhanden sind. Der Energietransport erfolgt dann gleichzeitig sowohl konvektiv als auch durch Wärmeleitung. Die Wärmeleitung ist also auch ein wesentlicher Teilmechanismus der sog. KONVEKTIVEN WÄRMEÜBERTRAGUNG.

◩ Da in einer verallgemeinerten Betrachtungsweise Transportvorgänge („Flüsse") aufgrund von treibenden Gradienten als „Diffusion" bezeichnet werden, kann die Wärmeleitung auch als Diffusion innerer Energie aufgrund von Temperaturgradienten aufgefaßt werden.

◩ Langsame Aufheizvorgänge, die auf reiner Wärmeleitung basieren, suggerieren, daß die Wärmeleitung ein Vorgang sei, der mit einer endlichen, sehr niedrigen Geschwindigkeit erfolgt. Dies ist jedoch ein irreführendes Konzept. Das FOURIERSCHE WÄRMELEITUNGSGESETZ $\dot{q}^* = -\lambda^* dT^*/dx^*$ modelliert die Wärmeleitung mit einer unendlichen Ausbreitungsgeschwindigkeit: die Temperaturverteilungen bei instationärer Wärmeleitung gelten zu jedem Zeitpunkt t^* beliebig weit entfernt von der Übertragungsstelle. Erweiterte Wärmeleitungsgesetze (s. dazu das Stichwort NICHT-FOURIERSCHE WÄRMELEITUNG) berücksichtigen auch eine endliche Ausbreitungsgeschwindigkeit für die Wärmeleitung. Diese ist dann allerdings in aller Regel extrem groß.

WEITERFÜHRENDE LITERATUR

Cotta, R.M.; Mikhailov, M.D. (1997): *Heat Conduction*, John Wiley & Sons, Chichester

Özisik, M.N.; Tzou, D.Y. (1994): *On the Wave Theory in Heat Conduction*, Transactions ASME 116, 526–535

Özisik, M.N. (1993): *Heat Conduction*, John Wiley & Sons, New York

Grigull, U.; Sandner, H. (1986): *Wärmeleitung*, Springer-Verlag, Berlin, Heidelberg, New York

Wärmeleitungsgleichung
(heat diffusion equation)

BEDEUTUNG UND DEFINITION

Es handelt sich um eine partielle Differentialgleichung, die den physikalischen Vorgang der WÄRMELEITUNG mathematisch beschreibt. Sie entsteht aus einer Energiebilanz über einem Kontrollvolumen V (Änderung der inneren Energie in $V \,\hat{=}\,$ Wärmestrom über die Grenzen von V). Unter Verwendung des FOURIERSCHEN WÄRMELEITUNGSGESETZES und bei Vernachlässigung von Wärmequellen im Feld lautet sie:

	Definition	
$$\frac{\partial T^*}{\partial t^*} = a^* \nabla^2 T^* \quad ; \quad \frac{\partial T^*}{\partial t^*} = a^* \left[\frac{\partial^2 T^*}{\partial x^{*2}} + \frac{\partial^2 T^*}{\partial y^{*2}} + \frac{\partial^2 T^*}{\partial z^{*2}} \right]$$ (vektoriell) $\qquad$ (kartesisch)		
t^*	Zeit	s
a^*	Temperaturleitfähigkeit $a^* = \lambda^*/(\varrho^* c_p^*)$	$\mathrm{m^2/s}$
λ^*	Wärmeleitfähigkeit	$\mathrm{W/m\,K}$
ϱ^*	Dichte	$\mathrm{kg/m^3}$
c_p^*	spezifische isobare Wärmekapazität	$\mathrm{m^2/s^2 K}$

PHYSIKALISCHER HINTERGRUND

Die Wärmeleitungsgleichung beschreibt das Temperaturfeld in einem ruhenden homogenen Medium als Funktion der Zeit und der Raumkoordinaten. Je nach Anfangs- und Randbedingungen ist dies ein zeitlicher und räumlicher Ausgleichsvorgang, der bei nicht zeitperiodischen Randbedingungen häufig auf eine stationäre Lösung für große Zeiten zustrebt. Dies setzt allerdings aufgeprägte Temperaturunterschiede oder endliche Wärmeströme auf der Berandung des Lösungsgebietes voraus, damit ein Temperaturfeld $T^* \neq$ const erhalten bleiben kann.

Die physikalische Bedeutung der Terme in der Wärmeleitungsgleichung wird deutlich, wenn statt der Temperaturleitfähigkeit a^* die Wärmeleitfähigkeit λ^* verwendet und dafür $\varrho^* c_p^*$ vor den Term $\partial T^*/\partial t^*$ geschrieben wird.

Die linke Seite der Wärmeleitungsgleichung, $\varrho^* c_p^* \partial T^*/\partial t^*$, mit der Dimension Leistung/Volumen beschreibt dann die pro Volumen und Zeiteinheit gespeicherte Energie. Auf der rechten Seite stehen die Differenzen entsprechend ein- und ausfließender Wärmeströme (Änderung der Wärmestromdichte pro Längeneinheit; beachte: für $\lambda^* = \text{const}$ gilt $\lambda^* \nabla^2 T^* = -\text{div}\,\vec{q}^* = \text{div}\,(\lambda^* \text{grad}\,T^*)$). Im stationären Grenzfall verschwindet der Effekt sensibler Energiespeicherung ($\partial T^*/\partial t^* = 0$) und folgerichtig auch die Differenz der ein- und ausfließenden Wärmeströme ($\text{div}\,\vec{q}^* = 0$, da $\vec{q}^* = \text{const}$).

Anwendungen und Beispiele

1. Eindimensionale stationäre Wärmeleitung in x^*-Richtung

Für diesen Spezialfall reduziert sich die allgemeine Wärmeleitungsgleichung (Annahme: $\lambda^* = \text{const}$) auf:

$$\frac{\partial^2 T^*}{\partial x^{*2}} = 0 \quad \to \quad T^* = C_1^* x^* + C_2^* \,,$$

es liegt also ein lineares Temperaturprofil vor. Die Konstante C_1^* ist der Temperaturgradient dT^*/dx^* und kann über das FOURIERSCHE WÄRMELEITUNGSGESETZ ($\dot{q}^* = -\lambda^* dT^*/dx^*$) durch $C_1^* = -\dot{q}^*/\lambda^*$ ersetzt werden. Eine

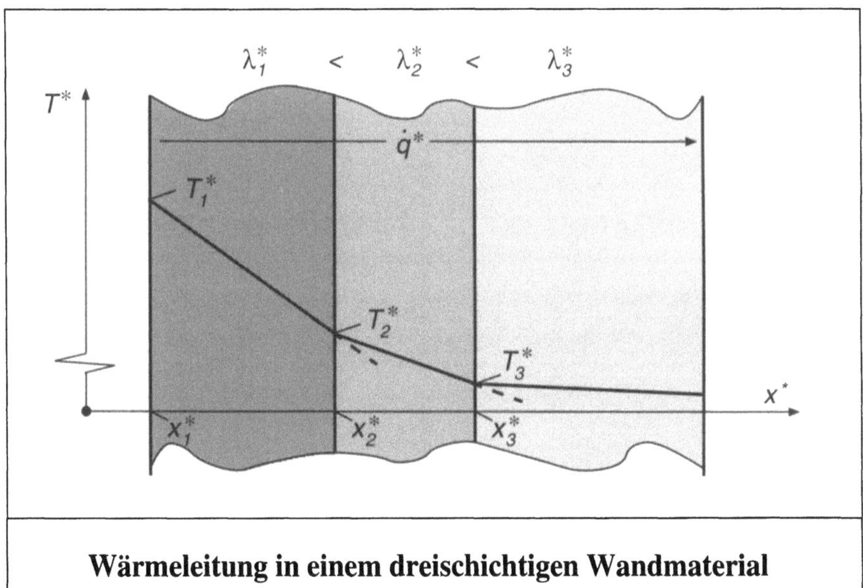

Wärmeleitung in einem dreischichtigen Wandmaterial

größere Wärmeleitfähigkeit führt bei konstanter Wärmestromdichte also zu kleineren Temperaturgradienten. Die Konstante C_2^* ist die Temperatur bei $x^* = x_i^*$, geschrieben als T_i^*, so daß die Lösung der Wärmeleitungsgleichung für diesen Fall lautet:

$$T^*(x^* - x_i^*) = T_i^* - \frac{\dot{q}^*}{\lambda^*}(x^* - x_i^*)$$

Bei einem mehrschichtigen Wandaufbau entsteht deshalb das in der Abbildung auf der vorigen Seite gezeigte Temperaturprofil.

2. Numerische Lösung der Wärmeleitungsgleichung

Das folgende Bild zeigt die Temperaturverteilung in einer Festbettmatrix zu einem Zeitpunkt $t^* > t_0^*$. Zur Zeit t_0^* wird die Wand eines in der Matrix verlegten Rohres plötzlich auf eine anschließend konstante Temperatur angehoben. An allen Rändern, mit Ausnahme der Rohrwand, gelte $\dot{q}_W^* = 0$ (adiabater Rand). Das Bild zeigt eine Hälfte der symmetrischen Geometrie. Die numerische Lösung der Wärmeleitungsgleichung erfolgte mit Hilfe des Programmpaketes FLOW 3D von CFX.

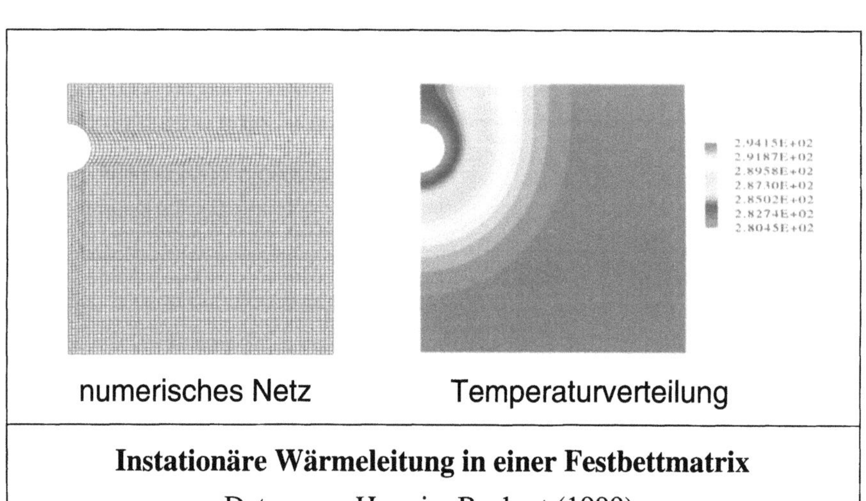

Instationäre Wärmeleitung in einer Festbettmatrix
Daten aus: Herwig, Beckert (1999)

BEACHTE

⬜ Die Verwendung von c_p^* (isobare spezifische Wärmekapazität) und nicht c_v^* (isochore spezifische Wärmekapazität) in der Wärmeleitungsgleichung unterstellt, daß die Wärmeleitung bei konstantem Druck abläuft. Neben der sensiblen Energiespeicherung über die innere Energie wird dann auch noch eine Volumenänderungsarbeit verrichtet. Diese ist nur für Stoffe mit $\partial \varrho^* / \partial T^* = 0$ (konstante Dichte bei Temperaturänderungen) Null, für die dann $c_p^* = c_v^* = c^*$ gilt.

◻ Die Wärmeleitungsgleichung ist eine lineare Differentialgleichung (mit entsprechenden Möglichkeiten der Superposition von Einzellösungen) wenn die Wärmeleitfähigkeit λ^* konstant, also nicht temperaturabhängig ist. Für den Fall temperaturabhängiger Wärmeleitfähigkeit lautet die (dann nichtlineare) Gleichung bei Verwendung des Fourierschen Wärmeleitungsgesetzes

$$
\begin{aligned}
\varrho^* c_p^* \frac{\partial T^*}{\partial t^*} &= -\operatorname{div} \vec{q^*} = \operatorname{div}\left(\lambda^* \operatorname{grad} T^*\right) \\
&= \frac{\partial}{\partial x^*}\left(\lambda^* \frac{\partial T^*}{\partial x^*}\right) + \frac{\partial}{\partial y^*}\left(\lambda^* \frac{\partial T^*}{\partial y^*}\right) + \frac{\partial}{\partial z^*}\left(\lambda^* \frac{\partial T^*}{\partial z^*}\right)
\end{aligned}
$$

◻ Die Wärmeleitungsgleichung ist eine homogene Differentialgleichung solange keine Wärmequellen oder -senken im Lösungsgebiet vorhanden sind. Treten diese jedoch in Form von thermoelektrischen Effekten, chemischen Reaktionen, Strahlungsabsorption o.ä. auf, so muß die Wärmeleitungsgleichung um einen inhomogenen sog. Quellterm ergänzt werden, s. dazu die Stichwörter JOULESCHE WÄRME und THERMOELEMENT.

◻ Die Wärmeleitungsgleichung in der angegebenen Form (s. Definition) beinhaltet, daß der Vorgang der Wärmeleitung mit einer unendlich großen Ausbreitungsgeschwindigkeit erfolgt. Dies ist für viele Situationen eine sehr gute Näherung. Eine Erweiterung im Sinne der Berücksichtigung endlicher Ausbreitungsgeschwindigkeiten kann durch die Verwendung eines erweiterten Wärmeleitungsgesetzes erfolgen (s. dazu das Stichwort NICHT-FOURIERSCHE WÄRMELEITUNG). Es ändert sich dann der mathematische Charakter der Wärmeleitungsgleichung. Aus der parabolischen Differentialgleichung (Fouriersche Wärmeleitung) wird eine hyperbolische Differentialgleichung.

WEITERFÜHRENDE LITERATUR

Herwig, H.; Becker, K. (1999): *Experimental Evidence about the Controversy Concerning Fourier or non-Fourier Heat Conduction in Materials with Nonhomogeneous Inner Structure*, Zur Veröffentlichung eingereicht

Incropera, F.P.; DeWitt, D.P. (1996): *Fundamentals of Heat and Mass Transfer*, John Wiley & Sons, New York

Grigull, U.; Sandner, H. (1986): *Wärmeleitung*, Springer-Verlag, Berlin, Heidelberg, New York

Wärmepumpe
(heat pump)

BEDEUTUNG UND DEFINITION

Es handelt sich um einen wärmetechnischen Apparat, der vorzugsweise für die Gebäudeheizung und Warmwasserbereitung sowie für bestimmte industrielle Prozesse eingesetzt wird. Er ist besonders unter ökologischen Gesichtspunkten (Primärenergieeinsparung) interessant. Sehr nahe verwandt mit der Wärmepumpe ist die sog. KÄLTEMASCHINE, die aus systematischen Gründen aber eine eigene Bezeichnung erhält, obwohl beide Apparate die technische Umsetzung desselben THERMODYNAMISCHEN KREISPROZESSES sind.

	Definition	

Unter einer Wärmepumpe versteht man einen wärmetechnischen Apparat, der einen Wärmestrom auf einem Temperaturniveau in der Nähe der Umgebungstemperatur aufnimmt und diesen zusammen mit der notwendigen Antriebsenergie auf einem erhöhten Temperaturniveau wieder abgibt, in diesem Sinne also einen Wärmestrom auf ein höheres Temperaturniveau „pumpt".

PHYSIKALISCHER HINTERGRUND

Das in der Definition beschriebene Prinzip der Wärmepumpe scheint bei einer ersten oberflächlichen Betrachtung der Alltagserfahrung (und auch dem thermodynamisch abgesicherten Prinzip) zu widersprechen, daß ein Wärmestrom stets in Richtung des negativen Temperaturgradienten, also von einer höheren zu einer niedrigeren Temperatur, fließt. Bevor die technische Ausführung von Wärmepumpen näher erläutert wird, soll deshalb gezeigt werden, daß das Wärmepumpenprinzip in Übereinstimmung zum ersten und zweiten Hauptsatz der Thermodynamik steht.

Dazu wird das unter dem Stichwort THERMODYNAMISCHER KREISPROZESS (dort unter ANWENDUNGEN UND BEISPIELE) gezeigte Schema der Kompressions-Wärmepumpe in der folgenden Skizze noch einmal aufgegriffen.

Das Ziel des Wärmepumpeneinsatzes ist die Bereitstellung des Wärmestromes $\dot{Q}_{23}^*$ auf einem Temperaturniveau T_H^* (Index H für Heizung) oberhalb der Umgebungstemperatur T_{Umg}^*. Der erste Hauptsatz der Thermodynamik fordert

$$\left|\dot{Q}_{23}^*\right| = \left|\dot{Q}_{41}^*\right| + |P_{12}^*| \qquad (*)$$

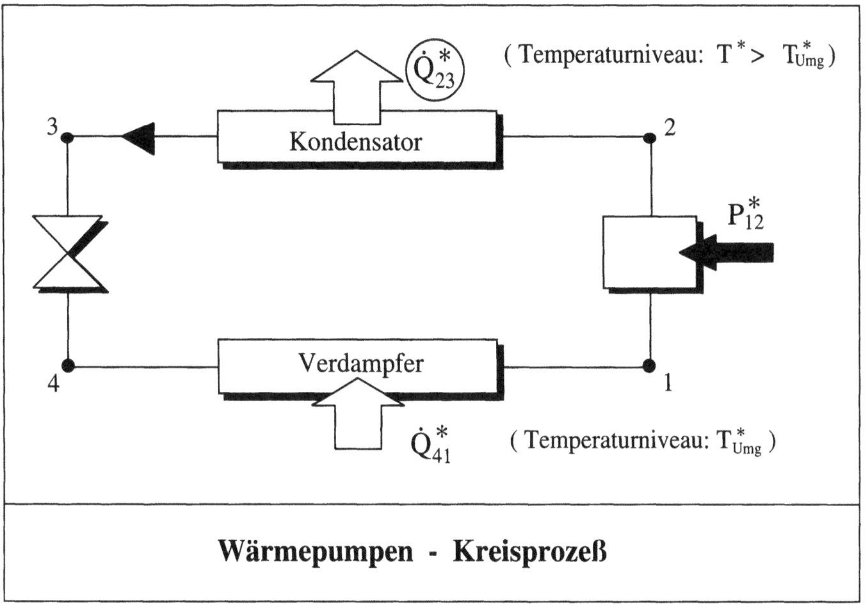

im Sinne der Energieerhaltung. Hierbei und im folgenden werden Betrags-striche an den Leistungs- und Wärmestromsymbolen verwendet, die Fluß-richtung entspricht dann der Pfeilrichtung in den zugehörigen Skizzen. (Mit der üblichen Vorzeichenregelung ergäbe sich $-\dot{Q}^*_{23} = \dot{Q}^*_{41} + P^*_{12}$, was für man-che Nutzer weniger anschaulich ist). Der bereitgestellte Wärmestrom $\dot{Q}^*_{23}$ ist also betragsmäßig gleich der Summe der beiden anderen Energieströme $\dot{Q}^*_{41}$ und P^*_{12}.

Der zweite Haupsatz der Thermodynamik fordert (mit $\dot{Q}^*_{41,E} \geq 0$)

$$\left|\dot{Q}^*_{23,E}\right| = \left|\dot{Q}^*_{41,E}\right| + \left|P^*_{12,E}\right| - \dot{E}^*_{Verl} \qquad (**)$$

im Sinne der Exergiebilanz. Dabei ist $|\ldots,_E|$ der Betrag des jeweiligen Exer-gieanteils, $\dot{E}^*_{Verl}$ ist der (nie negative) Exergieverluststrom durch Irreversi-bilitäten im Prozeß. Für das weitere Verständnis ist nun folgendes wich-tig:

1. Ein Wärmestrom besteht aus Anergie und Exergie. Der Exergieanteil eines Wärmestromes $\dot{Q}^*$ ist $\left(1 - \dfrac{T^*_{Umg}}{T^*}\right) \dot{Q}^*$ mit T^* als Temperatur bei der $\dot{Q}^*$ die Systemgrenze überquert; der Rest ist Anergie, d.h.:

$$\left|\dot{Q}^*_{23,E}\right| = \left|\left(1 - \frac{T^*_{Umg}}{T^*_H}\right) \dot{Q}^*_{23}\right| \; ; \quad \left|\dot{Q}^*_{41,E}\right| = 0 \,(\text{mit } T^* = T^*_{Umg}, \text{idealisiert}).$$

2. Mechanische Energie ist reine Exergie, d.h. $\left| P^*_{12,E} \right| = \left| P^*_{12} \right|$.

3. Der Exergieverlust ist nur im reversiblen Grenzfall Null, sonst stets vorhanden, d.h. $\dot{E}^*_{Verl} \geq 0$.

Somit ergibt sich für Gl. (∗∗) :

$$\left| \left(1 - \frac{T^*_{Umg}}{T^*} \right) \dot{Q}^*_{23} \right| = \left| P^*_{12} \right| - \dot{E}^*_{Verl} \qquad (∗∗∗)$$

Damit wird also die Exergie des bereitgestellten Wärmestromes $\dot{Q}^*_{23}$ (linke Seite von Gl. (∗∗∗)), die in dem Maße anwächst wie T^* oberhalb von T^*_{Umg} liegt, durch die aufzubringende mechanische Leistung P^*_{12} zugeführt. Zusätzlich muß mit P^*_{12} auch die durch Irreversibilitäten verlorene Exergie $\dot{E}^*_{Verl}$ in das System gebracht werden. Die erforderliche Antriebsleistung P^*_{12} ist also durch die Temperaturanhebung $T^* - T^*_{Umg}$ und durch die Irreversibilitäten des Prozesses bestimmt.

Ohne Antriebsleistung (mit der die notwendige Exergie eingebracht wird) kann eine Wärmepumpe also nicht arbeiten. Dies wäre dann nämlich der in der Tat unmögliche Fall eines temperaturgetriebenen Wärmestromes „in die falsche Richtung".

Die bisherigen Ausführungen machen deutlich, daß mit P^*_{12} Exergie in das System fließen muß. Dies ist mit mechanischer Energie optimal erreichbar, da diese zu 100% aus Exergie besteht. Aber auch andere Energieformen sind an dieser Stelle prinzipiell möglich, wenn sie nur den erforderlichen Exergiestrom einbringen (z.B.: Absorptions-Wärmepumpe).

Die technische Umsetzung des Wärmepumpen-Kreisprozesses erfolgt vorwiegend in zwei Systemen:

- der Kompressions-Wärmepumpe; häufig eingesetzt zur Gebäudeheizung

- der Absorptions-Wärmepumpe; häufig eingesetzt für industrielle Anwendungen.

Beide Systeme unterscheiden sich im wesentlichen durch die Art, wie die erforderliche Exergie in den Kreisprozeß eingebracht wird. Eine genauere Beschreibung wird in den nachfolgenden Beispielen gegeben.

ANWENDUNGEN UND BEISPIELE

1. Die Kompressions-Wärmepumpe

Die nachfolgende Skizze zeigt eine idealisierte Wärmepumpe, deren Zustandsänderungen vollständig im Naßdampfgebiet erfolgen. An dieser idealisierten Anordnung soll das Grundprinzip der Kompressions-Wärmepumpe verdeutlicht werden. Die Idealisierung besteht in den Annahmen

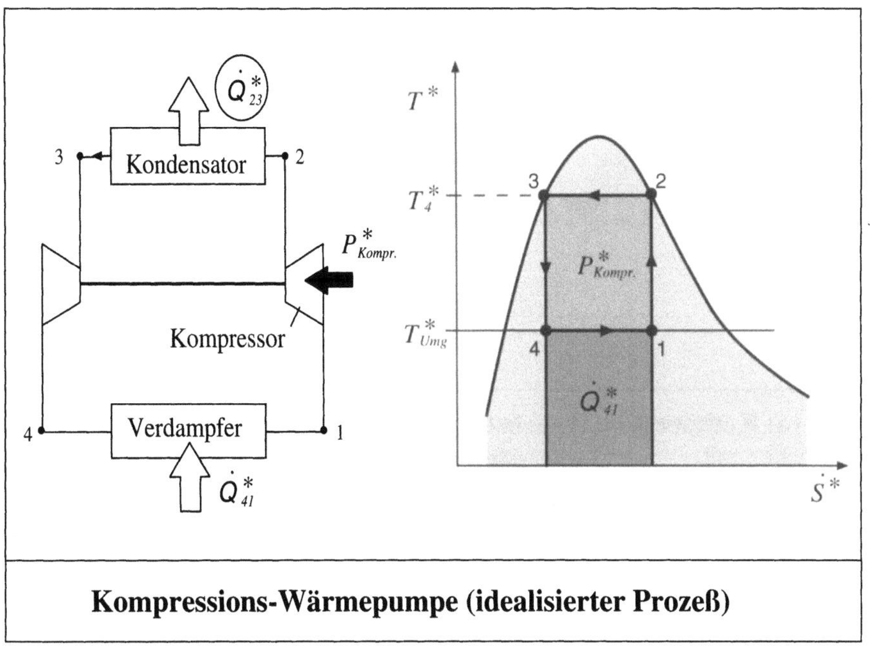

Kompressions-Wärmepumpe (idealisierter Prozeß)

- optimaler Kreisprozeß: Carnot-Prozeß mit zwei isothermen und zwei isentropen Teilprozessen

- reversibler Gesamtprozeß.

Durch die Kompression des umlaufenden Arbeitsfluides erfolgt die entscheidende Anhebung des Temperaturniveaus von T^*_{Umg} auf T^*_H. Es ist deutlich erkennbar, daß die gesamte Exergie des Wärmestromes, der zwischen den Zuständen 2 und 3 abgegeben wird, durch den Kompressor aufgebracht wird (helle Fläche oberhalb T^*_{Umg} im $(T^*, \dot{S}^*)$-Diagramm).

2. Die Absorptions-Wärmepumpe

Die Skizze auf der nächsten Seite zeigt, wie die notwendige Exergie statt durch einen Kompressor (elektrische/mechanische Leistung) auch durch einen Wärmestrom $\dot{Q}^*_{12}$ bei $T^* > T^*_H$ in den Wärmepumpen-Kreislauf eingebracht werden kann. Das im Wärmepumpen-Kreislauf im Zustand 1 ankommende gasförmige Arbeitsfluid wird im Absorber in einem flüssigen Absorberfluid (Zweistoffgemisch) absorbiert. Der dabei freiwerdende Wärmestrom (exothermer Vorgang) kann als $\dot{Q}^*_{Ab}$ auf dem Temperaturniveau T^*_H zusätzlich zu $\dot{Q}^*_{23}$ für den eigentlichen Zweck der Wärmepumpe genutzt werden. Das Absorberfluid wird unter Aufwendung von P^*_{12} in den Generator gepumpt. Dort

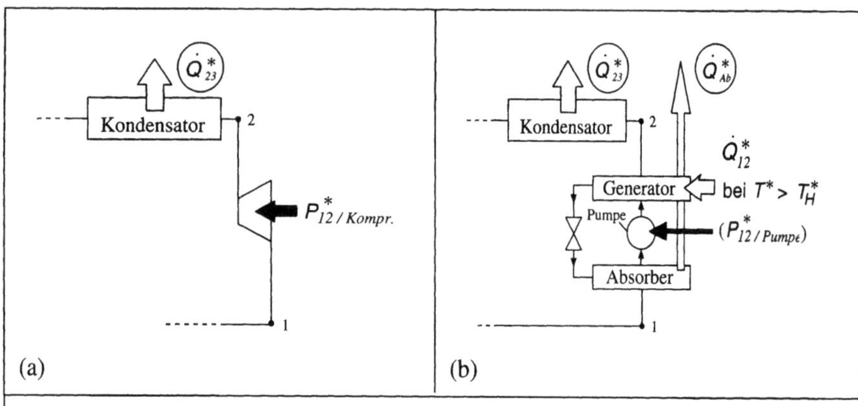

(a) Kompressor; (b) Absorber-Kreislauf zwischen den Zuständen 1 und 2

wird das Arbeitsfluid in einem Desorptionsprozeß wieder in den Gaszustand versetzt (endothermer Vorgang). Der dazu erforderliche Wärmestrom muß als $\dot{Q}^*_{12}$ auf einem Temperaturniveau $T^* > T^*_H$ zugeführt werden. Das Absorberfluid strömt anschließend in den Absorber zurück. Es gibt in dieser Anordnung also einen Absorberfluid-Kreislauf, der das Wärmepumpen-Arbeitsfluid von 1 nach 2 transportiert und dabei Energie in Form von Exergie zuführt. Der erforderliche „Antriebs-Wärmestrom" $\dot{Q}^*_{12}$ und die geringe zusätzliche Pumpenleistung liefern damit

- den Exergiestrom an das Wärmepumpen-Arbeitsfluid (anstelle des Kompressors),

- einen zusätzlich nutzbaren Wärmestrom $\dot{Q}^*_{Ab}$ auf dem Temperaturniveau T^*_H.

Die zusätzlich erforderliche mechanische Leistung $P^*_{12/Pumpe}$ ist erheblich kleiner als $P^*_{12/Kompressor}$ bei der Kompressions-Wärmepumpe, da eine Flüssigkeit anstelle eines Gases gefördert wird. Sie kann in erster Näherung vernachlässigt werden.

Typische Stoffkombinationen für das Wärmepumpen-Arbeitsfluid/ Absorberfluid sind Ammoniak/Wasser und Wasser/Lithiumbromid.

Beachte

◻ Die zur Bewertung von Wärmepumpen definierte Leistungszahl, z.B. für die Kompressions-Wärmepumpe als $\epsilon_{WP} = |\dot{Q}^*_{23}|/P^*_{12}$, ist stets im Zusammenhang mit den realisierten Temperaturniveaus zu sehen. Zum Beispiel gilt im reversiblen Grenzfall für ϵ_{WP} die einfache Beziehung $\epsilon_{WP} = T_H^*/(T_H^* - T_{Umg}^*)$. Damit gilt aber $\epsilon_{WP} \to \infty$ für $(T_H^* - T_{Umg}^*) \to 0$! Ein großer Wert von ϵ_{WP} allein ist wenig aussagekräftig, da die erreichbare Temperaturanhebung $(T_H^* - T_{Umg}^*)$ ebenfalls ein entscheidendes Bewertungskriterium ist.

☞ Unter ökologischen Gesichtspunkten ist der Einsatz einer Wärmepumpe interessant, da der Exergieverbrauch auf das thermodynamisch und technisch notwendige Minimum beschränkt ist. Es wird nur die Exergie des Wärmestromes auf dem Temperaturniveau T_H^* bereitgestellt, sowie der Exergieverlust durch Irreversibilitäten ausgeglichen. Der Hauptteil des Energiestromes $\dot{Q}_{23}^*$ wird über $\dot{Q}_{41}^*$ der Umgebung entnommen, wo diese als reine Anergie vorliegt.

Die Leistungszahl ϵ_{WP} gibt als Zahlenfaktor an, ein Wievielfaches der eingesetzten Exergie als Energie in Form von Wärme genutzt werden kann. Typische Zahlenwerte für ϵ_{WP} liegen zwischen 2 und 6. Eine entsprechend definierte Leistungszahl würde für einen (noch weit verbreiteten) Elektroradiator genau eins sein, da elektrische Energie zu 100% aus Exergie besteht und keine zusätzliche Energie aus der Umgebung genutzt wird.

☞ Durch technische Vorkehrungen kann die Umlaufrichtung des Arbeitsfluides in der Wärmepumpe umgekehrt werden, d.h., Verdampfer und Kondensator „vertauschen die Rollen". Dies kann z.B. bei der Gebäudeklimatisierung eingesetzt werden, um im Winter die Räume zu heizen, im Sommer aber zu kühlen. Man spricht dann von einem *kombinierten Heiz- und Kühlsystem*.

☞ Wird die Wärmepumpe nicht ausschließlich betrieben, sondern ist sie in ein System integriert, das alternativ auch noch andere Wärmequellen (z.B. einen Kessel) nutzt, so spricht man von einer *bivalenten Wärmepumpe* (im Gegensatz zur *monovalenten Wärmepumpe* bei alleinigem Einsatz). Obwohl üblich, ist diese Bezeichnung sprachlich nicht korrekt, da sich „bivalent" in diesem Zusammenhang eindeutig auf den Einsatz, nicht aber auf das Gerät bezieht.

WEITERFÜHRENDE LITERATUR

Herold, K.E.; Radermacher, R.; Klein, S.A. (1996): *Absorption Chillers and Heat Pumps*, CRC Press, Boca Raton, New York

Brodowicz, K.; Dyakowski, T. (1993): *Heat Pumps*, Butterworth-Heinemann Ltd., Linacre House, Jordan Hill, Oxford

Lehnguth, M. (1988): *Exergetische Analyse und Bewertung von Kompressi-
onskälte- und Kompressionswärmepumpenprozessen*, Luft- und Kältetechnik
24, 89–95

Heinrich, G.; Najork, H.; Nextler, W. (1987): *Wärmepumpenverwendung in
Industrie, Landwirtschaft, Gesellschafts- und Wohngebieten*, Verlag Technik,
Berlin

Loewer, H. (1987): *Absorptionswärmepumpen*, Verlag C. F. Müller, Karlsru-
he

Bukau, F. (1983): *Wärmepumpen-Technik*, Oldenbourg-Verlag, München

Baehr, H.D. (1980): *Zur Thermodynamik des Heizens*, BWK 32, 9–15 und
47–57

Wärmerohr
(heat pipe)

Bedeutung und Definition

Es handelt sich um ein Wärmeübertragungselement, das wesentliches Bauteil eines Wärmeübertragers sein kann und aufgrund seiner Funktionsweise erheblich größere Wärmestromdichten aufweist als andere Übertragungselemente bei gleicher treibender Temperaturdifferenz.

> **Definition**
>
> Ein Wärmerohr ist ein geschlossenes (meist rohrförmiges) Wärmeübertragungselement, das zwischen zwei Fluiden, zwischen denen Wärme übertragen werden soll, so angeordnet wird, daß ein Ende in das Fluid 1 und das andere Ende in das Fluid 2 ragt. Das Wärmerohr ist mit einem Arbeitsfluid so gefüllt, daß es gleichzeitig in flüssiger und in gasförmiger Phase vorliegt. Das Wärmerohr nimmt auf einer Seite einen Wärmestrom aus Fluid 1 auf, indem Arbeitsfluid im Rohr verdampft, und gibt diesen Wärmestrom auf der anderen Seite an das Fluid 2 wieder ab, indem das Arbeitsfluid dort kondensiert. Das Arbeitsfluid zirkuliert im Inneren des Wärmerohres ohne Mitwirkung einer Pumpe.

Physikalischer Hintergrund

Im Wärmerohr macht man sich die Physik des Phasenwechsels flüssig/gasförmig zunutze, die stets mit hohen spezifischen Energieumsätzen verbunden ist (Aufnahme bzw. Freisetzung der Verdampfungsenthalpie des eingesetzten Arbeitsfluides). Wegen der geringen Temperaturdifferenzen, die dabei insgesamt auftreten, weisen Wärmerohre stets sehr hohe Werte eines WÄRMEDURCHGANGSKOEFFIZIENTEN $k^* = \dot{Q}_W^* / (A^* \Delta T^*)$ auf, wenn dieser analog zum Wärmedurchgangskoeffizienten zwischen zwei Fluiden mit der Temperaturdifferenz ΔT^*, die durch eine Wand getrennt sind, definiert wird.

Mit Blick auf den Zirkulationsmechanismus des Arbeitsfluides im Wärmerohr sind zwei grundsätzlich verschiedene Bauformen zu unterscheiden.

1. Zirkulation durch Schwerkrafteinwirkung: Hierbei muß die Kondensatorseite des Wärmerohres stets oberhalb der Verdampferseite liegen. Das flüssige Arbeitsmittel fließt dann in Form eines Wandfilmes in die Verdampferzone zurück, während das gasförmige Arbeitsmittel im Gegenstrom in Richtung Kondensator strömt. Diese Bauform nennt man *Thermosyphon* (gelegentlich auch *Gravitationswärmerohr*).

2. Zirkulation durch Kapillarwirkung in einer wandnahen porösen Schicht
   (engl.: wick): Hierbei ist die Innenwand des Wärmerohres mit einem
   porösen Material belegt, in dem sich das flüssige Arbeitsmittel von der
   Kondensator- zur Verdampferseite bewegt. Die treibende Kraft hierfür ist
   eine Druckdifferenz im porösen Material längs der Rohrinnenwand. Diese Druckdifferenz entsteht, weil die Druckverhältnisse in den Kapillaren
   auf der Verdampfer- und auf der Kondensatorseite unterschiedlich sind.
   Unterschiedliche Krümmungen der Flüssigkeitsoberfläche in den Kapillaren führen zu unterschiedlichen Kapillardrücken auf beiden Seiten des
   Wärmerohres und damit zu der treibenden Kapillardruckdifferenz. Diese
   Bauform nennt man *Kapillar-Wärmerohr*.

Das nachfolgende Bild zeigt den prinzipiellen Aufbau beider Wärmerohr-
Varianten. Beiden gemeinsam ist die grundsätzliche Aufteilung in drei Zo-
nen: Verdampferzone, adiabate Zwischenzone und Kondensatorzone. Zur
Verbesserung des Wärmeüberganges zwischen dem wärmeabgebenden bzw.
wärmeaufnehmenden Fluid und dem Wärmerohr werden auf der Verdampfer-
und Kondensatorseite häufig Rippen angebracht, wie dies in der Skizze ange-

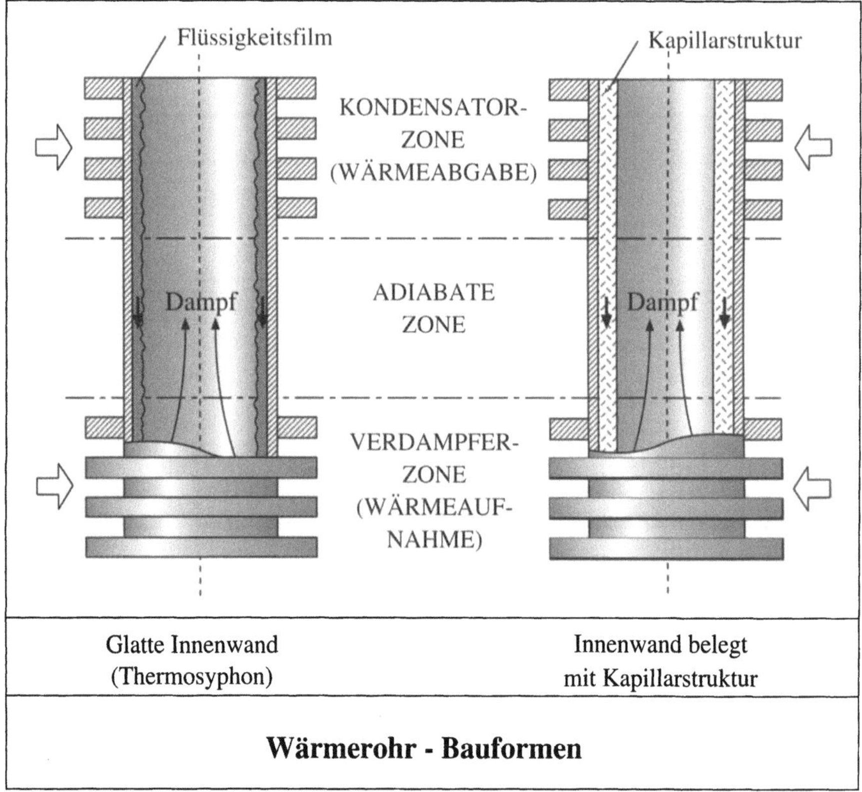

Wärmerohr - Bauformen

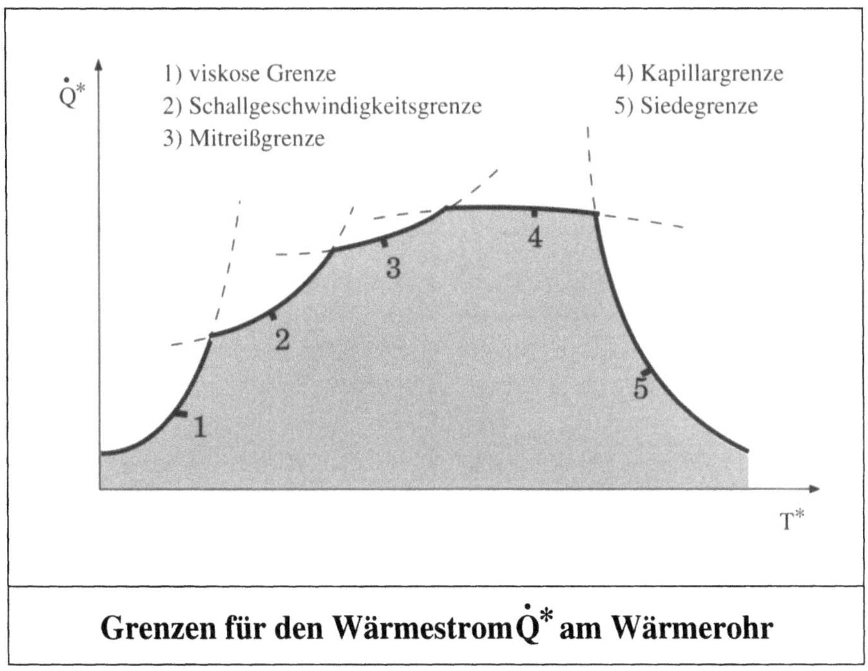

Grenzen für den Wärmestrom $\dot{Q}^*$ am Wärmerohr

deutet ist. Beide Bauformen können auch unter einem Winkel φ gegenüber der Vertikalen betrieben werden. Beim Thermosyphon muß dieser Winkel stets kleiner als 90° sein, beim Kapillar-Wärmerohr unterliegt φ keinen Einschränkungen.

Als Kapillarstruktur für den Flüssigkeitsrückfluß kommen an die Innenwand gepreßte Gewebe (z.B. Drahtnetze), in die Rohrwand gefräste Rückflußkanäle oder auch im Rohrinneren entsprechend angeordnete Kapillarmaterialien zum Einsatz.

Wärmerohre können je nach verwendetem Arbeitsfluid in sehr unterschiedlichen Temperaturbereichen eingesetzt werden (s. dazu die Ausführungen in ANWENDUNGEN UND BEISPIELE). Für ein bestimmtes Arbeitsfluid ergibt sich aufgrund der generellen Wirkungsweise von Wärmerohren jeweils ein bestimmter Temperaturbereich für die Anwendungen. Die Verhältnisse im Inneren des Wärmerohres werden dabei entscheidend durch die jeweilige Dampfdruckkurve des Arbeitsfluides bestimmt. Diese gibt als Funktion $p^*(T^*)$ die jeweils zugehörigen Werte von Druck und Temperatur im Zweiphasen-Gleichgewicht Flüssigkeit/Dampf an. Ein höheres Temperaturniveau führt dabei stets zu höheren Drücken im Wärmerohr. Die bei einem bestimmten Temperaturniveau maximal erreichbaren Wärmeströme $\dot{Q}^*$ durch das Wärmerohr sind durch eine Reihe unterschiedlicher Effekte im Inneren des Wärmerohres begrenzt. Diese Effekte beschränken hauptsächlich den zirkulierenden Massenstrom und damit über den Zusammenhang $\dot{Q}^* = h_v^* \dot{m}^*$ den übertragenen Wärmestrom. Dabei ist h_v^* die spezifische Verdampfungsenthalpie in kJ/kg und $\dot{m}^*$ der zirkulierende Massenstrom in kg/s.

Die fünf entscheidenden Beschränkungen sind :

1. Die viskose Grenze: Beschränkung des Massenstromes durch Reibungskräfte in der Dampfströmung. Diese können erheblich sein, da häufig hohe Strömungsgeschwindigkeiten auftreten.

2. Schallgeschwindigkeitsgrenze: Beschränkung des Massenstromes, weil die Dampfphase am Austritt aus der Verdampferzone die Schallgeschwindigkeit erreicht hat (und diese nicht überschritten werden kann).

3. Mitreißgrenze: Beschränkung des Massenstromes dadurch, daß die Dampfphase an der Oberfläche des rücklaufenden Filmes oder der Kapillarstruktur zu viel Flüssigkeit mitreißt (engl.: entrainment), die dann nicht die Verdampferzone erreicht.

4. Kapillargrenze: Beschränkung des Massenstromes aufgrund der endlichen Kapillardruckdifferenz.

5. Siedegrenze: Beschränkung des Wärmestromes in der Verdampferzone. Dort wird die kritische Wärmestromdichte erreicht und die Kapillaren trocknen aus.

Die fünf genannten Effekte dominieren in jeweils anderen Temperaturbereichen. Dies ist in der Skizze auf der vorherigen Seite angedeutet.

ARBEITSFLUID	SIEDETEMPERATUR bei $p^* = 1$ bar in °C	ANWENDUNGSBEREICH in °C
Stickstoff	-196	$-203 \div -160$
Ammoniak	-33	$-60 \div 100$
Methanol	64	$10 \div 130$
Wasser	100	$30 \div 200$
Quecksilber	361	$250 \div 650$
Natrium	892	$600 \div 1\,200$
Silber	$2\,212$	$1\,800 \div 2\,300$

Wärmerohr-Arbeitsfluide

Anwendungen und Beispiele

Wärmerohr-Arbeitsfluide

Die Tabelle auf der vorigen Seite zeigt eine Reihe von Arbeitsfluiden und deren Temperatur-Anwendungsbereiche.

Beachte

- Bei der Berechnung von Wärmerohren tritt häufig eine bestimmte Kombination von Stoffwerten des Arbeitsfluides auf. Diese wird *Merit-Zahl* Me genannt (obwohl es keine dimensionslose Zahl ist). Die Definition lautet für Kapillar-Wärmerohre (Me* in kW/m^2):   Me$^* = \sigma^* h_v^* / \nu^*$,

  mit: σ^* = Oberflächenspannung der Flüssigkeit in N/m
  h_v^* = spezifische Verdampfungsenthalpie in kJ/kg
  ν^* = kinematische Viskosität der flüssigen Phase in m^2/s

- Wärmerohre passen sich bezüglich ihres Temperaturniveaus an die jeweilige Anwendungssituation an. Dabei stellen sich im Wärmerohr dann die Drücke gemäß der jeweiligen Dampfdruckkurven ein. Man kann ein Wärmerohr aber auch bei einer bestimmten vorzugebenden Temperatur kontrolliert betreiben, indem man im Wärmerohr ein Druckniveau vorgibt. Dies kann über eine Erweiterung des Wärmerohres um eine Zusatzzone erfolgen, in der ein Inertgas (z.B. Helium oder Argon) auf einem kontrollierten Druck gehalten wird (engl.: gas-buffered heat pipe).

- In Kapillar-Wärmerohren entsteht die Kapillardruckdifferenz nur durch die unterschiedlichen Kapillardrücke in der Verdampfer- und Kondensatorzone. Die adiabate Zwischenzone kann deshalb durch „Arterien" überbrückt werden, in denen der Druckverlust der rücklaufenden Flüssigkeit erheblich niedriger ist, was zu einer Steigerung des insgesamt zirkulierenden Massenstromes führt.

Weiterführende Literatur

Faghri, A. (1995): *Heat Pipe Science and Technology*, Taylor and Francis, Philadelphia

Dunn, P. D.; Raey, D. A. (1994): *Heat Pipes*, 4th Edition, Pergamon Press, New York

Silverstein, C.C. (1992): *Design and Technology of Heat Pipes for Cooling and Heat Exchange*, Hemisphere Publ. Corp., New York

Paikert, P. (1990): *Wärmerohre in der industriellen Praxis*, Chemie-Ing.-Technik 62, 278–286

Wärmespeicherung
(heat storage)

Bedeutung und Definition

Es handelt sich um die Speicherung innerer (thermischer) Energie in entsprechenden Apparaten. Diese sind häufig in Energieversorgungssysteme integriert und dienen dazu, einen Ausgleich zwischen unterschiedlichen Leistungsverläufen der Energieerzeugung und des Energieverbrauches herzustellen.

Definition

Unter der Wärmespeicherung versteht man die Schaffung eines verfügbaren Energievorrates über die physikalischen Mechanismen der

- *sensiblen Wärmespeicherung:* Temperaturänderung des Speichermediums,

- *latenten Wärmespeicherung:* Phasenwechsel des Speichermediums (z.B.: fest/flüssig),

- *thermochemischen Wärmespeicherung:* Chemische Reaktionen des Speichermediums.

Bezüglich der Speicherdauer unterscheidet man nach den Kategorien (Speicherzyklus = Beladen/Speichern/Entladen):

- *Kurzzeitspeicher:* Speicherzyklen im Bereich von Stunden oder wenigen Tagen

- *Langzeitspeicher:* Speicherzyklen im Bereich von Wochen bis zu Jahren

Bezüglich der Temperaturbereiche unterscheidet man nach den Kategorien ($T_S^* = $ Speichertemperatur):

- Niedertemperaturspeicher: $T_S^* < 100°C$

- Mitteltemperaturspeicher: $100°C < T_S^* < 500°C$

- Hochtemperaturspeicher: $T_S^* > 500°C$

Physikalischer Hintergrund

Für viele thermische Energieanlagen, z.B. thermische Solaranlagen zur Heiz- und Brauchwassererwärmung, stellt die Wärmespeicherung eine entscheidende Anlagenkomponente dar. Häufig begrenzt die nur unzureichende Wärmespeicherfähigkeit einer thermischen Anlage ihre Einsatzmöglichkeiten.

Die wichtigsten Kriterien für die Auswahl und die Auslegung von Wärmespeichern sind:

- die *Netto-Speicherkapazität*, definiert als die maximale Energie, die während eines Speicherzyklus' (Beladen/Speichern/Entladen) vom Speicher an die Energieanlage abgegeben werden kann. Die Brutto-Speicherkapazität berücksichtigt darüber hinaus noch die Verluste des Speichers an die Umgebung. Zum Beispiel gilt für einen sensiblen Wärmespeicher mit jeweils homogener Temperaturverteilung (keine Temperaturschichtungen) zwischen der minimalen Temperatur T_0^* und der maximalen Temperatur $T_1^* = T_0^* + \Delta T^*$ (ΔT^* ist die sog. Temperaturspreizung) für die Brutto-Speicherkapazität Q_{max}^* (in J):

$$Q_{max}^* = m^* c_p^* \Delta T^*.$$

  Dabei ist m^* die Speichermasse, c_p^* die als konstant unterstellte spezifische Wärmekapazität. Für eine klare Trennung zwischen Netto- und Brutto-Speicherkapazität muß dabei unterstellt werden, daß Verluste nur in der Speicherphase auftreten, nicht aber während des Be- und Entladevorganges.

- die *spezifische Energiedichte*, definiert als die auf die Masse (q_M^*) oder auf das Volumen (q_V^*) bezogene Speicherkapazität jeweils in kJ/kg bzw. kJ/m^3.

  Für die sensible Wärmespeicherung gilt damit wiederum (mit $m^* = \varrho^* V^*$, $\varrho^* =$ Dichte, $V^* =$ Volumen):

$$q_M^* = c_p^* \Delta T^* \quad \text{und} \quad q_V^* = \varrho^* c_p^* \Delta T^*$$

  als spezifische (Brutto-) Energiedichte.

- die *Be- und Entladeleistung*, definiert als der momentane Wärmestrom $\dot{Q}^* = dQ^*/dt^*$ der Beladung bzw. der Entladung. Beide Wärmeströme sind in ihrer aktiven Phase (Beladen bzw. Entladen) nicht konstant, sondern zeigen ein jeweils anlagenspezifisches Zeitprofil $\dot{Q}^*(t^*)$. In der Regel ist $\dot{Q}^*(t^*)$ sowohl für die Beladung als auch für die Entladung eine mit der Zeit monoton fallende Funktion.

- die *Speicherdauer*, definiert als die Dauer eines Speicherzyklus', bestehend aus Beladen, Speichern und Entladen.

- der *Nutzungsgrad* η_S, definiert als Verhältnis der während eines Speicherzyklus' abgeführten und zugeführten Wärme, also als

$$\eta_S = \frac{Q_{ab}^*}{Q_{zu}^*} = \frac{Q_{zu}^* - Q_{Verl}^*}{Q_{zu}^*} = 1 - \frac{Q_{Verl}^*}{Q_{zu}^*}$$

Mit den thermischen Speicherverlusten Q^*_{Verl} sind die Abweichungen von einer optimalen Betriebsweise unmittelbar als Abweichungen vom Zahlenwert $\eta_S = 1$ erkennbar. Für den Betrieb des Speichers wird zusätzlich ein *Ladegrad* $\eta_L = Q^*/Q^*_{max}$ definiert, der angibt, wieviel der Speicherkapazität jeweils genutzt ist.

- *Ökonomische Kennwerte*, wie Investitions- und Wartungskosten sowie Lebensdauer und Amortisationszeiten.

Alle genannten Kriterien werden von keinem technisch realisierbaren Wärmespeicher gleichzeitig optimal erfüllt, so daß stets eine anforderungs- und anlagenspezifische Auswahl getroffen werden muß.

Aus physikalisch/technischer Sicht spielen dabei zwei Gesichtspunkte eine entscheidende Rolle:

1. die Auswahl des Speichermaterials und damit die Entscheidung über die Speicherart (sensibel/latent/thermochemisch),

2. der technische Aufbau des Speichers, der entscheidend den Wärmeübergang während der Be- und Entladephase beeinflußt und damit die Be- und Entladeleistungs–Zeitprofile sowie den Lade- und Nutzungsgrad bestimmt.

Typische Speichermedien und Speicheraufbauten sind:

1. Für die sensible Wärmespeicherung:

   Flüssigkeiten, vorzugsweise Wasser und Feststoffe oftmals als Schüttungen (z.B. Kieselschüttungen). Die Wärmeübertragung bei der Be- und Entladung erfolgt bei Flüssigkeiten durch getrennte Kreisläufe, bei Feststoffschüttungen i.a. durch Direktkontakt zwischen dem durchströmenden Fluid (vorzugsweise Luft oder Wasser) und dem Speichermaterial. Die Baugrößen reichen dabei von kleinen Tanks in privat genutzten Solaranlagen bis zu Aquifer-Speichern von mehreren tausend Kubikmetern in Nahwärme-Versorgungsnetzen, noch größere Dimensionen treten bei geothermischen Untergrundspeichern auf.

2. Für die latente Wärmespeicherung:

   Paraffine, anorganische Salzhydrate und Eis. Die Wirkungsweise beruht hauptsächlich auf der Bindung und Freisetzung der Phasenänderungsenergie beim Schmelzen bzw. Erstarren des Speichermaterials. Während dies (für einen Reinstoff) bei konstanter Temperatur geschieht, wird häufig trotzdem eine gewisse Temperaturspreizung ΔT^* realisiert, weil eine Unterkühlung des Feststoffes bzw. eine Überhitzung der Flüssigkeit (jeweils bezogen auf die Schmelztemperatur) vorgesehen wird.

Da die häufig verwendeten Latentwärmespeichermaterialien sehr niedrige Wärmeleitfähigkeiten besitzen, müssen im Wärmespeicher große Übertragungsflächen vorgesehen werden. Dies kann z.B. durch eine enge Anordnung von Rohrbündeln (gefüllt mit Latentwärmespeichermaterial) erreicht werden. Während in der festen Phase ein Wärmeübergang nur durch Wärmeleitung im Speichermaterial möglich ist, wird dieser in der flüssigen (oder teilweise flüssigen) Phase durch natürliche Konvektionsströmungen unterstützt und oftmals erheblich verbessert.

3. Für die thermochemische Wärmespeicherung:

Salzhydrate, Säuren und Metalloxide. Die Wirkungsweise beruht hauptsächlich auf der Bindung und Freisetzung chemischer Reaktionsenergie bei einer endothermen chemischen Reaktion bzw. der zugehörigen exothermen Rückreaktion. Dies können z.B. Hydratisierungs- und Oxidationsreaktionen oder die Zersetzung und Kombination von Salzen sein. Ein typisches Beispiel sind die Ad- und Desorptionsvorgänge von Wasser in Zeolith (einem Aluminium-Silizium–Oxid). Ein entscheidender Vorteil ist, daß die Energie bei entsprechender Ausführung des Speichers bei Umgebungstemperatur gespeichert werden kann und damit keine thermischen Verluste auftreten.

Wegen des naturgemäß komplexen Aufbaus solcher Anlagen und dem vergleichsweise hohen Preis der Speichermaterialien haben sich solche Speicher jedoch nur für Spezialanwendungen durchsetzen können.

ANWENDUNGEN UND BEISPIELE

Typische Beispiele für wärmetechnische Daten verschiedener Speichermaterialien

Die nachfolgende Tabelle gibt die wichtigen Kenngrößen von Speichermaterialien aus den drei Kategorien der sensiblen, latenten und thermochemischen Wärmespeicherung an. Die Angaben zu den spezifischen Energiedichten beziehen sich dabei auf eine Temperaturspreizung von $\Delta T^* = 20°\mathrm{C}$. Neben der Dichte ϱ^*, der spez. Wärmekapazität c_p^*, der Wärmeleitfähigkeit λ^*, der Schmelz- bzw. Reaktionsenthalpie Δh^* sind auch die spez. Energiedichten q_M^* und q_v^* gezeigt.

Als entscheidende Aussage ist dieser Tabelle zu entnehmen, daß die spezifischen Energiedichten von der sensiblen über die latente zur thermochemischen Energiespeicherung jeweils um einen Faktor $5 \div 10$ zunehmen, also fast jeweils um eine Größenordnung ansteigen. Dies wirkt sich unmittelbar auf die Baugrößen (bei vergleichbaren Speicherkapazitäten) aus.

	SENSIBEL		LATENT		THERMO-CHEM.
	WASSER	GESTEIN	GLAU-BERSALZ	PARAF-FIN	NH$_4$Br
$\varrho^*/(\mathrm{kg/m^3})$	1 000	1 600	1 330	770	2 900
$c_p^*/(\mathrm{m^2/s^2 K})$	4 190	840	3 300	2 500	—
$\lambda^*/(\mathrm{W/mK})$	0,6	0,45	1,85	0,5	—
$\Delta h^*/(\mathrm{kJ/kg})$	334	—	250	210	1 910
SPEZIFISCHE ENERGIEDICHTEN:					
$q_M^*/(\mathrm{kJ/kg})$	84	17	317	259	1 910
$q_V^*/(\mathrm{MJ/m^3})$	84	27	422	199	5 540

Kenngrößen typischer Wärmespeichermaterialien
Daten aus: Khartchenko (1995)

BEACHTE

❏ Beim Einsatz von Latentwärmespeichermaterialien wird häufig der zusätzliche Effekt der sensiblen Wärmespeicherung durch Vorgabe einer gewissen Temperaturspreizung genutzt. Oftmals macht es Sinn, gezielt verschiedene Materialien zu kombinieren, um die verschiedenen Effekte der Wärmespeicherung zusammen zu nutzen. Man spricht dann von *Hybridwärmespeichern*. Ein typisches Beispiel ist die Verwendung von Salzen (als Latentwärmespeichermaterial) in den Poren einer keramischen Matrix (als Material für die sensible Wärmespeicherung).

❏ Häufig wird durch den gezielten Einsatz von Zusatzstoffen (sog. Inhibitoren) bei Latentwärmespeichermaterialien versucht, die Unterkühlung des Materials zu verhindern.

Diese Unterkühlung ist ein sog. metastabiler Zustand, bei dem das Material unterhalb der eigentlichen Schmelz- bzw. Erstarrungstemperatur in flüssiger Form vorliegt. Erst wenn der Kristallisations- (Erstarrungs-) vorgang durch einen entsprechenden Auslösemechanismus in Gang gesetzt wird, kommt es zum Phasenwechsel mit Energiefreisetzung und als Folge davon zur Materialerwärmung.

Neuere Entwicklungen versuchen, diese Unterkühlung nicht zu vermeiden, sondern gezielt zu nutzen, um damit die als latente Wärme vorhandene Energie auf dem Temperaturniveau der Umgebung ohne thermische Verluste zu speichern. Durch geeignete Auslösemechanismen kann der Phasenwechsel dann bei Bedarf ausgelöst werden.

WEITERFÜHRENDE LITERATUR

Kübler, R.; Fisch, N. (1998): *Wärmespeicher: ein Informationspaket*, TÜV-Verlag, Köln

Megastock '97 (1997): *Proceedings of 7th International Conference on Thermal Energy Storage*, June 18–21, Sapporo, Japan

Khartchenko, N.V. (1995): *Thermische Solaranlagen*, Springer-Verlag, Berlin, Heidelberg, New York/ bes. Kap. 6: Energiespeicher

Bitterlich, W. (1987): *Speicher für thermische Energie*, VDI-Verlag, Düsseldorf

Wärmestrahlung
(thermal radiation)

Bedeutung und Definition

Es handelt sich um einen Energietransport in Form von Wärme, der durch elektromagnetische Wellen erfolgt. Im Gegensatz zur Wärmeleitung und der konvektiven Wärmeübertragung ist dafür kein Trägermedium erforderlich. Bei den Überlegungen zum Energietransport durch Wärmestrahlung geht man zunächst von einem Vakuum zwischen Strahlung austauschenden Körpern aus und berücksichtigt zusätzlich, falls erforderlich, den Einfluß von Zwischenmedien.

Definition	

Unter Wärmestrahlung (oder Temperaturstrahlung) versteht man den elektromagnetischen Energietransport im Wellenlängenbereich von

$$0{,}1\,\mu\mathrm{m} < \lambda^* < 1\,000\,\mu\mathrm{m},$$

der durch Temperaturanregung von Atomen und Molekülen ausgelöst wird. Die Grenzen für λ^* sind nicht scharf gezogen, außerhalb der angegebenen Grenzwerte ist die Energie der Wärmestrahlung jedoch vernachlässigbar gering.

Physikalischer Hintergrund

Die Wärmestrahlung ist ein spezielles elektromagnetisches Phänomen, das aufgrund seiner physikalischen Entstehung gegenüber anderen elektromagnetischen Erscheinungen abgegrenzt ist. Es ist durch elektronische bzw. intramolekulare vibrationale (Schwingungen der Atome im Molekül gegeneinander) oder rotatorische (Drehung des Moleküls) Zustandsänderungen gekennzeichnet und erfordert deshalb wie alle elektromagnetischen Phänomene zur vollständigen Beschreibung ein duales Teilchen- und Wellenmodell. Eine grobe Einordnung gibt das nachfolgende Bild des elektromagnetischen Wellenspektrums.

Mit der Fortpflanzungsgeschwindigkeit von elektromagnetischen Wellen im Vakuum von $c_0^* = 2{,}998 \cdot 10^8$ m/s ($=$ Lichtgeschwindigkeit im Vakuum) und den Wellenlängen der Wärmestrahlung ($0{,}1\,\mu\mathrm{m} < \lambda^* < 1\,000\,\mu\mathrm{m}$) ergeben sich die zugehörigen Frequenzen $f^* = c_0^*/\lambda^*$ zu $3 \cdot 10^{15}$ Hz $> f^* > 3 \cdot 10^{11}$ Hz.

Wärmeübertragung durch Wärmestrahlung bedeutet, daß mindestens zwei Körper im Strahlungs*austausch* stehen. Neben der Kenntnis über das Eigenstrahlungsverhalten der beteiligten Körper muß damit bekannt sein, wie die

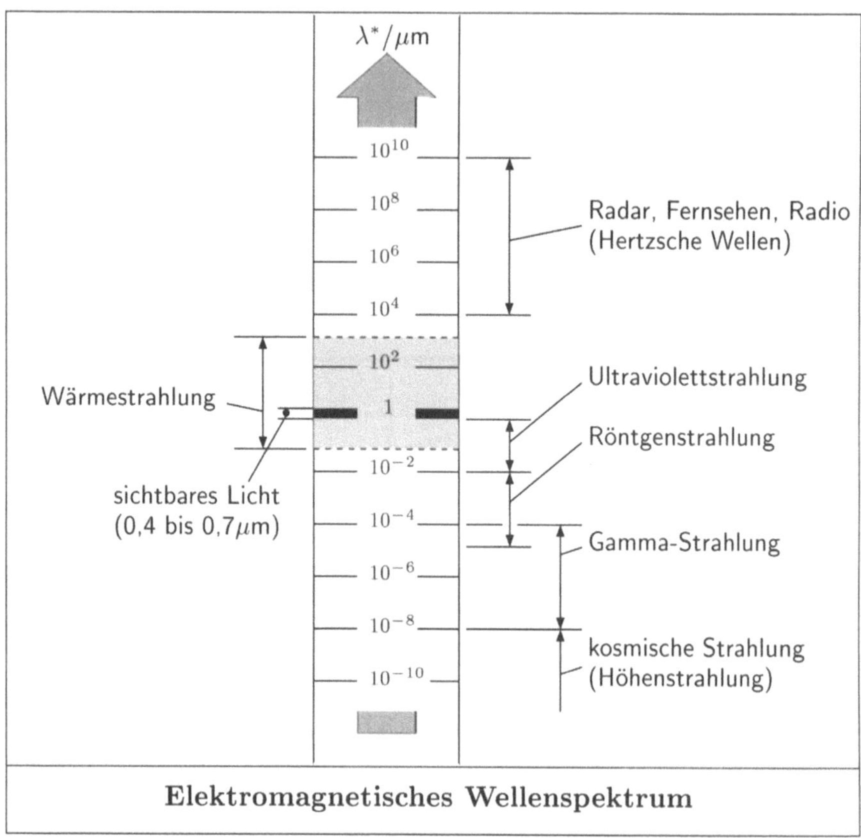

Elektromagnetisches Wellenspektrum

Körper auf einfallende Strahlung, die von den anderen Körpern ausgesandt wird, reagieren. Bezogen auf einen bestimmten Körper gilt die Energiebilanz des reinen Strahlungswärmeaustausches, jeweils als Energiestrom in der Einheit Watt (W):

$$\dot{Q}^* = \dot{E}^* - \dot{A}^* \tag{$*$}$$

mit:

- $\dot{Q}^*$ = vom Körper aufgenommener ($\dot{Q}^* > 0$) oder abgegebener ($\dot{Q}^* < 0$) Wärmestrom
- $\dot{E}^*$ = vom Körper emittierte Wärmestrahlung
- $\dot{A}^*$ = vom Körper absorbierte Wärmestrahlung

Für eine vollständige Beschreibung des Strahlungsaustausches ist zu beachten, daß ein Körper die einfallende Strahlung nur in Ausnahmefällen vollständig absorbiert. Im allgemeinen Fall gilt für die auf einen Körper einfallende Strahlung $\dot{F}^*$ (engl.: irradiation)

$$\dot{F}^* = \dot{A}^* + \dot{R}^* + \dot{T}^* \qquad (**)$$

Mit den neuen Größen

- $\dot{F}^*$ = auf den Körper einfallende Wärmestrahlung
- $\dot{R}^*$ = vom Körper reflektierte Wärmestrahlung
- $\dot{T}^*$ = durch den Körper transmittierte (durchgelassene) Wärmestrahlung

Somit ergibt sich für die vom Körper insgesamt ausgesendete Wärmestrahlung $\dot{S}^*$ (engl.: radiosity):

$$\dot{S}^* = \dot{E}^* + \dot{R}^* + \dot{T}^* \qquad (***)$$

Das nachfolgende Bild enthält alle zuvor eingeführten Größen noch einmal im Überblick.

Es ist üblich, die einfallende Wärmestrahlung $\dot{F}^*$ in dimensionsloser Form bezüglich ihrer drei Anteile wie folgt zu schreiben:

$$1 = \alpha + \varrho + \tau$$

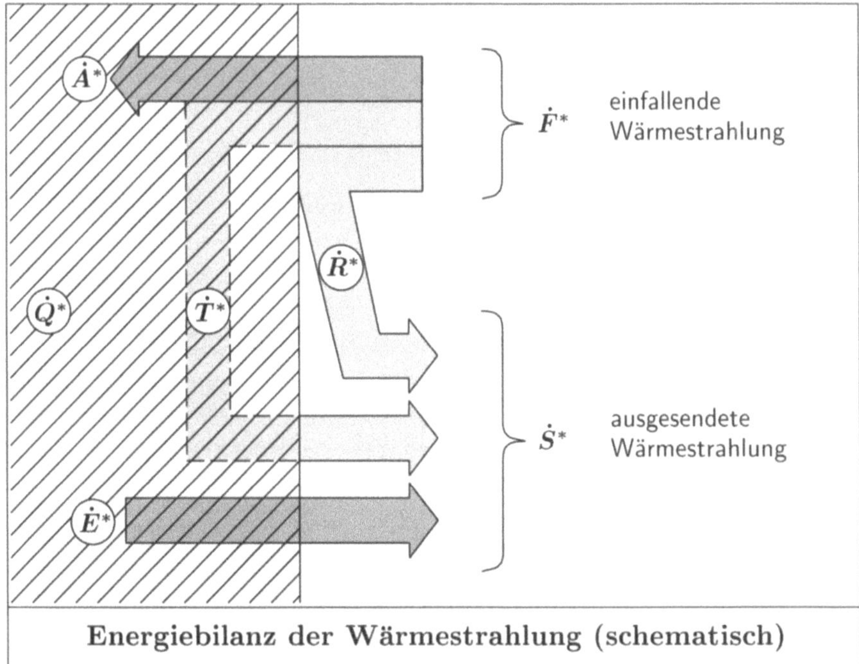

Energiebilanz der Wärmestrahlung (schematisch)

mit:

- $\alpha = \dot{A}^*/\dot{F}^* =$ Absorptionsgrad (engl.: absorptivity)
- $\varrho = \dot{R}^*/\dot{F}^* =$ Reflexionsgrad (engl.: reflectivity)
- $\tau = \dot{T}^*/\dot{F}^* =$ Transmissionsgrad (engl.: transmissivity)

Die bisher eingeführten Größen $\dot{E}^*$, $\dot{A}^*$, $\dot{R}^*$ und $\dot{T}^*$ bzw. ihre Zusammenfassungen zu $\dot{F}^*$ und $\dot{S}^*$ sind Globalwerte bei festen Temperaturen, die Integrale über die jeweiligen Verteilungsfunktionen darstellen. So ist z.B. die Strahlungsemission eines Körpers zunächst einmal grundsätzlich abhängig von der (absoluten) Temperatur des strahlenden Körpers. Darüber hinaus besteht bezüglich $\dot{E}^*$ eine spektrale Verteilung, so daß $\dot{E}^*$ als Globalwert die Integration über alle Wellenlängen darstellt. Bei realen Körpern besteht darüber hinaus eine Richtungsabhängigkeit (i.a. von zwei Raumwinkeln), so daß $\dot{E}^*$ wiederum die Integration über diese Raumwinkelverteilung darstellt.

Für eine genauere Beschreibung der Wärmestrahlung ist somit die Kenntnis sowohl der spektralen als auch der richtungsbezogenen Energiestromdichten notwendig. Die Informationen liegen häufig nur in Form von mehr oder weniger groben Näherungen vor, die bezüglich ihrer Annahmen im Vergleich zu einem idealisierten Fall, dem sog. *Schwarzen Strahler* charakterisiert werden können, s. dazu die Stichwörter STRAHLUNG SCHWARZER KÖRPER, STRAHLUNG GRAUER KÖRPER, STRAHLUNG REALER KÖRPER. Auf Besonderheiten der spektralen Verteilung wird unter dem Stichwort TREIBHAUS-EFFEKT eingegangen.

ANWENDUNGEN UND BEISPIELE

Strahlungsaustausch bei der Raumklimatisierung

Häufig findet man in der Literatur zur Wärmeübertragung die Aussage, der Strahlungswärmeaustausch sei nur in Situationen mit sehr hohen absoluten Temperaturen von Bedeutung, etwa bei Temperaturen oberhalb von 1 000 K. Solche Aussagen sind jedoch allenfalls dann sinnvoll, wenn andere Wärmeübertragungsmechanismen (wie Wärmeleitung oder konvektiver Wärmeübergang) zusätzlich vorhanden sind, und der Strahlungswärmeübergang relativ zu den anderen Effekten vernachlässigt werden kann. Sind die anderen Formen des Wärmeüberganges jedoch gering, so kann der Strahlungsaustausch mit der Umgebung auch bei niedrigen Temperaturen (relativ) von großer Bedeutung sein.

Das Wohlbefinden des Menschen in einem Raum ist ein Beispiel in diesem Sinne. Unter üblichen Umgebungsbedingungen (20°C Raumtemperatur, rel. Luftfeuchtigkeit von 40–60%) trägt der Strahlungswärmeaustausch mit den umgebenden Wänden in einem Raum etwa zu 30–40% zur Wärmebilanz des menschlichen Körpers bei. Kalte Wände oder große, kalte Fensterflächen rufen deshalb ein Gefühl des Unbehagens hervor, obwohl z.B. die den Körper umgebende Luft die „angenehme" Temperatur von 24°C haben kann. In diesem Zusammenhang wird deshalb der sog. „mittleren Temperatur der Raumumschließungsflächen" eine große Bedeutung zugemessen. Der arithmetische Mittelwert aus dieser und der Lufttemperatur wird in der Heizungs-, Lüftungs- und Klimatechnik als sog. „Empfundene Temperatur" eingeführt.

Sowohl Radiatorheizungen als auch Kühldecken nutzen als wesentlichen Effekt den Strahlungsaustausch zur Wärmeübertragung.

BEACHTE

- Wärmestrahlung ist prinzipiell ein volumenverteiltes Phänomen, d.h., alle Volumenelemente eines Körpers sind beteiligt. In den meisten Festkörpern und Flüssigkeiten wird aber die von inneren Molekülen emittierte Strahlung von benachbarten Molekülen absorbiert. Effektiv wirksam sind deshalb nur oberflächennahe Moleküle in einer Tiefe von der Größenordnung eines μm, so daß man von einem Oberflächenphänomen sprechen kann. Bei einer Temperaturänderung des Körpers aufgrund von Strahlung sind die oberflächennahen Moleküle strahlungsaktiv, die darunterliegenden Bereiche hingegen durch Wärmeleitung beteiligt.

- Ist ein Körper mit einer Temperatur T_K^* vollständig von einer umschließenden Fläche mit der Temperatur $T_U^* \neq T_K^*$ umgeben, so stellt sich über einen Netto-Strahlungstransport von oder zum Körper ein Gleichgewichtszustand mit $T_U^* = T_K^*$ ein, wobei sich der Körper der Umgebungstemperatur anpaßt, da unterstellt wird, daß die Wärmekapazität des Körpers endlich, die der Umgebung aber unendlich groß ist.

- Das elektromagnetische Wellenspektrum enthält als schmales Band im Bereich der Wellenlängen λ^* von etwa $0,4\,\mu$m bis $0,7\,\mu$m das sichtbare Licht. In diesen Spektralbereich fallen die für das menschliche Sehvermögen ausreichenden Energien, die von Körpern oberhalb von etwa 950 K ausgestrahlt werden. Sichtbare Objekte niedrigerer Temperaturen können vom Menschen also nur aufgrund von Reflexionen wahrgenommen werden. Die elektromagnetische Strahlung selbst stammt dabei von Körpern mit entsprechend hohen Temperaturen (z.B. von der Sonne mit $T^* \approx 5\,800\,$K). Farbeindrücke entstehen dabei durch frequenzselektive Reflexionen des ursprünglich weißen Lichtes.

- Für die korrekte Interpretation von Strahlungsvorgängen ist klar zwischen emittierter und ausgesandter Strahlung eines Körpers zu unterscheiden. Während die emittierte Strahlung nur der Energieanteil ist, der aufgrund von atomaren Vorgängen im Körper selbst entsteht, umfaßt die ausgesandte Strahlung zusätzlich noch die reflektierte und transmittierte Strahlung. Gelegentlich wird dies auch durch den Begriff *Flächenhelligkeit* beschrieben.

WEITERFÜHRENDE LITERATUR

Jones, H.R.N. (1997): *Radiation Heat Transfer*, Oxford University Press, Oxford

Siegel, R.; Howell, J.R.; Lohrengel, J.(1988): *Wärmeübertragung durch Strahlung*
Teil 1: Grundlagen und Materialeigenschaften
Teil 2: Strahlungsaustausch zwischen Oberflächen und in Umhüllungen
Teil 3: Strahlungsübertragung in absorbierenden, emittierenden und streuenden Medien, Springer-Verlag, Berlin, Heidelberg, New York

White, F.M. (1988): *Heat and Mass Transfer*, Addison Wesley Publishing Company, Reading, Massachusetts

Özisik, M.N. (1973): *Radiative Transfer and Interactions with Conduction and Convection*, Wiley & Sons, New York

Touloukian, Y.S.; De Witt, D.P. (1970): *Thermal Radiation Properties*
Vol. 7: Metallic Elements and Alloys
Vol. 8: Nonmetallic Solids
Vol. 9: Coatings, Thermophysical Properties of Matter (Touloukian, Y.S.; Ho, C.Y. (Eds.)), IFI/Plenum, New York

Planck, M. (1959): *The Theory of Heat Radiation*, Dover-Publ., New York

Wärmestrommessung
(heat flux measurement)

Bedeutung und Definition

Es handelt sich um ein Konzept und die gerätetechnische Umsetzung, um den Wärmestrom an einer Wand oder in einem (meist strömenden) Fluid zu messen. In der Regel gelingt es, diese Aufgabe auf eine bzw. mehrere Temperaturmessungen zurückzuführen.

<table>
<tr><td></td><td>Definition</td><td></td></tr>
</table>

Bei der Wärmestrommessung handelt es sich um eine Methode zur Bestimmung

- des Wärmestromes an der Grenzfläche eines Systems (meist einer Wand). Dazu ist die wandnormale Komponente $\dot{q}_W^*$ des Wärmestromdichte-Vektors $\vec{\dot{q}_W^*}$ zu bestimmen. Über ein Flächenelement dA^* strömt der Wärmestrom $d\dot{Q}_W^* = \dot{q}_W^* dA^*$.

- des Wärmestromes im Inneren eines fluiden Systems. Im Fall des strömenden Fluides überwiegt meist der turbulente Anteil $\vec{\dot{q}_t^*}$ des Gesamtwärmestromdichte-Vektors $\vec{\dot{q}^*} = \vec{\dot{q}_m^*} + \vec{\dot{q}_t^*}$. Über ein Flächenelement $dx_i^* dx_j^*$ strömt der Wärmestrom $d\dot{Q}_k^* = \dot{q}_k^* dx_i^* dx_j^*$ mit der Indizierung $i,\,j,\,k$ für die drei Raumrichtungen.

$\vec{\dot{q}^*}$	Wärmestromdichte-Vektor	W/m^2
$\dot{q}_W^*$	Wandwärmestromdichte	W/m^2
$\dot{Q}^*$	Wärmestrom	W
$\vec{\dot{q}_m^*}$	molekularer Wärmestromdichte-Vektor	W/m^2
$\vec{\dot{q}_t^*}$	turbulenter Wärmestromdichte-Vektor	W/m^2

Physikalischer Hintergrund

Für die Wärmestromdichte an einer Wand gilt stets nach dem Fourierschen Wärmeleitungsgesetz

$$\dot{q}_W^* = -\lambda_F^* \frac{\partial T^*}{\partial n^*} = -\lambda_W^* \frac{\partial T^*}{\partial n^*}. \qquad (*)$$

Dabei ist $\dot{q}_W^*$ die Wärmestromdichte senkrecht zur Wand und n^* die von

der Wand in das Fluid weisende Normalkoordinate. Die beiden Teile von
Gl. (∗) beschreiben den Wärmestrom in das Fluid $(-\lambda_F^* \partial T^*/\partial n^*$ mit λ_F^*
als Wärmeleitfähigkeit des Fluides) bzw. den Wärmestrom in das Wandma-
terial $(-\lambda_W^* \partial T^*/\partial n^*$ mit λ_W^* als Wärmeleitfähigkeit des Wandmaterials).
Dabei ist zu beachten, daß ein positiver Zahlenwert für $\dot{q}_W^*$ bedeutet, daß
der Wärmestrom in Richtung der Normalkoordinate n^* fließt. Gleichung
(∗) gilt auch im Fluid an einer laminar oder turbulent überströmten Wand,
weil stets die Haftbedingung an der Wand gilt und somit dort die Physik
der reinen Wärmeleitung vorliegt. Gleichung (∗) gilt in einer stationären Situation zeitunabhängig, im instationären (transienten) Fall für die jeweiligen
Momentanwerte. Wenn die instationären Vorgänge so schnell ablaufen, daß
Relaxationsvorgänge berücksichtigt werden müssen, sind Abweichungen vom
Fourierschen Verhalten zu berücksichtigen (s. dazu das Stichwort NICHT-
FOURIERSCHE WÄRMELEITUNG).

Um $\dot{q}_W^*$ zu erhalten, muß bei bekannter Wärmeleitfähigkeit also lediglich
der Temperaturgradient $\partial T^*/\partial n^*$ bestimmt werden. Dies ist die Basis der
meisten Verfahren zur Bestimmung von Wärmeströmen an einer Wand. Im
Wandmaterial (dort liegt stets reine Wärmeleitung vor) kann der Gradient
$\partial T^*/\partial n^*$ durch $\Delta T^*/\Delta n^*$ mit $\Delta T^* \to 0$ ersetzt werden, d.h., es müssen
zwei Temperaturen in einem kleinen Abstand Δn^* senkrecht zur Oberfläche
gemessen werden. Nur in seltenen Fällen gelingt es allerdings, zwei Meßfühler
so anzubringen, daß damit z.B. die Temperaturen an der Oberfläche und in
einer Wandtiefe von Δn^* bestimmt werden können.

Stattdessen „erweitert" man die Wand durch eine dünne Schicht, über die
hinweg der Wärmestrom als $\lambda_S^* \Delta T^*/s^*$ bestimmt wird. Diese zusätzliche
Schicht der Dicke s^*, bestehend aus einem Material mit der Wärmeleitfähigkeit λ_S^*, dient als Wärmestromsensor. Er führt die Wärmestrommessung
auf die Bestimmung der Temperaturdifferenz ΔT^* zurück, die zwischen den
beiden Seiten der Schicht mit der Dicke s^* auftritt. Um die Verfälschung
der ursprünglichen physikalischen Situation durch den Wärmestromsensor so
gering wie möglich zu halten, muß sein Wärmewiderstand möglichst klein
sein, da dieser im Bereich des Sensors zusätzlich und verfälschend auftritt.
Dieser führt tendenziell zu einem "hot spot" auf der Oberfläche, an der die
Wärmestromdichte bestimmt werden soll. Da diese Bedingung zu geringen
Schichtdicken und insgesamt zu einer Miniaturisierung des Sensors führt,
werden gleichzeitig die Zeitkonstanten klein, so daß die Sensoren auch instationäre Vorgänge auflösen können. Konkrete Zahlenangaben sind nur für
spezielle Ausführungen möglich. Eine sehr gute Übersicht über die vielfälti-
gen Ausführungsformen gibt Diller (1993).

Insgesamt können Wärmestromsensoren nach ihren Meßprinzipien folgenden Kategorien zugeordnet werden:

- Sensoren auf der Basis von *zwei* Temperaturmessungen.

  Das Grundprinzip ist die Bestimmung der Wärmestromdichte der Fourierschen Wärmeleitung, wie zuvor ausführlich erläutert.

- Sensoren auf der Basis von *einer* Temperaturmessung.

  Hierbei wird stets das instationäre Temperaturverhalten des Wandmaterials analysiert. Kann die Wärmeleitung z.B. als eindimensional angesehen werden, können einfache analytische Beziehungen der instationären Wärmeleitung zugrundegelegt werden, aus denen der Wärmestrom unmittelbar aus dem Zeitverhalten der Temperatur folgt. Es muß also stets die Temperatur als Funktion der Zeit bestimmt werden (s. dazu das Beispiel im nachfolgenden Kapitel). In diesem Zusammenhang kommt auch die Infrarot-Thermographie zum Einsatz.

- Sensoren auf der Basis der Energiebilanz über den Sensor.

  Ist der Sensor z.B. als dünne elektrisch heizbare Folie ausgeführt, wird die elektrische Energie dieser „Widerstandsheizung" unmittelbar als Wärmestrom abgegeben. Damit sind Wärmeübergangsmessungen möglich, deren Ergebnisse anschließend der Bestimmung des Wärmestromes in einer veränderten physikalischen Situation zugrundegelegt werden können.

Für die Bestimmung des Wärmestromes im Inneren eines fluiden Systems gilt folgende Überlegung. In kartesischen Koordinaten lautet der Gesamtwärmestromdichte-Vektor

$$\vec{q^*} = \vec{q_m^*} + \vec{q_t^*} \;\; = \;\; \left(-\lambda^* \frac{\partial \overline{T}^*}{\partial x^*}, -\lambda^* \frac{\partial \overline{T}^*}{\partial y^*}, -\lambda^* \frac{\partial \overline{T}^*}{\partial z^*} \right)$$
$$+ \left(\varrho^* c_p^* \overline{u^{*\prime} T^{*\prime}}, \varrho^* c_p^* \overline{v^{*\prime} T^{*\prime}}, \varrho^* c_p^* \overline{w^{*\prime} T^{*\prime}} \right)$$

Mit Ausnahme eines extrem wandnahen Bereiches gilt für ein turbulentes Strömungsgebiet $\vec{q_t^*} \gg \vec{q_m^*}$, so daß nur der turbulente Wärmestromdichte-Vektor bestimmt werden muß. Dazu gilt es, die Geschwindigkeits-Temperaturschwankungs–Korrelationen zu messen. Da $u^{*\prime}$, $v^{*\prime}$, $w^{*\prime}$ und $T^{*\prime}$ instationäre Geschwindigkeits- bzw. Temperaturschwankungen mit einem Frequenzspektrum bis in den kHz–Bereich sind, kommen für Messungen nur Hitzdrähte oder optische Verfahren in Frage.

Ein typisches Meßverfahren ist der Einsatz einer Tripel-Hitzdrahtsonde, bei der zwei aufgeheizte und ein kalter Hitzdraht so angeordnet sind, daß die aufgeheizten Drähte zwei Geschwindigkeitskomponenten messen können und der Kaltdraht die Temperatur mißt. Werden z.B. $u^{*\prime}$, $v^{*\prime}$ und $T^{*\prime}$ gemessen, so können daraus bei entsprechender Signalverarbeitung die Korrelationen $\overline{u^{*\prime} T^{*\prime}}$ und $\overline{v^{*\prime} T^{*\prime}}$, aber auch $\overline{u^{*\prime} v^{*\prime}}$ (zur Bestimmung der turbulenten Schubspannung) ermittelt werden.

Für die im Konstant-Temperatur–Modus betriebenen Kaltdrahtsonden werden in der Regel Drahtdurchmesser von 2,5 bis 5 μm eingesetzt. Der Kaltdraht wird von einem sehr kleinen Strom durchflossen, so daß keine nennenswerte Aufheizung des Drahtes erfolgt. Er wirkt wie ein elektrisches Widerstandsthermometer. Die beiden aufgeheizten Drähte werden im Konstant-

Strom–Modus betrieben. Ihre Durchmesser sind mit $d^* \leq 1\,\mu\mathrm{m}$ deutlich kleiner.

Eine Alternative zur Hitzdrahtmessung ist die Laser-Doppler–Anemometrie. Dabei werden entweder die Geschwindigkeitsschwankungen optisch gemessen und die Temperaturschwankungen mit einem Kaltdraht, wie zuvor beschrieben, oder alle drei Größen werden optisch bestimmt. Zur optischen Temperaturmessung werden dabei häufig die temperaturabhängige Raman-Streuung und das Fluoreszenz-Verfahren eingesetzt. Für eine Übersicht über verschiedene Verfahren und Einsatzgebiete s. Klein (1994).

Anwendungen und Beispiele

Dünnfilmsensoren zur Wärmestrommessung

Mit der im folgenden Bild gezeigten Anordnung wird die Temperatur an der Oberfläche eines Körpers als Funktion der Zeit gemessen. Unter der Annahme, daß eine eindimensionale Wärmeleitung im oberflächennahen Material vorliegt, kann aus dem allgemeinen Zusammenhang zwischen der Wandwärmestromdichte $\dot{q}_W^*$ und der Temperatur-Zeit–Funktion in einem halbunendlichen Körper auf $\dot{q}_W^*$ geschlossen werden. Wenn zum Zeitpunkt $t^* = 0$ eine überall konstante Temperatur T_0^* vorliegt und für $t^* > 0$ ein Wärmeübergang vorhanden ist, dann gilt für die Wandwärmestromdichte, s. z.B. Diller (1993),

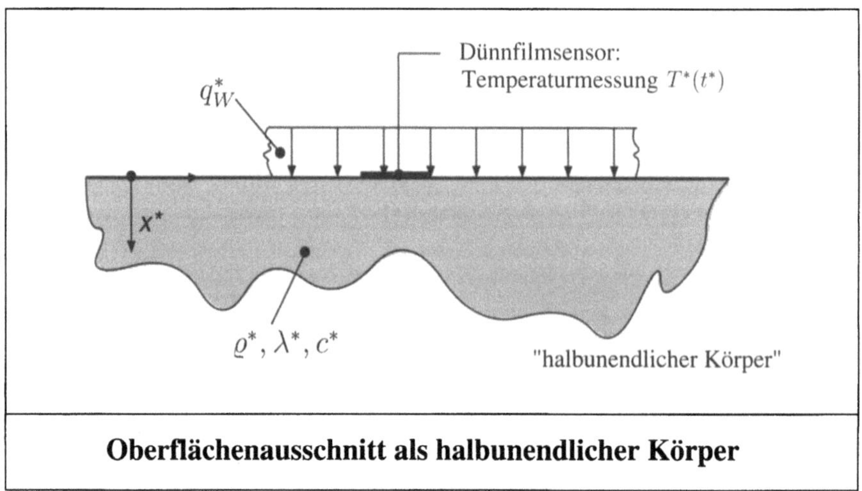

Oberflächenausschnitt als halbunendlicher Körper

$$\dot{q}_W^*(t^*) = \sqrt{\frac{\lambda^* \varrho^* c^*}{\pi}} \left[\frac{T_W^*(t^*) - T_0^*}{\sqrt{t^*}} + \frac{1}{2} \int\limits_0^{t^*} \frac{T_W^*(t^*) - T_W^*(\tau^*)}{(t^* - \tau^*)^{3/2}} d\tau^* \right] \qquad (*)$$

mit λ^* als Wärmeleitfähigkeit, ϱ^* als Dichte und c^* als spezifischer Wärmekapazität des Wandmaterials. Die Integration macht deutlich, daß die aktuelle Wärmestromdichte zum Zeitpunkt t^* von der „Vorgeschichte" über den gesamten Zeitraum t^* abhängt. Eine Approximation der Zeitfunktion ergibt für die Auswertung mit n diskreten Temperaturwerten (s. Hodge et al. (1998)):

$$\dot{q}_W^*(t_n^*) = 2\sqrt{\frac{\lambda^* \varrho^* c^*}{\pi}} \sum_{i=1}^{n} \frac{T_i^* - T_{i-1}^*}{\sqrt{t_n^* - t_i^*} + \sqrt{t_n^* - t_{i-1}^*}} \qquad (**)$$

Zur Temperaturmessung wird der dünne Film in den meisten Fällen als Widerstandsthermometer eingesetzt. Der dazu erforderliche Strom muß einerseits groß genug sein, um einen hinreichend großen Spannungsabfall zu erzeugen, andererseits aber so klein, daß die zusätzlich eingebrachte Heizleistung vernachlässigbar ist. Typische Zahlenwerte sind $100\,\Omega$ als Widerstand und 1 bis $2\,\text{mA}$ als Konstant-Strom.

Beachte

❐ Liegt an der Körperoberfläche ein konvektiver Wärmeübergang vor, so ist nicht nur darauf zu achten, daß die aufgebrachten Wärmestromsensoren das Temperaturfeld durch den ihnen eigenen zusätzlichen Wärmewiderstand nicht unzulässig beeinflussen, sondern auch darauf, daß die Strömung im Bereich der Sensoren möglichst unbeeinflußt bleibt. Dies kann insbesondere bei turbulenten Strömungen mit extrem dünnen viskosen Unterschichten zu hohen Anforderungen an die geometrische Form der Sensoren führen.

❐ Die von den Wärmstromsensoren gemessene Wandwärmestromdichte $\dot{q}_W^*$ enthält sowohl den konvektiv übertragenen Anteil als auch die durch Wärmestrahlung übertragene Wärmestromdichte. Eine Möglichkeit, beide Anteile getrennt zu erfassen, besteht darin, zwei Sensoren nebeneinander anzuordnen und bzgl. ihrer Oberfläche so auszuführen, daß ein Sensor einen Emissionsgrad von $\epsilon \sim 1$ und der andere von $\epsilon \sim 0$ besitzt. Der Strahlungsanteil von $\dot{q}_W^*$ ergibt sich dann unmittelbar als Differenz beider $\dot{q}_W^*$-Messungen.

Weiterführende Literatur

Klein, B. (1994): *LDA- und HD-Meßsysteme für turbulente Wärmeströme in Grenzschichten und rezirkulierenden Strömungen*, VDI-Fortschrittberichte Nr. 229, Reihe 7, VDI-Verlag, Düsseldorf

Diller, T.E. (1993): *Advances in Heat Flux Measurements*, Adv. in Heat Transfer 23, 279–355

Hodge, J.K.; Chen, A.J.; Hayes, J.R. (1988): *Unsteady Heat Transfer Coefficient Estimation for Long Duration*, AIAA J. Thermophys. 2, 218–226

Wärmeübergangsbeziehung
(Newtons law of cooling)

Siehe dazu das Stichwort WÄRMEÜBERGANGSKOEFFIZIENT α^*.

Wärmeübergangskoeffizient α^*
(heat transfer coefficient h^*)

BEDEUTUNG UND DEFINITION

Es handelt sich um einen empirischen Ansatz zur Beschreibung des Wärmeüberganges über Grenzflächen in eine fluide Phase hinein oder aus dieser heraus (Wärmeübergangsbeziehung). Dabei wird unterstellt, daß die Wärmestromdichte an der Grenzfläche (meist einer festen Wand) direkt proportional zur Temperaturdifferenz zwischen der Grenzfläche und dem Fluid hinreichend weit entfernt von der Wand ist. Als Proportionalitätsfaktor in der Wärmeübergangsbeziehung wird α^* eingeführt.

	Definition	

$$\dot{q}_W^* = \alpha^* \Delta T^* \quad \rightarrow \quad \alpha^* = \frac{\dot{q}_W^*}{\Delta T^*}$$

$\dot{q}_W^*$	Wärmestromdichte an der Wand	$\mathrm{W/m^2}$
ΔT^*	Temperaturdifferenz $\Delta T^* = T_W^* - T_\infty^*$	K
α^*	Wärmeübergangskoeffizient	$\mathrm{W/m^2K}$

PHYSIKALISCHER HINTERGRUND

Der Ansatz für den Wärmeübergangskoeffizienten vernachlässigt alle physikalischen Details des Temperaturfeldes in Wandnähe. Diese müssen für die verschiedenen Strömungstypen und physikalischen Situationen, die in Wandnähe vorliegen können, dann sozusagen global in dem empirischen Faktor α^* enthalten sein. Deshalb ist α^* auch keineswegs eine universelle Konstante sondern im allgemeinen abhängig von:

1. der Reynolds-Zahl bei erzwungener Konvektion bzw. der Grashof-Zahl bei natürlicher Konvektion

2. der Geometrie des umströmten/durchströmten Körpers sowie der Position auf der Geometrie

3. der Prandtl-Zahl des Fluides

4. der Brinkman-Zahl

5. der Art der thermischen Randbedingung

6. der „Stärke" der Wärmeübertragung

Die Aufzählung verdeutlicht, daß Zahlenwerte für α^* nur für ganz spezifische physikalische Situationen angegeben werden können.

ANWENDUNGEN UND BEISPIELE

1. Erzwungene Konvektion um einen Kreiszylinder

Das nachfolgende Bild zeigt den Verlauf des lokalen Wärmeübergangskoeffizienten α^* über dem Umfang für drei verschiedene Reynolds-Zahlen. Es ist erkennbar, daß α^* sehr stark von der Reynolds-Zahl, aber auch vom „lokalen Geschehen" an der Oberfläche (wie z.B. der Strömungsablösung) abhängt.

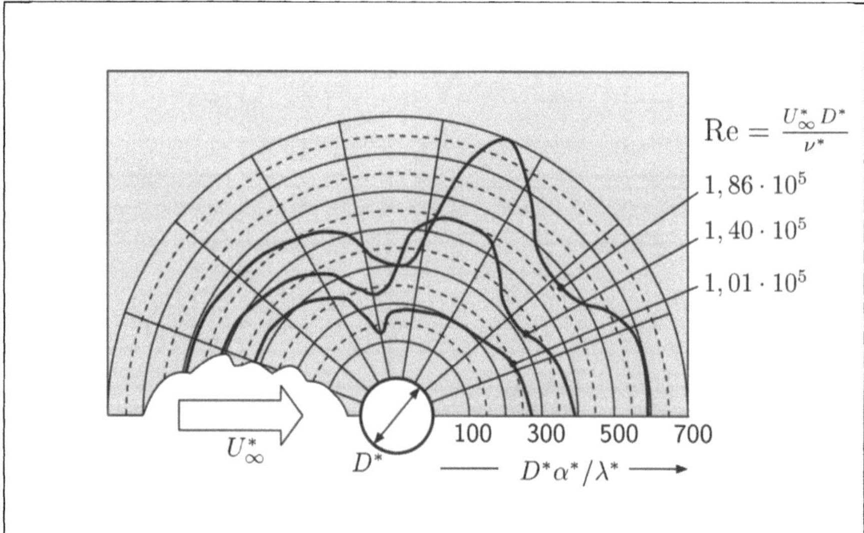

Wärmeübergangskoeffizient $\boldsymbol{\alpha^*}$ am Kreiszylinder
Pr $= 0{,}7$; Br $= 0$; $T_W^* = $ const
Daten aus: Giedt (1949)

2. Abschätzungen für Zahlenwerte von α^*

Häufig helfen grobe Angaben für α^* um Abschätzungen bezüglich des Wärmeüberganges vornehmen zu können. Die nachfolgende Tabelle enthält solche Größenordnungsangaben.

	GASE $Pr \approx 1$	FLÜSSIGKEITEN $Pr \approx 10$
natürliche Konvektion	$3 < \alpha^* < 20$	$100 < \alpha^* < 600$
erzwungene Konvektion	$10 < \alpha^* < 100$	$500 < \alpha^* < 10\,000$
Phasenwechsel	$1\,000 < \alpha^* < 10\,000$ Kondensation	$1\,000 < \alpha^* < 100\,000$ Verdampfung

**Typische Zahlenwerte des
Wärmeübergangskoeffizienten α^***

jeweils in W/m^2K

BEACHTE

▪ Es besteht ein enger Zusammenhang zwischen α^* und der Nußelt-Zahl Nu. Aufgrund der Definition von Nu gilt $\alpha^* = Nu\,\lambda^*/L^*$. Für eine systematische Darstellung physikalischer Vorgänge ist der Nußelt-Zahl der Vorzug zu geben, s. dazu auch das Stichwort DIMENSIONSANALYSIS.

▪ Die Definitionsgleichung $\dot{q}_W^* = \alpha^*\Delta T^*$ suggeriert, daß α^* unabhängig von der treibenden Temperaturdifferenz ΔT^* ist. Dies ist häufig jedoch nur näherungsweise der Fall. Zum Beispiel muß die Abhängigkeit von ΔT^* für natürliche Konvektionsströmungen stets berücksichtigt werden.

▪ Bei der konkreten Anwendung ist streng darauf zu achten, was im konkreten Fall als treibende Temperaturdifferenz ΔT^* vereinbart worden ist. Dies ist in einem gewissen Rahmen willkürlich, so daß Zahlenangaben für α^* ohne die Angabe der konkreten Bedeutung von ΔT^* u.U. wertlos sind.

▪ Die mit α^* verbundene Wärmeübergangsbeziehung $\dot{q}_W^* = \alpha^*\Delta T^*$ wird gelegentlich auch „Newtonsches Abkühlungsgesetz" genannt. Dieser Name beschreibt die ursprünglich mit dieser Beziehung verbundene Vorstellung des momentan vorliegenden Wärmestromes an einem mit der Zeit abkühlenden Körper.

WEITERFÜHRENDE LITERATUR

Herwig, H. (1997): *Kritische Anmerkungen zu einem weitverbreiteten Konzept: der Wärmeübergangskoeffizient* α, Forsch. Ingenieurwes. 63, 13–17

O'Sullivan (1990): *Newton's Law of Cooling — A Critical Assessment*, Am. J. Phys. 58, 956–960

Wärmeübertrager
(heat exchanger)

BEDEUTUNG UND DEFINITION

Es handelt sich um eine Klasse von wärmetechnischen Apparaten unterschiedlicher Bauart und Wirkungsweise, die alle das Ziel haben, einen bestimmten Wärmestrom von einem auf ein anderes Fluid zu übertragen. Zu speziellen Anwendungen s. auch die Stichwörter KONDENSATOR und VERDAMPFER.

	Definition	
Unter einem Wärmeübertrager versteht man einen Apparat, der von zwei oder mehreren (im allgemeinen) fluiden Medien durchströmt wird, von denen zumindest eines Energie in Form von Wärme an die anderen überträgt. Die Medien können dabei den Aggregatzustand ändern; ebenso kann mit der Wärmeübertragung eine Stoffübertragung verbunden sein.		

PHYSIKALISCHER HINTERGRUND

In Wärmeübertragern wird der Energietransport aufgrund von Temperaturunterschieden (und damit definitionsgemäß ein „Wärmestrom") technisch realisiert. Die Energieaufnahme und -abgabe durch die beteiligten Fluide kann dabei entweder durch den Mechanismus der sensiblen Wärmespeicherung (Enthalpieänderung durch Temperaturänderung bei endlichen Wärmekapazitäten) oder den der latenten Wärmespeicherung (Enthalpieänderung durch Kondensation oder Verdampfung) erfolgen. Ist zusätzlich ein Stofftransport beteiligt, so liegt darüber hinaus ein konvektiver Transport vor. Bei höheren Temperaturen spielt die Wärmeübertragung durch Strahlung u.U. eine entscheidende Rolle.

Aufgrund sehr verschiedener Anforderungen und unterschiedlicher Bewertungskriterien haben sich eine Vielzahl von Bauformen durchgesetzt, die nach unterschiedlichen Gesichtspunkten geordnet werden können. Eine grobe Einteilung ergibt sich danach wie folgt:

- Kontaktart der beteiligten Medien:

  indirekte Wärmeübertrager: Die wärmeübertragenden Medien sind durch Wände getrennt; eine Stoffübertragung findet nicht statt.

  direkte Wärmeübertrager: Unmittelbarer Kontakt der wärmeübertragenden Medien; in der Regel ist dies mit einer Stoffübertragung verbunden.

- Zwischengeschaltete Wärmespeicherung:

  Rekuperatoren: Die Wärmeübertragung erfolgt unmittelbar ohne zwischengeschaltete Speicherung und damit ohne Zeitverzögerung.

  Regeneratoren: Der zu übertragende Wärmestrom wird zunächst an ein Speichermaterial übertragen und dann zeitverzögert an das „Zielfluid" abgegeben. Dieser Vorgang kann zyklisch (periodisch) ablaufen oder auch in einer kontinuierlich arbeitenden Anordnung.

- Strömungsführung:

  Gleichstromwärmeübertrager: Wärmeabgebendes und wärmeaufnehmendes Fluid haben dieselbe Hauptströmungsrichtung. Da die Enthalpie des wärmeabgebenden Fluides abnimmt, ergeben sich die im folgenden Bild gezeigten prinzipiellen Temperaturverläufe (bei sensibler Wärmespeicherung) bzw. Phasenwechsel (bei latenter Wärmespeicherung).

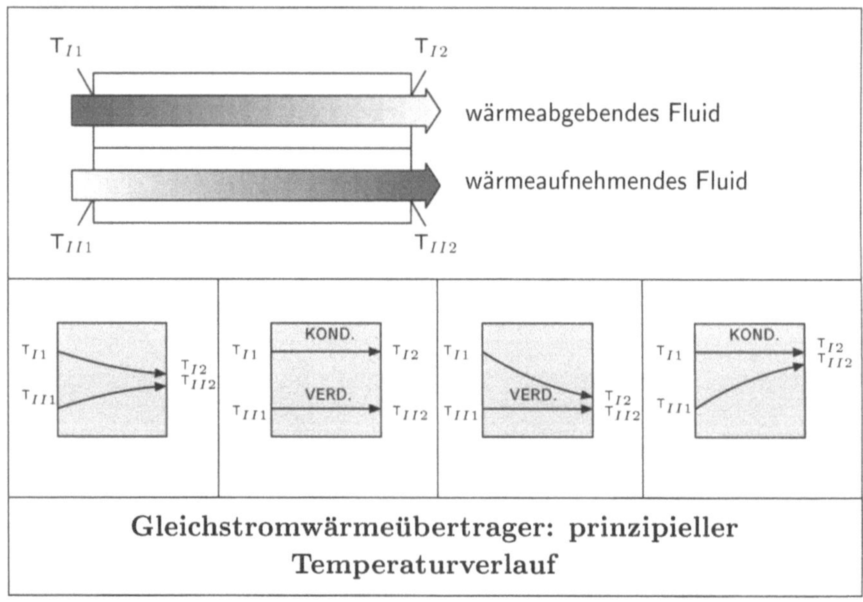

Gleichstromwärmeübertrager: prinzipieller Temperaturverlauf

Gegenstromwärmeübertrager: Wärmeabgebendes und wärmeaufnehmendes Fluid haben die entgegengesetzte Hauptströmungsrichtung. Damit ergibt sich der auf der folgenden Seite gezeigte prinzipielle Temperaturverlauf.

Kreuzstromwärmeübertrager: Wärmeabgebendes und wärmeaufnehmendes Fluid strömen quer zueinander. Es kommt zu Temperaturverteilungen quer zur jeweiligen Hauptströmungsrichtung, wenn die Temperatur

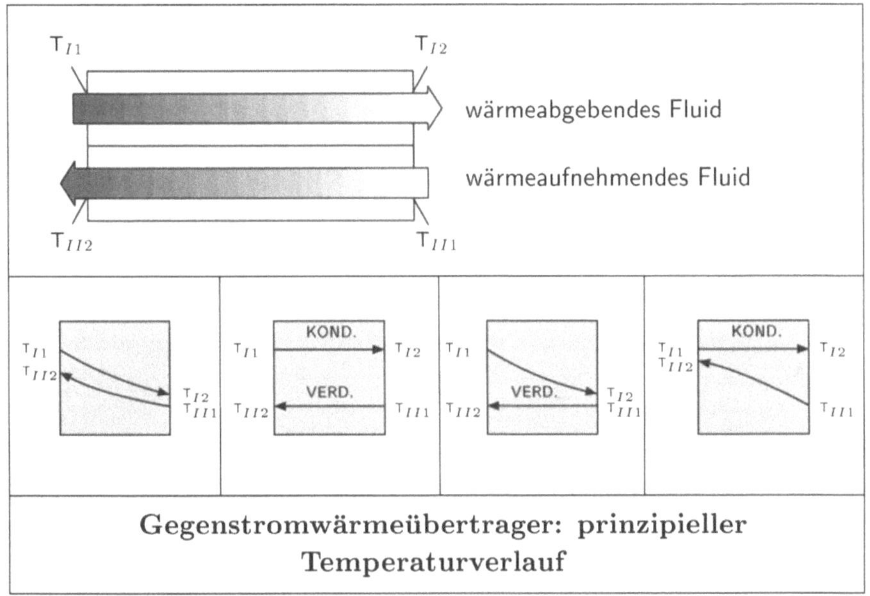

**Gegenstromwärmeübertrager: prinzipieller
Temperaturverlauf**

des anderen Stromes nicht konstant ist. Diese ungleichmäßige Temperaturverteilung kann durch Vermischungsvorgänge bereits innerhalb des Wärmeübertragers ausgeglichen werden. Man spricht dann von einem einseitig oder zweiseitig mischenden Kreuzstrom.

Mischformen: Diese entstehen durch Kombination der zuvor genannten Varianten in einem Apparat, z.B. als Kreuzgegenstrom-Wärmeübertrager.

ANWENDUNGEN UND BEISPIELE

1. Globalanalyse des Wärmeübertragers

Mit Hilfe des WÄRMEDURCHGANGSKOEFFIZIENTEN k^* kann durch eine einfache Energiebilanz folgende Aussage über den gesamten übertragenen Wärmestrom $\dot{Q}^*_{ges}$ gewonnen werden:

$$\dot{Q}^*_{ges} = k^* A^* \Delta_{ln} T^*.$$

dabei ist:

k^*: der als konstant unterstellte Wärmedurchgangskoeffizient der speziellen Wärmeübertrager-Konfiguration; Zahlenbeispiele sind in der nachfolgenden Tabelle enthalten.

A^*:   die gesamte am Wärmeübergang beteiligte Übertragungsfläche

$\Delta_{ln}T^*$: die logarithmische mittlere Temperaturdifferenz

$$\Delta_{ln}T^* = \frac{\Delta T_2^* - \Delta T_1^*}{\ln\left(\Delta T_2^*/\Delta T_1^*\right)}$$

mit den Temperaturunterschieden ΔT_1^* und ΔT_2^* der Fluide an den jeweiligen Ein- bzw. Austritten. Zum Beispiel gilt für Gleichstromwärmeübertrager $\Delta T_1^* = T_{I1}^* - T_{II1}^*$ und $\Delta T_2^* = T_{I2}^* - T_{II2}^*$ gemäß den zuvor gezeigten prinzipiellen Temperaturverläufen.

Die logarithmische (und nicht die arithmetische) Temperaturdifferenz entsteht aufgrund des exponentiellen Temperaturverlaufes in Hauptströmungsrichtung auf beiden Seiten der Wärmeübertragungsflächen. Der Zahlenwert des Wärmedurchgangskoeffizienten ist wesentlich durch die beteiligten Fluide bestimmt. Die nachfolgende Tabelle gibt einige Anhaltswerte.

FLUID-PAARUNG	$k^*/(\mathrm{W/m^2K})$
Wasser gegen Luft (mit Berippung)	25 – 50
Wasser gegen Öl	110 – 350
Wasser gegen Alkohol (Kondensation)	250 – 700
Wasser gegen Ammoniak (Kondensation)	800 – 1 400
Wasser gegen Wasser	850 – 1 700
Wasser gegen Wasserdampf (Kondensation)	1 000 – 6 000

Zahlenwerte des Wärmedurchgangskoeffizienten k^*

Daten aus: Incropera, DeWitt (1996)

2. Ablagerung von Verunreinigungen an wärmeübertragenden Flächen (engl.: Fouling)

Es handelt sich um ein bekanntes aber leider ungelöstes Problem bei sehr vielen Wärmeübertrager-Arten. Verschmutzungen können dabei je nach Bauart und beteiligten Fluiden durch Ablagerung von Kesselstein, Ruß, Kohlestaub, Öl, Eis, Salz, usw. entstehen. Es handelt sich zwar häufig nur um sehr dünne Schichten, wegen der geringen Wärmeleitfähigkeit λ^* vieler dieser Stoffe können dadurch aber trotzdem erhebliche Verschlechterungen im Wärmeübergang auftreten. Im folgenden Bild ist die Abhängigkeit

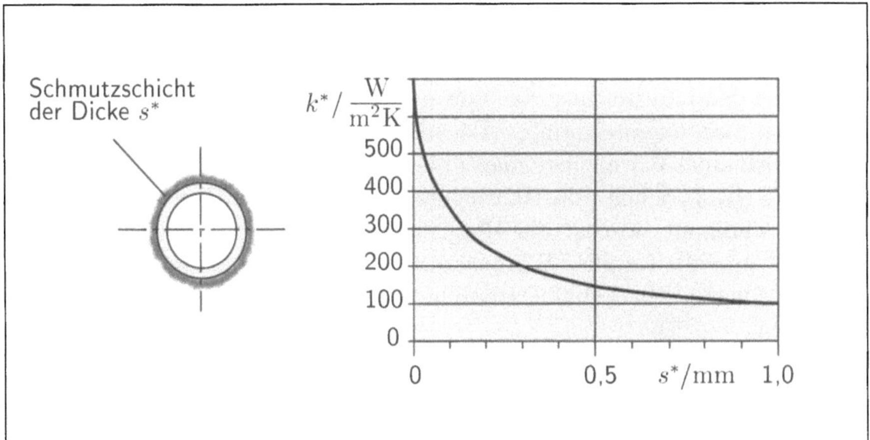

Abhängigkeit des Wärmedurchgangskoeffizienten k^* von der Schmutzschichtdicke s^* (Rohrbündelwärmeübertrager)

des mittleren Wärmedurchgangskoeffizienten $(k^* = \dot{Q}^*/(A^*\Delta_{ln}T^*))$ eines Rohrbündel-Wärmeübertragers in Abhängigkeit von der Verschmutzungs-Schichtdicke aufgetragen. In diesem Fall ist der Wärmeübergang bereits bei einer Schichtdicke von 0,2 mm und sonst gleichen Verhältnissen auf die Hälfte zurückgegangen.

BEACHTE

◗ Neben dem Wärmedurchgangskoeffizienten k^* werden auch speziell für Wärmeübertrager definierte Kennzahlen für eine Globalanalyse eingesetzt (s. besonders Roetzel und Spang (1994)), wie z.B.:

- $\epsilon = \dfrac{\text{Temperaturänderung des Stromes } i}{\text{max. Temperaturunterschied}}$ (Wirkungsgrad)

  auch: Ausgleichsgrad, Betriebscharakteristik

- $N_i = \dfrac{k^*A^*}{\left(\dot{m}^*c_p^*\right)_i}$ (Anzahl der Übertragungseinheiten)

  engl.: NTU $\overset{\wedge}{=}$ number of transfer units. Dies ist ein dimensionsloses Maß für eine typische Verweilzeit des Fluides im Wärmeübertrager.

- $C = \dfrac{\left(\dot{m}^*c_p^*\right)_1}{\left(\dot{m}^*c_p^*\right)_2}$ (Kapazitätsstromverhältnis)

Für unterschiedliche Wärmeübertrager-Bauarten können damit Global-analysen im Sinne eines funktionalen Zusammenhanges $N_i = N_i(\epsilon, C)$ aufgestellt werden, die häufig als graphische Darstellungen zu finden sind.

◻ In der Miniaturisierung von Wärmeübertragern liegt ein großes Potential zur Leistungssteigerung. Da z.B. bei einer zylindrischen Anordnung (Rohrbündel-Wärmeübertrager) die Übertragungsoberfläche proportional zu R^* (Rohrradius), das Wärmeübertragervolumen aber proportional zu R^{*2} abnimmt, wächst die Übertragungsfläche pro Volumeneinheit mit $1/R^*$ an. Mit Kapillar-Wärmeübertragern (Strömungskanäle im μm–Bereich) lassen sich deshalb extrem hohe Leistungsdichten der Wärmeübertragung erzielen.

◻ Der früher übliche Begriff „Wärmeaustauscher" sollte nicht weiter verwendet werden, auch wenn er die direkte Übersetzung des im englischen Sprachraum gebräuchlichen „heat exchanger" ist. Dieser Begriff berücksichtigt den Transportcharakter der Wärme nicht hinreichend (s. dazu das Stichwort WÄRME).

WEITERFÜHRENDE LITERATUR

Kalinin, E.K.; Dreitser, G.A. (1998): *Heat Transfer Enhancement in Heat Exchangers*, Adv. in Heat Transfer 31, 159–332

Incropera, F.P.; DeWitt, D.P. (1996): *Fundamentals of Heat Transfer*, John Wiley, New York

Roetzel, W; Spang, B. (1994): *Berechnung von Wärmeübertragern*, in: VDI-Wärmeatlas, Ca1–Ca38, VDI–Verlag, Düsseldorf

Hewitt, G. F.; Shives, G. L.; Bott, T. R. (1994): *Process Heat Transfer*, CRC Press, Boca Raton

Schnell, H.; Thier, B. (eds.) (1994): *Wärmeaustauscher/Energieeinsparung durch Optimierung von Wärmeprozessen*, Vulkan-Verlag, Essen

Wagner, W. (1993): *Wärmeaustauscher*, Vogel-Verlag, Würzburg

Shah, R.K.; Kraus, A.D.; Metzger, D. (1990): *Compact Heat Exchangers*, Hemisphere Publ. Corp., New York

Martin, H. (1988): *Wärmeübertrager*, Georg Thieme Verlag, Stuttgart

Heat Exchanger Design Handbook and Updates (1987); begell house, inc. New York

Part 1: Exchanger Theory

Part 2: Fluid Mechanics and Heat Transfer
Part 3: Thermal and Hydraulic Design of Heat Exchangers
Part 4: Mechanical Design of Heat Exchangers
Part 5: Physical Properties

Piguotti, A. (1986): *Analytical Techniques for Basic Thermal Design of Complex Heat Exchanger Configurations*, Proc. 8th IHTC, Vol. 1, 249–258

Mori, Y. (1986): *High Temperature Heat Exchangers*, Proc. 8th IHTC, Vol. 1, 259–268

Westwater, J.W. (1986): *Compact Heat Exchangers with Phase change*, Proc. 8th IHTC, Vol. 1, 269–278

Wärmeübertragung
(heat transfer)

BEDEUTUNG UND DEFINITION

Es handelt sich um einen Begriff, der in zwei unterschiedlichen Bedeutungen verwendet wird. Zum einen beschreibt er den physikalischen Vorgang der Wärmeübertragung und zum anderen das Wissenschaftsgebiet, das sich mit den Gesetzmäßigkeiten der Wärmeübertragung befaßt. Die nachfolgende Definition bezieht sich auf den ersten Aspekt, also den physikalischen Vorgang. Wärmeübertragung als Wissenschaftsgebiet ist die Grundlage für das gesamte Buch „Wärmeübertragung von A–Z".

	Definition	
Die Wärmeübertragung als physikalischer Prozeß ist ein spontaner, irreversibler Vorgang des Temperaturausgleiches zwischen zwei Systemen im thermischen Kontakt. Dieser Prozeß führt zum thermischen Gleichgewicht beider Systeme (Entropiemaximum), wenn diese gegenüber der Umgebung thermisch isoliert sind (keine Wärmeübertragung zur Umgebung).		

PHYSIKALISCHER HINTERGRUND

Wärmeübertragung bedeutet stets einen Energie- und Entropietransport über Systemgrenzen. Dieser ist zusätzlich mit ENTROPIEPRODUKTION verbunden (irreversibler Vorgang).

Grundsätzlich können folgende drei Arten der Wärmeübertragung unterschieden werden:

1. Wärmeübertragung durch WÄRMELEITUNG:

   Energietransport durch interatomare oder intermolekulare Wechselwirkung. Makroskopisch resultiert daraus ein Wärmestrom in Richtung negativer Temperaturgradienten (abnehmender Temperatur).

2. Wärmeübertragung als KONVEKTIVE WÄRMEÜBERTRAGUNG:

   Der Prozeß der Wärmeleitung wird durch Konvektionsvorgänge (Strömungen) unterstützt, die wandnahes Fluid stromabwärts transportieren und damit die Aufrechterhaltung hoher Temperaturgradienten ermöglichen.

3. Wärmeübertragung durch WÄRMESTRAHLUNG:

   Dabei handelt es sich um den Austausch elektromagnetischer Strahlung zwischen zwei Körpern, der mit einem Energieaustausch verbunden ist und insgesamt zu einer Wärmeübertragung zwischen zwei Systemen (Körpern) führt.

ANWENDUNGEN UND BEISPIELE

Wärmeübertragungsvorgänge treten in fast allen technischen Prozessen, entweder als wesentliche Aspekte des Prozesses selbst oder als oft unerwünschte aber unvermeidbare Nebenerscheinungen, auf. In diesem Buch werden zahlreiche Beispiele unter den jeweiligen Stichwörtern gegeben.

BEACHTE

☞ Die Wärmeübertragung als Wissenschaftsgebiet hat sich historisch gesehen seit etwa 300 Jahren entwickelt. Als eigenständige Disziplin kann sie etwa seit Anfang des zwanzigsten Jahrhunderts gelten.

WEITERFÜHRENDE LITERATUR

Standard–Werke zur Wärmeübertragung, s. die Liste am Ende des Buches.

Wärmewiderstand R_{th}^*
(thermal resistance R_{th}^*)

Bedeutung und Definition

Es handelt sich um eine Größe zur Kennzeichnung des Wärmeübergangs-verhaltens an Wänden oder durch diese hindurch, die in Anlehnung an den elektrischen Widerstand definiert wird. Dabei entspricht der Wärmestrom dem elektrischen Strom und die treibende Temperaturdifferenz der elektrischen Potentialdifferenz (= elektrische Spannung).

	Definition	
$$R_{th}^* = \dfrac{\Delta T^*}{\dot{Q}_W^*} = \dfrac{\Delta T^*}{\dot{q}_W^* A^*} \qquad \text{analog zu:} \qquad R_{el}^* = \dfrac{\Delta E^*}{I^*} = \dfrac{\Delta E^*}{i^* A^*}$$		
R_{th}^*	thermischer Widerstand	K/W
ΔT^*	treibende Temperaturdifferenz (s. nachfolgende Erläuterungen)	K
$\dot{Q}_W^*$	Wärmestrom	W
$\dot{q}_W^*$	Wärmestromdichte	W/m^2
A^*	beaufschlagter Querschnitt	m^2
R_{el}^*	elektrischer Widerstand	Ω
ΔE^*	treibende elektrische Potentialdifferenz (elektrische Spannung)	V
I^*	elektrischer Strom	A
i^*	elektrische Stromdichte	A/m^2

Physikalischer Hintergrund

Die Ansätze zur Beschreibung des Wärmeüberganges bzw. des Wärmedurch-ganges in Form von $\dot{Q}_W^* \sim \Delta T^*$ zeigen dieselbe lineare Abhängigkeit wie das Ohmsche Gesetz der Elektrotechnik in Form von $I^* \sim \Delta E^*$. Da Wärme und elektrischer Strom jeweils Energieflüsse darstellen, ist die Analogie der beiden mathematischen Beziehungen auch physikalisch sinnvoll interpretierbar. In diesem Sinne entsprechen sich auch die Koeffizienten $\Delta T^*/\dot{Q}_W^*$ und $\Delta E^*/I^*$, die deshalb einheitlich als „Widerstände" bezeichnet werden können, also als Wärme- bzw. elektrischer Widerstand.

ANWENDUNGEN UND BEISPIELE

1. Wärmeleitungswiderstand $R_{th,L}^*$ einer Wand

Unterstellt man eine stationäre Situation, so ist die treibende Temperaturdifferenz ΔT^* durch die Differenz der Temperaturen an beiden Seiten der Wand gegeben als $\Delta T^* = T_1^* - T_2^*$.

Da im stationären Fall $\dot{Q}_W^* = \dot{q}_W^* A^*$ konstant ist, kommt es im weiteren entscheidend darauf an, wie die Fläche A^* sich längs des Wärmeleitungsweges verhält, da sich damit $\dot{q}_W^*$ entsprechend verändert, was wiederum über $\vec{\dot{q}}_W^* = -\lambda^* \text{grad}\, T^*$ (Fouriersches Wärmeleitungsgesetz) zu einer veränderten Temperaturverteilung führt. Diese muß aber integriert werden, um damit im konkreten Fall ΔT^* zu ermitteln. Deshalb ist der Wärmeleitungswiderstand für verschiedene Wandformen unterschiedlich.

Nachfolgend sind drei Beispiele für Wände der Wärmeleitfähigkeit λ^* angegeben.

EBENE WAND Fläche A^* Wandstärke s^*	HOHLZYLINDERWAND Länge L^* Innenradius r_1^* Außenradius r_2^*	HOHLKUGELWAND Innenradius r_1^* Außenradius r_2^*
$R_{th,L}^* = \dfrac{s^*}{\lambda^* A^*}$	$R_{th,L}^* = \dfrac{\ln\left(r_2^*/r_1^*\right)}{\lambda^* 2\pi L^*}$	$R_{th,L}^* = \dfrac{1}{\lambda^* 4\pi}\left(\dfrac{1}{r_1^*} - \dfrac{1}{r_2^*}\right)$

Wärmeleitungswiderstände verschiedener Wandformen

2. Wärmeübergangswiderstand $R_{th,\ddot{U}}^*$ an einer Wand der Fläche A^*

Ein Vergleich mit der Wärmeübergangsbeziehung $\dot{q}_W^* = \alpha^* \Delta T^*$, ergibt mit $\Delta T^* = T_W^* - T_\infty^*$ für den Wärmeübergangswiderstand $R_{th,\ddot{U}}^*$ unmittelbar:

$$R_{th,\ddot{U}}^* = \frac{1}{\alpha^* A^*}.$$

Hierbei ist nicht formal nach unterschiedlichen Wandformen zu unterscheiden, da deren Einfluß bereits in dem jeweils konkreten Wert von α^* enthalten ist.

3. Wärmedurchgangswiderstand $R^*_{th,D}$ einer Wand

Da beim Wärmedurchgang die Effekte des Wärmeüberganges auf beiden Seiten der Wand und der Effekt der Wärmeleitung durch die Wand zusammengefaßt werden, letzterer aber für unterschiedliche Wandformen verschieden ist, kann der Wärmedurchgangswiderstand wiederum nur für konkrete Wandformen angegeben werden.

Physikalisch ist der Wärmedurchgangswiderstand die Hintereinanderschaltung der einzelnen Wärmewiderstände in Wärmedurchgangsrichtung, also:

$$R^*_{th,D} = \sum_j R^*_{th,j}$$

Diese Beziehung muß jeweils für die konkrete Situation ausgewertet werden, wobei für $R^*_{th,j}$ die in den vorigen beiden Beispielen angegebenen Beziehungen für $R^*_{th,L}$ und $R^*_{th,\ddot{U}}$ zur Anwendung kommen.

BEACHTE

☐ Beschränkt man sich auf reine Wärmeleitung, so gilt die elektrische Analogie auch bezüglich des Stoffwertes „Leitfähigkeit". Der Ohmsche Widerstand R^*_{el} eines Drahtes der Länge L^* mit dem Drahtquerschnitt A^* ergibt sich aus dem sog. spezifischen elektrischen Widerstand ϱ^* als $R^*_{el} = \varrho^* L^*/A^*$. Die in der Elektrotechnik übliche Einheit von ϱ^* ist $\Omega\,\mathrm{mm}^2/\mathrm{m}$. Der Kehrwert von ϱ^*, also $\kappa^* = 1/\varrho^*$ wird spezifische elektrische Leitfähigkeit genannt.

Aus der Analogie $R^*_{el} = L^*/(\kappa^* A^*)$ und $R^*_{th,L} = s^*/(\lambda^* A^*)$ (Wärmeleitungswiderstand einer ebenen Wand der Stärke s^*) ist erkennbar, daß die spezifische elektrische Leitfähigkeit κ^* unmittelbar der Wärmeleitfähigkeit λ^* entspricht.

☐ Die elektrische Analogie kann bei der Verschaltung mehrerer wärmetechnischer Apparate (in Reihe und/oder parallel) herangezogen werden, um ein häufig sehr anschauliches elektrisches Ersatzschaltbild zu erstellen. Daraus kann dann z.B. die Aufteilung eines Wärmestromes an einer Verzweigung ermittelt werden.

WEITERFÜHRENDE LITERATUR

Incropera, F. P.; DeWitt, D. (1996): *Fundamentals of Heat and Mass Transfer*, John Wiley & Sons, New York

Grigull, U.; Sandner, H. (1986): *Wärmeleitung*, Springer-Verlag, Berlin, Heidelberg, New York

Widerstandsheizung
(resistance heating)

Siehe dazu das Stichwort JOULSCHE WÄRME.

Widerstandsthermometer
(resistance thermometer)

Siehe dazu das Stichwort TEMPERATURMESSUNG, besonders unter ANWENDUNGEN UND BEISPIELE.

Zwischenüberhitzung
(reheat)

BEDEUTUNG UND DEFINITION

Es handelt sich um eine Maßnahme zur Steigerung des Wirkungsgrades bei Wärmekraftanlagen, die im Naßdampfgebiet des Arbeitsfluides (in der Regel Wasser) arbeiten und deshalb als Dampfkraftanlagen bezeichnet werden, s. dazu auch das Stichwort WÄRMEKRAFTPROZESSE. Neueste Entwicklungen sehen eine Zwischenüberhitzung auch bei Gasturbinenanlagen vor.

Definition

Unter der Zwischenüberhitzung versteht man denjenigen Teil der Prozeßführung bei einem Dampfkraftprozeß, bei dem der aus dem Dampferzeuger kommende Dampf, der in einer Hochdruckturbine von p_K^* (Kesseldruck) zunächst nur bis auf einen Zwischendruck p_Z^* entspannt wird und dabei abkühlt, dem Dampferzeuger erneut zugeführt und ein zweites Mal erhitzt wird. Erst danach expandiert der Dampf in einer Niederdruckturbine auf den niedrigen Druck, mit dem er dem Kondensator zugeführt wird.

PHYSIKALISCHER HINTERGRUND

Der Wirkungsgrad eines Dampfkraftwerkes ist stark von der THERMODYNAMISCHEN MITTELTEMPERATUR T_m^* der Wärmeaufnahme durch das Arbeitsmittel im Kessel abhängig. Diese muß möglichst groß sein, damit der Carnot-Faktor $\eta_C = 1 - T_{Umg}^*/T_m^*$, der entscheidend den Gesamtwirkungsgrad des Dampfkraftwerkes bestimmt, möglichst groß wird.

Das Bild auf der nächsten Seite zeigt die prinzipielle Lage der thermodynamischen Mitteltemperatur T_{m23}^* der Wärmeaufnahme zwischen den Temperaturen T_2^* (Wassertemperatur nach der Speisewasserpumpe) und T_3^* (Frischdampftemperatur), sowie die Abhängigkeit der Mitteltemperatur T_{m23}^* von T_3^* und dem Kesseldruck p_K^*.

Der maximal erreichbare Wert T_{m23}^* ist werkstoffseitig durch die maximal zulässige Temperatur T_3^* mit dem zugehörigen maximal zulässigen Kesseldruck p_K^* begrenzt.

Eine solche werkstoffseitig mögliche Kombination läßt sich jedoch in vielen Fällen deshalb nicht realisieren, weil der am Ende der Expansion einzuhaltende Mindestdampfgehalt ($x_4 > 0{,}9$) den Frischdampfdruck (= Kesseldruck) auf Werte deutlich unterhalb des optimalen Kesseldruckes begrenzt. Von dieser Begrenzung kann man sich durch den Einsatz der Zwischenüberhitzung

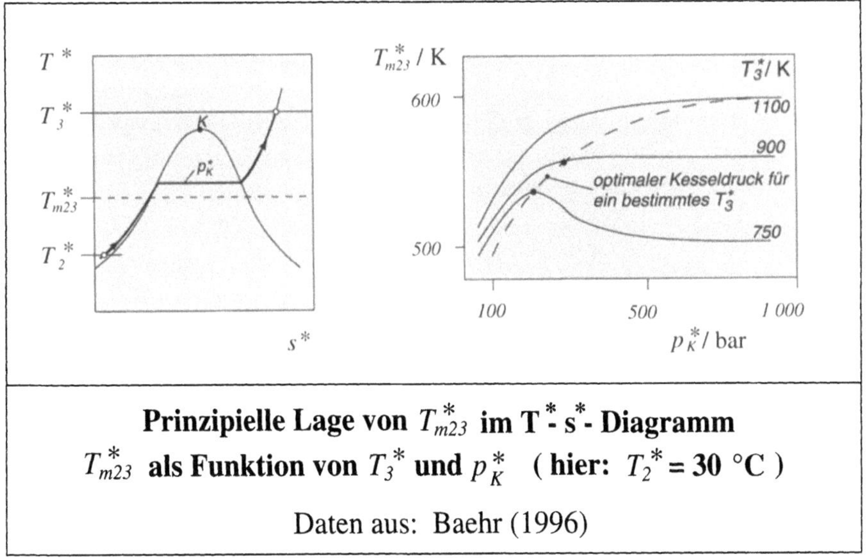

Prinzipielle Lage von T_{m23}^* im T*- s*- Diagramm

T_{m23}^* **als Funktion von T_3^* und p_K^* (hier: $T_2^* = 30\ °C$)**

Daten aus: Baehr (1996)

befreien, so daß die eigentliche Begrenzung nur noch durch den maximal zulässigen Wert von T_3^* gegeben ist.

Das nachfolgende Bild zeigt im T^*-s^*-Diagramm, daß eine einstufige Ent-

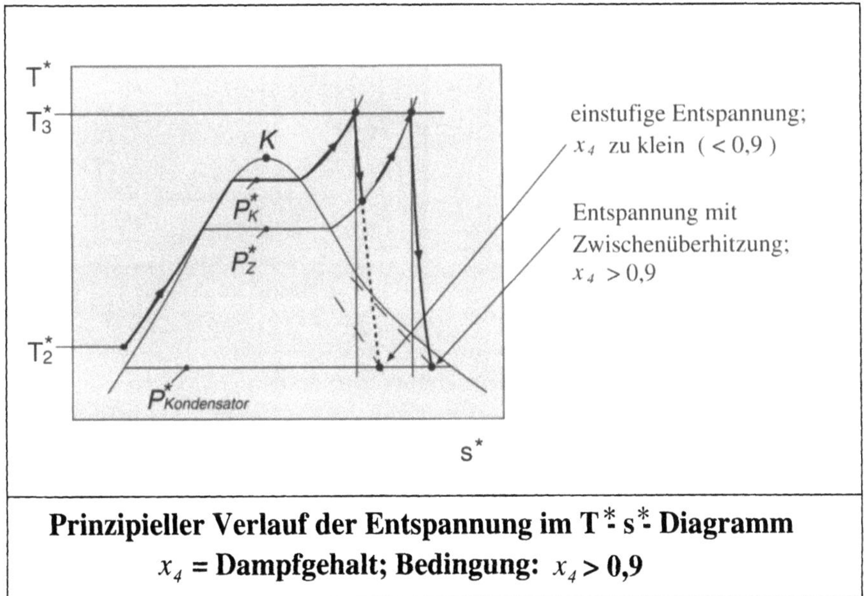

Prinzipieller Verlauf der Entspannung im T*- s*- Diagramm

x_4 **= Dampfgehalt; Bedingung: $x_4 > 0,9$**

spannung von dem hohen Kesseldruck auf den niedrigen Kondensatordruck auf einen Zustand weit innerhalb des Zweiphasengebietes führen würde (punktierte Linie), und daß dies durch eine Zwischenüberhitzung vermieden werden kann.

Die Zwischenüberhitzung erfolgt auf dem mittleren Druckniveau p_Z^*. Mit dieser Maßnahme ist es somit prinzipiell möglich, den für eine Endtemperatur T_3^* optimalen Druck p_K^* im Kessel zu verwirklichen.

ANWENDUNGEN UND BEISPIELE

Schaltschema einer Dampfkraftanlage mit Zwischenüberhitzung

Die nachfolgende Skizze zeigt in einer Gegenüberstellung die Erweiterung des Schaltschemas eines Kraftwerkes mit Zwischenüberhitzung im Vergleich zu einer einstufigen Entspannung in einer einfachen Dampfkraftanlage. Änderungen gegenüber der einfachen Dampfkraftanlage (linkes Schaltbild) ergeben sich dabei zwischen den Querschnitten 2 und 4.

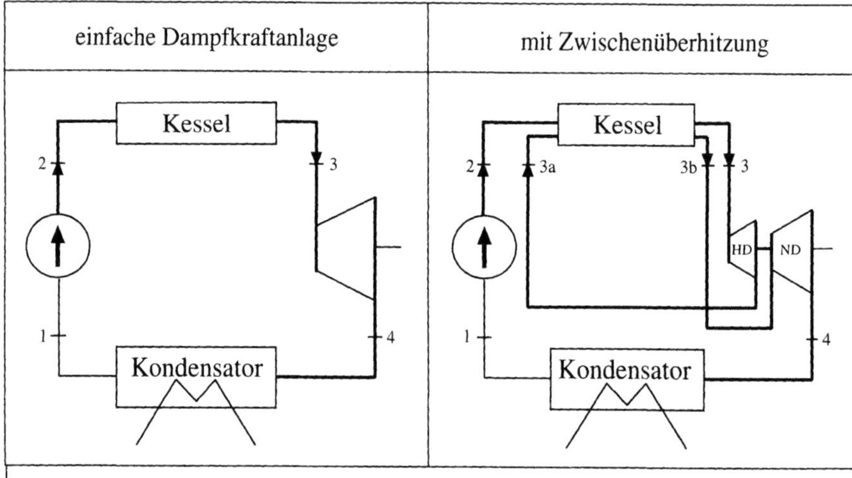

Erweiterung des Schaltschemas durch die Zwischenüberhitzung; HD = Hochdruckturbine, ND = Niederdruckturbine

Nach der Niederdruckturbine, vor dem Eintritt in den Kondensator hat der Dampf wegen der zusätzlichen Wärmezufuhr durch die Zwischenüberhitzung gegenüber der Prozeßführung in der einfachen Dampfkraftanlage eine erhöhte

Entropie. Der Zustand 4 liegt im T^*-s^*-Diagramm deshalb weiter nach rechts verschoben, also näher an der Taulinie (rechte Begrenzung des Zweiphasengebietes, $x = 1$), so daß die Bedingung $x_4 > 0{,}9$ sicher eingehalten werden kann.

BEACHTE

- Ein ähnlicher bzw. zusätzlicher Effekt bzgl. der thermodynamischen Mitteltemperatur T_m^* kann durch die (zusätzliche) Vorwärmung des Speisewassers erreicht werden. Dabei wird das Wasser nach der Speisewasserpumpe nicht unmittelbar dem Kessel zugeführt, sondern zuvor in einem sog. Vorwärmer von der niedrigen Temperatur nach der Speisewasserpumpe auf eine hohe Temperatur in der Nähe der Verdampfungstemperatur erwärmt. Der hierzu erforderliche Wärmestrom wird von einem Dampfstrom bereitgestellt, der der Turbine entnommen wird, im Vorwärmer kondensiert und dann wieder dem Speisewasser zugeführt wird. Man spricht bei dieser Anordnung von einer *regenerativen Speisewasservorwärmung*.

- Bei Dampfkraftanlagen mit Zwischenüberhitzung werden die Anforderungen bzgl. der sog. Endnässe $(1 - x_4)$ sicherheitshalber noch verschärft. Um jede Gefahr einer Schaufelerosion durch sog. Tropfenschlag in den Endstufen der Niederdruckturbine auszuschließen, wird $x_4 > 0{,}95$ gefordert, die Endnässe $(1 - x_4)$ also auf einen Wert unter 5% begrenzt.

- Besonders bei sehr hohen Kesseldrücken, bisweilen sogar im überkritischen Bereich (bei Wasser $> 220{,}64$ bar) reicht u.U. eine einmalige Zwischenüberhitzung nicht aus, weshalb dann eine zweite Zwischenüberhitzung vorgesehen wird.

- Durch die Zwischenüberhitzung kann der Gesamtwirkungsgrad einer solchen Dampfkraftanlage etwa um 10% gesteigert werden. Statt eines typischen Wertes von $\eta = 0{,}30$ für eine einfache Dampfkraftanlage kann dann also ein Wert von $\eta = 0{,}33$ erreicht werden.

WEITERFÜHRENDE LITERATUR

Baehr, H. D. (1996): *Thermodynamik*, Springer-Verlag, Berlin, Heidelberg, New York

Traupel, W. (1977): *Thermische Turbomaschinen, Bd. 1*, Springer-Verlag, Berlin, Heidelberg, New York

Standard–Werke zur Wärmeübertragung
alphabetische Reihenfolge nach Autoren

Fettdruck: vom Autor dieses Buches besonders empfohlen

Baehr, H.D.; Stephan, K. (1996): *Wärme- und Stoffübertragung, 2. Aufl. (1. Aufl.: 1994)*, Springer-Verlag, Berlin, Heidelberg, New York

Bejan, A. (1995): *Convection Heat Transfer, 2. Aufl. (1. Aufl.: 1984)*, John Wiley & Sons, Inc., New York

Dean, W.M. (1998): *Analysis of Transport Phenomena*, Oxford University Press, New York

Elsner, N.; Fischer, S.; Huhn, J. (1993): *Grundlagen der Technischen Thermodynamik — Band 2: Wärmeübertragung, 8. Aufl. (1. Aufl.: 1973)*, Akademie-Verlag, Berlin

Gersten, K.; Herwig, H. (1992): *Strömungsmechanik — Grundlagen der Impuls-, Wärme- und Stoffübertragung aus asymptotischer Sicht*, Vieweg-Verlag, Braunschweig

Holman, J.P. (1997): *Heat Transfer, 8. Aufl. (1. Aufl.:1963)*, Mc Graw-Hill, Inc., New York

Incropera, F.P.; De Witt, D.P. (1996): *Fundamentals of Heat and Mass Transfer, 4. Aufl. (1. Aufl.: 1981)*, John Wiley & Sons, New York

Kays, W.M.; Crawford, M.E. (1993): *Convective Heat and Mass Transfer, 3. Aufl. (1. Aufl.: 1966)*, Mc Graw-Hill, Inc., New York

Merker, G.P. (1987): *Konvektive Wärmeübertragung*, Springer-Verlag, Berlin, Heidelberg, New York

Özisik, M.N. (1985): *Heat Transfer — A Basic Approach*, Mc Graw-Hill Book Company, New York

VDI-Wärmeatlas (1994): *Berechnungsblätter für den Wärmeübergang, 7. Aufl.*, VDI-Verlag, Düsseldorf

White, F.M. (1988): *Heat and Mass Transfer*, Addison-Wesley Publ. Comp., Reading (Mass.)

Standard–Werke zur Thermodynamik alphabetische Reihenfolge nach Autoren

Fettdruck: vom Autor dieses Buches besonders empfohlen

Baehr, H.D. (1996): *Thermodynamik, 9. Aufl. (1. Aufl.: 1962)*, Springer-Verlag, Berlin, Heidelberg, New York

Bejan, A. (1988): *Advanced Engineering Thermodynamics*, John Wiley & Sons, Inc., New York

Bošnjaković, F.; Knoche, K.F. (1998): *Technische Thermodynamik — Teil I (8. Aufl.), Teil II (6. Aufl.)*, Steinkopf-Verlag, Darmstadt

Elsner, N.; Dittmann, A. (1993): *Grundlagen der Technischen Thermodynamik — Band 1: Energielehre und Stoffverhalten, 8. Aufl. (1. Aufl.: 1973)*, Akademie-Verlag, Berlin

Hahne, E. (1993): *Technische Thermodynamik, 2. Aufl. (1. Aufl.: 1991)*, Addison-Wesley Publ. Comp., Bonn, Paris, Reading (Mass.)

Kestin, J. (1979): *A Course in Thermodynamics, Vol. I + II, 3. Aufl. (1. Aufl.: 1966)*, Hemisphere Publ. Corp., New York

Kluge, G.; Neugebauer, G. (1994): *Grundlagen der Thermodynamik*, Spektrum Akademischer Verlag, Heidelberg

Moran, M.J.; Shapiro, H.N. (1996): *Fundamentals of Engineering Thermodynamics, 3. Aufl.*, John Wiley & Sons, Inc., New York

Stephan, K. Mayinger, F. (1998): *Thermodynamik, Band 1: Einstoffsysteme*, Springer-Verlag, Berlin, Heidelberg, New York

Alphabetische Liste der Stichwörter

(eine Übersicht nach Sachgebieten befindet sich am Anfang des Buches; ausgeführte Stichwörter sind fett gedruckt, Stichwortverweise erscheinen im Normaldruck)

A

Adiabate Wandtemperatur 1
Analogie 5
Anergie (→ **Exergie**) 8

B

Behältersieden 9
Bénard Konvektion 14
Biot-Zahl 18
Blasensieden (→ **Sieden**) 22
Boussinesq-Approximation 23
Brinkman-Zahl (→ **Eckert-Zahl**) 26

C

Colburn-Zahl (→ **Analogie**) 26

D

Dimensionsanalysis 27

E

Eckert-Zahl 31
Eigentemperatur (→ **Adiabate Wandtemperatur**) . . . 34
Einstrahlzahl 35
Empfundene Temperatur (→ **Fühlbare Temperatur**) . . 42
Energiegleichung, thermische
       (→ **Thermische Energiegleichung**) 42
Entropie 43
Entropieproduktion 48
Exergie 55

F

Filmkondensation 58
Filmkühlung 62
Filmsieden (→ **Sieden**) 66
Filmtemperatur (→ **Referenztemperatur-Methode**) . . . 66
Fouriersches Wärmeleitungsgesetz 67
Fourier-Zahl 70
Froude-Zahl 73
Fühlbare Temperatur 76

G

Graetz-Problem 80
Graetz-Zahl (→ **Graetz-Problem**) 83
Grashof-Zahl 84
Grenzschicht 87

H

Hohlraumstrahlung (→ **Strahlung Schwarzer Körper**) . . 92

I

Induktionsheizung 93
Isolation (→ **Thermische Isolation**) 96

J

Joulesche Wärme 97

K

Kältemaschine 100
Kältemittel 106
Kondensation 111
Kondensator 116
Konjugierter Wärmeübergang 120
Konstitutive Gleichungen 123
Kontaktwiderstand
        (→ **Thermischer Kontaktwiderstand**) 126
Konvektive Wärmeübertragung 127
Kopplungseffekt (→ **Konstitutive Gleichungen**) 132
Kreisprozess, thermodynamischer
        (→ **Thermodynamischer Kreisprozess**) 132

Kritische Wärmestromdichte (→ **Sieden**) 132
Kühlgrenztemperatur 133

L

Latente Wärme 137
Leidenfrost-Temperatur (→ **Sieden**) 141
Lévêque-Lösung 142

M

Merit-Zahl (→ **Wärmerohr**) 145
Mikrowellenheizung 146

N

Nicht-Fouriersche Wärmeleitung 150
Nußelt-Zahl 155

P

Peclet-Zahl 158
Peltier-Effekt (→ **Thermoelement**) 160
Peltier-Koeffizient (→ **Thermoelement**) 160
Prandtl-Zahl 161
Prandtl-Zahl, turbulente (→ **Turbulente Prandtl-Zahl**) . 164

R

Rayleigh-Bénard Konvektion (→ **Bénard Konvektion**) . . 164
Rayleigh-Zahl (→ **Grashof-Zahl**) 164
Referenztemperatur 165
Referenztemperatur-Methode 169
Regenerator (→ **Wärmeübertrager**) 174
Rekuperator (→ **Wärmeübertrager**) 174
Reynolds-Analogie (→ **Analogie**) 174
Reynolds-Zahl 175
Richardson-Zahl 179
Rückgewinnfaktor 182

S

Schmelzenthalpie (→ **Latente Wärme**) 186
Schwitzkühlung (→ **Transpirationskühlung**) 186

Seebeck-Effekt   (→ **Thermoelement**) 186
Siedekrise   (→ **Sieden; Strömungssieden**) 186
Sieden 187
Solarstrahlung 193
Soret-Effekt   (→ **Thermodiffusion**) 198
Speisewasservorwärmung   (→ **Zwischenüberhitzung**) . . . 198
Stanton-Zahl   (→ **Nusselt-Zahl**) 198
Stilles Sieden   (→ **Sieden**) 198
Stoffwertverhältnis-Methode 199
Strahlung Grauer Körper 203
Strahlung realer Körper 206
Strahlung Schwarzer Körper 214
Strahlung von Gasen 221
Strömungssieden 226
Sublimationsenthalpie   (→ **Latente Wärme**) 230

T

Temperatur   (→ **Thermodynamische Temperatur**) . . . 230
Temperaturleitfähigkeit 231
Temperaturmessung 235
Thermische Einlauflänge 240
Thermische Energiegleichung 245
Thermische Isolation 250
Thermischer Ausdehnungskoeffizient 255
Thermischer Kontaktwiderstand 258
Thermodiffusion 263
Thermodynamische Mitteltemperatur 268
Thermodynamischer Kreisprozeß 273
Thermodynamische Temperatur 277
Thermoelement 283
Thermosyphon 288
Transpirationskühlung 289
Treibhauseffekt 293
Tropfenkondensation 298
Turbulente Prandtl-Zahl 301

V

Variable Stoffwerte 304
Verbesserung des Wärmeüberganges 309
Verdampfer 314
Verdunstungskühlung   (→ **Transpirationskühlung**) . . . 316

W

Wärme 317
Wärmeausdehnungskoeffizient
      (→ **Thermischer Ausdehnungskoeffizient**) . . . 319
Wärmedurchgangskoeffizient 320
Wärmekapazität 323
Wärmekraftprozesse 329
Wärmeleitfähigkeit 334
Wärmeleitung 338
Wärmeleitungsgleichung 342
Wärmepumpe 346
Wärmerohr 353
Wärmespeicherung 359
Wärmestrahlung 365
Wärmestrommessung 371
Wärmeübergangsbeziehung
      (→ **Wärmeübergangskoeffizient**) 376
Wärmeübergangskoeffizient 377
Wärmeübertrager 381
Wärmeübertragung 388
Wärmewiderstand 390
Widerstandsheizung   (→ **Joulesche Wärme**) 393
Widerstandsthermometer   (→ **Temperaturmessung**) . . . 393

Z

Zwischenüberhitzung 394

If you have any concerns about our products,
you can contact us on
ProductSafety@springernature.com

In case Publisher is established outside the EU,
the EU authorized representative is:
Springer Nature Customer Service Center GmbH
Europaplatz 3, 69115 Heidelberg, Germany

Printed by Libri Plureos GmbH
in Hamburg, Germany